防止电力生产事故的二十五项重点要求
（2023版）
考核培训题库

中国能源研究会电力安全与应急分会 编

·北京·

内 容 提 要

为切实做好电力安全监管工作，有效防范电力生产事故，国家能源局印发了《防止电力生产事故的二十五项重点要求》。本书严格按照该二十五项重点要求编写考核培训题库。题库涵盖判断题、单项选择题、多项选择题等题型，是电力企业落实安全生产责任，防止电力生产事故，在规划设计、安装调试、运行维护、更新改造等阶段组织开展员工学习、培训、考试、竞赛等工作的参考用书。

图书在版编目（CIP）数据

防止电力生产事故的二十五项重点要求（2023版）考核培训题库 / 中国能源研究会电力安全与应急分会编. -- 北京：中国水利水电出版社，2025. 3. -- ISBN 978-7-5226-3329-9

Ⅰ．TM08-44

中国国家版本馆CIP数据核字第202533GA43号

书　　名	防止电力生产事故的二十五项重点要求（2023版）考核培训题库 FANGZHI DIANLI SHENGCHAN SHIGU DE ERSHIWU XIANG ZHONGDIAN YAOQIU (2023 BAN) KAOHE PEIXUN TIKU
作　　者	中国能源研究会电力安全与应急分会　编
出版发行	中国水利水电出版社 （北京市海淀区玉渊潭南路1号D座　100038） 网址：www.waterpub.com.cn E-mail：sales@mwr.gov.cn 电话：（010）68545888（营销中心）
经　　售	北京科水图书销售有限公司 电话：（010）68545874、63202643 全国各地新华书店和相关出版物销售网点
排　　版	北京中水润科技发展有限公司
印　　刷	北京印匠彩色印刷有限公司
规　　格	210mm×285mm　16开本　26.25印张　600千字
版　　次	2025年3月第1版　2025年3月第1次印刷
定　　价	138.00元

凡购买我社图书，如有缺页、倒页、脱页的，本社营销中心负责调换

版权所有·侵权必究

《防止电力生产事故的二十五项重点要求（2023 版）考核培训题库》编委会

主　编： 索晓杰　杜韶华

副主编： 党　理　卢德强

编　委： 王文林　廖海东　吕　静　聂文君　张丽珍　张丽媛　李小燕
　　　　　张树平　薛　冰　江佳慧　王纪旋　徐家怡　郭雪莹

编委所在单位： 内蒙古自治区能源局
　　　　　　　　广东能源集团珠海粤电新能源有限公司
　　　　　　　　国网山东电力公司济南供电公司
　　　　　　　　国网冀北电力有限公司承德供电公司
　　　　　　　　国网安徽省电力有限公司黄山供电公司
　　　　　　　　河北铭记文化发展有限公司
　　　　　　　　北京中安电教文化传媒有限公司
　　　　　　　　安徽华电仁才教育科技有限公司
　　　　　　　　国能河北定州发电有限责任公司
　　　　　　　　山西电力职业技术学院
　　　　　　　　西安电力高等专科学校
　　　　　　　　安徽众创人才服务中心有限公司

国家能源局关于印发《防止电力生产事故的二十五项重点要求（2023版）》的通知

国能发安全〔2023〕22号

各省（自治区、直辖市）能源局，有关省（自治区、直辖市）及新疆生产建设兵团发展改革委，北京市城市管理委，各派出机构，全国电力安委会企业成员单位，各有关单位：

为切实做好电力安全监管工作，有效防范电力生产事故，国家能源局组织电力行业有关单位及部分专家，根据近年来电力生产事故的经验教训，以及电力行业的发展趋势，结合已颁布的标准规范，对2014年印发的《防止电力生产事故的二十五项重点要求》（国能安全〔2014〕161号）进行了修订，形成了新版本的《防止电力生产事故的二十五项重点要求》[以下简称《二十五项反措（2023版）》]，现予以印发，并提出以下工作要求。

一、各电力企业要加强领导，认真组织，确保《二十五项反措（2023版）》的有关要求在规划设计、安装调试、运行维护、更新改造等阶段落实到位，有效防范电力生产事故的发生。

二、各电力企业要结合工作实际，采取多种方式，做好《二十五项反措（2023版）》的宣传培训工作，确保各项要求入脑入心。

三、地方政府各级电力管理部门、各派出机构要加强监督管理，督促、指导电力企业落实《二十五项反措（2023版）》的有关要求。

国家能源局

2023年3月9日

目 录

1 防止人身伤亡事故的重点要求习题 1

2 防止火灾事故的重点要求习题 17

3 防止电气误操作事故的重点要求习题 34

4 防止系统稳定破坏事故的重点要求习题 37

5 防止机网协调及风电机组、光伏逆变器大面积脱网事故的重点要求习题 45

6 防止锅炉事故的重点要求习题 52

7 防止压力容器等承压设备爆破事故的重点要求习题 64

8 防止汽轮机、燃气轮机事故的重点要求习题 69

9 防止分散控制系统失灵事故的重点要求习题 82

10 防止发电机及调相机损坏事故的重点要求习题 94

11 防止发电机励磁系统事故的重点要求习题 107

12 防止大型变压器和互感器损坏事故的重点要求习题 113

13 防止开关设备事故的重点要求习题 121

14 防止接地网和过电压事故的重点要求习题 129

15 防止架空输电线路事故的重点要求习题 136

16 防止污闪事故的重点要求习题 146

17 防止电力电缆损坏事故的重点要求习题 149

18 防止继电保护及安全自动装置事故的重点要求习题 156

19 防止电力自动化系统、电力监控系统网络安全、电力通信网及信息系统

事故的重点要求习题 173

20 防止串联电容器补偿装置和并联电容器装置事故的重点要求习题 183

21 防止直流换流站设备损坏和单双极强迫停运事故的重点要求习题 189

22 防止发电厂、变电站全停及重要电力用户停电事故的重点要求习题 198

23 防止水轮发电机组（含抽水蓄能机组）事故的重点要求习题 201

24 防止垮坝、水淹厂房及厂房坍塌事故的重点要求习题 212

25 防止重大环境污染事故的重点要求习题 221

附录　防止电力生产事故的二十五项重点要求（2023版） 230

1 防止人身伤亡事故的重点要求习题

一、判断题（对画"√"，错画"×"）

1. 高处作业人员必须经职业健康体检合格，检查周期为 1 年。（ ）

参考答案：√

对应条文：1.1.1

2. 高处作业人员经过简单培训即可上岗。（ ）

参考答案：×

对应条文：1.1.2

对应条文部分内容：高处作业人员，必须经过专业技能培训，并取得合格证书后方可上岗。

3. 高处作业应穿工作服、防滑鞋，正确佩戴使用个人安全防护用具，并设专人监护。（ ）

参考答案：√

对应条文：1.1.3

4. 遇有阵风风力 5 级及以上应停止露天高处作业。（ ）

参考答案：×

对应条文：1.1.4

对应条文部分内容：遇有阵风风力 6 级及以上以及暴雨、雷电、冰雹、大雾、沙尘暴等恶劣天气，应停止露天高处作业。

5. 高处作业应设有防止作业人员失误、失踏或坐靠坠落的牢固作业立足面、防护栏、防护网、停歇区等。（ ）

参考答案：√

对应条文：1.1.5

6. 施工或生产作业区的通道及各种孔、洞、井、沟、坑口、平台等临边部位无需设置安全防护设施。（ ）

参考答案：×

对应条文：1.1.6

对应条文部分内容：施工或生产作业区的通道及各种孔、洞、井、沟、坑口、平台等临边部位应设置可靠的安全防护设施、悬挂安全标志牌。

7. 作业现场常设洞口应设盖板并盖实、表面刷黄黑相间的安全警示线或装设栏杆护板。（ ）

参考答案：√

对应条文：1.1.7

8. 登高用的支撑架、脚手架、作业平台可使用不合格材质搭设。（ ）

参考答案：×

对应条文：1.1.8

对应条文部分内容：登高用的支撑架、脚手架、作业平台应使用合格材质搭设。

9. 作业现场使用移动高处作业平台四周应设置保护栏杆、护脚板或其他保护设施。（ ）

参考答案：√

对应条文：1.1.9

10. 高处作业使用的梯子梯阶的距离不应大于 30cm。（ ）

参考答案：√

对应条文：1.1.10

11. 货运吊篮、索道可以载人。（ ）

参考答案：×

对应条文：1.1.11

对应条文部分内容：禁止货运吊篮、索道载人。

12.线路施工作业,登杆塔前应对塔架、根部、基础、拉线、桩锚、地脚螺母(螺栓)等进行全面检查。( )

参考答案:√

对应条文:1.1.12

13.在轻质型材等强度不足的高处作业面(如石棉瓦、铁皮板、采光浪板、装饰板、屋面光伏板等)上作业,必须搭设带安全护栏的临时通道,悬挂安全标志牌,在梁下张设安全平网或搭设安全防护设施。( )

参考答案:√

对应条文:1.1.13

14.绑扎钢筋和安装钢筋骨架需要悬空作业时,必须搭设脚手架和上下通道,严禁攀爬钢筋骨架。( )

参考答案:√

对应条文:1.1.14

15.在煤(粉、灰)仓或斗内作业时,作业人员必须佩戴防坠器和全身式安全带,安全带上应挂有安全绳,安全绳另一端必须握在仓或斗外的监护人手中,且牢固地连接到外部固定物体上。( )

参考答案:√

对应条文:1.1.15

16.从事风电机组塔筒清洗、叶片维修等高处作业,必须在风电机组停机状态并将叶轮锁定、做好防止吊篮摆动等措施后进行。( )

参考答案:√

对应条文:1.1.16

17.拆除工程无需制定安全防护措施和作业程序。( )

参考答案:×

对应条文:1.1.17

对应条文部分内容:拆除工程必须事先制定安全防护措施和作业程序,并对作业人员进行安全技术交底。

18.从事电气操作、电气检修和维护的人员必须经专业技术培训、触电急救培训并考试合格方可上岗。( )

参考答案:√

对应条文:1.2.1

19.电气作业人员作业时无需穿绝缘鞋(靴)。( )

参考答案:×

对应条文:1.2.2

对应条文部分内容:作业时,应穿工作服,戴安全帽,穿绝缘鞋(靴),根据作业需要佩戴绝缘手套。

20.使用绝缘安全工器具必须经过定期试验合格,使用前必须检查安全工器具结构完整、性能良好,在检验有效期内。( )

参考答案:√

对应条文:1.2.3

21.电气设备的金属外壳应有良好的接地装置,使用中不得将接地装置拆除或对其进行任何工作。( )

参考答案:√

对应条文:1.2.4

22.检修动力电源箱的支路开关无需加装剩余电流动作保护器(漏电保护器)。( )

参考答案:×

对应条文:1.2.5

对应条文部分内容:检修动力电源箱的支路开关都应加装剩余电流动作保护器(漏电保护器)并应定期检查和试验。

23.在高压线路、设备及相关区域工作,人体与带电体的安全距离应满足相关规程要求。( )

参考答案：√

对应条文：1.2.6

24.高压线路、设备停电检修时，无需采取停电、验电、接地、悬挂标示牌和装设遮栏（围栏）等措施。（　）

参考答案：×

对应条文：1.2.7

对应条文部分内容：高压线路、设备停电检修时，应采取停电、验电、接地、悬挂标示牌和装设遮栏（围栏）等措施。

25.高压电气设备带电部位对地距离不满足设计标准时周边无需装设防护围栏。（　）

参考答案：×

对应条文：1.2.8

对应条文部分内容：高压电气设备带电部位对地距离不满足设计标准时周边必须装设防护围栏，门应加锁，并挂好安全警示牌。

26.雷雨天气，需要巡视室外高压设备时，应穿绝缘靴，并不准靠近避雷器和避雷针。（　）

参考答案：√

对应条文：1.2.9

27.当高压设备发生接地故障时，室内不得进入故障点5m以内，室外不得进入故障点10m以内。（　）

参考答案：×

对应条文：1.2.10

对应条文部分内容：当高压设备发生接地故障时，室内不得进入故障点4m以内，室外不得进入故障点8m以内。

28.高压试验时，必须装设围栏，悬挂安全标示牌，并设专人看护，严禁其他人员进入试验场地或接触被试验设备。（　）

参考答案：√

对应条文：1.2.11

29.因临近带电设备或工作地段有临近、平行、交叉跨越及同杆塔架设带电线路，导致检修设备（线路）可能产生感应电压时，无需加装工作接地线或使用个人保安线。（　）

参考答案：×

对应条文：1.2.12

对应条文部分内容：因临近带电设备或工作地段有临近、平行、交叉跨越及同杆塔架设带电线路，导致检修设备（线路）可能产生感应电压时，应加装工作接地线或使用个人保安线。

30.电缆及电容器检修前应逐相充分放电，并可靠接地；试验后的电缆及电容器应充分放电。（　）

参考答案：√

对应条文：1.2.13

31.在地下敷设电缆附近开挖土方时，可使用机械开挖。（　）

参考答案：×

对应条文：1.2.14

对应条文部分内容：在地下敷设电缆附近开挖土方时，严禁使用机械开挖。

32.严禁用湿手去触摸电源开关以及其他电气设备。（　）

参考答案：√

对应条文：1.2.15

33.在变电站户外和高压室内搬动梯子、管子等长物，应放倒后搬运，并与带电部分保持足够的安全距离。（　）

参考答案：√

对应条文：1.2.16

34.在带电设备周围或上方进行安装或测量时,可使用钢卷尺或带有金属丝的测绳、皮尺。（　）

参考答案：×

对应条文：1.2.17

对应条文部分内容：在带电设备周围或上方进行安装或测量时，严禁使用钢卷尺或带有金属丝的测绳、皮尺。

35.有限空间移动照明应使用 36V 以下的电压，金属容器内、潮湿环境下应使用 12V 的安全电压。（　　）

参考答案：√

对应条文：1.2.18

36.可以无票操作、擅自修改操作票。（　　）

参考答案：×

对应条文：1.2.19

对应条文部分内容：严禁无票操作、擅自修改操作票、擅自解除高压电气设备的防误操作闭锁装置。

37.3～66kV 中性点不接地系统发生单相接地故障时，一次设备应能快速切除故障，从而降低人身触电风险。（　　）

参考答案：√

对应条文：1.2.20

38.进入生产现场人员必须掌握相关安全防护知识，正确佩戴合格的安全帽。（　　）

参考答案：√

对应条文：1.3.1

39.高处临边可以随意堆、放物件。（　　）

参考答案：×

对应条文：1.3.2

对应条文部分内容：高处临边原则上不得堆、放物件，必须堆放时应采取防止物件掉落措施。

40.高处作业时，必须做好防止物件掉落的防护措施，严禁两名及以上作业人员同时攀爬直梯。（　　）

参考答案：√

对应条文：1.3.3

41.从事手工加工的作业人员，必须掌握工器具的正确使用方法及安全防护知识，作业前应检查工器具安装牢固。（　　）

参考答案：√

对应条文：1.3.4

42.进入锅炉炉膛、尾部烟道、脱硫吸收塔、电除尘等设备内部进行工作前，无需清除上方可能掉落的焦、渣。（　　）

参考答案：×

对应条文：1.3.5

对应条文部分内容：进入锅炉炉膛、尾部烟道、脱硫吸收塔、电除尘等设备内部进行工作前，应先清除上方可能掉落的焦、渣，并做好防止工作时上方落物的安全措施。

43.风力发电机组叶片有结冰现象且有掉落危险时，禁止人员靠近。（　　）

参考答案：√

对应条文：1.3.6

44.机械（设备）的操作人员必须经过专业技能培训，并掌握现场操作规程和安全防护知识。（　　）

参考答案：√

对应条文：1.4.1

45.机械设备各转动、传动部位（如传送带、齿轮机、联轴器、飞轮等）无需装设防护装置。（　　）

参考答案：×

对应条文：1.4.2

对应条文部分内容：机械设备各转动、传动部位（如传送带、齿轮机、联轴器、飞轮等）必须装设防护装置。

46.在停运检修的机械设备上工作，应切

断电源、风源、水源、汽（气）源、油源等，必须采取强制制动措施，防止设备突然转动。（ ）

参考答案：√

对应条文：1.4.3

47.可以清扫、擦拭和润滑运行设备中的旋转和移动部分。（ ）

参考答案：×

对应条文：1.4.4

对应条文部分内容：严禁清扫、擦拭和润滑运行设备中的旋转和移动部分。

48.输煤皮带的转动部分及拉紧重锤必须装设遮栏，加油装置应接在遮栏外面。（ ）

参考答案：√

对应条文：1.4.5

49.在输煤皮带运行、备用过程中，严禁清理皮带和设备中杂物。（ ）

参考答案：√

对应条文：1.4.6

50.给料（煤）机在运行中发生卡、堵时，应停止设备运行，做好设备防转动措施后方可清理塞物，严禁用手直接清理塞物。（ ）

参考答案：√

对应条文：1.4.7

51.空气预热器内进行检修工作前，内外部人员信息必须保持通畅并做好相应的安全措施。（ ）

参考答案：√

对应条文：1.4.8

52.电工、电（气）焊人员均属于特种作业人员，必须经专业技能培训，取得特种作业操作证。（ ）

参考答案：√

对应条文：1.5.1

53.作业人员应避免靠近或长时间地停留在可能受到灼烫危及人身安全的地方。（ ）

参考答案：√

对应条文：1.5.2

54.在维护和检修热力系统的阀门、管件、设备时，无需采取防止汽水串通的可靠隔离措施。（ ）

参考答案：×

对应条文：1.5.3

对应条文部分内容：在维护和检修热力系统的阀门、管件、设备时，必须采取防止汽水串通的可靠隔离措施。

55.除焦作业人员必须穿好防烫伤的隔热工作服、工作鞋，戴好防烫伤手套、防护面罩和必需的安全工具，站在除焦口的侧面。（ ）

参考答案：√

对应条文：1.5.4

56.捞渣机周边无需装设固定防护栏杆。（ ）

参考答案：×

对应条文：1.5.5

对应条文部分内容：捞渣机周边应装设固定防护栏杆，设置"当心烫伤"警示牌。

57.制粉系统防爆门应装有阻火装置，不应正对人行道。（ ）

参考答案：√

对应条文：1.5.6

58.锅炉运行时，因工作需要打开的门孔应及时关闭。（ ）

参考答案：√

对应条文：1.5.7

59.属于特种设备的起重机械必须按照国家相关规定周期进行检验，并在特种设备安全监督管理部门登记备案。（ ）

参考答案：√

对应条文：1.6.1

60. 起重吊具（钢丝绳、钢丝绳卡、吊带、吊钩、卸扣等）由使用单位每月检查 1 次、每年自检 1 次。（　）

参考答案：√

对应条文：1.6.2

61. 从事起吊作业及其安装维修的人员无需取得相应证书。（　）

参考答案：×

对应条文：1.6.3

对应条文部分内容：从事起吊作业及其安装维修的人员必须取得相应证书，并经县级以上医疗机构体检合格方可上岗。

62. 起重作业人员必须穿工作服和安全鞋（靴），佩戴安全帽。（　）

参考答案：√

对应条文：1.6.4

63. 大型起重作业、易燃易爆物品吊装及危险化学品的吊装作业无需制订"三措两案"。（　）

参考答案：×

对应条文：1.6.5

对应条文部分内容：大型起重作业、易燃易爆物品吊装及危险化学品的吊装作业必须制订"三措两案"（即组织措施、技术措施、安全措施、施工方案、应急预案）。

64. 起吊现场必须保证光线和视线良好、照明充足，设置警戒区域并设专人监护，非工作人员严禁入内。（　）

参考答案：√

对应条文：1.6.6

65. 吊装散件物时应用料斗或箱子，装料高度严禁超过上口边，散粒状的物料必须低于料斗上口边线 100mm。（　）

参考答案：√

对应条文：1.6.7

66. 起重吊物前，无需清楚吊物重量。（　）

参考答案：×

对应条文：1.6.8

对应条文部分内容：起重吊物前，必须清楚吊物重量并捆绑牢固，严禁起吊不明物和埋在地下的物件。

67. 吊装前，必须检查起重机械的安全装置可靠、起重工具检验合格并在有效期内、吊具、钢丝绳等完好无损。（　）

参考答案：√

对应条文：1.6.9

68. 起吊前必须鸣铃（或口哨）示警，吊装接近人时应给断续铃声（或口哨）示警。（　）

参考答案：√

对应条文：1.6.10

69. 吊装作业，严禁利用管道、设备、防护栏杆、脚手架以及不坚固的建（构）筑物上作为起吊物的吊点。（　）

参考答案：√

对应条文：1.6.11

70. 利用两台或多台起重机械吊装同一重物时，绑扎时应根据各台起重机械的允许起重量按比例分配负荷，保持吊装同步，每台起重机械的起重量不得超过其额定起吊重量的 80%。（　）

参考答案：√

对应条文：1.6.12

71. 翻转吊物时，起重人员必须站在吊物翻转方向反侧来翻转吊物。（　）

参考答案：√

对应条文：1.6.13

72. 在电气设备附近或高压线下起吊物体，无需履行审批手续。（ ）

参考答案：×

对应条文：1.6.14

对应条文部分内容：在电气设备附近或高压线下起吊物体，必须履行审批手续。

73. 大雪、大雨、雷电、大雾、风力 6 级及以上等恶劣天气严禁户外起重作业。（ ）

参考答案：√

对应条文：1.6.15

74. 堆放物料前必须检查确认堆放物处的地面平整、平台牢固且承载能力满足要求。（ ）

参考答案：√

对应条文：1.7.1

75. 开挖土石方（基坑）前，无需勘察确认施工场地的地质、水文和地下管网布置等情况。（ ）

参考答案：×

对应条文：1.7.2

对应条文部分内容：开挖土石方（基坑）前，必须勘察确认施工场地的地质、水文和地下管网布置等情况。

76. 人工开挖基坑要有支护方案，基坑深度不足 2m 时，原则上不再进行支护但要放坡。（ ）

参考答案：√

对应条文：1.7.3

77. 煤场汽车接卸煤指挥人员必须远离煤车指挥，严禁站在汽车上煤堆行驶方向指挥。（ ）

参考答案：√

对应条文：1.7.4

78. 加强对存在可能垮塌风险的场所（如尾部烟道、料仓、粉仓、灰斗等）的定期巡检和管理工作，保证料位计指示正确，严禁长期高料位运行。（ ）

参考答案：√

对应条文：1.7.5

79. 搭设脚手架必须使用合格的管件、脚手板、扣件等材料，搭设好后必须验收合格、悬挂验收合格牌。（ ）

参考答案：√

对应条文：1.7.6

80. 模板工程施工，严禁擅自改变施工方案或凭经验施工。（ ）

参考答案：√

对应条文：1.7.7

81. 搭设临时建筑必须制订施工方案，选择安全地段和合格建材，必须验收合格后方可使用。（ ）

参考答案：√

对应条文：1.7.8

82. 拆除工程应制订施工方案，并遵守"先上后下、先屋面后主体、先水电后建筑、先梁板后墙柱、先内墙后外墙" 原则。（ ）

参考答案：√

对应条文：1.7.9

83. 进入有限空间必须佩戴合格的防护用品和应急装备。（ ）

参考答案：√

对应条文：1.8.1

84. 有限空间作业无需遵守 "先通风、再检测、后作业" 原则。（ ）

参考答案：×

对应条文：1.8.2

对应条文部分内容：有限空间作业必须遵守 "先通风、再检测、后作业" 原则。

85. 有限空间作业必须对其危险有害因素

进行辨识，进入前30min内必须检测有害气体浓度不得超过条文中表1-2限值，氧气浓度在19.5%～21.0%范围内，并保持良好通风。（ ）

参考答案：√

对应条文：1.8.3

86.有限空间仅有1个进出口时，必须将通风设备出风口置于作业区域底部进行送风。（ ）

参考答案：√

对应条文：1.8.4

87.对容器内的有害气体置换时，吹扫必须彻底、不留残留气体，吹扫气体排放必须符合安全要求。（ ）

参考答案：√

对应条文：1.8.5

88.在有限空间内从事衬胶、涂漆、刷环氧树脂等具有挥发性溶剂作业时，无需进行强力通风。（ ）

参考答案：×

对应条文：1.8.6

对应条文部分内容：在有限空间内从事衬胶、涂漆、刷环氧树脂等具有挥发性溶剂作业时，必须进行强力通风，采取防止爆燃措施。

89.进入容器、罐、井、仓或池内的作业人员必须确保作业人员与外部监护人联络畅通，联络不畅时严禁作业。（ ）

参考答案：√

对应条文：1.8.7

90.在有限空间内作业感觉身体不适时，应立即撤离现场。（ ）

参考答案：√

对应条文：1.8.8

91.有限空间内作业结束后，无需清点人员和工具。（ ）

参考答案：×

对应条文：1.8.9

对应条文部分内容：有限空间内作业结束后，必须清点人员和工具，确认有限空间内无人后，方可关闭人孔门或盖板并解除采取的隔离封闭措施。

92.两台锅炉共用一个烟囱，当一台锅炉运行另一台锅炉检修需进入脱硫吸收塔、净烟道时，净烟气挡板必须关闭严密并切断电源，防止烟气倒入检修系统。（ ）

参考答案：√

对应条文：1.8.10

93.危险化学品专用仓库必须装设机械通风装置、冲洗水源及排水设施，必须设专人管理，应进行出入库登记。（ ）

参考答案：√

对应条文：1.8.11

94.化学实验室无需装设通风、自来水、消防设施。（ ）

参考答案：×

对应条文：1.8.12

对应条文部分内容：化学实验室必须装设通风、自来水、消防设施，应在明显处放置急救药箱、酸（碱）伤害急救中和用药、毛巾、肥皂等。

95.盛装化学药品和溶剂的容器必须标识正确，严禁容器上无标签。（ ）

参考答案：√

对应条文：1.8.13

96.进入尿素溶解罐前，必须将罐内浆液全部清空，充分通风，并检测罐内氨气残存量的气体浓度值不得大于30mg/m³，方准作业。（ ）

参考答案：√

97. 高处作业人员，经过所在单位专业技能培训，培训合格后即可上岗。（　）

参考答案：×

对应条文：1.1.2

对应条文部分内容：高处作业人员，必须经过专业技能培训，并取得合格证书后方可上岗。

98. 根据工作需要，可以对安全绳接长使用。（　）

参考答案：×

对应条文：1.1.16

对应条文部分内容：严禁对安全绳接长使用。

99. 在变、配电站带电区域内或临近带电线路处，禁止使用金属梯子。（　）

参考答案：√

对应条文：1.2.16

100. 每台起重机械的起重量不得超过其额定起吊重量的80%。（　）

参考答案：√

对应条文：1.6.12

101. 无专项施工方案和现场安全措施未落实，禁止立体交叉作业。（　）

参考答案：√

对应条文：1.3.3

102. 机械（设备）的操作人员必须经过专业技能培训，并掌握现场操作规程和安全防护知识。（　）

参考答案：√

对应条文：1.4.1

103. 电（气）焊人员属于特种作业人员，必须经专业技能培训，取得《特种作业操作证》。（　）

参考答案：√

对应条文：1.5.1

104. 开挖土石方（基坑）过程中，若发现有可能坍塌或滑动裂缝时，作业人员必须立即撤离危险区域，待险情处理或采取可靠的防护措施后再恢复作业。（　）

参考答案：√

对应条文：1.7.2

105. 有限空间作业中断时间超过60min必须重新检测。（　）

参考答案：×

对应条文：1.8.3

对应条文部分内容：作业中断时间超过30min必须重新检测。

106. 对电力生产所用车辆，应定期对车辆进行检修维护，在行驶前、行驶中、行驶后对安全装置进行检查，发现危及交通安全问题，应及时处理，严禁带病行驶。（　）

参考答案：√

对应条文：1.9.2

107. 在临边、狭窄场地、临近带电体及线路等危险区域（路段）使用车辆作业时，应划定明确的作业范围，设置明显的警示标志，并设专人监护。（　）

参考答案：√

对应条文：1.9.4

108. 海上风电建设项目大件运输应制定海上运输方案和应急预案。（　）

参考答案：√

对应条文：1.10.3

109. 在脱硫石膏装载作业时，必须在确认运输车厢（罐）内无人后才能进行装载作业。（　）

参考答案：√

对应条文：1.11.3

110.有淹溺危险的浆液池等盛装液体的沟池场所必须设置盖板,并做到盖板严密,以防作业人员落入沟池。（ ）

参考答案：√

对应条文：1.11.4

111.应制定液氨储罐意外受热或罐体温度过高致使压力显著升高、液氨泄漏等应急预案,并定期组织演练。（ ）

参考答案：√

对应条文：1.12.4

112.进入液氨储存区域的人员,可以穿戴带钉皮鞋、化纤类服装。（ ）

参考答案：×

对应条文：1.12.5

二、单项选择题

1.高处作业人员必须经职业健康体检合格,检查周期为（ ）。

A. 半年

B. 1年

C. 2年

D. 3年

参考答案：B

对应条文：1.1.1

2.高处作业人员必须经过专业技能培训,并取得（ ）后方可上岗。

A. 特种作业证

B. 合格证书

C. 健康证

D. 驾驶证

参考答案：B

对应条文：1.1.2

3.遇有阵风风力（ ）及以上应停止露天高处作业。

A. 5级

B. 6级

C. 7级

D. 8级

参考答案：B

对应条文：1.1.4

4.高处作业所用的工具和材料应放在（ ）或用绳索拴在牢固的构件上。

A. 工具袋内

B. 地面上

C. 脚手架上

D. 设备上

参考答案：A

对应条文：1.1.3

5.高处作业层脚手板下必须采用足够强度的安全平网兜底,以下每隔不大于（ ）必须采用安全平网封闭。

A. 5m

B. 10m

C. 15m

D. 20m

参考答案：B

对应条文：1.1.8

6.作业现场使用移动高处作业平台四周应设置保护栏杆、护脚板或其他保护设施,作业平台表面应（ ）。

A. 光滑

B. 防滑

C. 倾斜

D. 无要求

参考答案：B

对应条文：1.1.9

7.高处作业使用的梯子梯阶的距离不应大于（ ）。

A. 20cm

B. 30cm

C. 40cm

D. 50cm

参考答案：B

对应条文：1.1.10

8. 吊装散件物时应用料斗或箱子，装料高度严禁超过上口边，散粒状的物料必须低于料斗上口边线（ ）。

A. 50mm

B. 100mm

C. 150mm

D. 200mm

参考答案：B

对应条文：1.6.7

9. 从事电气操作、电气检修和维护的人员必须经专业技术培训、触电急救培训并（ ）方可上岗。

A. 实习

B. 考试合格

C. 领导批准

D. 无需其他条件

参考答案：B

对应条文：1.2.1

10. 电气作业人员作业时应穿绝缘鞋（靴），根据作业需要佩戴（ ）。

A. 绝缘手套

B. 安全帽

C. 护目镜

D. 口罩

参考答案：A

对应条文：1.2.2

11. 使用绝缘安全工器具必须经过定期试验合格，使用前必须检查安全工器具结构完整、性能良好，在（ ）内。

A. 使用期

B. 检验有效期

C. 保质期

D. 无要求

参考答案：B

对应条文：1.2.3

12. 检修动力电源箱的支路开关都应加装（ ）并应定期检查和试验。

A. 空气开关

B. 剩余电流动作保护器（漏电保护器）

C. 熔断器

D. 刀闸

参考答案：B

对应条文：1.2.5

13. 在高压线路、设备及相关区域工作，人体与带电体的安全距离应满足（ ）相关要求。

A.《电力安全工作规程 电力线路部分》（GB 26859）和《电力安全工作规程 发电厂和变电站电气部分》（GB 26860）

B.《电力安全生产条例》

C. 企业内部规定

D. 无具体要求

参考答案：A

对应条文：1.2.6

14. 高压线路、设备停电检修时，应采取停电、验电、接地、悬挂标示牌和装设（ ）等措施。

A. 遮栏（围栏）

B. 警示灯

C. 警示牌

D. 标语

参考答案：A

对应条文：1.2.7

15. 高压电气设备带电部位对地距离不满足设计标准时周边必须装设防护围栏,门应加锁,并挂好( )。

A. 安全警示牌
B. 标语
C. 宣传画
D. 无要求

参考答案:A
对应条文:1.2.8

16. 雷雨天气,需要巡视室外高压设备时,应穿( ),并不准靠近避雷器和避雷针。

A. 绝缘靴
B. 普通鞋
C. 防滑鞋
D. 无要求

参考答案:A
对应条文:1.2.9

17. 当高压设备发生接地故障时,室内不得进入故障点( )以内。

A. 4m
B. 5m
C. 6m
D. 8m

参考答案:A
对应条文:1.2.10

18. 高压试验时,必须装设围栏,悬挂安全标示牌,并设专人看护,严禁其他人员进入试验场地或接触( )。

A. 被试验设备
B. 电源
C. 工具
D. 无要求

参考答案:A
对应条文:1.2.11

19. 因临近带电设备或工作地段有临近、平行、交叉跨越及同杆塔架设带电线路,导致检修设备(线路)可能产生感应电压时,应加装( )或使用个人保安线。

A. 工作接地线
B. 零线
C. 火线
D. 无要求

参考答案:A
对应条文:1.2.12

20. 电缆及电容器检修前应逐相充分放电,并( )。

A. 可靠接地
B. 短路
C. 隔离
D. 无要求

参考答案:A
对应条文:1.2.13

21. 在地下敷设电缆附近开挖土方时,( )使用机械开挖。

A. 可以
B. 严禁
C. 视情况
D. 无要求

参考答案:B
对应条文:1.2.14

22. 严禁用( )去触摸电源开关以及其他电气设备。

A. 湿手
B. 干手
C. 戴手套的手
D. 无要求

参考答案:A
对应条文:1.2.15

23. 在变电站户外和高压室内搬动梯子、管子等长物,应放倒后搬运,并与带电部分保持足够的( )。

A. 安全距离
B. 空间
C. 高度
D. 无要求

参考答案:A
对应条文:1.2.16

24. 在带电设备周围或上方进行安装或测量时,严禁使用( )或带有金属丝的测绳、皮尺。

A. 钢卷尺
B. 木尺
C. 塑料尺
D. 无要求

参考答案:A
对应条文:1.2.17

25. 有限空间移动照明应使用( )以下的电压,金属容器内、潮湿环境下应使用12V的安全电压。

A. 36V
B. 24V
C. 12V
D. 无要求

参考答案:A
对应条文:1.2.18

26. 3～66kV中性点不接地系统发生单相接地故障时,一次设备应能快速切除故障,从而降低( )风险。

A. 设备损坏
B. 人身触电
C. 火灾
D. 无要求

参考答案:B
对应条文:1.2.20

27. 进入生产现场人员必须掌握相关安全防护知识,正确佩戴合格的( )。

A. 安全帽
B. 安全带
C. 手套
D. 无要求

参考答案:A
对应条文:1.3.1

28. 安全带应采取( )的方式。

A. 高挂高用
B. 高挂低用
C. 低挂低用
D. 低挂高用

参考答案:B
对应条文:1.1.3

29. 当高压设备发生接地故障时,室内不得进入故障点( )m以内,室外不得进入故障点( )m以内。

A. 2;4
B. 4;6
C. 4;8
D. 6;8

参考答案:C
对应条文:1.2.10

30. 有限空间移动照明应使用( )V以下的电压。

A. 36
B. 24
C. 12
D. 6

参考答案:A
对应条文:1.2.18

31. 进入有害气体的场所必须佩戴( )。

A. 长管呼吸器

B. 正压空气呼吸器

C. 防毒面罩

D. 套头式防毒面具

参考答案：C

对应条文：1.2.18

32. 有限空间作业必须遵守（ ）原则。

A. "先通风、后作业、再检测"

B. "先通风、再检测、后作业"

C. "先作业、后检测、再通风"

D. "先检测、后通风、再作业"

参考答案：B

对应条文：1.8.2

33. 有限空间作业中至少每（ ）h 检测一次有害气体含量，对可能释放有害物质的有限空间应连续监测。

A. 1

B. 2

C. 3

D. 4

参考答案：B

对应条文：1.8.3

34. （ ）级及以上大风、大雨、雷电、浓雾天气禁止临水和水上作业。

A. 二

B. 三

C. 四

D. 五

参考答案：D

对应条文：1.10.6

35. 液氨储罐区应由具有综合（ ）级资质或者化工、石化专业（ ）级设计资质的化工、石化设计单位设计。

A. 甲；甲

B. 甲；乙

C. 乙；甲

D. 乙；乙

参考答案：A

对应条文：1.12.1

36. 严格控制液氨储罐充装量，不应超过储罐总容积的（ ）。

A. 85%

B. 88%

C. 90%

D. 95%

参考答案：A

对应条文：1.12.7

三、多项选择题

1. 高处作业人员必须（ ）。

A. 经职业健康体检合格

B. 经过专业技能培训并取得合格证书

C. 穿工作服、防滑鞋，正确佩戴使用个人安全防护用具

D. 无需专人监护

参考答案：ABC

对应条文：1.1.1、1.1.2、1.1.3

2. 高处作业应设有（ ）。

A. 牢固作业立足面

B. 防护栏

C. 防护网

D. 停歇区

参考答案：ABCD

对应条文：1.1.5

3. 施工或生产作业区的通道及各种孔、洞、井、沟、坑口、平台等临边部位应设置（ ）。

A. 安全防护设施

B. 悬挂安全标志牌

C. 警示灯

D. 无要求

参考答案：AB

对应条文：1.1.6

4.高处作业层脚手板必须（　）。

A. 铺满

B. 铺稳

C. 铺实

D. 铺平

参考答案：ABCD

对应条文：1.1.8

5.作业现场使用移动高处作业平台四周应设置（　）。

A. 保护栏杆

B. 护脚板

C. 其他保护设施

D. 无要求

参考答案：ABC

对应条文：1.1.9

6.高处作业使用的梯子应（　）。

A. 有防滑保护装置

B. 梯阶的距离不应大于 30cm

C. 在距梯顶 1m 处设限高标志

D. 无要求

参考答案：ABC

对应条文：1.1.10

7.吊装作业必须（　）。

A. 清楚吊物重量并捆绑牢固

B. 严禁起吊不明物和埋在地下的物件

C. 带棱角或缺口的吊物无防割措施严禁起吊

D. 无要求

参考答案：ABC

对应条文：1.6.8

8.电气作业人员应正确佩戴合格的个人防护用品，使用合格的电力安全工器具，包括（　）。

A. 绝缘鞋（靴）

B. 绝缘手套

C. 安全帽

D. 工作服

参考答案：ABCD

对应条文：1.2.2

9.使用绝缘安全工器具包括（　）必须经过定期试验合格。

A. 绝缘操作杆

B. 验电器

C. 携带型短路接地线

D. 无要求

参考答案：ABC

对应条文：1.2.3

10.检修动力电源箱的支路开关都应加装剩余电流动作保护器（漏电保护器）并应定期检查和试验。连接电动机械及电动工具的电气回路应单独装设（　）。

A. 开关或插座

B. 剩余电流动作保护器

C. 空气开关

D. 刀闸

参考答案：AB

对应条文：1.2.5

11.在高压线路、设备及相关区域工作，人体与带电体的安全距离应满足（　）相关要求。

A.《电力安全工作规程 电力线路部分》（GB 26859）

B.《电力安全工作规程 发电厂和变电站电气部分》（GB 26860）

C. 企业内部规定

15

D. 无要求

参考答案：AB

对应条文：1.2.6

12. 高压线路、设备停电检修时，应采取（　）等措施。

A. 停电、验电

B. 接地

C. 悬挂标示牌

D. 装设遮栏（围栏）

参考答案：ABCD

对应条文：1.2.7

13. 高压电气设备带电部位对地距离不满足设计标准时周边必须装设防护围栏，门应加锁，并挂好安全警示牌。围栏与带电部位最小间距应满足（　）要求。

A. 《电力安全工作规程 发电厂和变电站电气部分》（GB 26860）

B. 《电力安全生产条例》

C. 企业内部规定

D. 无要求

参考答案：A

对应条文：1.2.8

14. 雷雨天气，需要巡视室外高压设备时，应穿绝缘靴，并不准靠近（　）。

A. 避雷器

B. 避雷针

C. 断路器

D. 隔离开关

参考答案：AB

对应条文：1.2.9

15. 电(气)焊作业人员从事电(气)焊作业，必须做好以下措施（　）。

A. 穿好焊工工作服

B. 穿好焊工防护鞋

C. 戴好工作帽、焊工手套

D. 电焊须戴好焊工面罩，气焊须戴好防护眼镜

参考答案：ABCD

对应条文：1.5.2

16. 起重作业人员从事起重作业，必须（　）。

A. 穿工作服

B. 穿安全鞋（靴）

C. 佩戴安全帽

D. 佩戴绝缘手套

参考答案：ABC

对应条文：1.6.4

17. 大型起重作业、易燃易爆物品吊装及危险化学品的吊装作业必须制订（　）。

A. 组织措施

B. 技术措施

C. 安全措施

D. 施工方案、应急预案

参考答案：ABCD

对应条文：1.6.5

18. 使用脚手架时，以下行为属于严禁事项的是（　）。

A. 擅自改变架体结构

B. 超载使用

C. 在脚手架上起重作业

D. 将任何管道、起重装置等与架体结构连接

参考答案：ABCD

对应条文：1.7.6

2 防止火灾事故的重点要求习题

一、判断题（对画"√"，错画"×"）

1. 各单位应落实全员消防安全责任制，建立消防安全保证和监督体系。（　）

参考答案：√

对应条文：2.1.1

2. 泡沫灭火器的标志牌无需标明"不适用于电气火灾"字样。（　）

参考答案：×

对应条文：2.1.2

对应条文部分内容：泡沫灭火器的标志牌应标明"不适用于电气火灾"字样。

3. 单机容量125MW机组及以上的燃煤电厂消防给水应采用独立的消防给水系统。（　）

参考答案：√

对应条文：2.1.3

4. 现场工作人员无需掌握《电力设备典型消防规程》动火级别、禁止动火条件。（　）

参考答案：×

对应条文：2.1.5

对应条文部分内容：现场工作人员应掌握《电力设备典型消防规程》动火级别、禁止动火条件。

5. 电力调度大楼、地下变电站、无人值守变电站无需安装火灾自动报警或自动灭火设施。（　）

参考答案：×

对应条文：2.1.6

对应条文部分内容：电力调度大楼、地下变电站、无人值守变电站应安装火灾自动报警或自动灭火设施。

6. 建（构）筑物的安全疏散安全出口、室外疏散楼梯、疏散通道、疏散门不得堆积和占用、应保持畅通。（　）

参考答案：√

对应条文：2.1.7

7. 风电、光伏新能源场站无需与当地森林防火指挥中心建立应急协调机制。（　）

参考答案：×

对应条文：2.1.8

对应条文部分内容：风电、光伏新能源场站要与当地森林防火指挥中心建立应急协调机制。

8. 大型发电、变配电等特殊建设工程应履行消防设计审查、消防验收制度。（　）

参考答案：√

对应条文：2.1.9

9. 消防设施维护保养检测、消防安全评估等消防技术服务机构及人员无需符合从业条件和资格。（　）

参考答案：×

对应条文：2.1.10

对应条文部分内容：消防设施维护保养检测、消防安全评估等消防技术服务机构及人员应符合从业条件和资格，并对服务质量负责。

10. 进入氢站、油库、氨区和天然气站无需进行静电释放。（　）

参考答案：×

对应条文：2.1.12

对应条文部分内容：进入氢站、油库、氨区和天然气站前进行静电释放，严禁携带手机、火种，严禁穿带钉子的鞋和易产生静电的衣服，运行和维护应使用铜质的专用工具。

11. 新、扩建工程中的电缆选择与敷设无需按有关规定进行设计。（ ）

参考答案：×

对应条文：2.2.1

对应条文部分内容：新、扩建工程中的电缆选择与敷设应按有关规定进行设计。

12. 在密集敷设电缆的主控制室下电缆夹层和电缆沟内，可以布置热力管道、油气管以及其他可能引起着火的管道和设备。（ ）

参考答案：×

对应条文：2.2.2

对应条文部分内容：在密集敷设电缆的主控制室下电缆夹层和电缆沟内，不得布置热力管道、油气管以及其他可能引起着火的管道和设备。

13. 对于新建、扩建的火电厂主厂房、升压站、输煤、燃油、制氢、氨区及其他易燃易爆场所，应选用阻燃电缆。（ ）

参考答案：√

对应条文：2.2.3

14. 采用排管、电缆沟、隧道、桥梁及桥架敷设的阻燃电缆，其成束阻燃性能应不低于C级。（ ）

参考答案：√

对应条文：2.2.4

15. 同一重要回路的工作与备用电缆无需配置在不同层或不同侧的支架上，也无需实行防火分隔。（ ）

参考答案：×

对应条文：2.2.5

对应条文部分内容：同一重要回路的工作与备用电缆应配置在不同层或不同侧的支架上，并应实行防火分隔。

16. 发电厂控制室、开关室、计算机室等通往电缆夹层、隧道、穿越楼板、墙壁、柜、盘等处的所有电缆孔洞和盘面之间的缝隙必须采用合格的不燃或阻燃材料封堵。（ ）

参考答案：√

对应条文：2.2.6

17. 非直埋电缆接头的外护层及接地线无需包覆阻燃材料。（ ）

参考答案：×

对应条文：2.2.7

对应条文部分内容：非直埋电缆接头的外护层及接地线应包覆阻燃材料。

18. 新建或改扩建工程，发电厂的发电机、主变压器、备用变压器、消防水泵、消防系统回路、应急电源、断路器及重要公用设备的保护、控制等回路，应使用耐火电缆。（ ）

参考答案：√

对应条文：2.2.8

19. 电缆竖井和电缆沟无需分段做防火隔离。（ ）

参考答案：×

对应条文：2.2.9

对应条文部分内容：电缆竖井和电缆沟应分段做防火隔离。

20. 可以随意增加电缆中间接头的数量。（ ）

参考答案：×

对应条文：2.2.10

对应条文部分内容：尽量减少电缆中间接头的数量。

21. 在电缆通道、夹层内动火作业无需办理动火工作票。（ ）

参考答案：×

对应条文：2.2.11

对应条文部分内容：在电缆通道、夹层内动火作业应办理动火工作票，并采取可靠的防火措施。

22.火力发电厂主厂房到网络控制楼或主控制楼的每条电缆隧道或沟道所容纳的电缆回路，宜不超过1台机组的电缆。（ ）

参考答案：√

对应条文：2.2.12

23.无需建立健全电缆维护、检查及防火、报警等各项规章制度。（ ）

参考答案：×

对应条文：2.2.13

对应条文部分内容：建立健全电缆维护、检查及防火、报警等各项规章制度。

24.电缆通道、夹层可以堆放杂物。（ ）

参考答案：×

对应条文：2.2.14

对应条文部分内容：电缆通道、夹层应保持清洁，禁止堆放杂物。

25.近高温管道、阀门等热体的电缆无需隔热措施。（ ）

参考答案：×

对应条文：2.2.15

对应条文部分内容：近高温管道、阀门等热体的电缆应有隔热措施。

26.发电厂主厂房内架空电缆与热体管路平行时，控制电缆与热体管路距离不小于0.5m，动力电缆不小于1m。（ ）

参考答案：√

对应条文：2.2.16

27.电缆通道临近易燃或腐蚀性介质的存储容器、输送管道时，无需采取安全隔离措施。（ ）

参考答案：×

对应条文：2.2.17

对应条文部分内容：电缆通道临近易燃或腐蚀性介质的存储容器、输送管道时，应加强监视或采取安全隔离措施。

28.3～66kV中性点不接地系统发生单相接地故障时，一次设备无需快速响应。（ ）

参考答案：×

对应条文：2.2.18

对应条文部分内容：3～66kV中性点不接地系统发生单相接地故障时，一次设备应能快速响应，防止电缆着火、事故扩大。

29.重要的电缆通道如控制电缆安装密集的电缆夹层、电缆竖井、电缆桥架、电缆沟区域内应安装火灾探测报警装置，并定期检测。（ ）

参考答案：√

对应条文：2.2.19

30.油系统可以使用铸铁阀门。（ ）

参考答案：×

对应条文：2.3.1

对应条文部分内容：油系统禁止使用铸铁阀门。

31.油系统法兰可以使用塑料垫、橡皮垫（含耐油橡皮垫）和石棉纸垫。（ ）

参考答案：×

对应条文：2.3.2

对应条文部分内容：油系统法兰禁止使用塑料垫、橡皮垫（含耐油橡皮垫）和石棉纸垫，应按磷酸酯抗燃油及矿物油对密封材料的相容性要求进行选择。

32.油管道法兰、阀门及可能漏油部位附近有明火作业时，无需采取有效措施。（ ）

参考答案：×

对应条文：2.3.3

对应条文部分内容：油管道法兰、阀门及可能漏油部位附近不准有明火，必须明火作业时要采取有效措施。

33.可以在有介质的油管道上进行切割、焊接工作。（ ）

参考答案：×

对应条文：2.3.4

对应条文部分内容：禁止在有介质的油管道上进行切割、焊接工作。

34.油管道法兰、阀门及轴承、调速系统等应保持严密不漏油，如有漏油应及时消除。（ ）

参考答案：√

对应条文：2.3.5

35.油管道法兰、阀门的周围及下方，如敷设有热力管道或其他热体，这些热体保温无需齐全。（ ）

参考答案：×

对应条文：2.3.6

对应条文部分内容：油管道法兰、阀门的周围及下方，如敷设有热力管道或其他热体，这些热体保温必须齐全。

36.检修时如发现保温材料内有渗油时，无需查明原因。（ ）

参考答案：×

对应条文：2.3.7

对应条文部分内容：检修时如发现保温材料内有渗油时，应查明原因，消除漏油点，并更换保温材料。

37.事故排油阀应设两个串联钢质截止阀，其操作手轮应设在距油箱5m以外的地方，便于操作和撤离。（ ）

参考答案：√

对应条文：2.3.8

38.油管道穿过楼板、孔洞等构筑物时，留在孔洞内管道可以有法兰、焊口。（ ）

参考答案：×

对应条文：2.3.9

对应条文部分内容：油管道穿过楼板、孔洞等构筑物时，留在孔洞内管道不得有法兰、焊口。

39.机组油系统的设备及管道损坏发生漏油，不能与系统隔绝处理且无法现场消除漏油的，无需立即停机处理。（ ）

参考答案：×

对应条文：2.3.10

对应条文部分内容：机组油系统的设备及管道损坏发生漏油，除轻微渗油可以及时处理外，凡不能与系统隔绝处理且无法现场消除漏油的，或热力管道保温已渗入油且无法妥善处置的，应立即停机处理。

40.油系统应使用铜制工具或专用防爆工具操作，禁止在油管道上进行焊接、捻缝工作。（ ）

参考答案：√

对应条文：2.4.1

41.储油罐或油箱的加热温度无需根据燃油种类严格控制在允许的范围内。（ ）

参考答案：×

对应条文：2.4.2

对应条文部分内容：储油罐或油箱的加热温度必须根据燃油种类严格控制在允许的范围内。

42.油区、输卸油管道应有可靠的防静电安全接地装置，油区应设置可靠地防雷接地装置，并定期测试接地电阻值。（ ）

参考答案：√

对应条文：2.4.3

43. 油区、油库无需有严格的消防管理制度。（ ）

参考答案：×

对应条文：2.4.4

对应条文部分内容：油区、油库必须有严格的消防管理制度。

44. 油区内可以存放易燃物品和堆放杂物。（ ）

参考答案：×

对应条文：2.4.5

对应条文部分内容：油区内易着火的临时建筑要拆除，禁止存放易燃物品和堆放杂物，无杂草。

45. 燃油罐区及锅炉油系统的防火无需遵守2.3.4、2.3.6、2.3.7的规定。（ ）

参考答案：×

对应条文：2.4.6

对应条文部分内容：燃油罐区及锅炉油系统的防火还应遵守2.3.4、2.3.6、2.3.7的规定。

46. 燃油系统的软管和垫片，无需定期检查更换。（ ）

参考答案：×

对应条文：2.4.7

对应条文部分内容：燃油系统的软管和垫片，应定期检查更换。

47. 油库、油罐降温装置无需进行定期维护和试运。（ ）

参考答案：×

对应条文：2.4.8

对应条文部分内容：油库、油罐降温装置要进行定期维护和试运，保持完整备用。

48. 可以用压力水管直接浇着火的煤粉。（ ）

参考答案：×

对应条文：2.5.1

对应条文部分内容：不得用压力水管直接浇着火的煤粉，以防煤粉飞扬引起爆炸。

49. 清理煤粉时，应杜绝明火。（ ）

参考答案：√

对应条文：2.5.2

50. 磨制混合品种燃料时，磨煤机出口温度应按其中最易爆的煤种确定。（ ）

参考答案：√

对应条文：2.5.3

51. 防爆门动作时喷出的气流，可以危及附近的电缆、油气管道和有人通行的部位。（ ）

参考答案：×

对应条文：2.5.4

对应条文部分内容：防爆门动作时喷出的气流，不应危及附近的电缆、油气管道和有人通行的部位。

52. 制粉系统的设备保温材料、管道保温材料及在煤仓间穿过的汽、水、油管道保温材料均应采用不燃烧材料。（ ）

参考答案：√

对应条文：2.5.5

53. 制粉系统动火作业，无需测定粉尘浓度合格。（ ）

参考答案：×

对应条文：2.5.6

对应条文部分内容：制粉系统动火作业，应测定粉尘浓度合格，并执行动火工作制度。

54. 当发电机为氢气冷却运行时，置换空气的管路无需隔绝。（ ）

参考答案：×

对应条文：2.6.1

对应条文部分内容：当发电机为氢气冷却运行时，置换空气的管路必须隔绝，并加严密的堵板。

55.氢冷系统中氢气纯度须不低于96%,含氧量不应大于1.2%。（ ）

参考答案：√

对应条文：2.6.2

56.在氢站或氢气系统附近进行明火作业或做能产生火花的工作时，无需测定工作区域内氢气含量合格。（ ）

参考答案：×

对应条文：2.6.3

对应条文部分内容：在氢站或氢气系统附近进行明火作业或做能产生火花的工作时，应测定工作区域内氢气含量合格，执行动火工作制度，并应办理一级动火工作票。

57.氢站应按严重危险级的场所管理，应设推车式灭火器。（ ）

参考答案：√

对应条文：2.6.4

58.密封油系统平衡阀、压差阀、安全阀及浮球阀无需保证动作灵活、可靠。（ ）

参考答案：×

对应条文：2.6.5

对应条文部分内容：密封油系统平衡阀、压差阀、安全阀及浮球阀必须保证动作灵活、可靠。

59.空、氢侧各种备用密封油泵无需定期进行联动试验。（ ）

参考答案：×

对应条文：2.6.6

对应条文部分内容：空、氢侧各种备用密封油泵应定期进行联动试验。

60.室内氢气排放管的出口应高出屋顶1m以上。（ ）

参考答案：×

对应条文：2.6.7

对应条文部分内容：室内氢气排放管的出口应高出屋顶2m以上。

61.首次使用和检修、改造后的氢气系统无需进行耐压、清洗（吹扫）和气密性试验。（ ）

参考答案：×

对应条文：2.6.8

对应条文部分内容：首次使用和检修、改造后的氢气系统应进行耐压、清洗（吹扫）和气密性试验，符合要求后方可投入使用。

62.输煤皮带停止上煤期间，无需进行巡视检查。（ ）

参考答案：×

对应条文：2.7.1

对应条文部分内容：输煤皮带停止上煤期间，也应坚持巡视检查，发现积煤、积粉应及时清理。

63.煤垛发生自燃现象时应及时扑灭，不得将带有火种的煤送入输煤皮带。（ ）

参考答案：√

对应条文：2.7.2

64.燃用易自燃煤种的电厂无需采用阻燃输煤皮带。（ ）

参考答案：×

对应条文：2.7.3

对应条文部分内容：燃用易自燃煤种的电厂必须采用阻燃输煤皮带。

65.应经常清扫输煤系统主辅助设备，重点是电源箱柜、电缆排架、电缆槽盒、电缆竖井、除尘器管路、落煤管、导煤槽内等各处的积粉。（ ）

参考答案：√

对应条文：2.7.4

66.脱硫、湿式电除尘器系统防腐材料可

以提前大量配置存放。（ ）

参考答案：×

对应条文：2.8.1

对应条文部分内容：脱硫、湿式电除尘器系统防腐材料应当天配置，即配即用，非工作期间分类存放在专用仓库内。

67.在涉及衬胶、环氧树脂、玻璃鳞片、喷涂聚脲、FRP玻璃钢的设备内部或外壁进行焊接、切割、打磨等可能产生明火的作业或其他加热作业，无需执行动火工作票制度。（ ）

参考答案：×

对应条文：2.8.2

对应条文部分内容：在涉及衬胶、环氧树脂、玻璃鳞片、喷涂聚脲、FRP玻璃钢的设备内部或外壁进行焊接、切割、打磨等可能产生明火的作业或其他加热作业，必须严格执行动火工作票制度。

68.涉及脱硫塔、湿式电除尘器以及相关烟道内部防腐、非金属部件安装区域，无需制定施工区域出入门禁制度。（ ）

参考答案：×

对应条文：2.8.3

对应条文部分内容：涉及脱硫塔、湿式电除尘器以及相关烟道内部防腐、非金属部件安装区域，必须制定施工区域出入门禁制度。

69.脱硫、湿式电除尘器系统及附属烟道内防腐、安装或检修必须选用防爆型电器设备和电动工具，并安装漏电保护器，电源线必须使用软橡胶电缆，且不允许有接头。（ ）

参考答案：√

对应条文：2.8.4

70.脱硫、湿式电除尘器系统及内部防腐及非金属部件安装作业期间，无需设置防爆型排风机进行强制通风。（ ）

参考答案：×

对应条文：2.8.5

对应条文部分内容：脱硫、湿式电除尘器系统及内部防腐及非金属部件安装作业期间，应至少设置2台防爆型排风机进行强制通风。

71.湿式电除尘器本体四周无需配备消防设施。（ ）

参考答案：×

对应条文：2.8.6

对应条文部分内容：湿式电除尘器本体四周应配备消防设施，灭火范围应能够覆盖最顶层平台设备。

72.应编制并落实脱硫系统、湿式电除尘器系统施工临时设施的消防设计，满足施工现场防火、灭火及人员安全疏散的要求，并对各级施工人员进行安全交底。（ ）

参考答案：√

对应条文：2.8.7

73.健全和完善氨系统运行与维护规程以及相关的制度、措施。（ ）

参考答案：√

对应条文：2.9.1

74.氨区及输氨管道法兰、阀门连接处无需装设金属跨接线。（ ）

参考答案：×

对应条文：2.9.2

对应条文部分内容：氨区及输氨管道法兰、阀门连接处应装设金属跨接线。

75.氨区所有电气设备、远传仪表、执行机构、热控盘柜应使用防爆型电器设备,且通风、照明良好。（ ）

参考答案：√

对应条文：2.9.3

76.液氨设备、系统的布置无需便于操作、

通风和事故处理。（　）

参考答案：×

对应条文：2.9.4

对应条文部分内容：液氨设备、系统的布置应便于操作、通风和事故处理，同时必须留有足够宽度的操作空间和安全疏散通道。

77.在正常运行中会产生火花的氨压缩机启动控制设备、氨泵及空气冷却器（冷风机）等动力装置的启动控制设备不应布置在氨压缩机房中。（　）

参考答案：√

对应条文：2.9.5

78.在氨区或氨系统附近进行明火作业时，无需执行动火工作票制度。（　）

参考答案：×

对应条文：2.9.6

对应条文部分内容：在氨区或氨系统附近进行明火作业时，必须严格执行动火工作票制度。

79.氨储罐区及使用场所，无需配备消防灭火和稀释吸收的喷淋系统以及足够的消防器材、氨漏泄检测器和视频监控系统。（　）

参考答案：×

对应条文：2.9.7

对应条文部分内容：氨储罐区及使用场所，应按规定配备消防灭火和稀释吸收的喷淋系统以及足够的消防器材、氨漏泄检测器和视频监控系统。

80.氨储罐的新建、改建和扩建工程项目无需进行安全性评价。（　）

参考答案：×

对应条文：2.9.8

对应条文部分内容：氨储罐的新建、改建和扩建工程项目应进行安全性评价。

81.氨区无需设置避雷保护装置。（　）

参考答案：×

对应条文：2.9.9

对应条文部分内容：氨区按规定设置避雷保护装置，储罐和氨管道可靠接地，并采取防止静电感应的措施。

82.氨区储罐无需设置防晒和温度升高的降温喷淋措施。（　）

参考答案：×

对应条文：2.9.10

对应条文部分内容：氨区储罐应设置防晒和温度升高的降温喷淋措施，具有自动启动功能并定期试验。

83.卸氨区应装设万向充装系统用于接卸液氨，禁止使用软管接卸。（　）

参考答案：√

对应条文：2.9.11

84.燃气轮机（房）或联合循环发电机组（房）、余热锅炉（房）与办公、生活建筑（耐火等级一、二级）之间的防火间距应大于10m。（　）

参考答案：√

对应条文：2.10.1

85.天然气系统的新建、改建和扩建工程项目无需进行安全评价。（　）

参考答案：×

对应条文：2.10.2

对应条文部分内容：天然气系统的新建、改建和扩建工程项目应进行安全评价。

86.天然气系统区域无需建立严格的防火防爆制度。（　）

参考答案：×

对应条文：2.10.3

对应条文部分内容：天然气系统区域应建

立严格的防火防爆制度。

87.室内天然气调压站,燃气轮机与联合循环发电机组厂房应设可燃气体漏泄探测装置,其报警信号应引至集中火灾报警控制器。( )

参考答案:√

对应条文:2.10.4

88.无需定期对天然气系统进行火灾、爆炸风险评估。( )

参考答案:×

对应条文:2.10.5

对应条文部分内容:应定期对天然气系统进行火灾、爆炸风险评估。

89.天然气系统的压力容器使用管理无需按《特种设备安全监察条例》的规定执行。( )

参考答案:×

对应条文:2.10.6

对应条文部分内容:天然气系统的压力容器使用管理应按《特种设备安全监察条例》的规定执行。

90.天然气系统中设置的安全阀,无需每年检验、校验。( )

参考答案:×

对应条文:2.10.7

对应条文部分内容:天然气系统中设置的安全阀,应做到启闭灵敏,每年至少委托有资格的检验机构检验、校验一次。

91.在天然气管道中心线两侧各5m地域范围内,可以种植乔木、灌木、藤类、芦苇、竹子或者其他根系达管道埋设部位可能损坏管道防腐层的深根植物。( )

参考答案:×

对应条文:2.10.8

对应条文部分内容:在天然气管道中心线两侧各5m地域范围内,禁止种植乔木、灌木、藤类、芦苇、竹子或者其他根系达管道埋设部位可能损坏管道防腐层的深根植物。

92.天然气爆炸危险区域内的设施无需采用防爆电器。( )

参考答案:×

对应条文:2.10.9

对应条文部分内容:天然气爆炸危险区域内的设施应采用防爆电器。

93.天然气区域无需防止静电荷产生和集聚的措施。( )

参考答案:×

对应条文:2.10.10

对应条文部分内容:天然气区域应有防止静电荷产生和集聚的措施,并设有可靠的防静电接地装置。

94.天然气区域的设施无需防雷装置。( )

参考答案:×

对应条文:2.10.11

对应条文部分内容:天然气区域的设施应有可靠的防雷装置。

95.连接管道的法兰连接处,无需设金属跨接线。( )

参考答案:×

对应条文:2.10.12

对应条文部分内容:连接管道的法兰连接处,应设金属跨接线(绝缘管道除外)。

96.在天然气易燃易爆区域内进行作业时,无需使用防爆工具。( )

参考答案:×

对应条文:2.10.13

对应条文部分内容:在天然气易燃易爆区域内进行作业时,应使用防爆工具,并穿戴防静电服和不带铁掌的工鞋。

97.正压式空气呼吸器和消防员灭火防护

服应每月检查一次。（　）

参考答案：√

对应条文：2.1.4

98.在密集敷设电缆的主控制室下电缆夹层和电缆沟内，可以布置热力管道、油气管以及其他可能引起着火的管道和设备。（　）

参考答案：×

对应条文：2.2.2

对应条文部分内容：不得布置热力管道、油气管以及其他可能引起着火的管道和设备。

99.同一重要回路的工作与备用电缆应配置在不同层或不同侧的支架上，并应实行防火分隔。（　）

参考答案：√

对应条文：2.2.5

100.汽机油系统应尽量避免使用法兰连接，使用铸铁阀门。（　）

参考答案：×

对应条文：2.3.1

对应条文部分内容：禁止使用铸铁阀门。

101.煤粉着火后，可以用压力水管直接浇灭。（　）

参考答案：×

对应条文：2.5.1

对应条文部分内容：不得用压力水管直接浇着火的煤粉。

102.制氢和供氢的管道、阀门或其他设备发生冻结时，应用火烤解冻。（　）

参考答案：×

对应条文：2.6.1

对应条文部分内容：应用蒸汽或热水解冻，禁止用火烤。

103.输煤皮带停止上煤期间，不需要巡视检查。（　）

参考答案：×

对应条文：2.7.1

对应条文部分内容：输煤皮带停止上煤期间，也应坚持巡视检查。

104.吸收塔、湿式电除尘器及相关烟道内动火作业可以多点作业，焊割作业应采取持续性工作方式。（　）

参考答案：×

对应条文：2.8.2

对应条文部分内容：吸收塔、湿式电除尘器及相关烟道内动火作业只能单点作业，焊割作业应采取间歇性工作方式。

105.卸氨区应装设万向充装系统用于接卸液氨，禁止使用软管接卸。（　）

参考答案：√

对应条文：2.9.11

106.天然气系统区域应建立严格的防火防爆制度，生产区与办公区应有明显的分界标志，并设有"严禁烟火"等醒目的防火标志。（　）

参考答案：√

对应条文：2.10.3

107.布置在风力发电机内（含塔架与机舱）的变压器应采用干式变压器，应布置于独立的隔离室内并配置自动灭火装置，设置耐火隔板，耐火隔板的耐火极限不小于1h。（　）

参考答案：√

对应条文：2.11.11

108.发电侧和电网侧电化学储能电站站址不应贴邻或设置在生产、储存、经营易燃易爆危险品的场所，不应设置在具有粉尘、腐蚀性气体的场所，不应设置在重要架空电力线路保护区内。（　）

参考答案：√

对应条文：2.12.1

109. 新（改、扩）建中大型锂离子电池储能电站电池设备间内应设置固定自动灭火系统；灭火系统应满足扑灭电池明火且不复燃的要求。（ ）

参考答案：√

对应条文：2.12.7

110. 电力调度大楼、地下变电站、无人值守变电站应安装火灾自动报警或自动灭火设施，无人值守变电站其火灾报警系统应和视频监控系统联动，以便及时发现火警。（ ）

参考答案：√

对应条文：2.1.6

111. 大型发电、变配电等特殊建设工程应履行消防设计审查、消防验收制度，其他建设工程应履行备案抽查制度；依法应当进行消防验收的建设工程，未经消防验收或者消防验收不合格的，禁止投入使用；其他建设工程经依法抽查不合格的，应当停止使用。（ ）

参考答案：√

对应条文：2.1.9

112. 新、扩建工程中的电缆选择与敷设应按有关规定进行设计。电缆通道的防火设施必须与主体工程同时设计、同时施工、同时验收。（ ）

参考答案：√

对应条文：2.2.1

113. 定期进行消防设施维护保养检测；消防设施维护保养检测、消防安全评估等消防技术服务机构及人员应符合从业条件和资格，并对服务质量负责。（ ）

参考答案：√

对应条文：2.1.10

二、单项选择题

1. 各单位应落实全员消防安全责任制，建立消防安全保证和监督体系，制定（ ）。

A. 消防安全制度、消防安全操作规程

B. 灭火和应急疏散预案

C. 火灾风险分级管控及火灾隐患排查治理双重预防机制

D. 以上都是

参考答案：D

对应条文：2.1.1

2. 泡沫灭火器的标志牌应标明（ ）字样。

A. "适用于电气火灾"

B. "不适用于电气火灾"

C. "适用于油类火灾"

D. "不适用于油类火灾"

参考答案：B

对应条文：2.1.2

3. 单机容量125MW机组及以上的燃煤电厂消防给水应采用（ ）。

A. 独立的消防给水系统

B. 与其他系统共用的消防给水系统

C. 临时消防给水系统

D. 无特殊要求

参考答案：A

对应条文：2.1.3

4. 现场工作人员应掌握《电力设备典型消防规程》（ ）。

A. 动火级别

B. 禁止动火条件

C. 以上都是

D. 以上都不是

参考答案：C

对应条文：2.1.5

5. 电力调度大楼、地下变电站、无人值守变电站应安装（ ）。

A. 火灾自动报警或自动灭火设施

B. 视频监控系统

C. 通风系统

D. 以上都是

参考答案：A

对应条文：2.1.6

6.建（构）筑物的安全疏散安全出口、室外疏散楼梯、疏散通道、疏散门不得（ ）。

A. 堆积和占用

B. 保持畅通

C. 符合防火参数

D. 以上都不是

参考答案：A

对应条文：2.1.7

7.风电、光伏新能源场站要与当地（ ）建立应急协调机制。

A. 消防部门

B. 森林防火指挥中心

C. 电力部门

D. 环保部门

参考答案：B

对应条文：2.1.8

8.大型发电、变配电等特殊建设工程应履行（ ）。

A. 消防设计审查、消防验收制度

B. 备案抽查制度

C. 无需任何制度

D. 以上都不是

参考答案：A

对应条文：2.1.9

9.消防设施维护保养检测、消防安全评估等消防技术服务机构及人员应符合（ ）。

A. 从业条件和资格

B. 无需条件

C. 仅需资格

D. 仅需条件

参考答案：A

对应条文：2.1.10

10.进入氢站、油库、氨区和天然气站前进行（ ）。

A. 静电释放

B. 登记

C. 检查

D. 以上都不是

参考答案：A

对应条文：2.1.12

11.新、扩建工程中的电缆选择与敷设应按有关规定进行设计。电缆通道的防火设施必须与主体工程（ ）。

A. 同时设计、同时施工、同时验收

B. 仅同时设计

C. 仅同时施工

D. 仅同时验收

参考答案：A

对应条文：2.2.1

12.在密集敷设电缆的主控制室下电缆夹层和电缆沟内，不得布置（ ）。

A. 热力管道

B. 油气管

C. 其他可能引起着火的管道和设备

D. 以上都是

参考答案：D

对应条文：2.2.2

13.对于新建、扩建的火电厂主厂房、升压站、输煤、燃油、制氢、氨区及其他易燃易爆场所，应选用（ ）。

A. 普通电缆

B. 阻燃电缆

C. 耐火电缆

D. 以上都不是

参考答案：B

对应条文：2.2.3

14. 采用排管、电缆沟、隧道、桥梁及桥架敷设的阻燃电缆，其成束阻燃性能应不低于（　　）。

A. A级

B. B级

C. C级

D. D级

参考答案：C

对应条文：2.2.4

15. 同一重要回路的工作与备用电缆应配置在（　　）。

A. 不同层或不同侧的支架上，并实行防火分隔

B. 同一层或同一侧的支架上

C. 无需分隔

D. 以上都不是

参考答案：A

对应条文：2.2.5

16. 发电厂控制室、开关室、计算机室等通往电缆夹层、隧道、穿越楼板、墙壁、柜、盘等处的所有电缆孔洞和盘面之间的缝隙必须采用合格的（　　）材料封堵。

A. 易燃

B. 不燃或阻燃

C. 普通

D. 以上都不是

参考答案：B

对应条文：2.2.6

17. 非直埋电缆接头的外护层及接地线应包覆（　　）。

A. 易燃材料

B. 阻燃材料

C. 普通材料

D. 以上都不是

参考答案：B

对应条文：2.2.7

18. 新建或改扩建工程，发电厂的发电机、主变压器、备用变压器、消防水泵、消防系统回路、应急电源、断路器及重要公用设备的保护、控制等回路，应使用（　　）。

A. 普通电缆

B. 阻燃电缆

C. 耐火电缆

D. 以上都不是

参考答案：C

对应条文：2.2.8

19. 电缆竖井和电缆沟应（　　）做防火隔离。

A. 分段

B. 整体

C. 无需

D. 以上都不是

参考答案：A

对应条文：2.2.9

20. 尽量减少电缆中间接头的数量。如需要，应按工艺要求制作安装电缆头，经质量验收合格后，再用（　　）措施将其封闭。

A. 防火或防爆

B. 普通

C. 易燃

D. 以上都不是

参考答案：A

对应条文：2.2.10

21. 在电缆通道、夹层内动火作业应办理（　　），并采取可靠的防火措施。

A. 工作票

B. 动火工作票

C. 操作票

D. 以上都不是

参考答案：B

对应条文：2.2.11

22. 火力发电厂主厂房到网络控制楼或主控制楼的每条电缆隧道或沟道所容纳的电缆回路，宜不超过（　）机组的电缆。

A. 1台

B. 2台

C. 3台

D. 4台

参考答案：A

对应条文：2.2.12

23. 建立健全电缆维护、检查及防火、报警等各项规章制度。严格按照规程规定对电缆夹层、通道进行定期巡检，并检测电缆和附件关键部位运行温度，多条并联的电缆应（　）进行测量。

A. 分别

B. 统一

C. 无需

D. 以上都不是

参考答案：A

对应条文：2.2.13

24. 电缆通道、夹层应保持清洁，禁止堆放杂物，照明应充足，并有（　）的措施。

A. 防火

B. 防水

C. 通风

D. 以上都是

参考答案：D

对应条文：2.2.14

25. 近高温管道、阀门等热体的电缆应有（　）。

A. 隔热措施

B. 防火延燃措施

C. 封堵措施

D. 以上都不是

参考答案：A

对应条文：2.2.15

26. 发电厂主厂房内架空电缆与热体管路平行时，控制电缆与热体管路距离不小于（　）。

A. 0.5m

B. 1m

C. 1.5m

D. 2m

参考答案：A

对应条文：2.2.16

27. 电缆通道临近易燃或腐蚀性介质的存储容器、输送管道时，应（　）。

A. 加强监视或采取安全隔离措施

B. 无需处理

C. 直接通过

D. 以上都不是

参考答案：A

对应条文：2.2.17

28. 单机容量（　）MW机组及以上的燃煤电厂消防给水应采用独立的消防给水系统，以确保消防水量、水压不受其他系统影响

A. 85

B. 100

C. 110

D. 125

参考答案：D

对应条文：2.1.3

29. 电缆竖井和电缆沟应（　）段做防火

隔离，对敷设在隧道和主控室或厂房内构架上的电缆要采取（ ）段阻燃措施。

A. 整；整
B. 整；分
C. 分；分
D. 分；整

参考答案：C

对应条文：2.2.9

30.油区内明火作业时，必须办理（ ）动火工作票，并应有可靠的安全措施。

A. 一级
B. 二级
C. 三级
D. 特殊

参考答案：A

对应条文：2.4.4

31.制氢设备中，气体含氢量不应低于（ ）。

A. 95%
B. 96%
C. 99%
D. 99.5%

参考答案：D

对应条文：2.6.2

32.严禁在防腐材料仓库周围（ ）m范围内焊接、切割或进行其他热处理作业。

A. 10
B. 12
C. 14
D. 16

参考答案：A

对应条文：2.8.1

33.天然气区域的设施应有可靠的防雷装置，防雷（静电）接地，接地电阻不应大于10Ω；防雷（静电）检测每年应进行（ ）次。

A. 一
B. 两
C. 三
D. 四

参考答案：B

对应条文：2.10.11

34.每年应测量一次防雷系统接地电阻，单机工频接地电阻应不大于（ ）Ω。

A. 4
B. 6
C. 8
D. 10

参考答案：A

对应条文：2.11.5

三、多项选择题

1.各单位应落实全员消防安全责任制，建立（ ）。

A. 消防安全保证和监督体系
B. 制定消防安全制度、消防安全操作规程
C. 制定灭火和应急疏散预案
D. 建立火灾风险分级管控及火灾隐患排查治理双重预防机制

参考答案：ABCD

对应条文：2.1.1

2.配备符合要求的消防设施、消防器材及正压式消防空气呼吸器，灭火剂的选用应根据（ ）等因素确定。

A. 灭火的有效性
B. 设备影响
C. 人身影响
D. 环境影响

31

参考答案：ABCD

对应条文：2.1.2

3. 单机容量125MW机组及以上的燃煤电厂消防给水应采用独立的消防给水系统，以确保（　　）。

A. 消防水量

B. 水压不受其他系统影响

C. 水质

D. 以上都不是

参考答案：AB

对应条文：2.1.3

4. 设置固定式气体灭火系统的发电厂、变电站等场所、长距离电缆隧道、长距离地下燃料皮带通廊、地下变电站至少配置（　　）。

A. 2套正压式消防空气呼吸器

B. 4只防毒面具

C. 推车式灭火器

D. 以上都是

参考答案：AB

对应条文：2.1.4

5. 现场工作人员应掌握《电力设备典型消防规程》动火级别、禁止动火条件。在一、二级动火区施工、检修现场动火作业时，要做好（　　）。

A. 一般动火安全措施

B. 组织措施

C. 技术措施

D. 严格执行动火工作票制度

参考答案：ABCD

对应条文：2.1.5

6. 建（构）筑物的安全疏散安全出口、室外疏散楼梯、疏散通道、疏散门不得（　　）。

A. 堆积和占用

B. 保持畅通

C. 符合防火参数

D. 封堵、上锁

参考答案：AD

对应条文：2.1.7

7. 风电、光伏新能源场站要与当地森林防火指挥中心建立应急协调机制，根据（　　）等因素以及山火、林火、草火特点，适时开展风电、光伏新能源场站及输配电线路火灾隐患排查，并落实防范措施。

A. 气候特征

B. 森林、草场季节

C. 环境

D. 以上都不是

参考答案：ABC

对应条文：2.1.8

8. 推广应用电力设备消防新产品、新技术。消防新产品、新技术应按有关规定通过（　　），并提供相应报告或记录。

A. 型式检验

B. 技术鉴定

C. 专家评审、验收

D. 以上都不是

参考答案：ABC

对应条文：2.1.11

9. 进入氢站、油库、氨区和天然气站前进行静电释放，严禁携带（　　）。

A. 手机

B. 火种

C. 穿带钉子的鞋

D. 易产生静电的衣服

参考答案：ABCD

对应条文：2.1.12

10. 在密集敷设电缆的主控制室下电缆夹层和电缆沟内，不得布置（　　）。

A. 热力管道

B. 油气管

C. 其他可能引起着火的管道和设备

D. 以上都不是

参考答案：ABC

对应条文：2.2.2

11. 以下关于消防安全的说法，正确的是（　）

A. 落实全员消防安全责任制

B. 建立消防安全保证和监督体系

C. 制定消防安全制度、消防安全操作规程

D. 制定灭火和应急疏散预案

参考答案：ABCD

对应条文：2.1.1

12. 为防止氢气系统爆炸事故，以下说法正确的是（　）。

A. 氢冷系统中氢气纯度须不低于96%

B. 氢冷系统中含氧量不应大于4%

C. 制氢设备中，气体含氢量不应低于99.5%

D. 制氢设备中，气体含氧量不应超过0.5%

参考答案：ACD

对应条文：2.6.1

3 防止电气误操作事故的重点要求习题

一、判断题（对画"√"，错画"×"）

1. 防止电气误操作的"五防"功能中，"防止误分、误合断路器"可采取提示性措施，其余"四防"必须采取强制性措施。（ ）

    参考答案：√

    对应条文：3.1.1

2. 防误闭锁装置应简单可靠，操作和维护方便，不得影响继电保护和自动化系统运行。（ ）

    参考答案：√

    对应条文：3.1.2

3. 采用计算机监控系统时，远方操作具备防误闭锁功能，就地操作无需。（ ）

    参考答案：×

    对应条文：3.1.3

    对应条文部分内容：远方、就地操作均应具备防止误操作闭锁功能。

4. 断路器、隔离开关和接地开关电气防误闭锁回路应直接使用辅助触点，不应经重动继电器。（ ）

    参考答案：√

    对应条文：3.1.4

5. 敞开式隔离开关与其所配装的接地开关间应配有可靠的机械防误闭锁。（ ）

    参考答案：√

    对应条文：3.1.5

6. 防误闭锁装置的电源应单独设置，并与继电保护及控制回路电源分开。（ ）

    参考答案：√

    对应条文：3.1.6

7. 成套高压开关柜的"五防"功能应齐全，但无需带电显示装置。（ ）

    参考答案：×

    对应条文：3.1.7

    对应条文部分内容：开关柜应装设具有自检功能的带电显示装置。

8. 新、扩建工程的防误闭锁装置应与主设备同时设计、安装、验收投运。（ ）

    参考答案：√

    对应条文：3.1.8

9. 调度、集控、场站等各层级操作应具备防误闭锁功能，但操作权可以不唯一。（ ）

    参考答案：×

    对应条文：3.1.9

    对应条文部分内容：并确保操作权的唯一性。

10. 采用新技术实现"五防"闭锁功能时，应优先选用综合智能防误系统。（ ）

    参考答案：√

    对应条文：3.1.10

11. 防误闭锁系统应具备应急解锁机制，在授权管理下可临时停用。（ ）

    参考答案：√

    对应条文：3.1.11

12. 采用微机防误闭锁系统的变电站内应预设固定接地桩，临时接地线状态应实时监控。（ ）

    参考答案：√

    对应条文：3.1.12

13. 采用计算机监控系统时，远方、就地操作均应具备防止误操作闭锁功能。（ ）

参考答案：√

对应条文：3.1.3

14.敞开式隔离开关与其所配装的接地开关间应配有可靠的机械防误闭锁。（ ）

参考答案：√

对应条文：3.1.5

15.在电气操作中，应严格执行操作票、工作票制度，并使"两票"制度标准化，管理规范化。（ ）

参考答案：√

对应条文：3.2.1

16.应制定和完善防误闭锁装置的运行规程及检修规程，加强防误闭锁装置的运行、维护管理，确保防误闭锁装置正常运行。（ ）

参考答案：√

对应条文：3.4

二、单项选择题

1.防止电气误操作的"五防"功能中，哪一项可采取提示性措施？（ ）

A. 防止误分、误合断路器

B. 防止带负荷拉合隔离开关

C. 防止带电挂接地线

D. 防止带接地线合断路器

参考答案：A

对应条文：3.1.1

2.防误闭锁装置的电源应如何设置？（ ）

A. 与继电保护及控制回路电源共用

B. 单独设置并与继电保护及控制回路电源分开

C. 无需单独设置

D. 以上都不对

参考答案：B

对应条文：3.1.6

3.新、扩建工程的防误闭锁装置应与主设备如何安排？（ ）

A. 先设计，后安装

B. 同时设计、安装、验收投运

C. 先安装，后设计

D. 以上都不对

参考答案：B

对应条文：3.1.8

4.防止电气误操作的"五防"功能中，可采取提示性措施的是（ ）。

A. "防止误分、误合断路器"

B. "防止带负荷分、合隔离开关"

C. "防止带电挂（合）接地线（接地开关）"

D. "防止带接地线送电"

参考答案：A

对应条文：3.1.1

5.防误闭锁装置不能随意退出运行，只有在应急处理事故时，才能停用停运防误闭锁装置，此时应经本单位（ ）批准。

A. 分管生产的行政副职或总工程师

B. 分管生产的行政正职

C. 注册安全工程师

D. 安全总监

参考答案：A

对应条文：3.2.3

三、多项选择题

1.防误闭锁装置的要求包括哪些？（ ）

A. 简单可靠

B. 操作维护方便

C. 不影响继电保护运行

D. 无需电源

参考答案：ABC

35

对应条文：3.1.2

2. 操作中发生疑问时，应采取哪些措施？（　）

A. 立即停止操作

B. 向发令人报告

C. 单人继续操作

D. 擅自更改操作票

参考答案：AB

对应条文：3.2.2

3. 以下防误闭锁装置中，电源应单独设置，并与继电保护及控制回路电源分开的是（　）。

A. 电磁锁

B. 遥控闭锁装置

C. 微机闭锁

D. 智能防误终端

参考答案：ABCD

对应条文：3.1.6

4. 以下关于严格执行操作指令的说法，正确的是（　）。

A. 当操作中发生疑问时，应立即停止操作并向发令人报告，并禁止单人滞留在操作现场，待发令人确认无误并再行许可后，方可进行操作

B. 当操作中发生疑问时，可以自行更改操作票

C. 当操作中发生疑问时，不准随意解除防误闭锁装置

D. 当操作中发生疑问时，禁止擅自使用解锁工具（钥匙）或扩大解锁范围

参考答案：ACD

对应条文：3.2.2

4 防止系统稳定破坏事故的重点要求习题

一、判断题（对画"√"，错画"×"）

1. 电源均应具备一次调频、快速调压、调峰能力，且应满足相关标准要求。（　）

参考答案：√

对应条文：4.1.2

2. 新能源场站无需具备相应的惯量能力。（　）

参考答案：×

对应条文：4.1.2

对应条文部分内容：电源均应具备一次调频、快速调压、调峰能力，且应满足相关标准要求。新能源场站应根据电网需求，具备相应的惯量能力。

3. 综合考虑多种因素，统筹协调、合理布局抽水蓄能电站、储能、单循环燃气机组等灵活性电源。（　）

参考答案：√

对应条文：4.1.3

4. 发电厂的升压站可以作为系统枢纽站。（　）

参考答案：×

对应条文：4.1.4

对应条文部分内容：发电厂的升压站不应作为系统枢纽站，也不应装设构成电磁环网的联络变压器。

5. 开展风电场和集中式光伏电站接入系统设计之前，无需完成相关新能源研究。（　）

参考答案：×

对应条文：4.1.5

对应条文部分内容：开展风电场和集中式光伏电站接入系统设计之前，应完成"系统接纳风电、光伏能力研究"和"大型风电场、光伏电站输电系统设计"等新能源相关研究。

6. 风电场、光伏电站接入系统方案应与电网总体规划相协调，并满足相关规程、规定的要求。（　）

参考答案：√

对应条文：4.1.5

7. 对于大电源远距离交直流外送系统有特殊要求的情况，无需开展专题研究。（　）

参考答案：×

对应条文：4.1.6

对应条文部分内容：对于点对网或经串补送出等大电源远距离交直流外送系统有特殊要求的情况，应开展励磁系统、调速系统对电网影响、直流孤岛、次同步振荡等专题研究。

8. 严格做好风电场、光伏电站并网验收环节的工作，严禁不符合标准要求的设备并网运行。（　）

参考答案：√

对应条文：4.1.7

9. 并网电厂机组投入运行时，相关继电保护等稳定措施无需同时投入运行。（　）

参考答案：×

对应条文：4.1.8

对应条文部分内容：并网电厂机组投入运行时，相关继电保护、安全自动装置等稳定措施、一次调频、电力系统稳定器（PSS）、自动发电控制（AGC）、自动电压控制（AVC）等自动调整措施和电力专用通信配套设施等应同时投入运行。

10. 新能源场站应加强运行监视与数据分析工作的管理，优化运行方式，制订防范机组大量脱网的技术及管理措施。（ ）

　　参考答案：√

　　对应条文：4.1.9

11. 电源侧的继电保护和自动装置的配置和整定无需与发电设备相互配合。（ ）

　　参考答案：×

　　对应条文：4.1.10

　　对应条文部分内容：电源侧的继电保护（涉网保护、线路保护）和自动装置（自动励磁调节器、电力系统稳定器、调速器、稳定控制装置、自动发电控制装置等）的配置和整定应与发电设备相互配合，并应与电力系统相协调。

12. 加强电网规划工作，制定完备的电网发展规划和实施计划，尽快消除电网薄弱环节。（ ）

　　参考答案：√

　　对应条文：4.2.1

13. 电网规划无需统筹考虑、合理布局，各电压等级电网可独立发展。（ ）

　　参考答案：×

　　对应条文：4.2.2

　　对应条文部分内容：电网规划应统筹考虑、合理布局，各电压等级电网协调发展。

14. 电网发展应适度超前，规划的输电通道及联络线输电能力应在满足运行需求的基础上留有一定裕度。（ ）

　　参考答案：√

　　对应条文：4.2.3

15. 直流系统无需优化落点选址，完善近区网架。（ ）

　　参考答案：×

　　对应条文：4.2.4

　　对应条文部分内容：直流系统应优化落点选址，完善近区网架，提高系统对直流的支撑能力。

16. 受端系统应具有多个方向的多条受电通道，电源点应合理分散接入。（ ）

　　参考答案：√

　　对应条文：4.2.5

17. 在直流容量占比较大的受端系统，无需关注电压稳定和频率稳定问题。（ ）

　　参考答案：×

　　对应条文：4.2.6

　　对应条文部分内容：在直流容量占比较大的受端系统，应关注由于直流闭锁或受端系统大容量电源脱网引起大功率缺额导致的电压稳定和频率稳定问题，并采取必要的控制措施。

18. 受端电网330kV及以上变电站设计时无需考虑一台变压器停运后对地区供电的影响。（ ）

　　参考答案：×

　　对应条文：4.2.7

　　对应条文部分内容：受端电网330kV及以上变电站设计时应考虑一台变压器停运后对地区供电的影响，必要时一次投产两台或更多台变压器。

19. 在工程设计、建设、调试和启动阶段，相关企业应相互协调配合。（ ）

　　参考答案：√

　　对应条文：4.2.8

20. 电网应进行合理分区，分区电网应尽可能简化，有效限制短路电流。（ ）

　　参考答案：√

　　对应条文：4.2.9

21. 可以保留严重影响系统安全稳定运行

的电磁环网。（ ）

参考答案：×

对应条文：4.2.10

对应条文部分内容：避免和消除严重影响系统安全稳定运行的电磁环网。

22. 联系较为薄弱的省级电网之间及区域电网之间无需采取自动解列等措施。（ ）

参考答案：×

对应条文：4.2.11

对应条文部分内容：联系较为薄弱的省级电网之间及区域电网之间宜采取自动解列等措施，防止一侧系统发生稳定破坏事故时扩展到另一侧系统。

23. 加强开关设备、保护装置的运行维护和检修管理，确保能够快速、可靠地切除故障。（ ）

参考答案：√

对应条文：4.2.12

24. 重视和加强系统稳定计算分析工作，规划、设计、运行部门必须严格按照相关规定要求进行系统安全稳定计算分析。（ ）

参考答案：√

对应条文：4.3.1

25. 在系统规划、设计有关稳定计算中，系统中各设备模型无需与生产运行相关稳定计算模型一致。（ ）

参考答案：×

对应条文：4.3.2

对应条文部分内容：在系统规划、设计有关稳定计算中，系统中各设备模型均应与生产运行相关稳定计算模型一致。

26. 在规划、设计阶段，对尚未有具体参数的规划设备，宜采用同类型、同容量设备的典型模型和参数。（ ）

参考答案：√

对应条文：4.3.3

27. 对基建阶段的特殊运行方式，无需进行电网安全稳定分析。（ ）

参考答案：×

对应条文：4.3.4

对应条文部分内容：对基建阶段的特殊运行方式，应进行认真细致的电网安全稳定分析，制定相关的控制措施和事故预案。

28. 严格执行相关规定，进行必要的计算分析，制定完善的基建投产启动方案。（ ）

参考答案：√

对应条文：4.3.5

29. 应做好电网运行控制极限管理，根据系统发展变化情况，及时计算和调整电网运行控制极限。（ ）

参考答案：√

对应条文：4.3.6

30. 加强计算模型、参数的研究和实测工作，并据此建立系统计算的各种元件、控制装置及负荷的模型和参数。（ ）

参考答案：√

对应条文：4.3.7

31. 电网一次设备故障后，无需将相关设备的潮流控制在规定值以内。（ ）

参考答案：×

对应条文：4.3.8

对应条文部分内容：电网一次设备故障后，应按照故障后方式电网运行控制的要求，尽快将相关设备的潮流（或发电机出力、电压等）控制在规定值以内。

32. 电网正常运行中，无需留有一定的旋转备用和事故备用容量。（ ）

参考答案：×

对应条文：4.3.9

对应条文部分内容：电网正常运行中，必须按照有关规定留有一定的旋转备用和事故备用容量。

33.加强电网在线安全稳定分析与预警系统建设，提高电网运行决策时效性和预警预控能力。（ ）

参考答案：√

对应条文：4.3.10

34.做好电力监控系统（二次系统）规划，结合电网发展规划，做好相关规划，提出合理配置方案。（ ）

参考答案：√

对应条文：4.4.1

35.稳定控制措施设计无需与系统设计同时完成。（ ）

参考答案：×

对应条文：4.4.2

对应条文部分内容：稳定控制措施设计应与系统设计同时完成。

36.加强110kV及以上电压等级母线、220kV及以上电压等级主设备快速保护建设。（ ）

参考答案：√

对应条文：4.4.3

37.特高压直流及柔性直流的控制保护逻辑无需进行差异化设计。（ ）

参考答案：×

对应条文：4.4.4

对应条文部分内容：特高压直流及柔性直流的控制保护逻辑应根据不同工程及工程不同阶段接入电网的安全稳定特性进行差异化设计。

38.一次设备投入运行时，相关继电保护等设施无需同时投入运行。（ ）

参考答案：×

对应条文：4.4.5

对应条文部分内容：一次设备投入运行时，相关继电保护、安全自动装置、稳定措施、自动化系统、故障信息系统和电力专用通信配套设施等应同时投入运行。

39.加强安全稳定控制装置入网管理，新入网或软、硬件更改后的安全稳定控制装置无需检测。（ ）

参考答案：×

对应条文：4.4.6

对应条文部分内容：对新入网或软、硬件更改后的安全稳定控制装置，应经装置所接入电网调度机构组织专业部门检测合格后，进行出厂测试（或验收试验）、现场联合调试和挂网试运行等工作。

40.调度机构应根据电网的变化情况及时地分析、调整各种保护装置、安全自动装置的配置或整定值。（ ）

参考答案：√

对应条文：4.4.8

41.正常运行时，220kV及以上电压等级线路、变压器等设备可以无快速保护运行。（ ）

参考答案：×

对应条文：4.4.9

对应条文部分内容：正常运行时，严禁220kV及以上电压等级线路、变压器等设备无快速保护运行。

42.母差保护临时退出时，应尽量延长无母差保护运行时间。（ ）

参考答案：×

对应条文：4.4.10

对应条文部分内容：母差保护临时退出时，应尽量缩短无母差保护运行时间，并严格限制母线及相关元件的倒闸操作。

43. 发电厂的升压站可以作为系统枢纽站，装设构成电磁环网的联络变压器。（　）

参考答案：×

对应条文：4.1.4

对应条文部分内容：发电厂的升压站不应作为系统枢纽站，也不应装设构成电磁环网的联络变压器。

44. 风电场、光伏电站并网运行前，应严格做好并网验收环节的工作，严禁不符合标准要求的设备并网运行。（　）

参考答案：√

对应条文：4.1.7

45. 受端电网 330kV 及以上变电站设计时应考虑一台变压器停运后对地区供电的影响，必要时一次投产两台或更多台变压器。（　）

参考答案：√

对应条文：4.2.7

46. 应做好电网运行控制极限管理，根据系统发展变化情况，及时计算和调整电网运行控制极限。（　）

参考答案：√

对应条文：4.3.6

47. 特高压直流及柔性直流的控制保护逻辑应根据不同工程及工程不同阶段接入电网的安全稳定特性进行差异化设计。（　）

参考答案：√

对应条文：4.4.4

48. 母差保护临时退出时，应尽量延长无母差保护运行时间，并严格限制母线及相关元件的倒闸操作。（　）

参考答案：×

对应条文：4.4.10

对应条文部分内容：母差保护临时退出时，应尽量缩短无母差保护运行时间，并严格限制母线及相关元件的倒闸操作。

49. 电力系统中的无功补偿应能保证系统在高峰和低谷运行方式下，分（电压）层和分（供电）区的无功平衡，并应避免经长距离线路或多级变压器传送无功功率。（　）

参考答案：√

对应条文：4.5.2

50. 新能源场站无功功率调节能力原则上应与同步发电机保持一致。（　）

参考答案：√

对应条文：4.5.5

51. 电网局部电压超出允许偏差范围时，应根据分层分区、就地平衡的原则，调整该局部地区内无功电源的出力。（　）

参考答案：√

对应条文：4.5.9

52. 在电网运行时，当系统电压持续降低并有进一步恶化的趋势时，必须及时采取拉路限电等果断措施,防止发生系统电压崩溃事故。（　）

参考答案：√

对应条文：4.5.11

二、单项选择题

1. 电源均应具备（　）、快速调压、调峰能力，且应满足相关标准要求。

A. 二次调频

B. 一次调频

C. 三次调频

D. 无调频能力

参考答案：B

对应条文：4.1.2

2. 新能源场站应根据电网需求，具备相应的（　）能力。

A. 惯量

B. 储能

C. 变电

D. 输电

参考答案：A

对应条文：4.1.2

3. 综合考虑多种因素，统筹协调、合理布局（　）等灵活性电源。

A. 火电厂

B. 水电站

C. 抽水蓄能电站、储能、单循环燃气机组

D. 核电厂

参考答案：C

对应条文：4.1.3

4. 发电厂的升压站不应作为（　）。

A. 系统枢纽站

B. 地区变电站

C. 终端变电站

D. 以上都不是

参考答案：A

对应条文：4.1.4

5. 开展风电场和集中式光伏电站接入系统设计之前，应完成（　）等新能源相关研究。

A. "系统接纳风电、光伏能力研究"

B. "大型风电场、光伏电站输电系统设计"

C. 以上都是

D. 以上都不是

参考答案：C

对应条文：4.1.5

6. 对于大电源远距离交直流外送系统有特殊要求的情况，应开展（　）等专题研究。

A. 励磁系统对电网影响

B. 直流孤岛

C. 次同步振荡

D. 以上都是

参考答案：D

对应条文：4.1.6

7. 并网电厂机组投入运行时，相关继电保护、安全自动装置等稳定措施应（　）投入运行。

A. 延后

B. 同时

C. 提前

D. 以上都不是

参考答案：B

对应条文：4.1.8

8. 电网规划应统筹考虑、合理布局，各电压等级电网（　）。

A. 独立发展

B. 协调发展

C. 优先发展高压

D. 优先发展低压

参考答案：B

对应条文：4.2.2

9. 直流系统应优化落点选址，完善近区网架，提高系统对直流的（　）。

A. 输电能力

B. 支撑能力

C. 变电能力

D. 以上都不是

参考答案：B

对应条文：4.2.4

10. 受端系统应具有多个方向的多条受电通道，电源点应（　）接入。

A. 集中

B. 分散

C. 随意

D. 以上都不是

参考答案：B

对应条文：4.2.5

11. 在直流容量占比较大的受端系统，应关注由于（ ）引起大功率缺额导致的电压稳定和频率稳定问题。

A. 直流闭锁

B. 受端系统大容量电源脱网

C. 以上都是

D. 以上都不是

参考答案：C

对应条文：4.2.6

12. 受端电网（ ）及以上变电站设计时应考虑一台变压器停运后对地区供电的影响。

A. 110kV

B. 220kV

C. 330kV

D. 500kV

参考答案：C

对应条文：4.2.7

13. 在规划、设计阶段，对尚未有具体参数的规划设备，宜采用（ ）设备的典型模型和参数。

A. 同类型、同容量

B. 同类型、大容量

C. 同类型、小容量

D. 不同类型、同容量

参考答案：A

三、多项选择题

1. 加强电源支撑能力的措施包括（ ）。

A. 合理规划电源接入点

B. 电源具备一次调频、快速调压、调峰能力

C. 合理布局灵活性电源

对应条文：4.3.3

14. 为增强电力监控系统（二次系统）可靠性，需加强（ ）kV及以上电压等级母线、（ ）kV及以上电压等级主设备快速保护建设。

A. 110；110

B. 110；220

C. 220；110

D. 220；220

参考答案：B

对应条文：4.4.3

15. 加强继电保护运行维护，正常运行时，严禁（ ）kV及以上电压等级线路、变压器等设备无快速保护运行。

A. 110

B. 220

C. 330

D. 500

参考答案：B

对应条文：4.4.9

16. 根据电网结构特点合理划出分区，各分区应至少安排（ ）台具备黑启动能力的机组，并保证机组容量、所处位置分布合理。

A. 1～2

B. 2～3

C. 3～4

D. 4～5

参考答案：A

对应条文：4.6.1

D. 发电厂的升压站作为系统枢纽站

参考答案：ABC

对应条文：4.1.1、4.1.2、4.1.3

2. 新能源场站应具备（ ）。

A. 相应的惯量能力

43

B. 短路容量支撑能力

C. 无功功率调节能力

D. 自动电压控制功能

参考答案：ABCD

对应条文：4.1.2、4.5.5、4.5.6

3. 电网规划应（ ）。

A. 统筹考虑、合理布局

B. 各电压等级电网协调发展

C. 控制短路电流

D. 无需考虑短路电流

参考答案：ABC

对应条文：4.2.2

4. 直流系统应（ ）。

A. 优化落点选址

B. 完善近区网架

C. 提高系统对直流的支撑能力

D. 无需关注支撑能力

参考答案：ABC

对应条文：4.2.4

5. 受端系统应（ ）。

A. 具有多个方向的多条受电通道

B. 电源点合理分散接入

C. 关注电压稳定和频率稳定问题

D. 无需考虑电源脱网影响

参考答案：ABC

对应条文：4.2.5、4.2.6

6. 防止系统无功电压稳定破坏的措施包括（ ）。

A. 无功电源安排有规划并留裕度

B. 无功补偿保证分层分区平衡

C. 具备足够的动态无功补偿设备

D. 新能源场站无需具备无功功率调节能力

参考答案：ABC

对应条文：4.5.1、4.5.2、4.5.4

7. 以下关于电力系统网架结构的要求，正确的是（ ）。

A. 受端系统应具有多个方向的多条受电通道

B. 电源点应合理分散接入

C. 每个独立输电通道的输送电力占受端系统最大负荷的比重不宜过大

D. 保证失去任一独立输电通道时不影响电网安全运行和受端系统可靠供电

参考答案：ABCD

对应条文：4.2

8. 以下关于大面积停电恢复的有关做法，正确的有（ ）。

A. 结合本系统的实际情况制定大面积停电后系统恢复方案（包括黑启动方案），并根据系统运行方式的变化适时进行修订或调整，落实到电网及各并网主体

B. 发生电力系统大面积停电后应首先确定停电的地区、范围和负荷状况，然后依次确定本区内电源或外部系统帮助恢复供电的可能性

C. 发生电力系统大面积停电后，当不可能实现本区内电源或外部系统帮助恢复供电时，应尽快执行系统恢复方案

D. 在恢复启动过程中系统电压和频率的波动可比正常运行方式允许范围有所增加，但不能超出设备能够承受的范围，应避免出现非同期合闸

参考答案：ABCD

对应条文：4.6.1、4.6.2、4.6.3、4.6.4

5 防止机网协调及风电机组、光伏逆变器大面积脱网事故的重点要求习题

一、判断题（对画"√"，错画"×"）

1. 各发电企业应重视与电网运行关系密切的励磁、调速、无功补偿装置和保护选型、配置，其涉网控制性能必须满足电网安全运行的要求。（　）

参考答案：√

对应条文：5.1.1

2. 发电机励磁调节器无需经涉网性能检测即可进入电网运行。（　）

参考答案：×

对应条文：5.1.2

对应条文部分内容：发电机励磁调节器［包括电力系统稳定器（PSS）］须经涉网性能检测合格，形成入网励磁调节器软件版本，才能进入电网运行。

3. 40MW及以上水轮机调速器控制程序须经全面的静态模型测试和动态涉网性能测试合格才能进入电网运行。（　）

参考答案：√

对应条文：5.1.3

4. 100MW及以上容量的火力发电机组无需配置PSS。（　）

参考答案：×

对应条文：5.1.4

对应条文部分内容：根据电网安全稳定运行的需要，100MW及以上容量的火力发电机组、核电机组和燃气发电机组、40MW及以上容量的水轮发电机组和光热机组，或接入220kV电压等级及以上的同步发电机组应配置PSS。

5. 发电机应具备进相运行能力，有功额定工况下功率因数应能达到0.95～0.97。（　）

参考答案：√

对应条文：5.1.5

6. 新投产的大型汽轮发电机无需具有耐受带励磁失步振荡的能力。（　）

参考答案：×

对应条文：5.1.6

对应条文部分内容：新投产的大型汽轮发电机应具有一定的耐受带励磁失步振荡的能力。

7. 发电机组应具有必要的频率异常运行能力，水轮发电机频率异常运行能力应优于汽轮发电机。（　）

参考答案：√

对应条文：5.1.7

8. 励磁系统应保证发电机励磁电流不超过其额定值的1.1倍时能够连续运行。（　）

参考答案：√

对应条文：5.1.8.1

9. 自并励静止励磁系统顶值电压倍数在发电机80%额定电压时，汽轮发电机不应低于2倍。（　）

参考答案：×

对应条文：5.1.8.2

对应条文部分内容：自并励静止励磁系统顶值电压倍数在发电机80%额定电压时，汽轮发电机不应低于1.8倍，水轮发电机不应低于2倍。

10. 发电厂无需掌握汽轮发电机组的次/超同步振荡风险情况。（　）

45

参考答案：×

对应条文：5.1.9

对应条文部分内容：发电厂应准确掌握接入大规模新能源汇集地区电网、有串联补偿电容器送出线路以及接入直流换流站近区的汽轮发电机组可能存在的次／超同步振荡风险情况，并做好抑制和预防机组次／超同步振荡措施。

11. 机组并网调试前三个月，发电厂应向电力调度机构提供主设备参数及保护装置技术资料等。（ ）

参考答案：√

对应条文：5.1.10

12. 新建机组及增容改造机组无需开展励磁系统、调速系统建模及参数实测试验。（ ）

参考答案：×

对应条文：5.1.11

对应条文部分内容：新建机组及增容改造机组，发电厂应根据有关电力调度机构要求，开展励磁系统、调速系统建模及参数实测试验。

13. 并网电厂应校核涉网保护与电网保护的整定配合关系，并每年复算和校核整定值。（ ）

参考答案：√

对应条文：5.1.12

14. 发电机励磁系统正常应投入手动方式运行，PSS无需置入投运状态。（ ）

参考答案：×

对应条文：5.1.13

对应条文部分内容：发电机励磁系统正常应投入自动方式运行，PSS正常必须置入投运状态。

15. 利用自动电压控制系统（AVC）对发电机调压时，受控机组励磁系统应置于手动方式。（ ）

参考答案：×

对应条文：5.1.14

对应条文部分内容：利用自动电压控制系统（AVC）对发电机调压时，受控机组励磁系统应置于自动方式。

16. 100MW及以上火电、燃气及核电机组的涉网保护定值无需报电力调度机构备案。（ ）

参考答案：×

对应条文：5.1.15

对应条文部分内容：100MW及以上火电、燃气及核电机组，40MW及以上水电机组，接入220kV及以上电压等级的同步发电机组的涉网保护定值必须报有关电力调度机构备案。

17. 励磁系统的过励限制环节特性应与发电机转子的过负荷能力相一致，并与发电机保护中转子过负荷保护定值相配合。（ ）

参考答案：√

对应条文：5.1.15.1

18. 励磁变压器保护定值无需与励磁系统强励能力相配合。（ ）

参考答案：×

对应条文：5.1.15.2

对应条文部分内容：励磁变压器保护定值应与励磁系统强励能力相配合，防止机组强励时保护误动作。

19. 励磁系统的伏／赫兹限制环节特性应与发电机或变压器过激磁能力低者相匹配。（ ）

参考答案：√

对应条文：5.1.15.4

20. 电网低频减载装置的配置和整定应保证系统频率动态特性的低频持续时间符合相关规定，并有一定裕度。（ ）

参考答案：√

对应条文：5.1.16

21. 发电机组一次调频功能应与AGC功能协调配合，且优先级低于AGC功能。（ ）

参考答案：×

对应条文：5.1.17.1

对应条文部分内容：一次调频功能应与AGC功能协调配合，且优先级高于AGC功能。

22. 新投产机组和在役机组大修后无需进行一次调频性能试验和调速系统参数测试。（ ）

参考答案：×

对应条文：5.1.17.2

对应条文部分内容：新投产机组和在役机组大修、通流改造、灵活性改造、原动机及其调节控制系统改造（升级）、控制逻辑和参数变更、运行方式改变后，发电厂应向相应电力调度机构交付由技术监督部门或有资质的试验单位完成的一次调频性能试验和调速系统参数测试及建模试验报告。

23. 发电机组调速系统中的调门特性参数应与一次调频功能和AGC调度方式相匹配。（ ）

参考答案：√

对应条文：5.1.17.3

24. 具有孤网或孤岛运行可能的机组，调节系统无需配备专门的一次调频功能。（ ）

参考答案：×

对应条文：5.1.17.4

对应条文部分内容：具有孤网或孤岛运行可能的机组，机组调节系统应针对孤岛、孤网运行方式配备专门的一次调频功能。

25. 发电厂应根据发电机进相试验结果绘制P-Q图，编制进相运行规程。（ ）

参考答案：√

对应条文：5.1.18.1

26. 并网发电机组的低励限制辅助环节功能参数无需按照电网运行的要求进行整定和试验。（ ）

参考答案：×

对应条文：5.1.18.2

对应条文部分内容：并网发电机组的低励限制辅助环节功能参数应按照电网运行的要求进行整定和试验。

27. 低励限制定值应参考进相试验结果，考虑发电机电压影响并与发电机失磁保护相配合。（ ）

参考答案：√

对应条文：5.1.18.3

28. 单机容量100MW及以上火电和燃气机组应参加电网AGC运行。（ ）

参考答案：√

对应条文：5.1.19.1

29. 发电机组大修后无需交付AGC试验报告。（ ）

参考答案：×

对应条文：5.1.19.3

对应条文部分内容：发电机组大修、增容改造、通流改造、脱硫脱硝改造、高背压改造、原动机及其调节控制系统改造（升级）、控制逻辑和参数变更、运行方式改变后，发电厂应向相应电力调度机构交付由技术监督部门或有资质的试验单位完成的AGC试验报告。

30. 当失步振荡中心在发变组内部，失步运行时间超过整定值或电流振荡次数超过规定值时，保护动作于解列。（ ）

参考答案：√

对应条文：5.1.20.1

31. 水轮发电机允许失磁异步运行。（ ）

参考答案：×

对应条文：5.1.21.1

对应条文部分内容：水轮发电机不允许失

47

磁异步运行，失磁保护宜带时限动作于解列。

32. 同一电厂内各发电机的失磁、失步保护在跳闸策略上无需协调配合。（　）

参考答案：×

对应条文：5.1.22

对应条文部分内容：同一电厂内各发电机的失磁、失步保护在跳闸策略上应协调配合。

33. 电网发生事故引起发电厂高压母线电压、频率等异常时，电厂一类辅机保护不应先于主机保护动作。（　）

参考答案：√

对应条文：5.1.23

34. 新建及改扩建电厂无需开展并网安全性评价工作。（　）

参考答案：×

对应条文：5.1.25

对应条文部分内容：新建及改扩建电厂应主动开展并网安全性评价工作，已投入运行的电厂应定期进行并网安全性评价。

35. 为防止失步故障扩大为电网事故，应当为发电机解列设置一定的时间延迟，使电网和发电机具有重新恢复同步的可能性。（　）

参考答案：√

对应条文：5.1.6

36. 并网发电机组的一次调频功能参数应按照电网运行的要求进行整定，一次调频功能应按照电网有关规定投入运行。（　）

参考答案：√

对应条文：5.1.17.1

37. 电网发生事故引起发电厂高压母线电压、频率等异常时，电厂一类辅机保护应先于主机保护动作，以免切除辅机造成发电机组停运。（　）

参考答案：×

对应条文：5.1.23

对应条文部分内容：电网发生事故引起发电厂高压母线电压、频率等异常时，电厂一类辅机保护不应先于主机保护动作，以免切除辅机造成发电机组停运。

38. 风电场、光伏发电站在充分利用风电机组、光伏逆变器等无功容量的基础上，根据当地电网要求配置动态无功补偿装置，且电压无功系统调节时间小于100ms。（　）

参考答案：√

对应条文：5.2.4

39. 风电场、光伏发电站的动态无功补偿装置的低电压、高电压穿越能力应不高于风电机组、光伏逆变器的穿越能力。（　）

参考答案：×

对应条文：5.2.5

对应条文部分内容：风电场、光伏发电站的动态无功补偿装置的低电压、高电压穿越能力应不低于风电机组、光伏逆变器的穿越能力。

40. 风电场、光伏发电站35kV电缆终端头、中间接头应严格按照安装图纸规定的尺寸、工艺要求制作并经电气试验合格，电缆附件的安装应实行部分验收。（　）

参考答案：×

对应条文：5.2.13

对应条文部分内容：风电场、光伏发电站35kV电缆终端头、中间接头应严格按照安装图纸规定的尺寸、工艺要求制作并经电气试验合格，电缆附件的安装应实行全过程验收。

二、单项选择题

1. 发电机励磁调节器须经什么检测合格才能进入电网运行？（　）

A. 涉网性能检测

B. 出厂检测

C. 现场测试

D. 无需检测

参考答案：A

对应条文：5.1.2

2. 40MW 及以上水轮机调速器控制程序须经哪些测试合格？（ ）

A. 静态模型测试

B. 动态涉网性能测试

C. 两者都是

D. 两者都不是

参考答案：C

对应条文：5.1.3

3. 100MW 及以上容量的火力发电机组应配置什么装置？（ ）

A. PSS

B. AGC

C. AVC

D. 以上都不是

参考答案：A

对应条文：5.1.4

4. 发电机进相运行时，有功额定工况下功率因数应能达到什么范围？（ ）

A. -0.90～-0.85

B. -0.97～-0.95

C. 0.95～0.97

D. 0.85～0.90

参考答案：B

对应条文：5.1.5

5. 新投产的大型汽轮发电机应具有什么能力？（ ）

A. 耐受带励磁失步振荡

B. 快速调压

C. 一次调频

D. 以上都不是

参考答案：A

对应条文：5.1.6

6. 励磁系统应保证发电机励磁电流不超过其额定值的多少倍时能够连续运行？（ ）

A. 1.0 倍

B. 1.1 倍

C. 1.2 倍

D. 1.3 倍

参考答案：B

对应条文：5.1.8.1

7. 自并励静止励磁系统顶值电压倍数在发电机 80% 额定电压时，汽轮发电机不应低于多少倍？（ ）

A. 1.8 倍

B. 2.0 倍

C. 2.2 倍

D. 2.5 倍

参考答案：A

对应条文：5.1.8.2

8. 发电机组一次调频功能的优先级应高于什么功能？（ ）

A. AGC

B. AVC

C. PSS

D. 以上都不是

参考答案：A

对应条文：5.1.17.1

9. 风电场、光伏发电站的无功容量配置原则是什么？（ ）

A. 分层分区、基本平衡

B. 集中配置

C. 分散配置

D. 以上都不是

参考答案：A

对应条文：5.2.4

10.风电场、光伏发电站的动态无功补偿装置的低电压、高电压穿越能力应不低于什么的穿越能力？（　）

A. 风电机组、光伏逆变器

B. 变压器

C. 线路

D. 以上都不是

参考答案：A

对应条文：5.2.5

11.40MW 及以上水轮机调速器控制程序须经全面的（　）合格，形成入网调速器软件版本，才能进入电网运行。

A. 静态模型测试和静态涉网性能测试

B. 静态模型测试和动态涉网性能测试

C. 动态模型测试和静态涉网性能测试

D. 动态模型测试和动态涉网性能测试

参考答案：B

对应条文：5.1.3

12.励磁系统应保证发电机励磁电流不超过其额定值的（　）倍时能够连续运行。

A. 1.0

B. 1.1

C. 1.2

D. 1.3

参考答案：B

对应条文：5.1.8.1

13.风电机组、光伏逆变器除具备低电压穿越能力外，机端电压原则上应具有（　）倍额定电压持续500ms 的高电压穿越能力。

A. 1.0

B. 1.1

C. 1.2

D. 1.3

参考答案：D

对应条文：5.2.2

14.以下关于风电场、光伏发电站汇集线系统，说法错误的是（　）。

A. 单相故障应快速切除

B. 应采用经电阻或消弧线圈接地方式

C. 宜采用低电阻接地方式

D. 应采用不接地或经消弧柜接地方式

参考答案：D

对应条文：5.2.14

三、多项选择题

1.发电企业应重视哪些装置的选型配置以满足电网安全运行要求？（　）

A. 励磁装置

B. 调速装置

C. 无功补偿装置

D. 保护装置

参考答案：ABCD

对应条文：5.1.1

2.哪些机组应配置 PSS？（　）

A.100MW 及以上火力发电机组

B.40MW 及以上水轮发电机组

C. 接入 220kV 及以上电压等级的同步发电机组

D. 核电机组

参考答案：ABCD

对应条文：5.1.4

3.风电场、光伏发电站的电能质量指标应满足哪些标准？（　）

A.《风电场接入电力系统技术规定》

B.《光伏发电站接入电力系统技术规定》

C. 《电力系统安全稳定导则》

D. 以上都不是

参考答案：AB

对应条文：5.2.3

4.风电场、光伏发电站应配置哪些功能？（ ）

A. 一次调频功能

B. 动态无功补偿装置

C. 场站监控系统

D. 故障录波装置

参考答案：ABCD

对应条文：5.2.4、5.2.7、5.2.8、5.2.20

5.风电场、光伏发电站应向电力调度机构提供哪些资料？（ ）

A. 风电机组、光伏逆变器参数

B. 并网检测报告

C. 有功与无功控制系统技术资料

D. 以上都不是

参考答案：ABC

对应条文：5.2.10

6.根据电网安全稳定运行的需要，应配置电力系统稳定器（PSS）的有（ ）。

A.100MW 及以上容量的火力发电机组、核电机组和燃气发电机组

B.40MW 及以上容量的水轮发电机组和光热机组

C. 接入 220kV 电压等级及以上的同步发电机组

D. 接入 110kV 电压等级及以上的同步发电机组

参考答案：ABC

对应条文：5.1.4

7.风电场、光伏发电站 35kV 电缆终端头、中间接头、电缆附件投运后应定期检查（ ）等情况。

A. 电缆终端头温度

B. 电缆接头温度

C. 放电痕迹

D. 机械损伤

参考答案：ABCD

对应条文：5.2.13

6 防止锅炉事故的重点要求习题

一、判断题（对画"√"，错画"×"）

1. 防止锅炉尾部再次燃烧事故的重点包括回转式空气预热器、脱硝装置等部位。（ ）

参考答案：√

对应条文：6.1.1

2. 回转式空气预热器无需设置独立的主辅电机和盘车装置。（ ）

参考答案：×

对应条文：6.1.2

对应条文部分内容：预热器应设独立的主辅电机、盘车装置、火灾报警装置、入口烟气挡板、出入口风挡板及相应的联锁保护。

3. 锅炉点火／助燃系统的选型无需保证与锅炉的适应性。（ ）

参考答案：×

对应条文：6.1.3

对应条文部分内容：锅炉设计、改造时应加强油枪、小油枪、等离子燃烧器等锅炉点火／助燃系统的选型工作，保证其自身完备性及其与锅炉的适应性。

4. 回转式空气预热器传热元件在出厂和安装保管期间可采用浸油防腐方式。（ ）

参考答案：×

对应条文：6.1.4

对应条文部分内容：传热元件在出厂和安装保管期间不得采用浸油防腐方式。

5. 机组基建调试前期和启动前，必须做好吹灰系统、冲洗系统、消防系统的检查、调试、消缺和维护工作。（ ）

参考答案：√

对应条文：6.1.5

6. 预热器首次投运前，无需清理杂物和进行通透性检查。（ ）

参考答案：×

对应条文：6.1.6

对应条文部分内容：预热器首次投运前，应将杂物彻底清理干净，蓄热元件通过全面的通透性检查，并经制造、施工、建设、生产等各方验收合格后，方可投入运行。

7. 锅炉冷态点火前无需进行燃油系统吹扫和泄漏试验。（ ）

参考答案：×

对应条文：6.1.7

对应条文部分内容：新建机组或锅炉改造后，燃油系统必须经过辅汽吹扫，并按要求进行油循环；首次投运前必须经过燃油泄漏试验确保各油阀的严密性。

8. 锅炉启动后应加强配风调整，保证燃油燃烧稳定完全。（ ）

参考答案：√

对应条文：6.1.8

9. 机组启动期间，锅炉负荷低于25%额定负荷时，空气预热器应连续吹灰。（ ）

参考答案：√

对应条文：6.1.9

10. 预热器水冲洗后无需进行干燥处理。（ ）

参考答案：×

对应条文：6.1.10

对应条文部分内容：预热器冲洗后必须正确地进行干燥，并保证彻底干燥。

11. 运行规程无需明确省煤器、脱硝装置等部位的烟气温度限制值。（ ）

参考答案：×

对应条文：6.1.11

对应条文部分内容：运行规程应明确省煤器、脱硝装置、空气预热器等部位烟道在不同工况的烟气温度限制值。

12. 回转式空气预热器跳闸后，若挡板隔绝不严或转子盘不动，应立即停炉。（ ）

参考答案：√

对应条文：6.1.12

13. 低负荷阶段有少油／无油助燃装置投运时，脱硝反应器无需加强吹灰。（ ）

参考答案：×

对应条文：6.1.13

对应条文部分内容：在低负荷阶段有少油／无油助燃装置投运或煤油混烧期间，脱硝反应器内必须加强吹灰，监控反应器前后阻力及烟气温度，防止反应器内催化剂区域有未燃尽物质燃烧。

14. 锅炉炉膛安全监控系统的设计无需执行相关技术规程。（ ）

参考答案：×

对应条文：6.2.1

对应条文部分内容：锅炉炉膛安全监控系统的设计、选型、安装、调试等各阶段都应严格执行《火力发电厂锅炉炉膛安全监控系统技术规程》（DL/T 1091—2018）中的安全规定。

15. 100MW 及以上等级机组的锅炉无需装设灭火保护装置。（ ）

参考答案：×

对应条文：6.2.1

对应条文部分内容：100MW 及以上等级机组的锅炉应装设锅炉灭火保护装置。

16. 锅炉灭火保护装置电源应采用两路交流 220V 供电电源，其中一路应为交流不间断电源。（ ）

参考答案：√

对应条文：6.2.1

17. 炉膛压力测点应单独设置并冗余配置。（ ）

参考答案：√

对应条文：6.2.1

18. 锅炉运行中可以随意退出灭火保护。（ ）

参考答案：×

对应条文：6.2.1

对应条文部分内容：锅炉运行中严禁随意退出锅炉灭火保护。

19. 循环流化床锅炉启动前或主燃料跳闸后应严格执行炉膛吹扫程序。（ ）

参考答案：√

对应条文：6.2.3

20. 循环流化床锅炉压火时可通过锅炉跳闸直接跳闸风机联跳主燃料跳闸的方式。（ ）

参考答案：×

对应条文：6.2.3

对应条文部分内容：循环流化床锅炉压火应先停止给煤机，切断所有燃料，并严格执行炉膛吹扫程序，待床温开始下降、氧量回升时再按正确顺序停风机；禁止通过锅炉跳闸（BT）直接跳闸风机联跳主燃料跳闸（MFT）的方式压火。

21. 新建机组引风机和脱硫增压风机的最大压头设计无需与炉膛及尾部烟道防内爆能力相匹配。（ ）

参考答案：×

对应条文：6.2.4

对应条文部分内容：新建机组引风机和脱硫增压风机的最大压头设计必须与炉膛及尾部烟道防内爆能力相匹配。

22. 制粉系统设计无需考虑防爆要求。（ ）

参考答案：×

对应条文：6.3.1

对应条文部分内容：在锅炉设计和制粉系统设计选型时期，应严格遵照相关规程要求，保证制粉系统设计和磨煤机的选型，与燃用煤种特性和锅炉机组性能要求相匹配和适应，必须体现出制粉系统防爆设计。

23. 制粉系统应设计可靠足够的温度、压力、流量等测点和完备的连锁保护逻辑。（ ）

参考答案：√

对应条文：6.3.1

24. 原煤仓无需安装疏松装置。（ ）

参考答案：×

对应条文：6.3.1

对应条文部分内容：原煤仓应安装性能适应的疏松装置，能够在机组运行中发挥作用，及时有效防止原煤仓发生堵塞、棚煤、板结、和局部走空等问题。

25. 制粉系统运行中出现断煤、满煤问题时无需及时处理。（ ）

参考答案：×

对应条文：6.3.1

对应条文部分内容：一旦出现断煤、满煤问题，必须及时正确处理，防止出现严重超温和煤在磨煤机及系统内不正常存留。

26. 汽包锅炉应至少配置2只彼此独立的就地汽包水位计和3只远传汽包水位计。（ ）

参考答案：√

对应条文：6.4.1

27. 汽包水位计的安装无需避开汽包内水汽工况不稳定区。（ ）

参考答案：×

对应条文：6.4.2

对应条文部分内容：取样管应穿过汽包内壁隔层，管口应尽量避开汽包内水汽工况不稳定区（如：安全阀排汽口、汽包进水口、下降管口、汽水分离器水槽处等）。

28. 汽包水位计水侧取样管孔的位置应低于锅炉汽包水位低停炉保护动作值。（ ）

参考答案：√

对应条文：6.4.2

29. 汽包水位信号应采用三选中值的方式进行优选。（ ）

参考答案：√

对应条文：6.4.3

30. 汽包就地水位计的零位应以制造厂提供的数据为准。（ ）

参考答案：√

对应条文：6.4.4

31. 锅炉高、低水位保护应采用独立测量的三取二的逻辑判断方式。（ ）

参考答案：√

对应条文：6.4.9

32. 当一套水位测量装置因故障退出运行时，无需在8h内恢复。（ ）

参考答案：×

对应条文：6.4.7

对应条文部分内容：当一套水位测量装置因故障退出运行时，应填写处理故障的工作票，工作票应写明故障原因、处理方案、危险因素预告等注意事项，一般应在8h内恢复。

33. 控制循环锅炉无需设计炉水循环泵差压低低停炉保护。（ ）

参考答案：×

对应条文：6.4.11

对应条文部分内容：对于控制循环锅炉，应设计炉水循环泵差压低低停炉保护。

34.直流炉应严格控制燃水比，严防燃水比失调。（　）

参考答案：√

对应条文：6.4.13

35.各单位无需成立防止压力容器和锅炉爆漏工作小组。（　）

参考答案：×

对应条文：6.5.1

对应条文部分内容：各单位应成立防止压力容器和锅炉爆漏工作小组，加强专业管理、技术监督管理和专业人员培训考核，健全各级责任制。

36.新建锅炉产品的制造、安装过程无需实施监督检验。（　）

参考答案：×

对应条文：6.5.2

对应条文部分内容：新建锅炉产品的制造、安装过程应由特种设备监检单位实施制造、安装阶段监督检验。

37.电站锅炉范围内管道元件组合装置无需进行监督检验。（　）

参考答案：×

对应条文：6.5.3

对应条文部分内容：建设单位采购该范围内管道中使用的元件组合装置时，应在采购合同中注明"要求按照锅炉部件实施制造过程监督检验"的要求。

38.防止超压超温运行时，严禁在水位表数量不足、安全阀解列的状况下运行。（　）

参考答案：√

对应条文：6.5.5

39.直流锅炉的蒸发段、分离器等无需设置管壁温度测点。（　）

参考答案：×

对应条文：6.5.5

对应条文部分内容：直流锅炉的蒸发段、分离器、过热器、再热器出口导汽管等应有完整的管壁温度测点，以便监视各导汽管间的温度。

40.应定期检查凝结水精处理混床和树脂捕捉器的完好性。（　）

参考答案：√

对应条文：6.5.6

41.炉外管发生漏汽、漏水现象时，无需立即停炉。（　）

参考答案：×

对应条文：6.5.7

对应条文部分内容：炉外管发生漏汽、漏水现象，必须尽快查明原因并及时采取措施，如不能与系统隔离处理应立即停炉。

42.应建立锅炉承压部件防磨防爆设备台账。（　）

参考答案：√

对应条文：6.5.8

43.超（超超）临界锅炉受热面设计无需减少热偏差。（　）

参考答案：×

对应条文：6.5.9

对应条文部分内容：超（超超）临界锅炉受热面设计必须尽可能减少热偏差。

44.奥氏体不锈钢管子蠕变应变大于4.5%时无需更换。（　）

参考答案：×

对应条文：6.5.10

对应条文部分内容：奥氏体不锈钢管子蠕

55

变应变大于4.5%，T91、T122类管子外径蠕变应变大于1.2%，应进行更换。

45.农林生物质电厂燃料存储区无需设置消防水喷淋系统。（ ）

参考答案：×

对应条文：6.6.1

对应条文部分内容：上料系统及炉前料仓必须采取防火措施，设置消防水喷淋系统，杜绝外来火源，并在炉前料仓与皮带之间设置防火挡板。

46.农林生物质电厂锅炉设计无需控制炉膛温度。（ ）

参考答案：×

对应条文：6.6.2

对应条文部分内容：在锅炉设计时，必须合理控制炉膛温度；必须采用合适的材料与合理的受热面结构，以避免结渣成的碱金属和氯离子腐蚀。

47.农林生物质电厂锅炉烟气出口无需设置火花捕集器或旋风除尘器。（ ）

参考答案：×

对应条文：6.6.3

对应条文部分内容：必须在锅炉烟气出口设置火花捕集器或者旋风除尘器，运行中预分离大颗粒及未燃尽火星，避免火星直接撞击布袋。

48.防止锅炉尾部再次燃烧事故重点是防止回转式空气预热器转子蓄热元件、脱硝装置的催化元件、余热利用装置、除尘器及其干除灰系统、锅炉底部干除渣系统等部位的再次燃烧事故。（ ）

参考答案：√。

对应条文：6.1.1

49.锅炉机组设计选型时，预热器应设可靠的停转报警装置，停转报警信号应取自预热器的主轴，而不能取自预热器马达。（ ）

参考答案：×

对应条文：6.1.2

对应条文部分内容：锅炉机组设计选型时，预热器应设可靠的停转报警装置，停转报警信号应取自预热器的主轴，而不能取自预热器马达。

50.回转式空气预热器传热元件在出厂和安装保管期间可以采用浸油防腐方式。（ ）

参考答案：×

对应条文：6.1.4

对应条文部分内容：回转式空气预热器传热元件在出厂和安装保管期间不得采用浸油防腐方式。

51.空气预热器首次投运前，应将杂物彻底清理干净，蓄热元件通过全面的通透性检查，并经制造、施工、建设、生产等各方验收合格后，方可投入运行。（ ）

参考答案：√

对应条文：6.1.6

52.采用少油/无油点火方式启动锅炉机组,应保证入炉煤质满足点火要求，磨煤机出力、通风量和煤粉细度在合理范围。（ ）

参考答案：√

对应条文：6.1.8

53.机组启动期间，锅炉负荷低于25%额定负荷时，空气预热器应连续吹灰。（ ）

参考答案：√

对应条文：6.1.9

54.锅炉负荷大于25%额定负荷时，至少每8h吹灰一次。（ ）

参考答案：√

对应条文：6.1.9

55. 机组启动期间，锅炉负荷低于35%额定负荷时，空气预热器应连续吹灰。（ ）

参考答案：×

对应条文：6.1.9

对应条文部分内容：机组启动期间，锅炉负荷低于25%额定负荷时，空气预热器应连续吹灰。

56. 锅炉负荷大于25%额定负荷时，至少每16h吹灰一次。（ ）

参考答案：×

对应条文：6.1.9

对应条文部分内容：锅炉负荷大于25%额定负荷时，至少每8h吹灰一次。

57. 机组每次大、小修或锅炉停炉1周以上时必须对预热器受热面进行检查。（ ）

参考答案：√

对应条文：6.1.10

58. 100MW及以上等级机组的锅炉应装设锅炉灭火保护装置。（ ）

参考答案：√

对应条文：6.2

59. 新建机组引风机和脱硫增压风机的最大压头设计必须与炉膛及尾部烟道防内爆能力相匹配，设计炉膛及尾部烟道防内爆强度应大于引风机及脱硫增压风机压头之和。（ ）

参考答案：√

对应条文：6.2.4

60. 当发现备用磨煤机内着火时，可以不立即关闭其所有的出入口风门挡板以隔绝空气，并用蒸汽消防进行灭火。（ ）

参考答案：×

对应条文：当发现备用磨煤机内着火时，要立即关闭其所有的出入口风门挡板以隔绝空气，并用蒸汽消防进行灭火。

61. 制粉系统设计时，应尽量减少水平管段，整个系统要做到严密、内壁光滑、无积粉死角。（ ）

参考答案：√

对应条文：6.3.1

62. 安装汽包水位计时，取样管应穿过汽包内壁隔层，管口应尽量避开汽包内水汽工况不稳定区（如：安全阀排汽口、汽包进水口、下降管口、汽水分离器水槽处等）。（ ）

参考答案：√

对应条文：6.4.2

63. 水位计、水位平衡容器或变送器与汽包联接的取样管，应至少有1：50的斜度。（ ）

参考答案：×

对应条文：6.4.2

对应条文部分内容：水位计、水位平衡容器或变送器与汽包联接的取样管，应至少有1：100的斜度。

64. 锅炉高温受热面管材的选取应考虑合理的高温抗氧化裕度。（ ）

参考答案：√

对应条文：6.5.9

65. 锅炉采用主燃区过量空气系数低于1.0的低氮燃烧技术时应加强贴壁气氛监视和大小修时对锅炉水冷壁管壁高温腐蚀趋势的检查工作。（ ）

参考答案：√

对应条文：6.5.6

66. 必须在锅炉烟气出口设置火花捕集器或者旋风除尘器，运行中预分离大颗粒及未燃尽火星，避免火星直接撞击布袋。（ ）

参考答案：√

对应条文：6.6.3

67. 应定期锅炉尾部清理除尘器底部灰斗

积灰,防止发生再次燃烧烧损滤袋。( )

参考答案:√

二、单项选择题

1. 防止锅炉尾部再次燃烧事故的重点不包括以下哪个部位?( )

A. 回转式空气预热器

B. 脱硝装置

C. 汽轮机

D. 除尘器

参考答案:C

对应条文:6.1.1

2. 回转式空气预热器应设置哪种报警装置?( )

A. 温度报警

B. 压力报警

C. 停转报警

D. 流量报警

参考答案:C

对应条文:6.1.2

3. 锅炉点火/助燃系统的选型应保证什么?( )

A. 自身完备性及其与锅炉的适应性

B. 仅自身完备性

C. 仅与锅炉的适应性

D. 无需保证

参考答案:A

对应条文:6.1.3

4. 100MW及以上等级机组的锅炉应装设哪种保护装置?( )

A. 过热保护

B. 灭火保护

C. 过压保护

D. 过流保护

参考答案:B

对应条文:6.6.3

对应条文:6.2.1

5. 循环流化床锅炉压火时应先停止什么?( )

A. 引风机

B. 给煤机

C. 送风机

D. 一次风机

参考答案:B

对应条文:6.2.3

6. 制粉系统设计应尽量减少什么?( )

A. 垂直管段

B. 水平管段

C. 弯头

D. 阀门

参考答案:B

对应条文:6.3.1

7. 汽包锅炉应至少配置多少只远传汽包水位计?( )

A. 2只

B. 3只

C. 4只

D. 5只

参考答案:B

对应条文:6.4.1

8. 汽包水位信号应采用哪种方式进行优选?( )

A. 三取二

B. 三选中值

C. 二取一

D. 一取一

参考答案:B

对应条文：6.4.3

9.控制循环锅炉应设计哪种保护？（ ）

A. 炉水循环泵差压低低停炉保护

B. 省煤器入口流量低保护

C. 汽包水位高保护

D. 汽包水位低保护

参考答案：A

对应条文：6.4.11

10.直流炉应严格控制什么？（ ）

A. 燃水比

B. 汽压

C. 风量

D. 煤粉细度

参考答案：A

对应条文：6.4.13

11.新建锅炉产品的制造、安装过程应由谁实施监督检验？（ ）

A. 建设单位

B. 特种设备监检单位

C. 设计单位

D. 施工单位

参考答案：B

对应条文：6.5.2

12.电站锅炉范围内管道元件组合装置采购时应注明什么要求？（ ）

A. 按普通部件制造

B. 按锅炉部件实施制造过程监督检验

C. 无需特殊要求

D. 按压力容器标准制造

参考答案：B

对应条文：6.5.3

13.奥氏体不锈钢管子蠕变应变大于多少时应进行更换？（ ）

A. 2.5%

B. 3.5%

C. 4.5%

D. 5.5%

参考答案：C

对应条文：6.5.10

14.所有燃烧器（ ）应设计完善可靠的火焰监测保护系统，并保证其可以真实反应实际着火情况。

A. 均

B. 部分

C. 不要求

参考答案：A

对应条文：6.1.3

15.机组启动期间，锅炉负荷（ ）额定负荷时，空气预热器应连续吹灰。

A. 低于25%

B. 低于35%

C. 高于25%

D. 高于35%

参考答案：A

对应条文：6.1.9

16.机组启动期间，锅炉负荷大于25%额定负荷时，至少每（ ）吹灰一次。

A. 20h

B. 16h

C. 12h

D. 8h

参考答案：D

对应条文：6.1.9

17.不论是新建机组设计、还是由于改烧煤种等原因进行锅炉燃烧系统改造，都不应忽视制粉系统的防爆要求，当煤的干燥无灰基挥发分（ ）25%（或煤的爆炸性指数大于3.0）时，不宜采用中间储仓式制粉系统，如必要时宜抽取炉烟干燥或者加入惰性气体。

　　A. 小于

　　B. 等于

　　C. 大于

　　参考答案：C

　　对应条文：6.3.1

　18. 当一套水位测量装置因故障退出运行时，应填写处理故障的工作票，工作票应写明故障原因、处理方案、危险因素预告等注意事项，一般应在（　）h内恢复。

　　A. 24

　　B. 16

　　C. 8

　　D. 6

　　参考答案：C

　　对应条文：6.4.7

　19. 锅炉投入使用前或投入使用后（　）日内，使用单位应按照《特种设备使用管理规则》（TSG 08—2017）办理使用登记，申领使用登记证。不按规定检验、办理使用登记的锅炉，严禁投入使用。

　　A. 60

　　B. 45

　　C. 30

　　D. 15

　　参考答案：C

　　对应条文：6.5.2

　20. 必须在锅炉烟气出口设置火花捕集器或者旋风除尘器，运行中预分离大颗粒及未燃尽火星，避免火星直接撞击布袋。（　）

　　参考答案：√

　　对应条文：6.6.3

　21. 应定期锅炉尾部清理除尘器底部灰斗积灰，防止发生再次燃烧烧损滤袋。（　）

　　参考答案：√

　　对应条文：6.6.3

　22. 必须在锅炉烟气出口设置（　）或者旋风除尘器，运行中预分离大颗粒及未燃尽火星，避免火星直接撞击布袋。

　　A. 火花捕集器

　　B. 喷水器

　　C. 灭火器

　　参考答案：A

　　对应条文：6.6.3

三、多项选择题

　1. 防止锅炉尾部再次燃烧事故的措施包括哪些？（　）

　　A. 设置独立的主辅电机和盘车装置

　　B. 配置水冲洗系统和消防系统

　　C. 加强油枪选型和燃烧调整

　　D. 无需定期吹灰

　　参考答案：ABC

　　对应条文：6.1.2、6.1.3、6.1.9

　2. 防止锅炉炉膛爆炸事故的重点要求包括哪些？（　）

　　A. 加强燃煤监督管理

　　B. 装设锅炉灭火保护装置

　　C. 定期校验水位计

　　D. 防止严重结渣

　　参考答案：ABD

　　对应条文：6.2.1、6.2.2

　3. 制粉系统防爆的重点要求包括哪些？（　）

　　A. 设计可靠的温度、压力测点

　　B. 减少水平管段

　　C. 配置消防系统和充惰系统

　　D. 无需定期清理积粉

参考答案：ABC

对应条文：6.3.1

4. 汽包水位计的安装要求包括哪些？（ ）

A. 取样管避开汽包内水汽工况不稳定区

B. 水侧取样管孔位置低于低停炉保护动作值

C. 汽侧取样管孔位置高于高停炉保护动作值

D. 无需斜度要求

参考答案：ABC

对应条文：6.4.2

5. 防止锅炉承压部件失效事故的措施包括哪些？（ ）

A. 成立防止爆漏工作小组

B. 严格监督检验

C. 防止超压超温

D. 无需控制水汽质量

参考答案：ABC

对应条文：6.5.1、6.5.2、6.5.5

6. 超（超超）临界锅炉高温受热面管内氧化皮大面积脱落的预防措施包括哪些？（ ）

A. 减少热偏差

B. 合理选取管材

C. 严格控制启停方式

D. 无需监测壁温

参考答案：ABC

对应条文：6.5.9

7. 农林生物质电厂防止燃料存储区着火的措施包括哪些？（ ）

A. 规范用电管理

B. 设置消防水喷淋系统

C. 加强门禁管理

D. 允许使用明火取暖

参考答案：ABC

对应条文：6.6.1

8. 防止锅炉尾部再次燃烧事故重点是防止（ ）、锅炉底部干除渣系统等部位的再次燃烧事故。

A. 回转式空气预热器转子蓄热元件

B. 脱硝装置的催化元件

C. 余热利用装置

D. 除尘器及其干除灰系统

参考答案：ABCD

对应条文：6.1.1

9. 锅炉机组的设计选型要保证回转式空气预热器本身及其辅助系统设计合理、配套齐全，必须保证预热器在运行中和热态停机状态均有完善的监控和防止再次燃烧事故的手段，包括（ ）。

A. 预热器应设独立的主辅电机、盘车装置、火灾报警装置、入口烟气挡板、出入口风挡板及相应的联锁保护

B. 预热器应设可靠的停转报警装置，停转报警信号应取自预热器的主轴，而不能取自预热器马达

C. 预热器应有相配套的水冲洗系统，设备性能必须满足冲洗工艺要求，电厂必须配套具体的水冲洗制度和水冲洗措施，并严格执行

D. 预热器应设有完善的消防系统，空气侧和烟气侧均应装设消防水喷淋水管，喷淋面积应覆盖整个受热面。如采用蒸汽消防系统，其汽源必须与公共汽源相联，以保证启停、正常运行时均可随时投入以隔绝空气

E. 预热器应设计配套完善合理的吹灰系统，冷热端均应设有吹灰器。如采用蒸汽吹灰，其汽源应合理选择，且必须与公共汽源相联，疏水设计合理，以满足机组启动和低负荷运行期间的吹灰需要

参考答案：ABCDE

对应条文：6.1

10. 回转式空气预热器应设独立的（　）、出入口风挡板及相应的联锁保护。

    A. 主辅电机

    B. 盘车装置

    C. 火灾报警装置

    D. 入口烟气挡板

    参考答案：ABCD

    对应条文：6.1.2

11. 以下（　）选项是防止煤尘爆炸的重点要求。

    A. 消除制粉系统和输煤系统的粉尘泄漏点，降低煤粉浓度。大量放粉或清理煤粉时，应制定和落实相关安全措施，应尽可能避免扬尘，杜绝明火，防止煤尘爆炸

    B. 煤粉仓、制粉系统和输煤系统附近应有消防设施，并备有专用的灭火器材，消防系统水源应充足、水压符合要求。消防灭火设施应保持完好，按期进行试验（试验时灭火剂不进入粉仓）

    C. 煤粉仓投运前应做严密性试验。凡基建投产时未做过严密性试验的要补做漏风试验，如发现有漏风、漏粉现象应及时消除

    D. 在微油或等离子点火期间，除灰系统储仓需经常卸料，防止储仓未燃尽物质自燃爆炸

    参考答案：ABCD

    对应条文：6.3

12. 安装汽包水位计时应（　）。

    A. 汽包水位计水侧取样管孔的位置应低于锅炉汽包水位低停炉保护动作值，汽侧取样管孔的位置应高于锅炉汽包水位高停炉保护动作值，并应有足够的裕量

    B. 新安装的机组必须核实汽包水位取样孔的位置、结构及水位计平衡容器安装尺寸，均符合要求

    C. 差压式水位计严禁采用将汽水取样管引到一个连通容器（平衡容器），再在平衡容器中段或中高段引出差压水位计的汽水侧取样的方法

    D. 取样管应穿过汽包内壁隔层，管口可以不考虑避开汽包内水汽工况不稳定区

    参考答案：ABC

    对应条文：6.4.2

13. 以下选项（　）为奥氏体不锈钢小管监督的重点要求。

    A. 奥氏体不锈钢管子蠕变应变大于4.5%，T91、T122类管子外径蠕变应变大于1.2%，应进行更换

    B. 对于奥氏体不锈钢管子要结合大修检查钢管及焊缝是否存在沿晶、穿晶裂纹，一旦发现应及时换管

    C. 锅炉运行5万h后，检修时应对与奥氏体耐热钢相连的异种钢焊缝按10%进行无损检测

    D. 对于奥氏体不锈钢管与铁素体钢管的异种钢接头在5万h进行割管检查，重点检查铁素体钢一侧的熔合线是否开裂

    参考答案：ABCD

    对应条文：6.5.10

14. 以下说法正确的有（　）。

    A. 在锅炉设计时，必须合理控制炉膛温度；必须采用合适的材料与合理的受热面结构，以避免结渣造成的碱金属和氯离子腐蚀

    B. 锅炉设计方案中应充分考虑优化锅炉蒸汽流程和烟气流程，考虑对炉膛拱形结构和向火侧水冷壁的材质进行升级优化，做好防止高温腐蚀措施

C. 加强入厂燃料和入炉燃料的管理工作,严格控制入炉燃料质量,主要控制燃料氯含量、钠含量和硫含量不超锅炉设计燃料范围要求

D. 禁止掺烧、改烧煤等高污染燃料,以及垃圾、塑料等废弃物

参考答案:ABCD

对应条文:6.6.2

7 防止压力容器等承压设备爆破事故的重点要求习题

一、判断题（对画"√"，错画"×"）

1. 根据设备特点和系统的实际情况，制定每台压力容器的操作规程。（ ）

参考答案：√

对应条文：7.1.1

2. 各种压力容器安全阀无需定期进行校验。（ ）

参考答案：×

对应条文：7.1.2

对应条文部分内容：各种压力容器安全阀应定期进行校验。

3. 运行中的压力容器及其安全附件应处于正常工作状态。（ ）

参考答案：√

对应条文：7.1.3

4. 除氧器的运行操作规程应符合《电站压力式除氧器安全技术规定》（能源安保〔1991〕709号）的要求。（ ）

参考答案：√

对应条文：7.1.4

5. 使用中的各种气瓶可以改变涂色。（ ）

参考答案：×

对应条文：7.1.5

对应条文部分内容：使用中的各种气瓶严禁改变涂色，严防错装、错用。

6. 压力容器内部有压力时，严禁进行任何修理或紧固工作。（ ）

参考答案：√

对应条文：7.1.6

7. 压力容器上使用的压力表无需进行强制检定。（ ）

参考答案：×

对应条文：7.1.7

对应条文部分内容：压力容器上使用的压力表，应列为计量强制检定表计，按规定周期进行强检。

8. 压力容器的耐压试验应参考《固定式压力容器安全技术监察规程》（TSG 21—2016）进行。（ ）

参考答案：√

对应条文：7.1.8

9. 检查进入除氧器、扩容器的汽源压力，应采取措施消除超压的可能。（ ）

参考答案：√

对应条文：7.1.9

10. 单元制的给水系统，除氧器上应配备不少于两只全启式安全门。（ ）

参考答案：√

对应条文：7.1.10

11. 除氧器和其他压力容器安全阀的总排放能力无需满足最大进汽工况要求。（ ）

参考答案：×

对应条文：7.1.11

对应条文部分内容：除氧器和其他压力容器安全阀的总排放能力，应能满足其在最大进汽工况下不超压。

12. 高压加热器等换热容器无需防止水侧换热管泄漏导致的汽侧筒体冲刷减薄。（ ）

参考答案：×

对应条文：7.1.12

对应条文部分内容：高压加热器等换热容

器，应防止因水侧换热管泄漏导致的汽侧容器筒体的冲刷减薄。

13.氧气瓶、乙炔气瓶等气瓶在户外使用必须竖直放置并固定。（ ）

参考答案：√

对应条文：7.1.13

14.氧气瓶、乙炔气瓶等气瓶可以混放。（ ）

参考答案：×

对应条文：7.1.14

对应条文部分内容：氧气瓶、乙炔气瓶等气瓶不得混放，不得在一起搬运。

15.制氢站应采用性能可靠的压力调整器，并加装液位差越限联锁保护装置和监测仪表。（ ）

参考答案：√

对应条文：7.2.1

16.对制氢系统及氢罐的检修无需进行可靠隔离。（ ）

参考答案：×

对应条文：7.2.2

对应条文部分内容：对制氢系统及氢罐的检修应进行可靠的隔离。

17.氢罐应按照《固定式压力容器安全技术监察规程》进行定期检验。（ ）

参考答案：√

对应条文：7.2.3

18.运行10年及以上的氢罐无需检查外形。（ ）

参考答案：×

对应条文：7.2.4

对应条文部分内容：运行10年及以上的氢罐，应该重点检查氢罐的外形，尤其是上下封头不应出现鼓包和变形现象。

19.压力容器工作介质为易燃易爆气体的，无需安排泄漏试验。（ ）

参考答案：×

对应条文：7.2.5

对应条文部分内容：压力容器工作介质为易燃易爆气体的，应根据设计要求，在维护和检验中安排泄漏试验。

20.火电厂热力系统压力容器定期检验时，应检查与压力容器相连的管系。（ ）

参考答案：√

对应条文：7.3.1

21.特种设备使用单位应当使用取得许可生产并经检验合格的特种设备，禁止使用国家明令淘汰和已经报废的特种。（ ）

参考答案：√

对应条文：7.4.1

22.依据《固定式压力容器安全技术监察规程》(TSG R 0004—2009)中相关条款规定，压力容器内部有压力时，可进行维修再使用。（ ）

参考答案：×

对应条文：7.1.6

对应条文部分内容：压力容器内部有压力时，严禁进行任何修理或紧固工作。

23.在储存和搬运过程中，应严格遵循专门的操作规程，禁止将钢瓶暴露在高温、火源或其他易燃物质附近。（ ）

参考答案：√

对应条文：7.4

24.按规定定期检验，检验不合格的，只要没有损坏，可以继续使用。（ ）

参考答案：×

参考答案：未进行建设期检验、办理使用登记手续的压力容器，严禁投入运行使用。

对应条文：7.4.1

25.压力容器的各种安全装置无需专人负责和维护管理。（ ）

参考答案：×

对应条文：7.4.1

26.若压力容器操作人员未经必要的专业培训和考核，无证上岗，极易造成操作事故，这是典型的违规使用行为。因为未经培训的人员可能不了解正确的操作流程和安全注意事项。（ ）

参考答案：√

对应条文：7.4.1

27.在操作压力容器时，应严格遵守操作规程。例如在控制压力方面，若未确保压力容器内的压力在安全范围内，可能造成超压运行，这是违规操作。又如在使用阀门时，若没有正确安装和使用，导致泄漏或爆炸风险增加，也属于违规使用。（ ）

参考答案：√

对应条文：7.4

二、单项选择题

1.根据7.1.4，除氧器的运行操作规程应符合哪个文件？（ ）

A.《电站压力式除氧器安全技术规定》（能源安保〔1991〕709号）

B.《固定式压力容器安全技术监察规程》

C.《特种设备使用管理规则》

D.《电站锅炉压力容器检验规程》

参考答案：A

对应条文：7.1.4

2.根据条文7.1.5，液氯钢瓶必须如何放置？（ ）

A. 竖直放置

B. 水平放置

C. 倾斜放置

D. 随意放置

参考答案：B

对应条文：7.1.5

3.根据条文7.2.1，制氢站应加装哪些监测仪表？（ ）

A. 氢侧氢气纯度表

B. 在线氢中氧量

C. 在线氧中氢量

D. 以上都是

参考答案：D

对应条文：7.2.1

4.根据条文7.3.4，订购压力容器前应对什么进行审核？（ ）

A. 设计单位和制造厂商的资格

B. 压力容器的价格

C. 压力容器的颜色

D. 压力容器的重量

参考答案：A

对应条文：7.3.4

5.根据条文7.4.4，达到设计使用年限的压力容器如需继续使用，应进行什么？（ ）

A. 直接继续使用

B. 检验或安全评估，办理使用登记变更

C. 报废

D. 无需处理

参考答案：B

对应条文：7.4.4

6.主减压阀是用来（ ）介质压力的。

A. 增加

B. 降低

C. 调节

D. 都不是

参考答案：B

对应条文：7.1.8

7.严格执行压力容器（ ）检验制度。

A. 定期

B. 不定期

C. 半年

D. 一年

参考答案：A

对应条文：7.1.2

8.氢气系统动火检修，必须保证系统内部和动火区域空气的最高含量不超过（ ）%。

A.0.3

B.0.2

C.0.4

D.0.5

参考答案：C

对应条文：7.2.2

9.在对压力容器进行检测时，为了减少漏检情况，对照明有一定要求。以下关于照明设置正确的是（ ）。

A. 灯的高度和位置无需调整，保持原样即可

B. 随意设置灯的亮度，只要能看清就行

C. 调整灯的高度和位置，使光线落在检验工的工作台上，亮度适当提高到美国照明工程学会所建议的100支光，同时避免灯光耀眼

D. 不需要考虑照明条件，因为有其他检测手段

参考答案：C

对应条文：7.2.3

10.防止压力容器漏检，在检验流程方面可以采取的措施有（ ）。

A. 把产品杂乱堆放，一次性检查完

B. 将产品单排摆在一起，采用多次检查的方法，让每个检验员单独展示检验过程，检验过的零件上打点标记

C. 不标记已检验的零件，只靠记忆区分

D. 多人同时对一堆产品进行检查，不做区分

参考答案：B

对应条文：7.3.1

11.压力容器承压部件的材料应（ ）设计要求。

A. 基本符合

B. 完全不用考虑

C. 严格符合

D. 部分符合

参考答案：C

对应条文：7.1.4

12.压力容器应配备合适的安全装置，以下（ ）不是常见的压力容器安全装置。

A. 安全阀

B. 压力表

C. 液位计

D. 装饰性彩带

参考答案：D

对应条文：7.1.3

三、多项选择题

1.防止承压设备超压事故的措施包括哪些？（ ）

A. 制定操作规程

B. 定期校验安全阀

C. 检查汽源压力

D. 允许超压运行

参考答案：ABC

对应条文：7.1.1、7.1.2、7.1.9

67

2.防止氢罐爆炸事故的措施包括哪些？（　）

A. 采用压力调整器

B. 可靠隔离检修

C. 定期检验

D. 无需监测

参考答案：ABC

对应条文：7.2.1、7.2.2、7.2.3

3.防止压力容器违规使用的措施包括哪些？（　）

A. 办理使用登记

B. 定期检验

C. 更换老旧容器

D. 随意开孔焊接

参考答案：ABC

对应条文：7.4.1、7.4.2、7.4.3

4.运行中的压力容器及其安全附件有（　）等。

A. 安全阀

B. 排污阀

C. 监视表计

D. 连锁

参考答案：ABCD

对应条文：7.1.3

5.氢罐等压力容器爆炸事故的应急措施包括（　）。

A. 立即报告

B. 疏散人员

C. 抢救伤员

D. 保护现场

参考答案：ABCD

对应条文：7.2

8 防止汽轮机、燃气轮机事故的重点要求习题

一、判断题（对画"√"，错画"×"）

1. 汽轮机调节系统在额定蒸汽参数下应能维持机组稳定运行，甩负荷后将转速控制在超速保护动作值以下。（ ）

参考答案：√

对应条文：8.1.1

2. 数字式电液控制系统（DEH）无需设置严格的限制启动条件。（ ）

参考答案：×

对应条文：8.1.2

对应条文部分内容：数字式电液控制系统（DEH）应设有完善的机组启动与保护逻辑和严格的限制启动条件。

3. 汽轮发电机组轴系只需安装一套转速监测装置。（ ）

参考答案：×

对应条文：8.1.3

对应条文部分内容：汽轮发电机组轴系应至少安装两套转速监测装置在不同的转子上。

4. 抽汽供热机组的抽汽逆止阀应靠近抽汽口布置。（ ）

参考答案：√

对应条文：8.1.4

5. 透平油和抗燃油油质不合格时，严禁机组启动。（ ）

参考答案：√

对应条文：8.1.5

6. 超速保护不能可靠动作时，禁止机组运行（超速试验除外）。（ ）

参考答案：√

对应条文：8.1.6

7. 机组运行中若转速表失效，仍可继续运行。（ ）

参考答案：×

对应条文：8.1.7

对应条文部分内容：运行中的机组，在无任何有效监视手段的情况下，必须停止运行。

8. 新建机组大修后无需进行调节系统静止试验。（ ）

参考答案：×

对应条文：8.1.8

对应条文部分内容：新建或机组大修后，必须按规程要求进行汽轮机调节系统静止试验或仿真试验。

9. 危急保安器动作转速一般为额定转速的110%±1%。（ ）

参考答案：√

对应条文：8.1.13

10. 超速试验时主蒸汽压力应尽量取高值。（ ）

参考答案：×

对应条文：8.1.14

对应条文部分内容：进行超速试验实际升速时，主蒸汽和再热蒸汽压力尽量取低值。

11. 未设置旁路系统的新机组应进行甩负荷试验。（ ）

参考答案：×

对应条文：8.1.15

对应条文部分内容：《火力发电建设工程机组甩负荷试验导则》所列不宜进行甩负荷试验的机组包括未设置旁路系统的机组。

69

12. 机组正常停机时严禁带负荷解列。（ ）

参考答案：√

对应条文：8.1.16

13. 电液伺服阀性能不达标时仍可投入运行。（ ）

参考答案：×

对应条文：8.1.17

对应条文部分内容：电液伺服阀的性能必须符合要求，否则不得投入运行。

14. 主油泵轴与汽轮机主轴间的齿型联轴器无需定期检查。（ ）

参考答案：×

对应条文：8.1.18

对应条文部分内容：应定期检查联轴器的润滑和磨损情况。

15. 汽轮机深调峰时需设置中压调节阀阀位限制。（ ）

参考答案：√

对应条文：8.1.19

16. 机组主、辅设备保护装置无需全部投入。（ ）

参考答案：×

对应条文：8.2.1

对应条文部分内容：机组主、辅设备的保护装置必须正常投入。

17. 新机组投产前无需进行转子表面探伤检查。（ ）

参考答案：×

对应条文：8.2.2

对应条文部分内容：新机组投产前、已投产机组每次大修中，应进行转子表面和中心孔探伤检查。

18. 新机组大修后需检查平衡块固定螺栓紧固情况。（ ）

参考答案：√

对应条文：8.2.3

19. 新机组投产前无需检查焊接隔板主焊缝。（ ）

参考答案：×

对应条文：8.2.4

对应条文部分内容：新机组投产前应对焊接隔板的主焊缝进行检查。

20. 运行 100000h 以上的机组每隔 3～5 年应对转子进行检查。（ ）

参考答案：√

对应条文：8.2.9

21. 严禁使用不合格的转子。（ ）

参考答案：√

对应条文：8.2.10

22. 疏水系统无需保证疏水畅通。（ ）

参考答案：×

对应条文：8.3.1

对应条文部分内容：疏水系统应保证疏水畅通。

23. 减温水管路阀门无需关闭严密。（ ）

参考答案：×

对应条文：8.3.2

对应条文部分内容：减温水管路阀门应关闭严密，自动装置可靠，并应设有截止阀。

24. 高、低压轴封应分别供汽。（ ）

参考答案：√

对应条文：8.3.5

25. 汽轮机启动前大轴晃动值超过规定仍可启动。（ ）

参考答案：×

对应条文：8.3.7

对应条文部分内容：大轴晃动值不超过制造商的规定值或原始值的 ±0.02mm。

26.机组启动中因振动异常停机后可立即再次启动。（ ）

参考答案：×

对应条文：8.3.8

对应条文部分内容：当机组已符合启动条件时，连续盘车不少于4h才能再次启动。

27.汽轮机运行中轴承振动超过0.03mm应立即打闸停机。（ ）

参考答案：√

对应条文：8.3.9

28.汽轮机热态下锅炉可进行打水压试验。（ ）

参考答案：×

对应条文：8.3.11

对应条文部分内容：汽轮机在热状态下，锅炉不得进行打水压试验。

29.润滑油冷油器切换阀无需防止阀芯脱落。（ ）

参考答案：×

对应条文：8.4.1

对应条文部分内容：冷油器切换阀应有可靠的防止阀芯脱落的措施。

30.油系统可使用铸铁阀门。（ ）

参考答案：×

对应条文：8.4.2

对应条文部分内容：油系统严禁使用铸铁阀门。

31.润滑油泵出口逆止阀前无需设置排气措施。（ ）

参考答案：×

对应条文：8.4.3

对应条文部分内容：润滑油系统油泵出口逆止阀前应设置可靠的排气措施。

32.直流润滑油泵电源系统无需足够容量。（ ）

参考答案：×

对应条文：8.4.4

对应条文部分内容：直流润滑油泵的直流电源系统应有足够的容量。

33.交流润滑油泵接触器无需采取低电压延时释放措施。（ ）

参考答案：×

对应条文：8.4.5

对应条文部分内容：交流润滑油泵电源的接触器，应采取低电压延时释放措施。

34.应设置主油箱油位低跳机保护。（ ）

参考答案：√

对应条文：8.4.6

35.润滑油系统可在轴瓦进油管道装设调压阀。（ ）

参考答案：×

对应条文：8.4.7

对应条文部分内容：润滑油系统不宜在轴瓦进油管道装设调压阀。

36.润滑油质不合格时严禁机组启动。（ ）

参考答案：√

对应条文：8.4.10

37.润滑油压低报警定值无需按制造商要求整定。（ ）

参考答案：×

对应条文：8.4.11

对应条文部分内容：润滑油压低报警、联启油泵、跳闸保护、停止盘车定值及测点安装位置应按照制造商要求安装和整定。

38.辅助油泵无需定期进行启动试验。（ ）

参考答案：×

对应条文：8.4.13

对应条文部分内容：辅助油泵及其自启动

装置,应按要求定期进行启动试验。

39.燃气轮机调节系统在设计参数范围内应能维持额定转速稳定运行。( )

参考答案:√

对应条文:8.5.1

40.燃气关断阀无需关闭严密。( )

参考答案:×

对应条文:8.5.2

对应条文部分内容:燃气关断阀和燃气控制阀应能关闭严密。

41.燃气轮机组轴系只需安装一套转速监测装置。( )

参考答案:×

对应条文:8.5.3

对应条文部分内容:燃气轮机组轴系应至少安装两套转速监测装置在不同的转子上。

42.透平油油质不合格时严禁燃气轮机组启动。( )

参考答案:√

对应条文:8.5.6

43.燃气轮机电超速保护动作转速一般为额定转速的108%～110%。( )

参考答案:√

对应条文:8.5.7

44.新投产燃气轮机组无需进行甩负荷试验。( )

参考答案:×

对应条文:8.5.8

对应条文部分内容:对新投产的燃气轮机组或调节系统进行重大改造后的燃气轮机组应进行甩负荷试验。

45.燃气轮机组大修后无需进行调节系统静止试验。( )

参考答案:×

对应条文:8.5.11

对应条文部分内容:燃气轮机组大修后,必须按规程要求进行燃气轮机调节系统的静止试验或仿真试验。

46.燃气轮机组主保护装置无需全部投入。( )

参考答案:×

对应条文:8.6.1

对应条文部分内容:燃气轮机组主、辅设备的保护装置必须正常投入。

47.压气机进口滤网破损时仍可启动机组。( )

参考答案:×

对应条文:8.6.2

对应条文部分内容:发生压气机进口滤网破损时,严禁机组启动。

48.燃气轮机组应避免在燃烧模式切换负荷区域长时间运行。( )

参考答案:√

对应条文:8.6.3

49.燃气轮机组发生压气机失速时无需立即停机。( )

参考答案:×

对应条文:8.6.7

对应条文部分内容:发生压气机失速,应立即打闸停机。

50.燃气轮机停止运行投盘车时可随意开启罩壳大门。( )

参考答案:×

对应条文:8.6.9

对应条文部分内容:燃气轮机停止运行投盘车时,严禁随意开启罩壳各处大门。

51.应定期检查燃气轮机气缸周围的冷却水管道。( )

参考答案：√

对应条文：8.6.11

52. 无需定期对压气机进行孔窥检查。（ ）

参考答案：×

对应条文：8.6.12

对应条文部分内容：定期对压气机进行孔窥检查。

53. 新机组投产前无需检查轮盘拉杆螺栓紧固情况。（ ）

参考答案：×

对应条文：8.6.16

对应条文部分内容：新机组投产前和机组大修中，应重点检查轮盘拉杆螺栓紧固情况。

54. 天然气管道放散塔设计无需满足防火规范。（ ）

参考答案：×

对应条文：8.7.1

对应条文部分内容：天然气管道放散塔或放空管的设计和安装，应满足现行《石油天然气工程设计防火规范》要求。

55. 燃气管道可从管沟内敷设。（ ）

参考答案：×

对应条文：8.7.2

对应条文部分内容：严禁燃气管道从管沟内敷设。

56. 与燃气系统相邻的封闭区域无需装设燃气泄漏探测器。（ ）

参考答案：×

对应条文：8.7.3

对应条文部分内容：与燃气系统相邻的封闭区域也应装设燃气泄漏探测器。

57. 新安装燃气管道无需进行系统打压试验。（ ）

参考答案：×

对应条文：8.7.4

对应条文部分内容：新安装或检修后的管道或设备应进行系统打压试验。

58. 燃气泄漏量达到爆炸下限20%时仍可启动燃气轮机。（ ）

参考答案：×

对应条文：8.7.6

对应条文部分内容：燃气泄漏量达到测量爆炸下限的20%时，不允许启动燃气轮机。

59. 点火失败后重新点火前无需进行清吹。（ ）

参考答案：×

对应条文：8.7.7

对应条文部分内容：点火失败后，重新点火前必须进行足够时间的清吹。

60. 燃气泄漏探测器无需定期校验。（ ）

参考答案：×

对应条文：8.7.8

对应条文部分内容：每季度进行一次校验。

61. 可在运行中的燃气轮机周围进行燃气排放作业。（ ）

参考答案：×

对应条文：8.7.9

对应条文部分内容：严禁在运行中的燃气轮机周围进行燃气管道燃气排放与置换作业。

62. 消缺时可使用非铜制工具。（ ）

参考答案：×

对应条文：8.7.10

对应条文部分内容：消缺时必须使用铜制专用工具。

63. 进入燃气系统区域人员必须穿防静电工作服。（ ）

参考答案：√

对应条文：8.7.12

64.进入燃气系统区域前无需消除静电。（　）

参考答案：×

对应条文：8.7.13

对应条文部分内容：进入燃气系统区域前应先通过消静电装置消除静电。

65.燃气系统附近明火作业时燃气浓度不得超过爆炸下限20%。（　）

参考答案：√

对应条文：8.7.14

66.燃气调压站无需配备消防器材。（　）

参考答案：×

对应条文：8.7.15

对应条文部分内容：燃气调压站、前置模块等燃气系统应按规定配备足够的消防器材。

67.未装设阻火器的车辆可进入燃气轮机警示范围。（　）

参考答案：×

对应条文：8.7.17

对应条文部分内容：严禁未装设阻火器的车辆在燃气轮机的警示范围或调压站内行驶。

68.机组停运时可向燃料关断阀后通入燃气进行试验。（　）

参考答案：×

对应条文：8.7.19

对应条文部分内容：机组停运时，禁止采用向燃料关断阀后通入燃气的方式对燃气透平及其他管道设备进行法兰找漏等试验、检修工作。

69.燃气管道部分投入运行时相邻管道无需充氮。（　）

参考答案：×

对应条文：8.7.20

对应条文部分内容：与充入燃气相邻的管道部分必须充入氮气。

70.高压燃气管道防腐涂层检查周期为每5年一次。（　）

参考答案：×

对应条文：8.7.21

对应条文部分内容：正常情况下高压、次高压管道（0.4MPa＜P≤4.0MPa）应每3年一次。

71.燃气调压站防雷设施每年检测一次即可。（　）

参考答案：×

对应条文：8.7.22

对应条文部分内容：每年应进行两次检测，其中在雷雨季节前应检测一次。

72.露天燃气系统无需建立定期保养制度。（　）

参考答案：×

对应条文：8.7.23

对应条文部分内容：露天布置的调压站、前置模块等燃气系统，应建立并严格执行管道、阀门等设备的定期保养制度。

73.汽轮机调节系统甩负荷后转速控制在超速保护动作值以上。（　）

参考答案：×

对应条文：8.1.1

对应条文部分内容：调节系统应能将机组转速控制在超速保护动作值转速以下。

74.机械液压调节系统机组无需设置限制启动条件。（　）

参考答案：×

对应条文：8.1.2

对应条文部分内容：对机械液压调节系统的机组，也应有明确的限制启动条件。

75.抽汽逆止阀无需联锁动作。（　）

参考答案：×

对应条文：8.1.4

对应条文部分内容：抽汽逆止阀关闭应迅速、严密，联锁动作应可靠。

76.机组启动时润滑油系统无需投入。（ ）

参考答案：×

对应条文：8.4.13

对应条文部分内容：机组启动前辅助油泵必须处于联动状态。

77.燃气轮机超速保护动作转速一般为额定转速的115%。（ ）

参考答案：×

对应条文：8.5.7

对应条文部分内容：燃气轮机组电超速保护动作转速一般为额定转速的108%～110%。

78.燃气轮机调节系统大修后无需进行静止试验。（ ）

参考答案：×

对应条文：8.5.11

对应条文部分内容：燃气轮机组大修后，必须按规程要求进行燃气轮机调节系统的静止试验或仿真试验。

79.燃气轮机轴系断裂事故无需建立事故档案。（ ）

参考答案：×

对应条文：8.6.20

对应条文部分内容：建立燃气轮机组事故档案，记录事故名称、性质、原因和防范措施。

80.燃气管道防腐涂层10年以上的管道每5年检查一次。（ ）

参考答案：×

对应条文：8.7.21

对应条文部分内容：10年以上的管道每2年一次。

81.在额定蒸汽参数下，调节系统应能维持汽轮机在额定转速下稳定运行，甩负荷后能将机组转速控制在超速保护动作值转速以下。（ ）

参考答案：√

对应条文：8.1.1

82.新建或机组大修后，不需要进行汽轮机调节系统静止试验或仿真试验。（ ）

参考答案：×

对应条文：8.1.8

对应条文部分内容：新建或机组大修后，必须按规程要求进行汽轮机调节系统静止试验或仿真试验。

83.高、低压加热器应装设紧急疏水阀，可远方操作和根据疏水水位自动开启。（ ）

参考答案：√

对应条文：8.3.4

84.新机组或润滑油系统检修、改造后，应进行交流润滑油泵跳闸联锁启动备用交流润滑油泵和直流润滑油泵试验。（ ）

参考答案：√

对应条文：8.4.12

85.应建立燃气轮机组事故档案，记录事故名称、性质、原因和防范措施。（ ）

参考答案：√

对应条文：8.6.20

86.可以将燃气管道从管沟内敷设。（ ）

参考答案：×

对应条文：8.7.2

对应条文部分内容：严禁燃气管道从管沟内敷设。

二、单项选择题

1.汽轮机调节系统在额定蒸汽参数下应能维持机组稳定运行，甩负荷后将转速控制在

（　　）。

 A. 额定转速

 B. 超速保护动作值以下

 C. 115% 额定转速

 D. 120% 额定转速

参考答案：B

对应条文：8.1.1

2. 汽轮发电机组轴系应至少安装（　　）转速监测装置在不同的转子上。

 A. 一套

 B. 两套

 C. 三套

 D. 四套

参考答案：B

对应条文：8.1.3

3. 抽汽供热机组的抽汽逆止阀应（　　）布置。

 A. 远离抽汽口

 B. 靠近抽汽口

 C. 水平

 D. 垂直

参考答案：B

对应条文：8.1.4

4. 透平油和抗燃油的油质不合格时，（　　）机组启动。

 A. 允许

 B. 严禁

 C. 经批准后允许

 D. 以上都不是

参考答案：B

对应条文：8.1.5

5. 危急保安器动作转速一般为额定转速的（　　）。

 A. 105%±1%

 B. 110%±1%

 C. 115%±1%

 D. 120%±1%

参考答案：B

对应条文：8.1.13

6. 新投产机组或汽轮机调节系统经重大改造后的机组，应进行甩负荷试验，但以下哪种情况除外？（　　）

 A. 设置旁路系统

 B. 仅设置 5% 串级启动疏水系统

 C. 配置具备热备用功能的启动旁路系统

 D. 以上都不是

参考答案：B

对应条文：8.1.15

7. 汽轮机正常停机时，严禁（　　）。

 A. 先减负荷再解列

 B. 带负荷解列

 C. 使用逆功率保护解列

 D. 以上都不是

参考答案：B

对应条文：8.1.16

8. 电液伺服阀的性能必须符合要求，否则（　　）。

 A. 可以投入运行

 B. 不得投入运行

 C. 需经批准后投入运行

 D. 以上都不对

参考答案：B

对应条文：8.1.17

9. 新机组投产前应对焊接隔板的（　　）进行检查。

 A. 焊缝长度

 B. 主焊缝

 C. 焊缝高度

D. 焊缝宽度

参考答案：B

对应条文：8.2.4

10. 汽轮机启动前，大轴晃动值不得超过制造商规定值或原始值的（ ）。

A. ±0.01mm

B. ±0.02mm

C. ±0.03mm

D. ±0.04mm

参考答案：B

对应条文：8.3.7

11. 润滑油系统严禁使用（ ）阀门。

A. 钢制

B. 铸铁

C. 铜制

D. 以上都不是

参考答案：B

对应条文：8.4.2

12. 燃气轮机电超速保护动作转速一般为额定转速的（ ）。

A. 105%～107%

B. 108%～110%

C. 110%～112%

D. 112%～115%

参考答案：B

对应条文：8.5.7

13. 发生下列哪种情况时，严禁燃气轮机组启动？（ ）

A. 压气机进口滤网破损

B. 火焰探测器正常

C. 燃气关断阀严密性试验合格

D. 以上都不是

参考答案：A

对应条文：8.6.2

14. 燃气泄漏量达到测量爆炸下限的（ ）时，不允许启动燃气轮机。

A. 10%

B. 20%

C. 30%

D. 40%

参考答案：B

对应条文：8.7.6

15. 汽轮机在深调峰运行方式下，调节系统应设置（ ）或增加蓄能器等防止控制油压大幅摆动的措施。

A. 高压调节阀阀位限制

B. 中压调节阀阀位限制

C. 低压调节阀阀位限制

D. 以上都不是

参考答案：B

对应条文：8.1.19

16. 新机组投产前和机组大修中，必须检查平衡块固定螺栓、风扇叶片固定螺栓等的（ ）。

A. 长度

B. 材质

C. 紧固情况

D. 以上都不是

参考答案：C

对应条文：8.2.3

17. 汽轮机启动前，高压外缸上、下缸温差不得超过（ ）。

A. 30℃

B. 50℃

C. 70℃

D. 90℃

参考答案：B

对应条文：8.3.7

77

18.润滑油系统油泵出口逆止阀前应设置可靠的（ ），防止油泵启动后泵出口堆积空气不能快速建立油压。

A. 排气措施
B. 过滤装置
C. 压力传感器
D. 以上都不是

参考答案：A
对应条文：8.4.3

19.燃气轮机组大修后，必须按规程要求进行燃气轮机调节系统的（ ）试验，确认调节系统工作正常。

A. 动态
B. 静态
C. 超速
D. 以上都不是

参考答案：B
对应条文：8.5.11

20.燃气轮机组应避免在（ ）切换负荷区域长时间运行。

A. 燃烧模式
B. 运行模式
C. 启动模式
D. 以上都不是

参考答案：A
对应条文：8.6.3

21.天然气管道放散塔或放空管的设计和安装，应满足现行（ ）中对高度和周围环境相关规定。

A.《电力安全工作规程》
B.《石油天然气工程设计防火规范》
C.《特种设备安全监察条例》
D. 以上都不是

参考答案：B
对应条文：8.7.1

22.燃气轮机组正常停机时，严禁违反制造商规定（ ）。

A. 先减负荷再解列
B. 带负荷解列
C. 使用逆功率保护解列
D. 以上都不是

参考答案：B
对应条文：8.5.9

23.露天布置的调压站、前置模块等燃气系统，应建立并严格执行管道、阀门等设备的（ ）制度，避免设备产生严重锈蚀。

A. 定期保养
B. 定期更换
C. 定期检查
D. 以上都不是

参考答案：A
对应条文：8.7.23

24.汽轮发电机组轴系应至少安装（ ）套转速监测装置在不同的转子上。

A. 一
B. 两
C. 三
D. 四

参考答案：B
对应条文：8.1.3

25.新机组投产前应对焊接隔板的主焊缝进行检查。大修中应检查隔板变形情况，最大变形量不得超过轴向间隙的（ ）。

A. 二分之一
B. 三分之一
C. 四分之一
D. 五分之一

参考答案：B

对应条文：8.2.4

26.机组启动前连续盘车时间应执行制造商的有关规定，至少不得少于（ ）h，热态启动不少于（ ）h。

A. 2～4，4
B. 2～4，2
C. 1～2，2
D. 1～2，1

参考答案：A
对应条文：8.3.8

27.燃气轮机组轴系应至少安装（ ）套转速监测装置在不同的转子上。

A. 一
B. 两
C. 三
D. 四

参考答案：B
对应条文：8.5.3

28.当轴承振动或相对轴振动突然增加报警值的（ ），应立即打闸停机。

A. 100%
B. 90%
C. 80%
D. 70%

参考答案：A
对应条文：8.3.9

29.新安装的燃气管道应在（ ）h之内检查一次，并应在通气后的第一周进行一次复查，确保管道系统燃气输送稳定安全可靠。

A. 12
B. 18
C. 24
D. 36

参考答案：C
对应条文：8.7.5

三、多项选择题

1.防止汽轮机超速事故的措施包括（ ）。

A. 调节系统在额定蒸汽参数下能维持机组稳定运行
B. 轴系至少安装两套转速监测装置
C. 抽汽逆止阀关闭迅速且严密
D. 定期校验润滑油泵

参考答案：ABC
对应条文：8.1.1、8.1.3、8.1.4

2.新机组投产前和大修中需重点检查的项目有（ ）。

A. 转子表面和中心孔探伤
B. 平衡块固定螺栓紧固情况
C. 焊接隔板主焊缝
D. 燃气泄漏探测器校验

参考答案：ABC
对应条文：8.2.2、8.2.3、8.2.4

3.汽轮机启动前必须满足的条件包括（ ）。

A. 大轴晃动值不超过规定值
B. 高压外缸上、下缸温差不超过50℃
C. 润滑油系统油质合格
D. 主蒸汽温度低于汽缸最高金属温度

参考答案：AB
对应条文：8.3.7

4.防止汽轮机轴瓦损坏事故的措施有（ ）。

A. 油系统严禁使用铸铁阀门
B. 润滑油泵出口逆止阀前设置排气措施
C. 主油箱油位低跳机保护采用"三取二"逻辑

79

D. 允许轴瓦进油管道装设调压阀

参考答案：ABC

对应条文：8.4.2、8.4.3、8.4.6

5. 燃气轮机组启动前严禁启动的情况包括（　）。

A. 压气机进口滤网破损

B. 任一火焰探测器故障

C. 燃气关断阀严密性试验合格

D. 主保护装置正常投入

参考答案：AB

对应条文：8.6.2

6. 防止燃气轮机燃气系统泄漏爆炸的措施包括（　）。

A. 严禁燃气管道从管沟内敷设

B. 新安装管道24h内检查一次

C. 点火失败后无需清吹即可重新点火

D. 进入燃气区域人员穿防静电工作服

参考答案：ABD

对应条文：8.7.2、8.7.5、8.7.12

7. 汽轮机调节系统的静止试验或仿真试验需验证哪些内容？（　）

A. 调节部套无卡涩

B. 阀门关闭时间符合要求

C. 超速保护动作转速准确

D. 润滑油泵自启动功能

参考答案：ABC

对应条文：8.1.8、8.1.11

8. 防止汽轮机大轴弯曲事故的措施包括（　）。

A. 疏水系统畅通，疏水联箱标高符合要求

B. 轴封供汽温度与金属温度匹配

C. 停机后立即停止盘车

D. 热态启动前检查停机记录

参考答案：ABD

对应条文：8.3.1、8.3.5、8.3.8

9. 燃气轮机组超速保护的要求包括（　）。

A. 电超速保护动作转速为额定转速的108%～110%

B. 超速保护不能可靠动作时禁止运行

C. 甩负荷试验无需进行

D. 定期校验转速监测装置

参考答案：ABD

对应条文：8.5.7、8.5.8

10. 汽轮机轴系断裂的预防措施包括（　）。

A. 转子表面和中心孔探伤检查

B. 平衡块固定螺栓紧固防松

C. 避免非同期并网

D. 润滑油系统无需定期检查

参考答案：ABC

对应条文：8.2.2、8.2.3、8.2.5

11. 燃气轮机轴系断裂及损坏事故的预防措施包括（　）。

A. 避免在燃烧模式切换负荷区域长时间运行

B. 定期对压气机进行孔窥检查

C. 允许使用不合格的转子

D. 建立转子技术档案

参考答案：ABD

对应条文：8.6.3、8.6.12、8.6.18、8.6.21

12. 需要建立汽轮机机组试验档案的试验项目有（　）。

A. 投产前的安装调试试验

B. 大小修后的调整试验

C. 常规试验

D. 定期试验

参考答案：ABCD

对应条文：8.2.1

13.汽轮机发生下列（　　）情况之一，应立即打闸停机。

A. 机组启动过程中，在中速暖机之前，轴承振动超过 0.03mm

B. 机组启动过程中，通过临界转速时，轴承振动超过 0.1mm 或相对轴振动值超过 0.25mm

C. 机组运行中当相对轴振动大于 0.25mm

D. 机组正常运行时，主、再热蒸汽温度在 10min 内下降 50℃

参考答案：ABCD

对应条文：8.3.9

9 防止分散控制系统失灵事故的重点要求习题

一、判断题（对画"√"，错画"×"）

1. 分散控制系统电源应设计有可靠的后备手段，电源的切换时间应保证控制器、服务器不被初始化。（　）

   参考答案：√

   对应条文：9.1.1

2. 分散控制系统电源故障应设置最低级别的报警。（　）

   参考答案：×

   对应条文：9.1.1

   对应条文部分内容：系统电源故障应设置最高级别的报警。

3. 交、直流电源开关和接线端子应分开布置，并无明显标示。（　）

   参考答案：×

   对应条文：9.1.2

   对应条文部分内容：交、直流电源开关和接线端子应有明显的标示。

4. DCS 使用的 UPS 电源装置无需定期维护。（　）

   参考答案：×

   对应条文：9.1.3

   对应条文部分内容：DCS 使用的不间断电源（UPS）电源装置应做定期维护。

5. 热控设备需要两路直流电源互备时，严禁采用大功率二极管将厂用直流两段电源进行耦合。（　）

   参考答案：√

   对应条文：9.1.4

6. DCS 各等级电压电源应按照"专电专用"原则，严禁接入其他非核心负载。（　）

   参考答案：√

   对应条文：9.1.5

7. DCS 应具有可靠的电源失电报警功能。（　）

   参考答案：√

   对应条文：9.1.6

8. DCS 网络通信设备电源无需双路配置。（　）

   参考答案：×

   对应条文：9.1.7

   对应条文部分内容：DCS 网络通信设备电源应双路配置。

9. 用于重要联锁保护的输入输出信号，应避免多个信号通过短接线或母线共用直流正极或负极。（　）

   参考答案：√

   对应条文：9.1.8

10. 热控设备改造后，无需复核空气开关或熔丝的额定参数。（　）

    参考答案：×

    对应条文：9.1.9

    对应条文部分内容：热控设备进行改造后，应针对电源回路复核空气开关或熔丝的额定参数。

11. 独立于 DCS 外的重要控制系统电源无需冗余配置。（　）

    参考答案：×

    对应条文：9.1.10

    对应条文部分内容：独立于 DCS 外的重要控制系统电源应冗余配置。

12. DCS 冗余电源应每年至少进行一次切换试验。（　）

参考答案：√

对应条文：9.1.11

13. 分散控制系统配置应能满足机组任何工况下的监控要求。（　）

参考答案：√

对应条文：9.2.1

14. 分散控制系统的控制器、系统电源等无需冗余配置。（　）

参考答案：×

对应条文：9.2.2

对应条文部分内容：分散控制系统的控制器、系统电源等均应采用完全独立的冗余配置。

15. 重要参数测点、参与机组或设备保护的测点应冗余配置。（　）

参考答案：√

对应条文：9.2.4

16. 分散控制系统接地应保证一点接地。（　）

参考答案：√

对应条文：9.2.5

17. 机组无需配备独立于分散控制系统的硬手操设备。（　）

参考答案：×

对应条文：9.2.6

对应条文部分内容：机组应配备必要的、可靠的、独立于分散控制系统的硬手操设备。

18. 分散控制系统电子间可以有380V及以上动力电缆。（　）

参考答案：×

对应条文：9.2.7

对应条文部分内容：分散控制系统电子间不应有380V及以上动力电缆及产生较大电磁干扰的设备。

19. 远程控制柜与主系统的两路通信电（光）缆无需分层敷设。（　）

参考答案：×

对应条文：9.2.8

对应条文部分内容：远程控制柜与主系统的两路通信电（光）缆要分层敷设。

20. 多台机组分散控制系统网络互联时，只能有一台机组有权限对公用分散控制系统进行操作。（　）

参考答案：√

对应条文：9.2.9

21. 汽轮机紧急跳闸系统和汽轮机监视仪表的电源应取自可靠的两路独立电源。（　）

参考答案：√

对应条文：9.2.10

22. 按照单元机组配置的重要设备应纳入各自单元控制网。（　）

参考答案：√

对应条文：9.3.1

23. 在高温环境下使用的重要控制、保护信号电缆无需使用耐高温阻燃电缆。（　）

参考答案：×

对应条文：9.3.2

对应条文部分内容：在高温环境下使用的重要控制、保护信号电缆应使用耐高温阻燃电缆。

24. 就地执行器的安装无需考虑环境因素对设备运行的影响。（　）

参考答案：×

对应条文：9.3.3

对应条文部分内容：就地执行器的安装应考虑环境因素对设备运行的影响。

25. 气源装置宜选用无油空气压缩机。（　）

参考答案：√

对应条文：9.3.4

26. 独立配置的锅炉灭火保护装置无需配置可靠的电源。（　）

参考答案：×

对应条文：9.3.5

对应条文部分内容：独立配置的锅炉灭火保护装置应配置可靠的电源。

27. 重要控制回路的执行机构应具有三断保护功能。（　）

参考答案：√

对应条文：9.3.6

28. 触发机组跳闸的保护信号的开关量仪表和变送器应单独设置。（　）

参考答案：√

对应条文：9.3.7

29. 汽轮机高（中）压调节阀油动机位置反馈变送器应定期检查。（　）

参考答案：√

对应条文：9.3.8

30. 涉及重要保护的变送器、开关可以与其他测量元件共用取样口及取样管路。（　）

参考答案：×

对应条文：9.3.9

对应条文部分内容：严禁涉及重要保护的变送器、开关与其他测量元件共用取样口及取样管路。

31. 循环流化床机组锅炉重要保护回路的温度测点，其保护套管材质应使用耐高温耐磨材料或做耐磨喷涂处理。（　）

参考答案：√

对应条文：9.3.10

32. 所有就地涉及热控重要保护的启停或开关操作按钮无需防护措施。（　）

参考答案：×

对应条文：9.3.11

对应条文部分内容：所有就地涉及热控重要保护的启停或开关操作按钮、就地远方切换按钮、就地操作显示面板均应有防护措施。

33. 热工保护冗余配置的测量信号应分别使用不同电缆进行信号传输。（　）

参考答案：√

对应条文：9.3.12

34. 热工电源及信号电缆可以超负荷运行或带故障使用。（　）

参考答案：×

对应条文：9.3.13

对应条文部分内容：严禁热工电源及信号电缆超负荷运行或带故障使用。

35. 主控室、电子间机柜等通往电缆夹层的孔洞无需封堵。（　）

参考答案：×

对应条文：9.3.14

对应条文部分内容：所有电缆孔洞和盘面之间的缝隙必须采用合格的不燃或阻燃材料封堵。

36. 热工保护功能在机组运行中可以随意退出。（　）

参考答案：×

对应条文：9.4.1

对应条文部分内容：各项热工保护功能在机组运行中严禁退出。

37. 锅炉炉膛压力等重要保护装置故障被迫退出运行时，应在24h内恢复。（　）

参考答案：×

对应条文：9.4.1

对应条文部分内容：锅炉炉膛压力等重要保护装置故障被迫退出运行时，应在8h内恢复。

38. 检修机组启动前,应对机、炉主保护及其他重要热工保护装置进行静态模拟试验。( )

参考答案:√

对应条文:9.4.2

39. 热工保护联锁试验中,禁止在控制柜内通过开路或短路输入端子的方法进行试验。( )

参考答案:√

对应条文:9.4.2

40. 多台机组共用一个工程师站时,无需做物理隔离。( )

参考答案:×

对应条文:9.4.4

对应条文部分内容:多台机组共用一个工程师站时,应在不同机组工程师站操作区域之间做物理隔离。

41. 分散控制系统软件的修改、更新、升级无需履行审批授权及责任人制度。( )

参考答案:×

对应条文:9.4.6

对应条文部分内容:软件的修改、更新、升级必须履行审批授权及责任人制度。

42. 运行期间可以在分散控制系统网络上进行不符合规定的较大数据包存取。( )

参考答案:×

对应条文:9.4.7

对应条文部分内容:运行期间严禁在控制器、人机接口网络上进行不符合相关规定许可的较大数据包的存取。

43. 所有设备都应采用脉冲信号控制,防止分散控制系统失电导致误停运。( )

参考答案:√

对应条文:9.5.1

44. 重要的主、辅机保护应采用"三取二""四取二"等可靠的逻辑判断方式。( )

参考答案:√

对应条文:9.5.2

45. 热工保护系统输出的指令应优先于其他任何类型指令。( )

参考答案:√

对应条文:9.5.3

46. 汽轮机紧急跳闸系统应设计为得电动作。( )

参考答案:×

对应条文:9.5.4

对应条文部分内容:汽轮机紧急跳闸系统应设计为失电动作。

47. 手动停炉、停机保护应具有独立于分散控制系统的硬跳闸控制回路。( )

参考答案:√

对应条文:9.5.4

48. 重要辅机的"已启动"和"已停机"信号应真实反映辅机的启停状态。( )

参考答案:√

对应条文:9.5.6

49. 模拟量调节系统测量信号、执行机构不可靠时无需报警。( )

参考答案:×

对应条文:9.6.2

对应条文部分内容:模拟量调节系统测量信号、执行机构应可靠,综合信号故障等调节失效时应报警。

50. 模拟量调节系统无需具备全工况全过程的无扰切换功能。( )

参考答案:×

对应条文:9.6.3

对应条文部分内容:模拟量调节系统应具

备全工况全过程的无扰切换功能。

51.机组无需设计辅机故障减负荷（RB）功能。（ ）

参考答案：×

对应条文：9.7.1

对应条文部分内容：机组应设计有满足相关标准要求的辅机故障减负荷（RB）功能。

52.分散控制系统与管理信息大区之间无需设置安全隔离装置。（ ）

参考答案：×

对应条文：9.8.1

对应条文部分内容：分散控制系统与管理信息大区之间必须设置经国家指定部门检测认证的电力专用横向单向安全隔离装置。

53.分散控制系统可以采用具有无线通信功能的设备。（ ）

参考答案：×

对应条文：9.8.6

对应条文部分内容：分散控制系统中除安全接入区外，应当禁止选用具有无线通信功能的设备。

54.水电厂监控系统的主要设备无需冗余配置。（ ）

参考答案：×

对应条文：9.9.1

对应条文部分内容：监控系统的主要设备应采用冗余配置。

55.监控系统上位机应采用专用的、冗余配置的不间断电源供电。（ ）

参考答案：√

对应条文：9.9.1

56.监控系统相关设备无需加装防雷装置。（ ）

参考答案：×

对应条文：9.9.1

对应条文部分内容：监控系统相关设备应加装防雷（强）电击装置。

57.水电厂监控系统设备的接口和传输规约必须满足调度自动化主站系统的要求。（ ）

参考答案：√

对应条文：9.9.1

58.计算机监控系统控制流程无需具备闭锁功能。（ ）

参考答案：×

对应条文：9.9.2

对应条文部分内容：计算机监控系统控制流程应具备闭锁功能。

59.电站监控系统与上级调度机构之间只需一个通信路由。（ ）

参考答案：×

对应条文：9.9.3

对应条文部分内容：电站监控系统与上级调度机构、集控中心（站）之间应具有两个及以上独立通信路由。

60.监控网络设备可以多台共用一个分路开关。（ ）

参考答案：×

对应条文：9.9.3

对应条文部分内容：监控网络设备应采用独立的自动空气开关供电，禁止多台设备共用一个分路开关。

61.水轮发电机组无需设置电气、机械过速保护。（ ）

参考答案：×

对应条文：9.10.1

对应条文部分内容：水轮发电机组应设置电气、机械过速保护。

62.水机保护压板应与其他保护压板分开

布置，并粘贴标示。（　）

参考答案：√

对应条文：9.10.1

63.电气过速装置、输入信号源电缆无需采取抗干扰措施。（　）

参考答案：×

对应条文：9.10.2

对应条文部分内容：电气过速装置、输入信号源电缆应采取可靠的抗干扰措施。

64.调速系统油压监视变送器或油压开关无需定期检验。（　）

参考答案：×

对应条文：9.10.3

对应条文部分内容：调速系统油压监视变送器或油压开关应定期进行检验。

65.剪断销剪断保护装置报警时，无需立即安排机组停机。（　）

参考答案：×

对应条文：9.10.4

对应条文部分内容：在发现有装置报警时，应立即安排机组停机。

66.机组轴承测温电阻输出信号电缆无需采取抗干扰措施。（　）

参考答案：×

对应条文：9.10.5

对应条文部分内容：机组轴承测温电阻输出信号电缆应采取可靠的抗干扰措施。

67.轴电流互感器无需安装可靠、牢固。（　）

参考答案：×

对应条文：9.10.6

对应条文部分内容：轴电流互感器应安装可靠、牢固。

68.电厂无需建立分散控制系统故障时的应急处理机制。（　）

参考答案：×

对应条文：9.11.1

对应条文部分内容：应建立分散控制系统故障时的应急处理机制，制定应急处理预案。

69.当全部操作员站出现故障时，应立即执行停机、停炉预案。（　）

参考答案：√

对应条文：9.11.2

70.部分操作员站出现故障时，应继续进行重大操作。（　）

参考答案：×

对应条文：9.11.3

对应条文部分内容：当部分操作员站出现故障时，应停止重大操作，迅速排除故障。

71.辅机控制器或相应电源故障时，可切至后备手动方式运行并迅速处理系统故障。（　）

参考答案：√

对应条文：9.11.4

72.调节回路控制器或相应电源故障时，应将执行器切至就地或本机运行方式。（　）

参考答案：√

对应条文：9.11.4

73.涉及机炉保护电源故障时，应采用强送措施并做好防止控制器初始化的措施。（　）

参考答案：√

对应条文：9.11.4

74.分散控制系统电源的各级电源开关容量和熔断器熔丝无需匹配。（　）

参考答案：×

对应条文：9.1.1

对应条文部分内容：分散控制系统电源的各级电源开关容量和熔断器熔丝应匹配，防止故障越级。

75.汽轮机监视仪表的中央处理器及重要跳机保护信号和通道无需冗余配置。（ ）

参考答案：×

对应条文：9.2.10

对应条文部分内容：汽轮机监视仪表的中央处理器及重要跳机保护信号和通道必须冗余配置。

76.监控系统上位机可以与其他设备合用电源。（ ）

参考答案：×

对应条文：9.9.1

对应条文部分内容：监控系统上位机应采用专用的、冗余配置的不间断电源供电，不应与其他设备合用电源。

77.操作员站如无双路电源切换装置，则必须将两路供电电源分别连接于不同的操作员站。（ ）

参考答案：√

对应条文：9.1.1

78.可以将非分散控制系统用电设备接到分散控制系统的电源装置上。（ ）

参考答案：×

对应条文：9.1.1

对应条文部分内容：严禁非分散控制系统用电设备接到分散控制系统的电源装置上。

79.分散控制系统接地必须严格遵守相关技术要求，接地电阻满足标准要求，并保证分散控制系统多点接地。（ ）

参考答案：×

对应条文：9.2.5

对应条文部分内容：分散控制系统接地必须严格遵守相关技术要求，接地电阻满足标准要求，并保证分散控制系统一点接地。

80.严禁涉及重要保护的变送器、开关与其他测量元件共用取样口及取样管路。（ ）

参考答案：√

对应条文：9.3.9

81.电缆竖井和电缆沟必须分段做防火隔离，对敷设在主控室或厂房内构架上的电缆要采取分段阻燃措施。（ ）

参考答案：√

对应条文：9.3.14

82.除特殊要求的设备外（如紧急停机电磁阀等），其他所有设备都应采用脉冲信号控制。（ ）

参考答案：√

对应条文：9.5.1

83.涉及机组安全的重要设备（如汽轮机交流润滑油泵、汽动给水泵润滑油泵）应有独立于分散控制系统的硬接线操作回路。（ ）

参考答案：√

对应条文：9.5.1

84.模拟量调节系统应具备全工况全过程的无扰切换功能，调节品质应满足相关标准要求。（ ）

参考答案：√

对应条文：9.6.3

85.安全接入区与分散控制系统中其他部分的联接处必须设置经国家指定部门检测认证的电力专用横向单向安全隔离装置。（ ）

参考答案：√

对应条文：9.8.3

86.计算机监控系统控制流程应具备闭锁功能，远方、就地操作均应具备防止误操作闭锁功能。（ ）

参考答案：√

对应条文：9.9.2

二、单项选择题

1. 分散控制系统电源故障应设置什么级别的报警？（　）

   A. 最低级别

   B. 最高级别

   C. 中级

   D. 无要求

   参考答案：B

   对应条文：9.1.1

2. DCS 网络通信设备电源应如何配置？（　）

   A. 单路配置

   B. 双路配置

   C. 三路配置

   D. 无需配置

   参考答案：B

   对应条文：9.1.7

3. 独立于 DCS 外的重要控制系统电源应如何配置？（　）

   A. 单路配置

   B. 冗余配置

   C. 无需配置

   D. 以上都不对

   参考答案：B

   对应条文：9.1.10

4. 分散控制系统的控制器、系统电源等应采用什么配置？（　）

   A. 单路配置

   B. 冗余配置

   C. 三路配置

   D. 无需配置

   参考答案：B

   对应条文：9.2.2

5. 重要参数测点、参与机组或设备保护的测点应如何配置？（　）

   A. 单测点

   B. 冗余配置

   C. 无需配置

   D. 以上都不对

   参考答案：B

   对应条文：9.2.4

6. 分散控制系统接地应保证什么？（　）

   A. 多点接地

   B. 两点接地

   C. 一点接地

   D. 无需接地

   参考答案：C

   对应条文：9.2.5

7. 在高温环境下使用的重要控制、保护信号电缆应使用什么类型？（　）

   A. 普通电缆

   B. 耐高温阻燃电缆

   C. 屏蔽电缆

   D. 铠装电缆

   参考答案：B

   对应条文：9.3.2

8. 气源装置宜选用哪种类型的空气压缩机？（　）

   A. 有油

   B. 无油

   C. 均可

   D. 以上都不对

   参考答案：B

   对应条文：9.3.4

9. 重要控制回路的执行机构应具有什么保护功能？（　）

   A. 单断保护

89

B. 双断保护

C. 三断保护

D. 无保护

参考答案：C

对应条文：9.3.6

10. 触发机组跳闸的保护信号的开关量仪表和变送器应如何设置？（ ）

A. 单独设置

B. 与其他仪表共用

C. 无需设置

D. 以上都不对

参考答案：A

对应条文：9.3.7

11. 汽轮机高（中）压调节阀油动机位置反馈变送器（LVDT）应安装几只？（ ）

A. 1只

B. 2只

C. 3只

D. 4只

参考答案：B

对应条文：9.3.8

12. 热工保护冗余配置的测量信号应如何传输？（ ）

A. 使用同一根电缆

B. 使用不同电缆

C. 无需传输

D. 以上都不对

参考答案：B

对应条文：9.3.12

13. 热工电源及信号电缆是否可以超负荷运行？（ ）

A. 可以

B. 严禁

C. 视情况而定

D. 以上都不对

参考答案：B

对应条文：9.3.13

14. 锅炉炉膛压力等重要保护装置故障被迫退出运行时，应在多长时间内恢复？（ ）

A. 4h

B. 8h

C. 12h

D. 24h

参考答案：B

对应条文：9.4.1

15. 热工保护联锁试验中，禁止在控制柜内通过什么方法进行试验？（ ）

A. 现场信号源模拟

B. 物理方法传动

C. 开路或短路输入端子

D. 以上都不对

参考答案：C

对应条文：9.4.2

16. 多台机组共用一个工程师站时，应采取什么措施？（ ）

A. 物理隔离

B. 逻辑隔离

C. 无需隔离

D. 以上都不对

参考答案：A

对应条文：9.4.4

17. 分散控制系统软件的修改、更新、升级必须履行什么制度？（ ）

A. 审批授权及责任人制度

B. 无需审批

C. 口头通知即可

D. 以上都不对

参考答案：A

对应条文：9.4.6

18.重要的主、辅机保护应采用什么逻辑判断方式？（   ）

A. 单取一
B. 二取一
C. 三取二
D. 四取三

参考答案：C
对应条文：9.5.2

19.汽轮机紧急跳闸系统应设计为哪种动作方式？（   ）

A. 得电动作
B. 失电动作
C. 手动动作
D. 以上都不对

参考答案：B
对应条文：9.5.4

20.模拟量调节系统应具备什么功能？（   ）

A. 全工况全过程无扰切换
B. 部分工况切换
C. 无需切换
D. 以上都不对

参考答案：A
对应条文：9.6.3

21.分散控制系统与管理信息大区之间必须设置什么装置？（   ）

A. 防火墙
B. 电力专用横向单向安全隔离装置
C. 路由器
D. 以上都不对

参考答案：B
对应条文：9.8.1

22.水轮发电机组应设置哪些保护？（   ）

A. 电气、机械过速保护
B. 轴承温度过高保护
C. 导叶剪断销剪断保护
D. 以上都是

参考答案：D
对应条文：9.10.1

23.当气源装置停用时，仪表与控制用压缩空气系统的贮气罐的容量，应能维持不小于（   ）分钟的耗气量。

A. 2
B. 3
C. 4
D. 5

参考答案：D
对应条文：9.3.4

24.锅炉炉膛压力、全炉膛灭火、汽包水位（直流炉断水）和汽轮机超速、轴向位移、机组振动、低油压等重要保护装置当其故障被迫退出运行时，应在（   ）h内恢复。

A. 6
B. 7
C. 8
D. 9

参考答案：C
对应条文：9.4.1

25.检修机组启动前或机组停运（   ）天以上，应对机、炉主保护及其他重要热工保护装置进行静态模拟试验，检查跳闸逻辑、报警及保护定值。

A. 3
B. 5
C. 10
D. 15

参考答案：D

91

26. 水电厂（站）计算机监控系统上位机不应（　　）。

A. 与其他设备合用电源

B. 具备无扰自动切换功能

C. 采用专用的、冗余配置的不间断电源供电

D. 交流供电电源应采用两路独立电源供电

参考答案：A

对应条文：9.9.1

27. 在水轮发电机机组（　　）级及以上停机检修期间，应对水机保护装置报警及出口回路等进行检查及联动试验，合格后在机组开机前按照相关规定投入。

A. A

B. B

C. C

D. D

参考答案：C

对应条文：9.10.1

28. 机组（　　）级及以上检修过程中应对轴承测温电阻进行校验，对不合格的测温电阻应检查原因或进行更换。

A. A

B. B

C. C

D. D

参考答案：B

对应条文：9.10.5

三、多项选择题

1. 防止分散控制系统供电系统事故的措施包括（　　）。

A. 电源设计有可靠后备手段

B. 电源切换时间保证控制器不被初始化

C. 系统电源故障设置最高级别报警

D. 非DCS设备可接入DCS电源

参考答案：ABC

对应条文：9.1.1

2. 分散控制系统硬件配置要求包括（　　）。

A. 控制器冗余配置

B. 网络通信设备电源双路配置

C. 重要参数测点冗余配置

D. 无需接地

参考答案：ABC

对应条文：9.2.2、9.2.4、9.2.5

3. 就地热工设备异常引发事故的预防措施包括（　　）。

A. 使用耐高温阻燃电缆

B. 气源装置选用无油空气压缩机

C. 执行机构具备三断保护功能

D. 重要保护信号取样装置无需防堵措施

参考答案：ABC

对应条文：9.3.2、9.3.4、9.3.6

4. 防止因检修、维护不当引发事故的措施包括（　　）。

A. 热工保护功能严禁退出

B. 检修前进行静态模拟试验

C. 多台机组共用工程师站无需隔离

D. 软件修改无需备份

参考答案：AB

对应条文：9.4.1、9.4.2

5. 防止保护系统失灵事故的措施包括（　　）。

A. 采用"三取二"逻辑判断

B. 保护信号供电分路独立

C. 汽轮机紧急跳闸系统失电动作

D. 手动停炉保护无需独立回路

参考答案：ABC

对应条文：9.5.2、9.5.4

6. 模拟量调节系统的要求包括（　）。

A. 功能设计合理

B. 测量信号、执行机构可靠

C. 具备无扰切换功能

D. 无需报警功能

参考答案：ABC

对应条文：9.6.1、9.6.2、9.6.3

7. 防止分散控制系统网络事故的措施包括（　）。

A. 设置安全隔离装置

B. 禁止使用无线通信设备

C. 选用存在漏洞的系统设备

D. 安全区边界无需防护

参考答案：AB

对应条文：9.8.1、9.8.6

8. 水电厂计算机监控系统配置基本要求包括（　）。

A. 主要设备冗余配置

B. 上位机采用专用UPS供电

C. 监控设备通信模块冗余配置

D. 无需防雷装置

参考答案：ABC

对应条文：9.9.1

9. 防止水机保护失灵的措施包括（　）。

A. 设置电气、机械过速保护

B. 定期检验油压开关

C. 剪断销剪断保护装置报警时立即停机

D. 轴承测温电阻无需校验

参考答案：ABC

对应条文：9.10.1、9.10.3、9.10.4

10. 分散控制系统故障的紧急处理措施包括（　）。

A. 全部操作员站故障时执行停机停炉预案

B. 部分操作员站故障时继续重大操作

C. 控制器故障时切至后备手动方式

D. 调节回路故障时无需处理

参考答案：AC

对应条文：9.11.2、9.11.4

11. 防止分散控制系统网络事故的措施包括（　）。

A. 与管理信息大区设置安全隔离装置

B. 禁止使用无线通信设备（安全接入区除外）

C. 选用经检测存在漏洞的设备

D. 安全区边界无需防护

参考答案：AB

对应条文：9.8.1、9.8.6

12. 特别重要控制回路的执行机构应具有（　）。

A. 断气保护

B. 断电保护

C. 断信号保护

D. 可靠的机械闭锁措施

参考答案：ABCD

对应条文：9.3.6

13. 水电厂（站）计算机监控系统的主要设备应采用冗余配置，服务器的（　）等指标应满足要求。

A. 存储容量和中央处理器负荷率

B. 系统响应时间

C. 事件顺序记录分辨率

D. 抗干扰性能

参考答案：ABCD

对应条文：9.9.1

10 防止发电机及调相机损坏事故的重点要求习题

一、判断题（对画"√"，错画"×"）

1.200MW 及以上汽轮发电机、燃气轮发电机、100Mvar 及以上调相机，新建、投运 1 年后及每次大修时应检查定子绕组端部的紧固、磨损情况。（　）

参考答案：√

对应条文：10.1.1.1

2.定子绕组运行于空气介质的，无需进行电腐蚀检查。（　）

参考答案：×

对应条文：10.1.1.2

对应条文部分内容：定子绕组运行于空气介质的，应根据检修计划定期进行电腐蚀检查。

3.水内冷发电机交接及大修时，应对定子绕组手包绝缘进行试验。（　）

参考答案：√

对应条文：10.1.1.3

4.抽蓄机组定子线棒端部接头应采用全封闭环氧浇注绝缘结构。（　）

参考答案：√

对应条文：10.1.1.4

5.新机投运满 1 年后及每次大修时，应对定子槽部进行检查或试验。（　）

参考答案：√

对应条文：10.1.2.1

6.机组运行中出现定子槽楔大面积松动时，无需处理。（　）

参考答案：×

对应条文：10.1.2.2

对应条文部分内容：机组运行或检查中出现定子槽楔大面积松动时，应及时查明原因，怀疑存在槽部防晕层损坏的应进行槽电位测量或槽放电探测。

7.氢冷发电机应配置具有强制氢气循环功能的氢气干燥器。（　）

参考答案：√

对应条文：10.1.3.1

8.氢冷发电机运行中，无需控制机内氢气湿度。（　）

参考答案：×

对应条文：10.1.3.2

对应条文部分内容：氢冷发电机运行中，应严格控制机内氢气湿度。

9.密封油系统回油管路应保证回油畅通并加强监视。（　）

参考答案：√

对应条文：10.1.3.3

10.新建水内冷机组应有单独引出的汇水管接地端子。（　）

参考答案：√

对应条文：10.1.3.4

11.300MW 及以上发电机、100Mvar 及以上调相机，宜配备定子绕组绝缘局部放电在线监测装置。（　）

参考答案：√

对应条文：10.1.4.1

12.监测装置报警时，无需排除封闭母线段关联设备的干扰。（　）

参考答案：×

对应条文：10.1.4.2

对应条文部分内容：监测装置报警时，应

先排除封闭母线段关联设备的干扰。

13. 铁心出厂前无需进行铁心磁化试验。（ ）

参考答案：×

对应条文：10.2.1

对应条文部分内容：铁心出厂前应进行铁心磁化试验，并出具试验报告。

14. 运行中，加强对机座振动及异音的监测。（ ）

参考答案：√

对应条文：10.2.2

15. 检修时，无需对铁心紧固情况进行判断。（ ）

参考答案：×

对应条文：10.2.3

对应条文部分内容：检修时，应结合运行振动数据、外观检查情况，采用插刀试验或穿心螺杆预紧力复核等方法对铁心紧固情况进行判断。

16. 水轮发电机新机设计时，定子铁心穿心螺杆宜采用全绝缘结构。（ ）

参考答案：√

对应条文：10.2.5

17. 转子在运输、存放过程中无需防尘、防冻。（ ）

参考答案：×

对应条文：10.3.1.1

对应条文部分内容：转子在运输、存放过程中应满足防尘、防冻（储存温度不应低于5℃）、防潮和防机械损伤等要求。

18. 运行中应监视密封油系统运行情况。（ ）

参考答案：√

对应条文：10.3.1.2

19. 当判断发电机转子绕组存在严重的匝间短路时，无需停机检修。（ ）

参考答案：×

对应条文：10.3.1.3

对应条文部分内容：当判断发电机转子绕组存在严重的匝间短路时，应尽快停机检修。

20. 停机检查怀疑存在匝间短路的转子，应开展重复脉冲法（RSO）试验或转子频域阻抗分析（FIA）试验。（ ）

参考答案：√

对应条文：10.3.1.4

21. 转子在运行中存在异常，但静态试验数据无明显异常时，无需进行动态匝间短路诊断试验。（ ）

参考答案：×

对应条文：10.3.1.5

对应条文部分内容：转子在运行中存在异常，但静态试验数据无明显异常时，应进行动态匝间短路诊断试验。

22. 对于确认存在匝间短路缺陷的机组，应根据严重情况制定安全运行条件及检修消缺计划。（ ）

参考答案：√

对应条文：10.3.1.6

23. 运行超过20年的隐极式发电机或调相机，无需加装转子绕组匝间短路在线监测装置。（ ）

参考答案：×

对应条文：10.3.1.7

对应条文部分内容：运行超过20年的隐极式发电机或调相机，宜加装转子绕组匝间短路在线监测装置。

24. 水轮发电机新机设计时，制造厂无需核算转子励磁回路突然断路等事故工况下磁极

线圈匝间过电压分布。（ ）

参考答案：×

对应条文：10.3.1.8

对应条文部分内容：水轮发电机新机设计时，制造厂应核算转子励磁回路突然断路、定子绕组短路或缺相等事故工况下磁极线圈匝间过电压分布。

25. 当转子励磁回路接地保护报警时，应立即停机处理。（ ）

参考答案：×

对应条文：10.3.2.1

对应条文部分内容：当转子励磁回路接地保护报警时，应先对转子外部励磁回路进行检查并尝试消缺，经分析确定为稳定性的金属接地且无法排除故障时，应立即停机处理。

26. 发电机组启动时，无需进行额定转速下转子绕组绝缘测量。（ ）

参考答案：×

对应条文：10.3.2.2

对应条文部分内容：发电机组启动时，根据相关标准要求进行额定转速下转子绕组绝缘测量或开展转子绝缘在线监测。

27. 机组停机及检修时，应采取相关措施防止转子受潮及异物进入风道。（ ）

参考答案：√

对应条文：10.3.2.3

28. 大修时应利用内窥镜检查等方法，检查转子绕组引线及固定结构等是否存在松动、过热、开裂等迹象。（ ）

参考答案：√

对应条文：10.3.3.1

29. 机组每次空载启动时，无需记录转子励磁电流、电压及相关温度数据。（ ）

参考答案：×

对应条文：10.3.3.2

对应条文部分内容：机组每次空载启动时，应记录转子励磁电流、电压及相关温度数据。

30. 抽水蓄能机组新机设计时，磁极连接线应采用抗疲劳结构。（ ）

参考答案：√

对应条文：10.3.3.3

31. 水轮发电机现场安装磁极连接铜排过程中，应保持铜排在自由状态下连接固定。（ ）

参考答案：√

对应条文：10.3.3.5

32. 对于参与调峰运行的新建发电机，无需在设备订货时提出针对性要求。（ ）

参考答案：×

对应条文：10.3.4.1

对应条文部分内容：对于参与调峰运行的新建发电机，应在设备订货时提出针对性要求。

33. 对参与调峰运行的 300MW 及以上容量的汽轮发电机，机组投运 1 年后应进行专项检修。（ ）

参考答案：√

对应条文：10.3.4.3

34. 水平放置转子在到货存储、安装及检修期间，无需采取防止转子大轴弯曲的措施。（ ）

参考答案：×

对应条文：10.4.1

对应条文部分内容：水平放置转子在到货存储、安装及检修期间，应采取转子中部增加合适支撑或定期（不超过两周）翻转 180° 等措施防止转子大轴弯曲。

35. 转子在运输、存放及大修期间应避免受潮和腐蚀。（ ）

参考答案：√

对应条文：10.4.2

36. 转子转轴非接地端轴承（座）与底板和油管间无需设置绝缘结构。（ ）

参考答案：×

对应条文：10.4.3

对应条文部分内容：转子转轴非接地端轴承（座）与底板和油管间应设置绝缘结构。

37. 水轮机组运行中，轴承轴电流保护或轴绝缘监测回路应正常投入。（ ）

参考答案：√

对应条文：10.4.4

38. 定子绕组端部引线水路通流截面应达到设计值。（ ）

参考答案：√

对应条文：10.5.1.1

39. 水内冷系统中管道、阀门的橡胶密封圈应全部使用聚四氟乙烯垫圈，并定期更换。（ ）

参考答案：√

对应条文：10.5.1.4

40. 定期对定子线棒进行反冲洗时，反冲洗回路不锈钢滤网应达到200目（75μm）。（ ）

参考答案：√

对应条文：10.5.1.6

41. 内冷水系统中的主要部件，如水泵、冷却器和过滤器等应采用冗余设计。（ ）

参考答案：√

对应条文：10.5.2.1

42. 断水保护装置的信号宜采用直接测量流量的方式或采用流量孔板测量方式。（ ）

参考答案：√

对应条文：10.5.2.3

43. 绝缘引水管可以交叉接触。（ ）

参考答案：×

对应条文：10.5.3.1

对应条文部分内容：绝缘引水管不得交叉接触。

44. 水内冷转子绕组复合引水管应采用具有钢丝编织护套的复合绝缘引水管。（ ）

参考答案：√

对应条文：10.5.3.3

45. 机组大修期间，无需对内冷水系统密封性进行检验。（ ）

参考答案：×

对应条文：10.5.3.5

对应条文部分内容：机组大修期间，应对内冷水系统密封性进行检验。

46. 机内氢压应高于定子内冷水压，其差压应按厂家规定执行。（ ）

参考答案：√

对应条文：10.5.3.8

47. 新机制造时，定子铁心、定子线圈层间埋入式测温元件应采用冗余设置。（ ）

参考答案：√

对应条文：10.6.1.1

48. 定子绕组现场装配时，绕组端部所有的接头和连接应采用银铜焊接工艺。（ ）

参考答案：√

对应条文：10.6.1.2

49. 运行中，应加强氢气冷却器、空气冷却器水流量监测。（ ）

参考答案：√

对应条文：10.6.1.5

50. 300MW及以上汽轮发电机、燃气轮发电机及100Mvar及以上调相机无需安装绝缘过热监测装置。（ ）

参考答案：×

对应条文：10.6.2.1

对应条文部分内容：300MW 及以上汽轮发电机、燃气轮发电机及 100Mvar 及以上调相机宜安装绝缘过热监测装置。

51.氢气冷却器的冷却水压异常上升时，无需检查是否存在漏氢问题。（ ）

参考答案：×

对应条文：10.7.1.6

对应条文部分内容：氢气冷却器的冷却水压异常上升时，应检查是否存在漏氢问题，并及时处理。

52.氢冷发电机油系统、主油箱内的氢气体积含量应避开 4%～75% 的可能爆炸范围。（ ）

参考答案：√

对应条文：10.7.2.1

53.发电机端盖密封面、密封瓦法兰面等所使用的密封材料经检验合格后方可使用。（ ）

参考答案：√

对应条文：10.7.3.1

54.整机气密试验不合格的氢冷发电机可以投入运行。（ ）

参考答案：×

对应条文：10.7.3.4

对应条文部分内容：整机气密试验不合格的氢冷发电机严禁投入运行。

55.发电机出线箱与封闭母线连接处应装设隔氢装置。（ ）

参考答案：√

对应条文：10.7.4.1

56.集电环小室内附属部件、固定螺栓无需安装牢固。（ ）

参考答案：×

对应条文：10.8.1.1

对应条文部分内容：集电环小室内附属部件、固定螺栓应安装牢固。

57.运行中应定期利用红外成像仪检查集电环及碳刷本体发热情况。（ ）

参考答案：√

对应条文：10.8.1.2

58.碳刷使用前无需研磨使其接触面弧度与集电环表面一致。（ ）

参考答案：×

对应条文：10.8.1.3

对应条文部分内容：碳刷使用前，应研磨使其接触面弧度与集电环表面一致。

59.进相运行的发电机，其低励限制的定值应根据发电机进相试验实测值设定。（ ）

参考答案：√

对应条文：10.8.2.1

60.自动励磁调节器的过励限制和过励保护的定值无需在制造厂给定的容许值内。（ ）

参考答案：×

对应条文：10.8.2.2

对应条文部分内容：自动励磁调节器的过励限制和过励保护的定值应在制造厂给定的容许值内。

61.励磁变压器引线各部件装配尺寸应符合设计要求。（ ）

参考答案：√

对应条文：10.8.3.1

62.对于采用新工艺和新结构的出线套管，在采购过程中无需加强对套管的选型和质量要求。（ ）

参考答案：×

对应条文：10.9.1.1

对应条文部分内容：对于采用新工艺和新结构的出线套管，在采购过程中应加强对套管的选型和质量要求。

63.套管现场安装或更换前应按照规程要

求单独进行相关试验检查。（　）

参考答案：√

对应条文：10.9.1.2

64. 对于水冷套管，运行中无需监测出线套管处的出水温度。（　）

参考答案：×

对应条文：10.9.1.3

对应条文部分内容：对于水冷套管，运行中应严密监测出线套管处的出水温度。

65. 运行中应定期开展套管及其接头部位的温度检测。（　）

参考答案：√

对应条文：10.9.1.5

66. 出口电压互感器选型时，无需保证相关参数留有足够裕度。（　）

参考答案：×

对应条文：10.9.2.1

对应条文部分内容：出口电压互感器选型时，应保证相关参数留有足够裕度。

67. 运行中，定期开展红外测温和外观检查，环氧浇注干式互感器外绝缘如有裂纹、沿面放电等，应立即更换。（　）

参考答案：√

对应条文：10.9.2.3

68. 机组安装、检修时，应对室外封闭母线密封情况重点检查。（　）

参考答案：√

对应条文：10.9.3.1

69. 使用微正压装置的机组，运行中无需注意微正压装置单位时间启停次数、压力保持时间。（　）

参考答案：×

对应条文：10.9.3.3

对应条文部分内容：使用微正压装置的机组，运行中应注意微正压装置单位时间启停次数、压力保持时间。

70. 微机自动准同期装置应安装独立的同期检定闭锁继电器。（　）

参考答案：√

对应条文：10.10.1.1

71. 新投产、大修机组及同期回路发生改动或设备更换的机组，在第一次并网前无需进行相关校核和试验。（　）

参考答案：×

对应条文：10.10.1.2

对应条文部分内容：新投产、大修机组及同期回路发生改动或设备更换的机组，在第一次并网前应进行相关校核和试验。

72. 自动准同期装置不正常时可以强行手动准同期并网。（　）

参考答案：×

对应条文：10.10.1.3

对应条文部分内容：自动准同期装置不正常时不应强行手动准同期并网。

73. 采用发变组接线方式的新建220kV及以下电压等级机组，并网断路器应选用机械联动的三相操作断路器。（　）

参考答案：√

对应条文：10.10.2.1

74. 300MW及以上机组无需配置发电机误上电保护。（　）

参考答案：×

对应条文：10.10.3.1

对应条文部分内容：300MW及以上机组应配置发电机误上电保护并定期校验。

75. 存在次/超同步振荡风险的机组，无需装设次/超同步振荡监测及保护装置。（　）

参考答案：×

对应条文：10.10.4.1

对应条文部分内容：存在次／超同步振荡风险的机组，应装设次／超同步振荡监测及保护装置。

76. 水轮发电机解列时，发电机出口断路器应先于磁场断路器断开。（　）

参考答案：√

对应条文：10.11.1

77. 抽水蓄能机组新机设计时，发电机出口断路器无需具备低频开断故障电流的能力。（　）

参考答案：×

对应条文：10.11.3

对应条文部分内容：抽水蓄能机组新机设计时，发电机出口断路器应具备低频开断故障电流的能力。

78. 应根据机组冷却方式和容量等级、运行工况特点制定在线监测装置配置方案。（　）

参考答案：√

对应条文：10.12.1

79. 机组检修中，无需对测温元件、局放耦合装置等进行检查及相关试验。（　）

参考答案：×

对应条文：10.12.5

对应条文部分内容：机组检修中，应对测温元件、局放耦合装置等直接安装在一次设备上的元件进行检查及相关试验。

80. 发电机新机出厂时或现场安装绕组后应进行定子绕组端部起晕试验，并提供试验报告。（　）

参考答案：√

对应条文：10.1.1.2

81. 铁心出厂前应进行铁心磁化试验，并出具试验报告。（　）

参考答案：√

对应条文：10.2.1

82. 运行中应监视密封油系统运行情况，确保密封油系统平衡阀、压差阀动作灵活、可靠，避免发电机进油造成转子运行环境劣化。（　）

参考答案：√

对应条文：10.3.1.2

83. 转子转轴非接地端轴承（座）与底板和油管间应设置绝缘结构，便于在运行中测量该轴承（座）与底板间的绝缘电阻，防止产生轴电流损坏轴瓦。（　）

参考答案：√

对应条文：10.4.3

84. 对于铁心局部过热可能引发的单次短时报警，可以简单视为误报。（　）

参考答案：×

对应条文：10.6.2.3

对应条文部分内容：于铁心局部过热可能引发的单次短时报警，不应简单视为误报

85. 发电机内外进出水管、氢气管路、排污管等的焊缝，可以在每次大修中进行局部检查。（　）

参考答案：×

对应条文：10.7.3.2

对应条文部分内容：发电机内外进出水管、氢气管路、排污管等的焊缝应在每次大修中进行全面检查。

86. 严禁发电机在手动励磁调节（含按发电机或交流励磁机的磁场电流的闭环调节）下长期运行。（　）

参考答案：√

对应条文：10.8.2.3

87. 对于采用新工艺和新结构的出线套管，在采购过程中应加强对套管的选型和质量要求。

（　）

参考答案：√

对应条文：10.9.1.1

88. 发变组各断路器检修时应检查其三相动作一致性是否合格，接触是否良好。（　）

参考答案：√

对应条文：10.10.2.3

89. 水轮发电机电气制动应在机组励磁退出且机械制动投入后退出。（　）

参考答案：√

对应条文：10.11.2

二、单项选择题

1. 200MW 及以上汽轮发电机、燃气轮发电机、100Mvar 及以上调相机，新建、投运 1 年后及每次大修时应检查定子绕组端部的什么情况？（　）

A. 清洁度

B. 紧固、磨损

C. 绝缘电阻

D. 温度

参考答案：B

对应条文：10.1.1.1

2. 定子绕组运行于空气介质的，应定期进行什么检查？（　）

A. 电腐蚀

B. 温度

C. 压力

D. 流量

参考答案：A

对应条文：10.1.1.2

3. 水内冷发电机交接及大修时，应对定子绕组什么进行试验？（　）

A. 端部绝缘

B. 槽部绝缘

C. 手包绝缘

D. 整体绝缘

参考答案：C

对应条文：10.1.1.3

4. 抽水蓄能机组定子线棒端部接头应采用什么绝缘结构？（　）

A. 全封闭环氧浇注

B. 半封闭

C. 开放式

D. 其他

参考答案：A

对应条文：10.1.1.4

5. 新机投运满 1 年后及每次大修时，应对定子什么部位进行检查或试验？（　）

A. 端部

B. 槽部

C. 铁心

D. 绕组

参考答案：B

对应条文：10.1.2.1

6. 氢冷发电机应配置具有强制氢气循环功能的什么装置？（　）

A. 氢气干燥器

B. 冷却器

C. 过滤器

D. 真空泵

参考答案：A

对应条文：10.1.3.1

7. 新建水内冷机组应有单独引出的什么端子？（　）

A. 接地端子

B. 电压端子

101

C. 电流端子

D. 汇水管接地端子

参考答案：D

对应条文：10.1.3.4

8. 300MW 及以上发电机、100Mvar 及以上调相机，宜配备什么装置？（　）

A. 定子绕组绝缘局部放电在线监测

B. 转子绕组监测

C. 铁心监测

D. 温度监测

参考答案：A

对应条文：10.1.4.1

9. 铁心出厂前应进行什么试验？（　）

A. 磁化试验

B. 耐压试验

C. 局部放电试验

D. 绝缘电阻试验

参考答案：A

对应条文：10.2.1

10. 运行中，加强对机座什么的监测？（　）

A. 温度

B. 振动及异音

C. 压力

D. 流量

参考答案：B

对应条文：10.2.2

11. 转子在运输、存放过程中应满足哪些要求？（　）

A. 防尘、防冻

B. 防潮、防机械损伤

C. 以上都是

D. 以上都不是

参考答案：C

对应条文：10.3.1.1

12. 当判断发电机转子绕组存在严重的匝间短路时，应如何处理？（　）

A. 继续运行

B. 降低负荷运行

C. 尽快停机检修

D. 无需处理

参考答案：C

对应条文：10.3.1.3

13. 停机检查怀疑存在匝间短路的转子，应开展什么试验？（　）

A. 重复脉冲法（RSO）试验

B. 转子频域阻抗分析（FIA）试验

C. 以上都是

D. 以上都不是

参考答案：C

对应条文：10.3.1.4

14. 转子在运行中存在异常，但静态试验数据无明显异常时，应进行什么试验？（　）

A. 动态匝间短路诊断试验

B. 静态试验

C. 无需试验

D. 其他试验

参考答案：A

对应条文：10.3.1.5

15. 对于确认存在匝间短路缺陷的机组，应如何处理？（　）

A. 制定安全运行条件及检修消缺计划

B. 继续运行

C. 降低负荷运行

D. 无需处理

参考答案：A

对应条文：10.3.1.6

16. 运行超过 20 年的隐极式发电机或调相机，宜加装什么装置？（　）

A. 转子绕组匝间短路在线监测装置

B. 定子绕组监测装置

C. 铁心监测装置

D. 温度监测装置

参考答案：A

对应条文：10.3.1.7

17. 水轮发电机新机设计时，制造厂应核算什么？（　）

A. 转子励磁回路突然断路等事故工况下磁极线圈匝间过电压分布

B. 定子绕组短路

C. 缺相

D. 以上都是

参考答案：A

对应条文：10.3.1.8

18. 当转子励磁回路接地保护报警时，应先进行什么操作？（　）

A. 立即停机处理

B. 对转子外部励磁回路进行检查并尝试消缺

C. 继续运行

D. 无需处理

参考答案：B

对应条文：10.3.2.1

19. 发电机组启动时，应进行什么测量？（　）

A. 定子绕组绝缘测量

B. 转子绕组绝缘测量

C. 铁心绝缘测量

D. 以上都不是

参考答案：B

对应条文：10.3.2.2

20. 大修时应利用什么方法检查转子绕组引线及固定结构等？（　）

A. 内窥镜检查

B. 红外成像

C. 超声波检测

D. 以上都不是

参考答案：A

对应条文：10.3.3.1

21. 抽水蓄能机组新机设计时，磁极连接线应采用什么结构？（　）

A. 抗疲劳结构

B. 刚性结构

C. 柔性结构

D. 其他结构

参考答案：A

对应条文：10.3.3.3

22. 对于参与调峰运行的300MW及以上容量的汽轮发电机，机组投运1年后应进行什么检修？（　）

A. 常规检修

B. 专项检修

C. 小修

D. 大修

参考答案：B

对应条文：10.3.4.3

23. 水平放置转子在到货存储、安装及检修期间，应采取什么措施防止转子大轴弯曲？（　）

A. 增加支撑或定期翻转

B. 无需措施

C. 加强固定

D. 以上都不是

参考答案：A

对应条文：10.4.1

24. 新机投运满（　）年后及每次大修时，应对定子槽部进行检查或试验。

A. 0.5

B. 1

C. 1.5

D. 2

参考答案：B

对应条文：10.1.2.1

25.（ ）MW 及以上发电机、（ ）Mvar 及以上调相机，宜配备定子绕组绝缘局部放电在线监测装置。

A. 300；100

B. 300；200

C. 200；100

D. 100；300

参考答案：A

对应条文：10.1.4.1

26.运行超过（ ）年的隐极式发电机或调相机，宜加装转子绕组匝间短路在线监测装置，并对在线监测数据进行定期分析。

A. 5

B. 10

C. 15

D. 20

参考答案：D

对应条文：10.3.1.7

27.对参与调峰运行的 300MW 及以上容量的汽轮发电机，尤其是结构上未针对调峰进行改造的机组，机组投运（ ）年后应进行专项检修。

A. 0.5

B. 1

C. 1.5

D. 2

参考答案：B

对应条文：10.3.4.3

28.对于水内冷定子线棒层间测温元件的温差达（ ）℃或定子线棒引水管同层出水温差达（ ）℃应报警，并及时查明原因，必要时降低负荷或停机

A. 5；5

B. 6；6

C. 7；7

D. 8；8

参考答案：D

对应条文：10.5.1.10

29.当含氢量（体积含量）超过（ ）%应报警，并加强对发电机的监视，超过（ ）%应立即停机消缺。

A. 2；8

B. 2；10

C. 4；8

D. 4；10

参考答案：B

对应条文：10.7.1.2

30.应定期开展出口电压互感器空载电流测量，试验周期不超过（ ）年。

A. 3

B. 4

C. 5

D. 6

参考答案：A

对应条文：10.9.2.2

31.安装过程中，关于与高压设备直接相连的元部件，以下说法错误的是（ ）。

A. 安装稳固

B. 应保证绝缘可靠

C. 二次回路应在一次回路内部走线

D. 宜采用最短距离直接引出

参考答案：C

对应条文：10.12.2

三、多项选择题

1. 防止定子绕组端部绝缘损坏的措施包括哪些？（　　）

   A. 检查定子绕组端部的紧固、磨损情况

   B. 进行定子绕组端部起晕试验

   C. 加强环形引线等部位的绝缘检查

   D. 采用全封闭环氧浇注绝缘结构

   参考答案：ABCD

   对应条文：10.1.1.1、10.1.1.2、10.1.1.3、10.1.1.4

2. 防止定子绕组槽部绝缘损坏的措施包括哪些？（　　）

   A. 检查定子槽部

   B. 进行槽电位测量或槽放电探测

   C. 更换槽楔

   D. 加强绝缘监测

   参考答案：ABC

   对应条文：10.1.2.1、10.1.2.2

3. 防止绝缘受潮的措施包括哪些？（　　）

   A. 配置氢气干燥器

   B. 控制机内氢气湿度

   C. 保证密封油系统回油畅通

   D. 定子绕组采用水内冷

   参考答案：ABC

   对应条文：10.1.3.1、10.1.3.2、10.1.3.3

4. 防止转子绕组匝间短路的措施包括哪些？（　　）

   A. 加强制造质量管控

   B. 监视密封油系统运行情况

   C. 开展相关试验诊断

   D. 无需措施

   参考答案：ABC

   对应条文：10.3.1.1、10.3.1.2、10.3.1.4

5. 防止转子绕组接地短路的措施包括哪些？（　　）

   A. 检查转子外部励磁回路

   B. 进行转子绕组绝缘测量

   C. 防止转子受潮及异物进入风道

   D. 加强监测

   参考答案：ABC

   对应条文：10.3.2.1、10.3.2.2、10.3.2.3

6. 防止转子绕组引线故障的措施包括哪些？（　　）

   A. 检查转子绕组引线及固定结构

   B. 记录转子励磁电流、电压及相关温度数据

   C. 采用抗疲劳结构

   D. 加强绝缘监测

   参考答案：ABC

   对应条文：10.3.3.1、10.3.3.2、10.3.3.3

7. 防止转子大轴及护环损伤的措施包括哪些？（　　）

   A. 防止转子大轴弯曲

   B. 避免转子受潮和腐蚀

   C. 设置绝缘结构

   D. 加强监测

   参考答案：ABC

   对应条文：10.4.1、10.4.2、10.4.3

8. 防止内冷水系统故障的措施包括哪些？（　　）

   A. 防止水路堵塞

   B. 防止内冷水系统断水

   C. 防止定子、转子绕组漏水

   D. 加强水质监测

   参考答案：ABCD

对应条文：10.5.1、10.5.2、10.5.3

9. 防止发生局部过热的措施包括哪些？（　　）

A. 冗余设置测温元件

B. 采用银铜焊接工艺

C. 加强通风监测

D. 安装绝缘过热监测装置

参考答案：ABCD

对应条文：10.6.1.1、10.6.1.2、10.6.1.4、10.6.2.1

10. 防止氢冷发电机漏氢的措施包括哪些？（　　）

A. 防止经冷却系统漏氢

B. 防止经油系统漏氢

C. 防止经密封结合面、外部管路及转子漏氢

D. 防止经出线箱及封闭母线漏氢

参考答案：ABCD

对应条文：10.7.1、10.7.2、10.7.3、10.7.4

11. 防止励磁系统故障引起设备损坏的措施包括哪些？（　　）

A. 防止集电环及直流母线故障

B. 防止励磁调节器故障

C. 防止励磁变压器故障

D. 加强监测

参考答案：ABC

对应条文：10.8.1、10.8.2、10.8.3

12. 以下（　　）设备宜安装绝缘过热监测装置。

A. 100MW 及以上汽轮发电机、燃气轮发电机

B. 300MW 及以上汽轮发电机、燃气轮发电机

C. 100Mvar 及以上调相机

D. 300Mvar 及以上调相机

参考答案：BC

对应条文：10.6.2.1

13. 关于规范检修区域进出人员管理，以下说法正确的是（　　）。

A. 严格执行人员进出记录和工具登记制度

B. 作业期间设置值班岗位

C. 非作业期间应做好场地封闭措施

D. 工作完毕撤出时清点物品正确，确保无遗留物品。

参考答案：ABCD

对应条文：10.13.1.1

11 防止发电机励磁系统事故的重点要求习题

一、判断题（对画"√"，错画"×"）

1. 励磁系统应保证良好的工作环境，环境温度、湿度不得低于相关标准规定要求。（　）

参考答案：√

对应条文：11.1.1

2. 励磁调节器与励磁变压器可以置于同一个没有隔断的场地内。（　）

参考答案：×

对应条文：11.1.1

对应条文部分内容：励磁调节器与励磁变压器不应置于同一个没有隔断的场地内。

3. 励磁系统中两套励磁调节器的电压回路应相互独立，使用机端不同电压互感器（PT）的二次绕组。（　）

参考答案：√

对应条文：11.1.2

4. 励磁系统的灭磁能力应达到国家及行业标准要求。（　）

参考答案：√

对应条文：11.1.3

5. 励磁变压器可以采取高压熔断器作为保护措施。（　）

参考答案：×

对应条文：11.1.4

对应条文部分内容：励磁变压器不应采取高压熔断器作为保护措施。

6. 励磁变压器的绕组温度应具有有效的监视手段，并具备将温度信号传至远方的功能。（　）

参考答案：√

对应条文：11.1.5

7. 当励磁系统中过励限制、低励限制等控制失效后，应由相应的发变组保护完成解列及灭磁。（　）

参考答案：√

对应条文：11.1.6

8. 励磁系统设备选型无需考虑所在电网运行需求和稳定控制要求。（　）

参考答案：×

对应条文：11.1.7

对应条文部分内容：励磁系统设备选型应考虑所在电网运行需求和稳定控制要求。

9. 接入机组故障录波器的励磁电流和励磁电压信号采用变送器输出时，正向输出信号最大值应不低于额定励磁电压的2倍。（　）

参考答案：√

对应条文：11.1.8

10. 励磁变压器高压侧封闭母线外壳用于各相别之间的安全接地连接应采用大截面金属板。（　）

参考答案：√

对应条文：11.2.1

11. 发电机转子接地保护装置原则上应安装于励磁系统柜。（　）

参考答案：√

对应条文：11.2.2

12. 励磁系统的二次控制电缆无需采用屏蔽电缆。（　）

参考答案：×

对应条文：11.2.3

对应条文部分内容：励磁系统的二次控制

电缆均应采用屏蔽电缆。

13. 励磁系统设备改造后，无需进行阶跃扰动性试验和各种限制环节的试验。（　）

参考答案：×

对应条文：11.2.4

对应条文部分内容：励磁系统设备改造后，应进行阶跃扰动性试验和各种限制环节的试验。

14. 新建或改扩建机组及励磁系统改造后的机组，应由具备资质的电力试验单位完成发电机励磁系统参数测试及建模试验。（　）

参考答案：√

对应条文：11.3.1

15. PSS 装置的定值设定和调整无需具备相关资质的单位进行。（　）

参考答案：×

对应条文：11.3.2

对应条文部分内容：PSS 装置的定值设定和调整应由具备电力调试／试验资质的科研单位或相关调度部门认可的技术监督单位按照相关标准进行。

16. 机组大修后，无需进行发电机空载和负载阶跃扰动性试验。（　）

参考答案：×

对应条文：11.3.3

对应条文部分内容：机组大修（或 A/B 级检修）后，应进行发电机空载和负载阶跃扰动性试验。

17. 励磁系统的 V/Hz 限制环节特性应与发电机或变压器过激磁能力低者相匹配。（　）

参考答案：√

对应条文：11.3.4

18. 励磁系统如设有定子过压限制环节，无需与发电机过压保护定值相配合。（　）

参考答案：×

对应条文：11.3.5

对应条文部分内容：励磁系统如设有定子过压限制环节，应与发电机过压保护定值相配合。

19. 励磁系统低励限制环节的限制值应根据进相试验结果，并考虑发电机电压影响进行整定。（　）

参考答案：√

对应条文：11.3.6

20. 励磁系统的过励限制环节的特性应与发电机转子的过负荷能力相一致。（　）

参考答案：√

对应条文：11.3.7

21. 励磁系统如设置有定子电流限制环节，无需与发电机定子的过电流能力相一致。（　）

参考答案：×

对应条文：11.3.8

对应条文部分内容：励磁系统如设置有定子电流限制环节，则定子电流限制环节的特性应与发电机定子的过电流能力相一致。

22. 励磁系统应具有无功调差功能，设置合理的无功调差系数并投入运行。（　）

参考答案：√

对应条文：11.3.9

23. 并网机组励磁系统应在手动方式下运行。（　）

参考答案：×

对应条文：11.4.1

对应条文部分内容：并网机组励磁系统应在自动方式下运行。

24. 进相运行的发电机励磁调节器应投入自动方式，低励限制环节必须投入。（　）

参考答案：√

对应条文：11.4.3

25. 修改励磁系统参数无需履行审批手续。（ ）

参考答案：×

对应条文：11.4.5

对应条文部分内容：修改励磁系统参数必须严格履行审批手续。

26. 励磁调节器与励磁变压器可以放置于同一个没有隔断的场地内。

参考答案：×

对应条文：11.1.1

对应条文部分内容：励磁调节器与励磁变压器不应置于同一个没有隔断的场地内。

27. 励磁变压器应采取高压熔断器作为保护措施。

参考答案：×

对应条文：11.1.4

对应条文部分内容：励磁变压器不应采取高压熔断器作为保护措施。

28. 发电机转子接地保护装置原则上应安装于励磁系统柜。接入保护柜或机组故障录波器的转子正、负极连接电缆可以与其他信号共用电缆。（ ）

参考答案：×

对应条文：11.2.2

对应条文部分内容：发电机转子接地保护装置原则上应安装于励磁系统柜。接入保护柜或机组故障录波器的转子正、负极连接电缆应采用高绝缘的电缆且不能与其他信号共用电缆。

29. 励磁系统的二次控制电缆均应采用屏蔽电缆，电缆屏蔽层应可靠接地。

参考答案：√

对应条文：11.2.3

30. 灭磁开关应按厂家规定的运行时间或动作次数进行解体检查，检查开关动、静触头接触面是否符合要求、机械部分是否出现磨损、开裂等情况。（ ）

参考答案：√

对应条文：11.3.12

31. 发电机可以在手动励磁调节（含按发电机或交流励磁机的磁场电流或磁场电压闭环调节）下长期运行。（ ）

参考答案：×

对应条文：11.4.2

对应条文部分内容：严禁发电机在手动励磁调节（含按发电机或交流励磁机的磁场电流或磁场电压闭环调节）下长期运行。

32. 励磁系统整流器功率元件运行15年后，经评估存在整流异常或无法及时消除的缺陷等运行风险，应及时更换或改造。（ ）

参考答案：√

对应条文：11.4.11

二、单项选择题

1. 励磁系统中两套励磁调节器的电压回路应如何设置？（ ）

A. 相互独立，使用同一电压互感器的二次绕组

B. 相互独立，使用机端不同电压互感器的二次绕组

C. 共用同一电压回路

D. 以上都不对

参考答案：B

对应条文：11.1.2

2. 励磁变压器不应采取哪种保护措施？（ ）

A. 高压熔断器

B. 过流保护

109

C. 差动保护

D. 以上都不对

参考答案：A

对应条文：11.1.4

3. 励磁系统设备改造后，应进行哪些试验？（　）

A. 阶跃扰动性试验

B. 各种限制环节的试验

C. 以上都是

D. 以上都不是

参考答案：C

对应条文：11.2.4

4. 新建或改扩建机组及励磁系统改造后的机组，PSS 装置的定值设定和调整应由谁进行？（　）

A. 具备资质的电力试验单位

B. 电厂自行调整

C. 设备厂家

D. 以上都不对

参考答案：A

对应条文：11.3.2

5. 励磁系统的 V/Hz 限制环节应在何时进行限制？（　）

A. 发电机组对应继电保护装置跳闸动作前

B. 跳闸动作后

C. 任意时间

D. 以上都不对

参考答案：A

对应条文：11.3.4

6. 并网机组励磁系统应在何种方式下运行？（　）

A. 手动方式

B. 自动方式

C. 半自动方式

D. 以上都不对

参考答案：B

对应条文：11.4.1

7. 进相运行的发电机励磁调节器应投入什么方式？（　）

A. 手动方式

B. 自动方式

C. 半自动方式

D. 以上都不对

参考答案：B

对应条文：11.4.3

8. 励磁系统中两套励磁调节器的电压回路应相互独立，使用机端不同（　）的二次绕组，防止其中一个故障引起发电机误强励。

A. 电流互感器

B. 电压互感器

C. 变压器

D. 变频器

参考答案：B

对应条文：11.1.2

9. 当接入机组故障录波器、同步相量测量装置（PMU）等监测系统的励磁电流和励磁电压信号采用变送器输出时，励磁电压输出信号应有一定负值量显示，正向输出信号最大值应不低于额定励磁电压的（　）倍；励磁电流输出信号最大值应不低于额定励磁电流的（　）倍。

A. 2；4

B. 1；2

C. 1；1

D. 2；2

参考答案：D

对应条文：11.1.8

10. 励磁变压器高压侧封闭母线外壳用于各相别之间的安全接地连接应采用（　）。

A. 导电良好的金属板

B. 小截面金属板

C. 大截面金属板

D. 任意金属板

参考答案：C

对应条文：11.2.1

11.励磁系统应具有无功调差功能，机端并列的发电机无功调差系数应不小于（　）%。

A. +5

B. -5

C. +3

D. -3

参考答案：A

对应条文：11.3.9

12.定期进行励磁系统涉网性能复核性试验，复核周期应不超过（　）年。

A. 3

B. 5

C. 4

D. 6

参考答案：B

对应条文：11.3.10

13.并网机组励磁系统应在（　）下运行。

A. 手动方式

B. 无调节方式

C. 自动方式

D. 指定方式

参考答案：C

对应条文：11.4.1

14.励磁系统调节器运行（　）年后，应全面检查板件、电子元器件情况，发现异常应及时更换。

A. 12

B. 10

C. 11

D. 13

参考答案：A

对应条文：11.4.10

三、多项选择题

1.励磁系统设计的重点要求包括哪些？（　）

A. 保证良好的工作环境

B. 两套励磁调节器的电压回路相互独立

C. 灭磁能力达到标准要求

D. 励磁变压器可采取高压熔断器作为保护措施

参考答案：ABC

对应条文：11.1.1、11.1.2、11.1.3

2.励磁系统基建安装及设备改造的重点要求包括哪些？（　）

A. 励磁变压器高压侧封闭母线外壳接地连接采用大截面金属板

B. 发电机转子接地保护装置安装于励磁系统柜

C. 二次控制电缆采用屏蔽电缆

D. 无需进行阶跃扰动性试验

参考答案：ABC

对应条文：11.2.1、11.2.2、11.2.3

3.励磁系统调整试验的重点要求包括哪些？（　）

A. 完成发电机励磁系统参数测试及建模试验

B. PSS装置的定值设定和调整

C. 进行发电机空载和负载阶跃扰动性试验

D. 无需进行涉网性能复核性试验

参考答案：ABC

对应条文：11.3.1、11.3.2、11.3.3

111

4.励磁系统运行安全的重点要求包括哪些？（　）

A. 并网机组励磁系统在自动方式下运行

B. 进相运行的发电机励磁调节器投入自动方式

C. 修改励磁系统参数无需审批

D. 定期检查励磁系统电源模块

参考答案：ABD

对应条文：11.4.1、11.4.3、11.4.8

5.当励磁系统中出现哪些（　）状态后，应由相应的发变组保护完成解列及灭磁。

A. 过励限制

B. 低励限制

C. 定子过压或过流限制

D. 伏／赫兹限制（V/Hz 限制）的控制失效后

参考答案：ABCD

对应条文：11.1.6

6.励磁系统设备改造后，应进行（　）的试验，确认励磁系统工作正常，满足相关标准的要求，即可投入试验。（　）

A. 行阶跃扰动性试验

B. 各种限制环节

C. 励磁系统建模试验

D. 电力系统稳定器（PSS）整定

参考答案：ABCD

对应条文：11.2.4

12 防止大型变压器和互感器损坏事故的重点要求习题

一、判断题（对画"√"，错画"×"）

1. 240MVA及以下容量变压器应选用通过短路承受能力试验验证的相似产品。（ ）

   参考答案：√

   对应条文：12.1.1

2. 高压厂用变不宜选用有载调压方式，确需采用时，分接开关应选用单相调压开关。（ ）

   参考答案：√

   对应条文：12.1.2

3. 220kV及以下主变压器的6～35kV中（低）压侧引线应绝缘化。（ ）

   参考答案：√

   对应条文：12.1.3

4. 变压器受到近区短路冲击未跳闸时，无需进行油中溶解气体组分分析。（ ）

   参考答案：×

   对应条文：12.1.4

   对应条文部分内容：应立即进行油中溶解气体组分分析，并加强跟踪。

5. 工厂试验时应将实际供货的套管安装在变压器上进行试验。（ ）

   参考答案：√

   对应条文：12.2.1

6. 220kV电压等级变压器高压端的视在放电量不大于200pC。（ ）

   参考答案：×

   对应条文：12.2.2

   对应条文部分内容：220～500kV电压等级变压器高、中压端的视在放电量不大于100pC。

7. 生产厂家首次设计的220kV及以上电压等级变压器在首批次生产系列中应进行例行试验、型式试验和特殊试验。（ ）

   参考答案：√

   对应条文：12.2.3

8. 500kV及以上并联电抗器的中性点电抗器出厂试验应进行感应耐压试验。（ ）

   参考答案：√

   对应条文：12.2.4

9. 充气运输的变压器压力低于0.01MPa时无需补干燥气体。（ ）

   参考答案：×

   对应条文：12.2.5

   对应条文部分内容：压力低于0.01MPa时要补干燥气体。

10. 强迫油循环变压器安装结束后，应按顺序开启全部油泵进行油循环。（ ）

    参考答案：√

    对应条文：12.2.6

11. 110kV电压等级变压器在新安装时无需进行现场局部放电试验。（ ）

    参考答案：×

    对应条文：12.2.7

    对应条文部分内容：110（66）kV及以上电压等级的变压器在新安装时应进行现场局部放电试验。

12. 变压器在交接或者大修后可采取单相加压方式进行局部放电测量。（ ）

    参考答案：√

    对应条文：12.2.8

13. 110kV及以上电压等级变压器应用频响

法和低电压短路阻抗法测试绕组变形。（　）

参考答案：√

对应条文：12.2.9

14. 高压厂用变无需在交接和大修后开展带有局部放电测量的感应电压试验。（　）

参考答案：×

对应条文：12.2.10

对应条文部分内容：高压厂用变宜在交接和大修后开展带有局部放电测量的感应电压试验（IVPD）。

15. 加强变压器运行巡视，注意冷却器潜油泵负压区的渗漏油。（　）

参考答案：√

对应条文：12.2.11

16. 运行10年以上且负载率长期运行在90%以上的变压器，无需进行油中糠醛含量测试。（　）

参考答案：×

对应条文：12.2.12

对应条文部分内容：应进行一次油中糠醛含量测试。

17. 220kV及以上电压等级变压器拆装套管需内部接线或进人后，应进行现场局部放电试验。（　）

参考答案：√

对应条文：12.2.13

18. 新建变压器投运带负荷后不超过1个月进行一次精确检测。（　）

参考答案：√

对应条文：12.2.14

19. 气体继电器在新安装时无需校验。（　）

参考答案：×

对应条文：12.3

对应条文部分内容：气体继电器、油流速动继电器、压力释放阀在新安装和变压器大修时应进行校验。

20. 油浸式真空有载分接开关轻瓦斯报警后应继续调压操作。（　）

参考答案：×

对应条文：12.4.1

对应条文部分内容：应暂停调压操作，并对气体和绝缘油进行色谱分析。

21. 无励磁分接开关在改变分接位置后，必须测量使用分接的直流电阻和变比。（　）

参考答案：√

对应条文：12.4.2

22. 如套管的伞裙间距低于规定标准，应采取加硅橡胶伞裙套等措施。（　）

参考答案：√

对应条文：12.5.1

23. 8度及以上地震烈度区域的110kV及以上变压器高压侧套管应选用卡装式瓷绝缘套管。（　）

参考答案：×

对应条文：12.5.2

对应条文部分内容：不应选用卡装式瓷绝缘套管，宜选用通过抗震试验的无机粘接的胶装式瓷绝缘套管。

24. 油纸电容套管在最低环境温度下可以出现负压。（　）

参考答案：×

对应条文：12.5.3

对应条文部分内容：不应出现负压。

25. 运行中变压器套管油位视窗无法看清时，无需采取措施。（　）

参考答案：×

对应条文：12.5.4

对应条文部分内容：应按周期结合红外成

像技术掌握套管内部油位变化情况。

26.强油循环结构的潜油泵启动应逐台启用，延时间隔应在30s以上。（ ）

参考答案：√

对应条文：12.6.1

27.单铜管水冷却变压器无需保持油压大于水压。（ ）

参考答案：×

对应条文：12.6.2

对应条文部分内容：应始终保持油压大于水压。

28.强迫油循环变压器内部故障跳闸后，潜油泵无需退出运行。（ ）

参考答案：×

对应条文：12.6.3

对应条文部分内容：潜油泵应同时退出运行。

29.排油注氮灭火装置动作逻辑关系应满足本体重瓦斯保护、主变断路器开关跳闸、油箱超压开关同时动作时才能启动。（ ）

参考答案：√

对应条文：12.7.1

30.水喷雾灭火系统的水喷雾控制回路继电器动作功率应大于8W。（ ）

参考答案：√

对应条文：12.7.2

31.变压器固定灭火装置进行远方或就地手动操作时，应能够实现一键启动。（ ）

参考答案：√

对应条文：12.7.3

32.励磁变压器上方不宜布置水管道，若无法避免应采取防水隔离措施。（ ）

参考答案：√

对应条文：12.7.4

33.采用泡沫灭火系统时，宜采用泵组式泡沫喷雾灭火系统。（ ）

参考答案：√

对应条文：12.7.5

34.应定期对灭火装置进行维护和检查，防止误动和拒动。（ ）

参考答案：√

对应条文：12.7.6

35.现场进行变压器干燥时，无需做好防火措施。（ ）

参考答案：×

对应条文：12.7.7

对应条文部分内容：应做好防火措施，防止加热系统故障或线圈过热烧损。

36.对新投运的220kV及以上电压等级电流互感器，1～2年内应取油样进行油色谱、微水分析。（ ）

参考答案：√

对应条文：12.8.1.11

37.变电站出口2km内的10kV架空线路应采用裸导线。（ ）

参考答案：×

对应条文：12.1.3

对应条文部分内容：变电站出口2km内的10kV架空线路应采用绝缘导线。

38.220kV及以下主变压器的6～35kV中（低）压侧引线、户外母线（不含架空母线）及接线端子应绝缘化；500（330）kV变压器35kV套管至母线的引线宜绝缘化。（ ）

参考答案：√

对应条文：12.1.3

39.对运行10年以上且负载率长期运行在90%以上的变压器，应进行一次油中糠醛含量测试。（ ）

参考答案：√

对应条文：12.2.12

40.加强变压器运行巡视，应特别注意变压器冷却器潜油泵负压区出现的渗漏油，如果出现渗漏应切换停运冷却器组，进行堵漏消除渗漏点。（ ）

参考答案：√

对应条文：12.2.11

41.气体继电器、油流速动继电器、压力释放阀在新安装和变压器大修时应进行校验，并检查相关的二次接线盒、端子箱防水及密封情况，防止二次回路受潮短路。（ ）

参考答案：√

对应条文：12.3

42.无励磁分接开关在改变分接位置后，必须测量使用分接的直流电阻和变比。（ ）

参考答案：√

对应条文：12.4.2

43.油浸式真空有载分接开关轻瓦斯报警后应暂停调压操作，并对气体和绝缘油进行色谱分析，根据分析结果确定恢复调压操作或进行检修。（ ）

参考答案：√

对应条文：12.4.1

44.为防止变压器套管事故，在严重污秽地区运行的变压器，宜采取在瓷套涂防污闪涂料等措施。（ ）

参考答案：√

对应条文：12.5.1

45.油纸电容套管在最低环境温度下会出现负压，制造厂应明确规定套管可取绝缘油总量。（ ）

参考答案：×

对应条文：12.5.3

对应条文部分内容：油纸电容套管在最低环境温度下不应出现负压，制造厂应明确规定套管可取绝缘油总量。

46.强迫油循环变压器内部故障跳闸后，潜油泵应同时退出运行。（ ）

参考答案：√

对应条文：12.6.3

二、单项选择题

1.500kV变压器或240MVA以上容量变压器应优先选用通过哪种试验验证的相似产品？（ ）

A. 空载试验

B. 短路承受能力试验

C. 耐压试验

D. 局部放电试验

参考答案：B

对应条文：12.1.1

2.220kV及以下主变压器的6～35kV中（低）压侧引线应如何处理？（ ）

A. 裸露

B. 绝缘化

C. 接地

D. 以上都不对

参考答案：B

对应条文：12.1.3

3.变压器受到近区短路冲击跳闸后，应开展哪些试验？（ ）

A. 油中溶解气体组分分析

B. 绕组电阻测量

C. 绕组变形测试

D. 以上都是

参考答案：D

对应条文：12.1.4

4.强迫油循环变压器出厂试验时，在潜油泵全部开启时进行局部放电试验的电压是多少？（ ）

A. $1.0U_r$

B. $1.58U_r$

C. $2.0U_r$

D. 以上都不对

参考答案：B

对应条文：12.2.2

5.500kV 及以上并联电抗器的中性点电抗器出厂试验应进行什么试验？（ ）

A. 感应耐压试验

B. 局部放电试验

C. 短路试验

D. 以上都不对

参考答案：A

对应条文：12.2.4

6.充气运输的变压器现场充气保存时间不应超过多久？（ ）

A. 1 个月

B. 2 个月

C. 3 个月

D. 6 个月

参考答案：C

对应条文：12.2.5

7.110kV 及以上电压等级变压器在新安装时应进行什么试验？（ ）

A. 空载试验

B. 局部放电试验

C. 负载试验

D. 以上都不对

参考答案：B

对应条文：12.2.7

8.高压厂用变宜在交接和大修后开展哪种试验？（ ）

A. 局部放电试验

B. 感应电压试验（IVPD）

C. 耐压试验

D. 以上都不对

参考答案：B

对应条文：12.2.10

9.运行 10 年以上且负载率长期运行在 90%以上的变压器，应进行什么测试？（ ）

A. 油中糠醛含量测试

B. 绕组变形测试

C. 局部放电测试

D. 以上都不对

参考答案：A

对应条文：12.2.12

10.220kV 及以上电压等级变压器拆装套管需内部接线或进人后，应进行什么试验？（ ）

A. 局部放电试验

B. 耐压试验

C. 短路试验

D. 以上都不对

参考答案：A

对应条文：12.2.13

11.（ ）容量变压器应选用通过短路承受能力试验验证的相似产品。

A. 500MVA 及以下

B. 300MVA 及以下

C. 240MVA 及以下

D. 200MVA 及以下

参考答案：C

对应条文：12.1.1

12.变压器受到近区短路冲击未跳闸时，若通过故障录波或监测装置判断短路电流峰值

117

超过变压器能够承受的短路电流峰值的( )时，应尽早安排停电检查。

A.50%

B.60%

C.57%

D.70%

参考答案：D

对应条文：12.1.4

13.出厂局部放电试验测量电压为 $1.58U_r/\sqrt{3}$ 时，110（66）kV电压等级变压器高压端的视在放电量不大于（ ）。

A.200pC

B.100pC

C.150pC

D.120pC

参考答案：B

对应条文：12.2.2

14.（ ）kV及以上并联电抗器的中性点电抗器出厂试验应进行感应耐压试验（IVW）。

A.500

B.1000

C.35

D.110

参考答案：A

对应条文：12.2.4

15.处于（ ）度及以上地震烈度区域的110kV及以上变压器和500kV及以上高压并联电抗器高压侧套管不应选用卡装式瓷绝缘套管，宜选用通过抗震试验的无机粘接的胶装式瓷绝缘套管。

A.6

B.7

C.8

D.5

参考答案：C

对应条文：12.5.2

16.强油循环结构的潜油泵启动应逐台启用，延时间隔应在（ ）s以上，以防止气体继电器误动。

A.30

B.25

C.35

D.40

参考答案：A

对应条文：12.6.1

17.防止变压器火灾事故，维护保养检测人员应具备相应等级消防设施操作员（消防设施检测维护保养职业方向）资格和（ ）从业资格。

A. 低压电工

B. 高压电工

C. 高处作业

D. 登高作业

参考答案：B

对应条文：12.7.8

18.新采购的电容式电压互感器电磁单元油箱工艺孔应高出油箱上平面（ ）mm以上，且密封可靠。

A.5

B.6

C.8

D.10

参考答案：D

对应条文：12.8.1.1

19.110（66）～750kV油浸式电流互感器在出厂试验时，局部放电试验的测量时间延长到（ ）。

A.5min

B. 3min

C. 1min

D. 7min

参考答案：A

对应条文：12.8.1.4

三、多项选择题

1. 防止变压器出口短路事故的措施包括哪些？（ ）

   A. 选用通过短路承受能力试验的产品

   B. 高压厂用变选用有载调压方式

   C. 中低压侧引线绝缘化

   D. 近区短路冲击后进行检测

   参考答案：ACD

   对应条文：12.1.1、12.1.3、12.1.4

2. 防止变压器绝缘事故的措施包括哪些？（ ）

   A. 工厂试验安装实际供货套管

   B. 局部放电试验

   C. 充气运输压力监控

   D. 绕组变形测试

   参考答案：ABCD

   对应条文：12.2.1、12.2.2、12.2.5、12.2.9

3. 防止分接开关事故的措施包括哪些？（ ）

   A. 轻瓦斯报警后暂停调压操作

   B. 改变分接位置后测量直流电阻和变比

   C. 定期更换分接开关

   D. 以上都不对

   参考答案：AB

   对应条文：12.4.1、12.4.2

4. 防止冷却系统事故的措施包括哪些？（ ）

   A. 潜油泵逐台启用，间隔30s以上

   B. 保持油压大于水压

   C. 故障跳闸后潜油泵退出运行

   D. 定期更换冷却器

   参考答案：ABC

   对应条文：12.6.1、12.6.2、12.6.3

5. 防止互感器事故的措施包括哪些？（ ）

   A. 电容式电压互感器中间变压器高压侧装设避雷器

   B. 油浸式电流互感器运输时安装冲击记录仪

   C. SF_6互感器年漏气率小于0.5%

   D. 互感器安装后进行老炼试验

   参考答案：BCD

   对应条文：12.8.1.9、12.8.2.7、12.8.2.5

6. 变压器受到近区短路冲击跳闸后，应开展（ ）检查，综合判断无异常后方可投入运行。

   A. 油中溶解气体组分分析

   B. 绕组电阻测量

   C. 绕组变形（绕组频率响应、低电压短路阻抗、电容量）

   D. 其他诊断性试验

   参考答案：ABCD

   对应条文：12.1.4

7. 在新安装和变压器大修时应（ ）进行校验和检查防止二次回路受潮短路。

   A. 气体继电器

   B. 油流速动继电器

   C. 相关的二次接线盒、端子箱防水及密封情况

   D. 压力释放阀

   参考答案：ABCD

   对应条文：12.3

8. 防止油浸式互感器事故，下列哪种情况

互感器应退出运行？（　　）

A. 油浸倒立式电流互感器漏油

B. 运行中互感器的膨胀器异常

C. 互感器出现异常响声

D. 电压互感器二次电压异常

参考答案：ABC

对应条文：12.8.1

13 防止开关设备事故的重点要求习题

一、判断题（对画"√"，错画"×"）

1. 户内布置的 GIS、SF_6 开关设备室，应配置相应的 SF_6 泄漏检测报警、事故排风及氧含量检测系统。（　）

   参考答案：√

   对应条文：13.1.1

2. 252kV 及以上断路器应具备单跳闸线圈机构。（　）

   参考答案：×

   对应条文：13.1.2（6）

   对应条文部分内容：252kV 及以上断路器应具备双跳闸线圈机构。

3. 新安装的 252kV 及以上电压等级的 GIS 和 SF_6 断路器的密度继电器与开关设备本体之间的连接方式应满足不拆卸校验密度继电器的要求。（　）

   参考答案：√

   对应条文：13.1.3（1）

4. 密度继电器应装设在与被监测气室处于不同运行环境温度的位置。（　）

   参考答案：×

   对应条文：13.1.3（2）

   对应条文部分内容：密度继电器应装设在与被监测气室处于同一运行环境温度的位置。

5. 新安装 252kV 及以上断路器每相应独立安装气体密度继电器且气体密度继电器应有双套压力闭锁接点。（　）

   参考答案：√

   对应条文：13.1.3（3）

6. 断路器应配防振型密度继电器。（　）

   参考答案：√

   对应条文：13.1.3（4）

7. 户外安装的密度继电器无需设置防雨箱（罩）。（　）

   参考答案：×

   对应条文：13.1.3（6）

   对应条文部分内容：户外安装的密度继电器应设置防雨箱（罩）。

8. 开关设备机构箱、汇控箱内应有完善的驱潮防潮装置。（　）

   参考答案：√

   对应条文：13.1.4

9. 生产厂家在防爆膜设计选型时，应保证设备最高运行压力高于防爆膜最低爆破压力。（　）

   参考答案：×

   对应条文：13.1.5

   对应条文部分内容：应保证设备最高运行压力低于防爆膜最低爆破压力。

10. 新订货的 GIS 及 SF_6 断路器年泄漏率应不高于 0.5%。（　）

    参考答案：√

    对应条文：13.1.6

11. 断路器和 GIS 内部的绝缘件装配前应通过工频耐压试验和局部放电试验，单个绝缘件的局部放电量不大于 3pC。（　）

    参考答案：√

    对应条文：13.1.7

12. GIS 内部的绝缘件装配前无需逐支通过 X 射线探伤试验。（　）

    参考答案：×

对应条文：13.1.7

对应条文部分内容：GIS内部的绝缘件装配前应逐支通过X射线探伤试验。

13.户外瓷柱式断路器、罐式断路器、GIS、隔离开关绝缘子金属法兰与瓷件的胶装部位出厂时应涂有性能良好的防水密封胶。（ ）

参考答案：√

对应条文：13.1.8

14.GIS现场安装过程中，环境太差、尘土较多或相对湿度大于80%、阴雨天气时，应继续开展清理、检查、装配工作。（ ）

参考答案：×

对应条文：13.1.9

对应条文部分内容：不应开展GIS清理、检查、装配工作。

15.SF_6开关设备现场安装抽真空处理时，应采用出口带有电磁阀的真空处理设备。（ ）

参考答案：√

对应条文：13.1.10

16.SF_6新气体应经抽检合格、回收后SF_6气体则应全部检测，并出具检测报告后方可使用。（ ）

参考答案：√

对应条文：13.1.11

17.SF_6气体注入设备后无需进行湿度试验。（ ）

参考答案：×

对应条文：13.1.12

对应条文部分内容：应进行湿度试验。

18.发电机组并网断路器断口外绝缘积雪、严重积污时可以进行启机并网操作。（ ）

参考答案：×

对应条文：13.1.13

对应条文部分内容：不得进行启机并网操作。

19.新订货断路器应优先选用电磁机构。（ ）

参考答案：×

对应条文：13.1.14

对应条文部分内容：应优先选用弹簧机构、液压机构。

20.投切无功补偿装置用断路器应选用C2级断路器。（ ）

参考答案：√

对应条文：13.1.15

21.252kV及以下机组并网的断路器应选用三相机械联动式结构。（ ）

参考答案：√

对应条文：13.1.16

22.断路器液压机构应具有防止失压后慢分慢合的机械装置。（ ）

参考答案：√

对应条文：13.1.17

23.机组并网断路器宜在并网断路器与机组侧隔离开关间装设带电显示装置。（ ）

参考答案：√

对应条文：13.1.18

24.GIS用断路器、隔离开关和接地开关出厂试验时应进行不少于200次的机械操作试验。（ ）

参考答案：√

对应条文：13.1.19

25.断路器安装阶段无需确认合闸电阻装配正确完好。（ ）

参考答案：×

对应条文：13.1.20

对应条文部分内容：应确认合闸电阻装配正确完好。

26. 带合闸电阻的瓷柱式断路器在规定时间内合闸或重合闸次数达到规定值时，可采用临时停用重合闸等措施防止合闸电阻炸裂。（ ）

参考答案：√

对应条文：13.1.21

27. 断路器产品出厂试验、交接试验及例行试验中，无需测试断路器均压电容与断路器断口并联后的电容量及介质损耗因数。（ ）

参考答案：×

对应条文：13.1.22

对应条文部分内容：应测试。

28. 用于投切并联电容器的真空断路器应在交接试验和大修后对合闸弹跳时间和分闸反弹幅值进行检测。（ ）

参考答案：√

对应条文：13.1.23

29. 弹簧机构断路器无需定期进行机械特性试验。（ ）

参考答案：×

对应条文：13.1.24

对应条文部分内容：应定期进行机械特性试验。

30. 新订货的用于低温、重污秽等地区的363kV及以下GIS，应采用户外安装方式。（ ）

参考答案：×

对应条文：13.1.25

对应条文部分内容：应采用户内安装方式。

31. GIS应选用技术成熟、性能良好的产品类型。（ ）

参考答案：√

对应条文：13.1.26

32. 363kV及以上GIS电流互感器宜采用内置结构。（ ）

参考答案：×

对应条文：13.1.27

对应条文部分内容：宜采用外置结构。

33. 双母线、单母线或桥形接线中，新订货GIS母线避雷器和电压互感器应设置独立的隔离开关。（ ）

参考答案：√

对应条文：13.1.28

34. 3/2断路器接线中，新订货GIS母线避雷器和电压互感器应装设隔离开关。（ ）

参考答案：×

对应条文：13.1.28

对应条文部分内容：不应装设隔离开关。

35. 新投运的GIS最大气室的气体处理时间不超过8h。（ ）

参考答案：√

对应条文：13.1.29（1）

36. 双母线结构的GIS，同一间隔的不同母线隔离开关应各自设置独立隔室。（ ）

参考答案：√

对应条文：13.1.29（2）

37. 新订货的252kV及以上GIS宜加装内置局部放电传感器。（ ）

参考答案：√

对应条文：13.1.30

38. 同一GIS间隔内的多台隔离开关的电机电源，应分别设置独立的开断设备。（ ）

参考答案：√

对应条文：13.1.31

39. 三相机械联动GIS隔离开关，应在从动相同时安装可靠的分/合闸指示器。（ ）

参考答案：√

对应条文：13.1.32

40. 新订货的户外GIS法兰跨接片应通过法兰螺栓直连。（ ）

参考答案：×

对应条文：13.1.33

对应条文部分内容：不应通过法兰螺栓直连。

41.GIS 穿墙壳体与墙体间应采取防护措施，穿墙部位采用非腐蚀性、非导磁性材料进行封堵。（　）

参考答案：√

对应条文：13.1.34

42.GIS 安装过程中应对导体是否插接良好进行检查，且回路电阻测试合格。（　）

参考答案：√

对应条文：13.1.35

43.GIS 出厂绝缘试验宜在装配完整的间隔上进行，550kV 及以上设备可以试验形态为单位进行绝缘试验。（　）

参考答案：√

对应条文：13.1.36

44.GIS 出厂试验、现场交接耐压试验中，如发生放电现象，不管是否为自恢复放电，均应解体或开盖检查、查找放电部位。（　）

参考答案：√

对应条文：13.1.37

45.应加强运行中 GIS 和罐式断路器的带电局放检测工作。（　）

参考答案：√

对应条文：13.1.38

46.隔离开关和接地开关应选择能够防止主回路过热、操作卡滞、金属部件腐蚀、瓷瓶断裂等典型问题的成熟产品。（　）

参考答案：√

对应条文：13.2.1

47.风沙活动严重、严寒、重污秽、多风地区以及采用悬吊式管形母线的变电站，不宜选用配钳夹式触头的单臂伸缩式隔离开关。（　）

参考答案：√

对应条文：13.2.2

48.敞开式隔离开关与其所配装的接地开关之间应有可靠的机械联锁。（　）

参考答案：√

对应条文：13.2.3

49.开关设备机构箱、汇控箱内应有完善的驱潮防潮装置，防止凝露造成二次设备损坏。（　）

参考答案：√

对应条文：13.1.4

50.363kV 及以上 GIS 电流互感器宜采用外置结构。（　）

参考答案：√

对应条文：13.1.27

51.风沙活动严重、严寒、重污秽、多风地区以及采用悬吊式管形母线的变电站，不宜选用配钳夹式触头的单臂伸缩式隔离开关。（　）

参考答案：√

对应条文：13.2.2

52.对运行 15 年以上的老旧敞开式隔离开关，应加强绝缘子检查。（　）

参考答案：×

对应条文：13.2.6

对应条文部分内容：运行 10 年以上的老旧敞开式隔离开关，应加强绝缘子检查。

53.高压开关柜内避雷器、电压互感器等柜内设备与母线直接连接。（　）

参考答案：×

对应条文：13.3.5

对应条文部分内容：高压开关柜内避雷器、电压互感器等柜内设备应经隔离开关（或隔离手车）与母线相连，不应与母线直接连接。

54.开关柜各高压隔室均应设有泄压通道或压力释放装置。当开关柜内产生内部故障电弧时,压力释放装置应能可靠打开,压力释放方向应避开巡视通道和其他设备。（　）

参考答案：√

对应条文：13.3.4

二、单项选择题

1.户内布置的GIS、SF_6开关设备室应配置哪些系统？（　）

A. 火灾报警系统

B. SF_6泄漏检测报警、事故排风及氧含量检测系统

C. 温度监控系统

D. 以上都不对

参考答案：B

对应条文：13.1.1

2.252kV及以上断路器应具备什么机构？（　）

A. 单跳闸线圈机构

B. 双跳闸线圈机构

C. 电磁机构

D. 以上都不对

参考答案：B

对应条文：13.1.2（6）

3.新安装的252kV及以上电压等级的GIS和SF_6断路器的密度继电器与开关设备本体之间的连接方式应满足什么要求？（　）

A. 拆卸校验

B. 不拆卸校验

C. 定期更换

D. 以上都不对

参考答案：B

对应条文：13.1.3（1）

4.密度继电器应装设在什么位置？（　）

A. 与被监测气室不同温度环境

B. 与被监测气室同一温度环境

C. 任意位置

D. 以上都不对

参考答案：B

对应条文：13.1.3（2）

5.新安装252kV及以上断路器每相应独立安装气体密度继电器且气体密度继电器应有几套压力闭锁接点？（　）

A. 单套

B. 双套

C. 三套

D. 以上都不对

参考答案：B

对应条文：13.1.3（3）

6.断路器应配哪种类型的密度继电器？（　）

A. 普通型

B. 防振型

C. 防水型

D. 以上都不对

参考答案：B

对应条文：13.1.3（4）

7.户外安装的密度继电器应设置什么？（　）

A. 防雨箱（罩）

B. 防晒罩

C. 防尘罩

D. 以上都不对

参考答案：A

对应条文：13.1.3（6）

8.开关设备机构箱、汇控箱内应有什么装置？（　）

125

A. 加热装置

B. 驱潮防潮装置

C. 通风装置

D. 以上都不对

参考答案：B

对应条文：13.1.4

9.生产厂家在防爆膜设计选型时，应保证设备最高运行压力与防爆膜最低爆破压力的关系是？（　　）

A. 高于

B. 低于

C. 相等

D. 以上都不对

参考答案：B

对应条文：13.1.5

10.新订货的GIS及SF_6断路器年泄漏率应不高于多少？（　　）

A. 0.5%

B. 1%

C. 1.5%

D. 以上都不对

参考答案：A

对应条文：13.1.6

11.断路器和GIS内部的绝缘件装配前应通过哪些试验？（　　）

A. 工频耐压试验和局部放电试验

B. 短路试验

C. 空载试验

D. 以上都不对

参考答案：A

对应条文：13.1.7

12.GIS内部的绝缘件装配前是否需要逐支通过X射线探伤试验？（　　）

A. 不需要

B. 需要

C. 视情况而定

D. 以上都不对

参考答案：B

对应条文：13.1.7

13.户外瓷柱式断路器、罐式断路器、GIS、隔离开关绝缘子金属法兰与瓷件的胶装部位出厂时应涂什么？（　　）

A. 防水密封胶

B. 绝缘胶

C. 导热胶

D. 以上都不对

参考答案：A

对应条文：13.1.8

14.GIS现场安装过程中，在什么天气条件下不应开展清理、检查、装配工作？（　　）

A. 晴天

B. 相对湿度大于80%、阴雨天气

C. 多云天气

D. 以上都不对

参考答案：B

对应条文：13.1.9

15.新订货的GIS及SF_6断路器年泄漏率应不高于（　　）。

A. 0.1%

B. 0.2%

C. 0.3%

D. 0.5%

参考答案：D

对应条文：13.1.6

16.下列哪种情况（　　）要进行局放检测。

A. 大修后

B. 大负荷前

C. 经受短路电流冲击

D. 以上全是

参考答案：D

对应条文：13.1.38

17.敞开式隔离开关瓷绝缘子出厂前应逐只进行无损探伤，（　）及以上隔离开关安装后应对绝缘子逐只探伤。

A.110kV

B.220kV

C.252kV

D.500kV

参考答案：C

对应条文：13.2.6

18.新安装的（　）及以上开关柜内的穿柜套管应采用双屏蔽结构，其等电位连线（均压环）应长度适中，并与母线及部件内壁可靠连接。

A.10kV

B.35kV

C.110kV

D.24kV

参考答案：D

对应条文：13.3.7

19.开关柜中所有绝缘件装配前均应进行局放检测，单个绝缘件局部放电量不大于（　）。

A.1pC

B.2pC

C.3pC

D.4pC

参考答案：C

对应条文：13.3.11

三、多项选择题

1.防止气体绝缘金属封闭开关设备（GIS、包括HGIS）、SF_6断路器事故的措施包括哪些？（　）

A. 配置SF_6泄漏检测报警系统

B. 252kV及以上断路器具备双跳闸线圈机构

C. 密度继电器装设在与被监测气室同一运行环境温度的位置

D. 户外安装的密度继电器无需设置防雨箱（罩）

参考答案：ABC

对应条文：13.1.1、13.1.2、13.1.3

2.开关设备二次回路及元器件应满足哪些要求？（　）

A. 加强二次回路专业管理

B. 列入国家市场监督管理总局强制性产品认证目录的二次元件应取得"3C"认证

C. 新订货断路器机构动作次数计数器不应带有复归功能

D. 断路器分、合闸控制回路的端子间无需隔开

参考答案：ABC

对应条文：13.1.2

3.开关设备用气体密度继电器应满足哪些要求？（　）

A. 新安装的252kV及以上电压等级的GIS和SF_6断路器的密度继电器与开关设备本体之间的连接方式应满足不拆卸校验密度继电器的要求

B. 密度继电器应装设在与被监测气室不同运行环境温度的位置

C. 新安装252kV及以上断路器每相应独立安装气体密度继电器且气体密度继电器应有双套压力闭锁接点

D. 断路器应配防振型密度继电器

参考答案：ACD

对应条文：13.1.3、13.1.3、13.1.3

4.防止 SF_6 开关设备事故的措施包括哪些？（　）

A. 加强外绝缘的清扫或采取防污闪措施

B. 新订货断路器应优先选用弹簧机构、液压机构

C. 投切无功补偿装置用断路器应选用 C2 级断路器

D. 252kV 及以下机组并网的断路器应选用单相机械联动式结构

参考答案：ABC

对应条文：13.1.13、13.1.14、13.1.15

5.防止敞开式隔离开关、接地开关事故的措施包括哪些？（　）

A. 选择成熟产品，具备电动操作功能

B. 不宜选用配钳夹式触头的单臂伸缩式隔离开关在特定地区

C. 敞开式隔离开关与其所配装的接地开关之间应有可靠的机械联锁

D. 隔离开关无需具备防止自动分闸的结构设计

参考答案：ABC

对应条文：13.2.1、13.2.2、13.2.3

6.防止高压开关柜事故的措施包括哪些？（　）

A. 选用具备运行连续性功能的高压开关柜（LSC2 类）

B. 新投开关柜应装设具有自检功能的带电显示装置

C. 开关柜各高压隔室均应设有泄压通道或压力释放装置

D. 高压开关柜内避雷器、电压互感器等柜内设备应与母线直接连接

参考答案：ABC

对应条文：13.3.1、13.3.1、13.3.4

7.开关柜应选用哪些类型的产品？（　）

A. 具备运行连续性功能的高压开关柜（LSC2 类）

B. 防止电气误操作（"五防"）功能完备的产品

C. 经试验验证能满足在内部电弧情况下保护人员规定要求的高压开关柜（内部故障 IAC 级别）

D. 以上都不对

参考答案：ABC

对应条文：13.3.1、13.3.3

8.隔离开关和接地开关应选择（　）等典型问题的成熟产品，应具备电动操作功能，有条件时可选用具有隔离开关分合闸位置双确认的"一键顺控"功能的设备。

A. 瓷瓶断裂

B. 防止主回路过热

C. 操作卡滞

D. 金属部件腐蚀

参考答案：ABCD

对应条文：13.2.1

9.高压开关柜内的哪些绝缘件（　）应采用阻燃绝缘材料。

A. 绝缘子

B. 套管

C. 隔板

D. 触头罩

参考答案：ABCD

对应条文：13.3.6

14 防止接地网和过电压事故的重点要求习题

一、判断题（对画"√"，错画"×"）

1. 在新建变电站工程设计中，校验接地引下线热稳定所用电流应不小于远期可能出现的最大值。（ ）

参考答案：√

对应条文：14.1.2

2. 在中性或酸性土壤地区，110kV 及以上新建变电站接地装置应选用铜质材料。（ ）

参考答案：×

对应条文：14.1.4

对应条文部分内容：在中性或酸性土壤地区，接地装置选用热镀锌钢为宜。

3. 变压器中性点应有两根与接地网主网格的不同边连接的接地引下线。（ ）

参考答案：√

对应条文：14.1.7

4. 接地阻抗测试宜在架空地线与变电站出线构架连接之后进行。（ ）

参考答案：×

对应条文：14.1.11

对应条文部分内容：接地阻抗测试宜在架空地线与变电站出线构架连接之前完成。

5. 投运 10 年及以上的非地下变电站接地网，应定期开挖抽检接地网的腐蚀情况。（ ）

参考答案：√

对应条文：14.1.13

6. 220kV 及以上线路一般应全线架设双地线。（ ）

参考答案：√

对应条文：14.2.1

7. 敞开式变电站在雷电活动频繁地区无需加装金属氧化物避雷器。（ ）

参考答案：×

对应条文：14.2.2

对应条文部分内容：符合条件的敞开式变电站应在 110～220kV 进出线间隔入口处加装金属氧化物避雷器。

8. 500kV 及以上电压等级线路设计阶段应计算线路雷击跳闸率。（ ）

参考答案：√

对应条文：14.2.3

9. 线路雷击跳闸后，即使断路器重合成功也需检查故障录波装置。（ ）

参考答案：√

对应条文：14.2.8

10. 严禁利用避雷针作为低压线的支柱。（ ）

参考答案：√

对应条文：14.2.10

11. 切合 110kV 及以上有效接地系统中性点不接地的空载变压器时，应先将该变压器中性点临时接地。（ ）

参考答案：√

对应条文：14.3.1

12. 110kV 不接地变压器中性点过电压保护应采用间隙保护方式。（ ）

参考答案：×

对应条文：14.3.2

对应条文部分内容：对中性点额定雷电冲击耐受电压大于 185kV 的 110～220kV 不接地变压器，中性点过电压保护应采用无间隙避雷器保护。

13. 新建变压器户外 10kV 出口侧应选用提高外绝缘水平的出线避雷器。（　）

参考答案：√

对应条文：14.3.4

14. 为防止谐振过电压，新建敞开式变电站应选用电磁式电压互感器。（　）

参考答案：×

对应条文：14.4.1

对应条文部分内容：新建或改造敞开式变电站应选用电容式电压互感器。

15. 中性点非直接接地系统发生铁磁谐振过电压时，可选用励磁特性饱和点较高的电压互感器。（　）

参考答案：√

对应条文：14.4.2（1）

16. 电磁式电压互感器谐振后无需进行励磁特性试验。（　）

参考答案：×

对应条文：14.4.3

对应条文部分内容：应进行励磁特性试验并与初始值比较。

17. 中性点不接地的 6～66kV 系统应每 3～5 年进行一次电容电流测试。（　）

参考答案：√

对应条文：14.5.1

18. 自动调谐消弧线圈投入运行后无需定期校核其自动调谐功能。（　）

参考答案：×

对应条文：14.5.2

对应条文部分内容：应定期根据实际测量的系统电容电流对其自动调谐功能的准确性进行校核。

19. 强风地区变电站避雷器均压环应采取加固措施。（　）

参考答案：√

对应条文：14.6.1

20. 220kV 及以上电压等级瓷外套避雷器下法兰无需设置排水孔。（　）

参考答案：×

对应条文：14.6.2

对应条文部分内容：下法兰应设置排水孔。

21. 35～330kV 电压等级金属氧化物避雷器可用带电测试替代定期停电试验。（　）

参考答案：√

对应条文：14.6.3

22. 110kV 及以上电压等级避雷器应安装交流泄漏电流在线监测表计。（　）

参考答案：√

对应条文：14.6.5

23. 运行 15 年及以上的避雷器应重点跟踪泄漏电流的变化。（　）

参考答案：√

对应条文：14.6.6

24. 构架避雷针设计时应统筹考虑站址环境条件、配电装置构架结构形式等。（　）

参考答案：√

对应条文：14.7.1

25. 严寒大风地区的变电站避雷针应选用圆管形结构。（　）

参考答案：×

对应条文：14.7.3

对应条文部分内容：结构形式宜选用格构式，以降低结构对风荷载的敏感度。

26. 独立避雷针的接地电阻不宜超过 10Ω。（　）

参考答案：√

对应条文：14.7.5

27. 独立避雷针接地装置与主接地网之间导通电阻应大于500mΩ。（ ）

参考答案：√

对应条文：14.7.6

28. 在接地网设计时，无需考虑分流系数的影响。（ ）

参考答案：×

对应条文：14.1.3

对应条文部分内容：应考虑分流系数的影响。

29. 铜材料间的连接可以采用电弧焊接。（ ）

参考答案：×

对应条文：14.1.4

对应条文部分内容：必须采用放热焊接，不得采用电弧焊接或压接。

30. 接地引下线应便于定期进行检查测试。（ ）

参考答案：√

对应条文：14.1.7

31. 对于高土壤电阻率地区的接地网，接地阻抗难以满足要求时无需采取措施。（ ）

参考答案：×

对应条文：14.1.10

对应条文部分内容：应采取有效的均压及隔离措施。

32. 避雷器运行中持续电流检测应在雷雨季节后进行。（ ）

参考答案：×

对应条文：14.6.4

对应条文部分内容：检测应在雷雨季节前进行。

33. 6～66kV不接地、谐振接地和高电阻接地的系统，改造为低电阻接地方式时，应重新核算杆塔和接地网接地阻抗值及热稳定性。（ ）

参考答案：√

对应条文：14.1.8

34. 新建变电站围墙范围内接地网宜一次性建成，变电站内接地装置宜采用同一材料。当采用不同材料进行混连时，地下部分应采用统一材料连接。（ ）

参考答案：√

对应条文：14.1.9

35. 加强避雷线运行维护工作，定期打开部分线夹检查，保证避雷线与杆塔接地点可靠连接。（ ）

参考答案：√

对应条文：14.2.9

36. 严禁利用避雷针、变电站构架和带避雷线的杆塔作为低压线、通信线、广播线、电视天线的支柱。（ ）

参考答案：√

对应条文：14.2.10

37. 切合110kV及以上有效接地系统中性点不接地的空载变压器时，应先将该变压器中性点临时接地。（ ）

参考答案：√

对应条文：14.3.1

38. 新建变压器户外10kV出口侧应选用提高外绝缘水平的出线避雷器，并使其达到出线侧支柱绝缘子的外绝缘水平。（ ）

参考答案：√

对应条文：14.3.4

39. 为防止110kV及以上电压等级断路器断口均压电容与母线电磁式电压互感器发生谐振过电压，可通过改变运行和操作方式避免形成谐振过电压条件。新建或改造敞开式变电站

131

应选用电容式电压互感器。（ ）

参考答案：√

对应条文：14.4.1

40.变电站6～66kV各段母线，因地制宜可配置消弧线圈或主动干预型消弧装置。（ ）

参考答案：√

对应条文：14.5.3

41.自动调谐消弧线圈投入运行后，应定期（时间间隔不大于3年），根据实际测量的系统电容电流对其自动调谐功能的准确性进行校核。（ ）

参考答案：√

对应条文：14.5.2

42.对于强风地区变电站避雷器应采取差异化设计，避雷器均压环应采取增加固定点、支撑筋数量及支撑筋宽度等加固措施。（ ）

参考答案：√

对应条文：14.6.1

43.对已安装在线监测表计的避雷器，有人值班的变电站每天至少巡视一次，每半月记录一次，并加强数据分析。（ ）

参考答案：√

对应条文：14.6.5

44.钢管避雷针底部应设置有效排水孔，防止内部积水锈蚀或结冰。（ ）

参考答案：√

对应条文：14.7.4

二、单项选择题

1.在新建变电站工程设计中，校验接地引下线热稳定所用电流应不小于什么值？（ ）

A. 近期可能出现的最小值

B. 远期可能出现的最大值

C. 断路器额定开断电流

D. 以上都不对

参考答案：B

对应条文：14.1.2

2.对于110kV（66kV）及以上新建、改建变电站，在中性或酸性土壤地区，接地装置选用什么材料为宜？（ ）

A. 铜质

B. 热镀锌钢

C. 铝质

D. 不锈钢

参考答案：B

对应条文：14.1.4

3.变压器中性点应有几根与接地网主网格的不同边连接的接地引下线？（ ）

A. 1根

B. 2根

C. 3根

D. 4根

参考答案：B

对应条文：14.1.7

4.220kV及以上线路一般应全线架设什么？（ ）

A. 单地线

B. 双地线

C. 无地线

D. 以上都不对

参考答案：B

对应条文：14.2.1

5.切合110kV及以上有效接地系统中性点不接地的空载变压器时，应先将该变压器中性点如何处理？（ ）

A. 临时接地

B. 断开接地

C. 保持原状

D. 以上都不对

参考答案：A

对应条文：14.3.1

6. 为防止谐振过电压，新建敞开式变电站应选用哪种电压互感器？（　　）

A. 电磁式

B. 电容式

C. 电子式

D. 以上都不对

参考答案：B

对应条文：14.4.1

7. 中性点不接地的6～66kV系统应每几年进行一次电容电流测试？（　　）

A. 1～2年

B. 3～5年

C. 6～8年

D. 以上都不对

参考答案：B

对应条文：14.5.1

8. 强风地区变电站避雷器均压环应采取什么措施？（　　）

A. 减少固定点

B. 增加固定点、支撑筋数量及支撑筋宽度

C. 无需加固

D. 以上都不对

参考答案：B

对应条文：14.6.1

9. 独立避雷针的接地电阻不宜超过多少？（　　）

A. 5Ω

B. 10Ω

C. 15Ω

D. 20Ω

参考答案：B

对应条文：14.7.5

10. 测量接电电阻时，采用四极法时，测试电极极间距离一般不小于拟建接地装置的最大对角线，测试条件不满足时至少应达到最大对角线的2/3。（　　）

A. 1/3

B. 2/2

C. 2/3

D. 1/4

参考答案：C

对应条文：14.1.1

11. 设计阶段应因地制宜开展防雷设计，除地闪密度小于0.78次/（km²·年）的雷区外，（　　）及以上线路一般应全线架设双地线。

A. 35kV

B. 220kV

C. 110kV

D. 66kV

参考答案：B

对应条文：14.2.1

12. 在设计阶段，杆塔接地电阻设计值应参考相关标准执行，对220kV及以下电压等级线路，若杆塔处土壤电阻率大于1000Ω·m，且地闪密度处于C1及以上雷区，则接地电阻较设计规范宜降低（　　）Ω。

A. 5

B. 4

C. 10

D. 7

参考答案：A

对应条文：14.2.5

13. 对于中性点不接地的6～66kV系统，应根据电网发展每（　　）年进行一次电容电流

测试，已装设消弧线圈的变电站可参考控制器中的电容电流数值。

A. 2～3

B. 3～5

C. 4～5

D. 3～4

参考答案：B

对应条文：14.5.1

14.尤其对于与（　）及以上电压等级电缆同隧道、同电缆沟、同桥梁敷设的纯电缆线路，应全面采取有效防火隔离措施，并开展安全性与可靠性评估，应尽量缩短切除故障线路时间，降低发生弧光接地过电压的风险。

A. 35kV

B. 66kV

C. 110kV

D. 220kV

参考答案：B

对应条文：14.5.3

15.避雷器运行中持续电流检测（带电），330kV及以上电压等级的避雷器应每（　）进行一次检测。

A. 6个月

B. 12个月

C. 3个月

D. 15个月

参考答案：A

对应条文：14.6.4

16.对运行（　）年及以上的避雷器应重点跟踪泄漏电流的变化，停运后应重点检查压力释放板是否有变色、锈蚀或破损。

A. 10

B. 5

C. 20

D. 15

参考答案：D

对应条文：14.6.6

17.在非高土壤电阻率地区，独立避雷针的接地电阻不宜超过（　）。

A. 4Ω

B. 7Ω

C. 10Ω

D. 5Ω

参考答案：C

对应条文：14.7.5

18.独立避雷针接地装置与主接地网之间导通电阻应大于（　）。

A. 100mΩ

B. 200mΩ

C. 400mΩ

D. 500mΩ

参考答案：D

对应条文：14.7.6

三、多项选择题

1.防止接地网事故的措施包括哪些？（　）

A. 校验接地引下线热稳定电流

B. 选择合适的接地材料

C. 定期开挖抽检接地网腐蚀情况

D. 允许利用避雷针作为低压线支柱

参考答案：ABC

对应条文：14.1.2、14.1.4、14.1.13

2.防止雷电过电压事故的措施包括哪些？（　）

A. 全线架设双地线

B. 加装金属氧化物避雷器

C. 降低杆塔接地电阻

D. 定期检查避雷线连接

参考答案：ABCD

对应条文：14.2.1、14.2.2、14.2.5、14.2.9

3. 防止变压器过电压事故的措施包括哪些？（　　）

A. 中性点临时接地

B. 装设避雷器

C. 选用电容式电压互感器

D. 提高外绝缘水平

参考答案：ABD

对应条文：14.3.1、14.3.3、14.3.4

4. 防止谐振过电压事故的措施包括哪些？（　　）

A. 选用电容式电压互感器

B. 选用励磁特性饱和点较高的电压互感器

C. 串接零序电压互感器

D. 中性点直接接地

参考答案：ABC

对应条文：14.4.1、14.4.2

5. 防止无间隙金属氧化物避雷器事故的措施包括哪些？（　　）

A. 加强带电测试

B. 安装在线监测表计

C. 定期校核自动调谐功能

D. 重点跟踪运行 15 年以上的避雷器

参考答案：ABD

对应条文：14.6.3、14.6.5、14.6.6

6. 架空输电线路的防雷措施应按照输电线路在（　　）的不同，进行差异化配置，重点加强重要线路以及多雷区、强雷区内杆塔和线路的防雷保护。

A. 电网中的重要程度

B. 线路走廊雷电活动强度

C. 地形地貌

D. 线路结构

参考答案：ABCD

对应条文：14.2.6

15　防止架空输电线路事故的重点要求习题

一、判断题（对画"√"，错画"×"）

1.特高压密集通道规划阶段应开展多回同跳风险评估。（　）

参考答案：√

对应条文：15.1.1

2.线路设计应避让不良地质灾害区。（　）

参考答案：√

对应条文：15.1.2

3.采动影响区无法避让时，应采用多回路架设。（　）

参考答案：×

对应条文：15.1.3

对应条文部分内容：无法避让时，应进行稳定性评价，合理选择架设方案及基础型式，宜采用单回路或单极架设。

4.特殊地形线路应提高防冰、防洪、防风设防水平。（　）

参考答案：√

对应条文：15.1.4

5.易发生水土流失地段的杆塔无需采取防护措施。（　）

参考答案：×

对应条文：15.1.5

对应条文部分内容：应采取加固基础、修筑挡土墙等措施。

6.分洪区基础应考虑洪水冲刷和漂浮物撞击。（　）

参考答案：√

对应条文：15.1.6

7.高寒地区线路应采用合理基础型式防止冻胀。（　）

参考答案：√

对应条文：15.1.7

8.移动沙丘区域杆塔应采取防风固沙措施。（　）

参考答案：√

对应条文：15.1.8

9.隐蔽工程验收后无需影像资料。（　）

参考答案：×

对应条文：15.1.9

对应条文部分内容：隐蔽工程应留有影像资料，并经监理单位质量验收合格后方可隐蔽。

10.铁塔组立前应对紧固件抽样检测。（　）

参考答案：√

对应条文：15.1.10

11.山区线路余土处理方案无需严格执行。（　）

参考答案：×

对应条文：15.1.11

对应条文部分内容：施工单位应严格执行余土处理方案。

12.运维单位应储备事故抢修塔。（　）

参考答案：√

对应条文：15.1.12

13.恶劣天气后无需特巡线路。（　）

参考答案：×

对应条文：15.1.13

对应条文部分内容：恶劣天气后，应开展线路特巡。

14.杆塔基础附近取土无需制止。（　）

参考答案：×

对应条文：15.1.14

对应条文部分内容：应及时制止并采取相应防范措施。

15. 特殊区段应采用在线监测设备。（ ）

参考答案：√

对应条文：15.1.15

16. 拉线塔下部无需防盗措施。（ ）

参考答案：×

对应条文：15.1.16

对应条文部分内容：拉线下部应采取可靠的防盗、防割措施。

17. 混凝土电杆基础埋深不应小于0.5m。（ ）

参考答案：√

对应条文：15.1.17

18. 利用已有杆塔改造无需结构鉴定。（ ）

参考答案：×

对应条文：15.1.18

对应条文部分内容：需对铁塔（杆）结构和基础进行鉴定和复核计算。

19. 放线时损伤导地线不影响使用。（ ）

参考答案：×

对应条文：15.2.1

对应条文部分内容：应防止放线、紧线、压接金具、挂线及安装附件时损伤导地线。

20. 110kV线路OPGW外层线股应选2.8mm及以上铝包钢线。（ ）

参考答案：√

对应条文：15.2.2

21. 大跨越线路无需测振。（ ）

参考答案：×

对应条文：15.2.3

对应条文部分内容：应按期进行导地线测振。

22. 腐蚀严重区域线路出现多处锈蚀应换线。（ ）

参考答案：√

对应条文：15.2.4

23. 跳线接续可采用预绞式金具。（ ）

参考答案：×

对应条文：15.2.5

对应条文部分内容：跳线的接续不应采用预绞式金具。

24. 大风频发区域宜用预绞丝护线条。（ ）

参考答案：√

对应条文：15.2.6

25. 大风区悬垂线夹应选用耐磨型。（ ）

参考答案：√

对应条文：15.3.1

26. 复合绝缘子均压环可反装。（ ）

参考答案：×

对应条文：15.3.2

对应条文部分内容：不应反装复合绝缘子的均压环。

27. 500kV线路悬垂复合绝缘子串应采用双联设计。（ ）

参考答案：√

对应条文：15.3.3

28. 跨越居民区的直线塔悬垂串应采用双联设计。（ ）

参考答案：√

对应条文：15.3.4

29. 耐张绝缘子串倒挂无需防积水措施。（ ）

参考答案：×

对应条文：15.3.5

对应条文部分内容：应采取填充电力脂或线夹尾部打渗水孔等防积水冻胀措施。

137

30. 复合绝缘子伞套硅橡胶含量应提高。（　）

参考答案：√

对应条文：15.3.6

31. 新建特高压线路盘形绝缘子无需热机试验。（　）

参考答案：×

对应条文：15.3.8

对应条文部分内容：每个制造商、每个型号的产品应随机选择一个抽检批次进行热机试验。

32. 高温大负荷期间应检测金具发热情况。（　）

参考答案：√

对应条文：15.3.9

33. 导地线悬垂线夹承重轴磨损检查周期为2年。（　）

参考答案：√

对应条文：15.3.10

34. V串复合绝缘子锁紧销无需重点检查。（　）

参考答案：×

对应条文：15.3.11

对应条文部分内容：应重点加强V串复合绝缘子锁紧销的检查。

35. 应及时更换零值瓷绝缘子。（　）

参考答案：√

对应条文：15.3.12

36. 运行复合绝缘子无需抽检试验。（　）

参考答案：×

对应条文：15.3.13

对应条文部分内容：应按周期开展运行复合绝缘子的抽检试验。

37. 特高压瓷绝缘子投运2～4年应进行机电破坏负荷试验。（　）

参考答案：√

对应条文：15.3.14

38. 防振锤移位无需处理。（　）

参考答案：×

对应条文：15.3.15

对应条文部分内容：应及时处理。

39. 设计风速应结合气象台站资料确定。（　）

参考答案：√

对应条文：15.4.1

40. 330kV转角塔外侧跳线无需加装绝缘子。（　）

参考答案：×

对应条文：15.4.2

对应条文部分内容：40°以上转角塔的外侧跳线应加装双串绝缘子及重锤。

41. 风偏故障后无需收集微气象信息。（　）

参考答案：×

对应条文：15.4.5

对应条文部分内容：应注意收集故障发生时微气象、微地形信息和放电特征。

42. 更换绝缘子串后无需重新校核风偏角。（　）

参考答案：×

对应条文：15.4.6

对应条文部分内容：应重新校核导线风偏角及弧垂。

43. 沿海强风区老旧线路应进行防风能力评估。（　）

参考答案：√

对应条文：15.4.7

44. 新建线路应避开重冰区。（　）

参考答案：√

对应条文：15.5.1

45. 重冰区线路可采用紧凑型设计。（　）

参考答案：×

对应条文：15.5.1

对应条文部分内容：3级舞动区不应采用紧凑型线路设计。

46. 重冰区线路应避免大档距设计。（　）

参考答案：√

对应条文：15.5.2

47. 重冰区绝缘子串联间距应适当增加。（　）

参考答案：√

对应条文：15.5.3

48. 舞动区段应采用防舞产品。（　）

参考答案：√

对应条文：15.5.4

49. 15mm冰区且c级污区线路应采用特定绝缘子串。（　）

参考答案：√

对应条文：15.5.5

50. 重冰区线路应配置融冰装置。（　）

参考答案：√

对应条文：15.5.6

51. 覆冰季节前无需检查线路。（　）

参考答案：×

对应条文：15.5.10

对应条文部分内容：应对线路做全面检查，落实除冰、融冰和防舞动措施。

52. 具备融冰条件的线路覆冰后应及时融冰。（　）

参考答案：√

对应条文：15.5.11

53. 线路发生覆冰后无需调整弧垂。（　）

参考答案：×

对应条文：15.5.12

对应条文部分内容：应校核和调整因覆冰、舞动造成的导地线滑移引起的弧垂变化缺陷。

54. 66kV新建线路鸟害区应安装防鸟装置。（　）

参考答案：√

对应条文：15.6.1

55. 鸟粪闪络防护范围以绝缘子悬挂点为圆心。（　）

参考答案：√

对应条文：15.6.1

56. 已安装的防鸟装置无需维护。（　）

参考答案：×

对应条文：15.6.2

对应条文部分内容：应加强检查和维护，及时更换失效防鸟装置。

57. 绝缘子上方鸟巢无需拆除。（　）

参考答案：×

对应条文：15.6.3

对应条文部分内容：应及时拆除绝缘子及导线上方可能危及线路运行的鸟巢。

58. 护套损伤的复合绝缘子可继续使用。（　）

参考答案：×

对应条文：15.6.4

对应条文部分内容：应在线路投运前更换。

59. 新建线路无需防盗措施。（　）

参考答案：×

对应条文：15.7.1

对应条文部分内容：应采取必要的防盗、防撞等防外力破坏措施。

60. 高跨设计应满足主要树种自然生长高度要求。（　）

参考答案：√

对应条文：15.7.2

61. 新建线路无法避开山火区时应采用高跨设计。（　）

参考答案：√

对应条文：15.7.3

62. 建立通道属地化制度以打击破坏活动。（　）

参考答案：√

对应条文：15.7.4

63. 线路附近烧荒无需制止。（　）

参考答案：×

对应条文：15.7.5

对应条文部分内容：应及时制止线路附近的烧荒等行为。

64. 大型机械施工区段无需限高警示牌。（　）

参考答案：×

对应条文：15.7.6

对应条文部分内容：应设立限高警示牌或采取其他有效措施。

65. 线路通道内树障无需清理。（　）

参考答案：×

对应条文：15.7.7

对应条文部分内容：应及时清理线路通道特别是密集输电通道内的树障。

66. 易碰撞杆塔无需防撞措施。（　）

参考答案：×

对应条文：15.7.8

对应条文部分内容：应设置防撞墩（墙）、并设置醒目标志。

67. 重要线路山火隐患点应安装在线监测装置。（　）

参考答案：√

对应条文：15.7.9

68. 山火后无需检查绝缘子。（　）

参考答案：×

对应条文：15.7.10

对应条文部分内容：应进行复合绝缘子、瓷绝缘子和玻璃绝缘子的受损和积污等检查。

69. 应用北斗卫星技术开展山火监测。（　）

参考答案：√

对应条文：15.7.11

70. 加强杆塔基础的检查和维护，对取土、挖沙、采石、堆积、掩埋、水淹等可能危及杆塔基础安全的行为，应及时制止并采取相应防范措施。（　）

参考答案：√

对应条文：15.1.14

71. 为防止断线事故，大风频发区域，宜采用预绞丝护线条，降低导线振动疲劳受损风险。（　）

参考答案：√

对应条文：15.2.6

72. 设计阶段，跨越110kV（66kV）及以上线路、铁路、等级公路、通航河流及居民区的线路直线塔悬垂串应采用双联设计，宜采用双挂点，且单联应满足断联工况荷载的要求。（　）

参考答案：√

对应条文：15.3.4

73. 开展输电人员防山火知识技能培训和应急演练，掌握森林草原火灾常识、国家相关法律法规，切实提升人员防山火技能水平，确保现场处置过程人身安全。（　）

参考答案：√

对应条文：15.7.12

74. 宜应用北斗卫星、视频监测、无人机等技术，全方位开展山火监测和风险预警，提升山火隐患防治的科技水平。（　）

参考答案：√

对应条文：15.7.11

75. 在运线路"三跨"的常规巡视周期应不超过 2 个月，在恶劣天气或地质灾害发生后应进行特殊巡视。（ ）

参考答案：×

对应条文：15.8.26

对应条文部分内容：在运线路"三跨"的常规巡视周期应不超过 1 个月，在恶劣天气或地质灾害发生后应进行特殊巡视。

76. 在运"三跨"红外测温周期应不超过 3 个月，当环境温度达到 30℃或当输送功率超过额定功率的 90%时，应开展红外测温和弧垂测量。（ ）

参考答案：×

对应条文：15.8.24

对应条文部分内容：在运"三跨"红外测温周期应不超过 3 个月，当环境温度达到 35℃或当输送功率超过额定功率的 80%时，应开展红外测温和弧垂测量。

二、单项选择题

1. 特高压密集通道规划阶段应开展什么评估？（ ）

A. 多回同跳风险评估

B. 地震风险评估

C. 洪水风险评估

D. 雷电风险评估

参考答案：A

对应条文：15.1.1

2. 线路设计应避让哪种地质灾害区？（ ）

A. 平原地区

B. 不良地质灾害区

C. 城市中心

D. 农田

参考答案：B

对应条文：15.1.2

3. 采动影响区无法避让时应采用何种架设方式？（ ）

A. 多回路

B. 单回路或单极

C. 双回路

D. 任意

参考答案：B

对应条文：15.1.3

4. 特殊地形线路应提高哪些设防水平？（ ）

A. 防冰、防洪、防风

B. 防雷、防火

C. 防盗、防撞

D. 以上都不对

参考答案：A

对应条文：15.1.4

5. 易发生水土流失地段的杆塔应采取什么措施？（ ）

A. 加固基础

B. 增加绝缘子

C. 更换导线

D. 以上都不对

参考答案：A

对应条文：15.1.5

6. 分洪区基础应考虑哪些因素？（ ）

A. 洪水冲刷和漂浮物撞击

B. 地震

C. 风振

D. 以上都不对

参考答案：A

对应条文：15.1.6

7. 高寒地区线路应采用何种基础型式？（   ）

A. 普通基础

B. 防冻胀基础

C. 深埋基础

D. 以上都不对

参考答案：B

对应条文：15.1.7

8. 移动沙丘区域杆塔应采取什么措施？（   ）

A. 防风固沙

B. 防洪

C. 防雷

D. 以上都不对

参考答案：A

对应条文：15.1.8

9. 隐蔽工程验收后应保留什么资料？（   ）

A. 影像资料

B. 施工日志

C. 设计图纸

D. 以上都不对

参考答案：A

对应条文：15.1.9

10. 铁塔组立前应对什么进行抽样检测？（   ）

A. 导线

B. 紧固件

C. 绝缘子

D. 以上都不对

参考答案：B

对应条文：15.1.10

11. 山区线路余土处理方案应如何执行？（   ）

A. 随意处理

B. 严格执行

C. 部分执行

D. 以上都不对

参考答案：B

对应条文：15.1.11

12. 运维单位应储备什么以应对倒塔事故？（   ）

A. 备用导线

B. 事故抢修塔

C. 绝缘子

D. 以上都不对

参考答案：B

对应条文：15.1.12

13. 恶劣天气后应对线路进行什么巡视？（   ）

A. 常规巡视

B. 特巡

C. 夜间巡视

D. 以上都不对

参考答案：B

对应条文：15.1.13

14. 杆塔基础附近取土应如何处理？（   ）

A. 制止并防范

B. 允许

C. 收费

D. 以上都不对

参考答案：A

对应条文：15.1.14

15. 特殊区段应采用什么设备进行监测？（   ）

A. 在线监测

B. 人工巡视

C. 无人机

D. 以上都不对

参考答案：A

对应条文：15.1.15

16. 拉线塔下部应采取什么措施？（　）

A. 防盗、防割

B. 防水

C. 防腐

D. 以上都不对

参考答案：A

对应条文：15.1.16

17. 混凝土电杆基础埋深不应小于多少？（　）

A. 0.3m

B. 0.5m

C. 0.8m

D. 1.0m

参考答案：B

对应条文：15.1.17

18. 利用已有杆塔改造时应进行什么？（　）

A. 结构鉴定和复核

B. 直接使用

C. 更换杆塔

D. 以上都不对

参考答案：A

对应条文：15.1.18

19. 放线时应防止损伤什么？（　）

A. 绝缘子

B. 导地线

C. 金具

D. 以上都不对

参考答案：B

对应条文：15.2.1

20. 110kV 线路 OPGW 外层线股应选多大直径的铝包钢线？（　）

A. 2.8mm 及以上

B. 3.0mm 及以上

C. 2.5mm 及以上

D. 以上都不对

参考答案：A

对应条文：15.2.2

21. 混凝土电杆基础埋置深度不应小于（　），对于坡道、河边等易造成冲刷，或埋深无法满足的电杆，应采取加固措施。

A. 0.3m

B. 0.5m

C. 0.7m

D. 0.9m

参考答案：B

对应条文：15.1.17

22. 110kV 及以下线路的光纤复合架空地线（OPGW）的外层线股应选取单丝直径（　）及以上的铝包钢线；220kV 及以上线路应选取及（　）以上的铝包钢线。

A. 2.8mm；3.0mm

B. 2.5mm；3.0mm

C. 2.8mm；5.0mm

D. 1.8mm；3.0mm

参考答案：A

对应条文：15.2.2

23. 应加强特高压输电工程的盘形悬式瓷绝缘子性能跟踪，每个制造商、每个型号的产品应在投运（　）年期间抽取不少于（　）片绝缘子进行机电破坏负荷试验，破坏值应不小于绝缘子额定机械强度。

A. 2～4；9

B. 2～4；10

C. 3～4；8

D. 2～4；8

143

参考答案：D

对应条文：15.3.14

24. 设计阶段，线路路径选择应以冰区分布图、舞动区域分布图为重要参考，宜避开重冰区及舞动易发区；（ ）级舞动区不应采用紧凑型线路设计，并应采取全塔双螺母防松措施。

A. 3

B. 1

C. 5

D. 4

参考答案：A

对应条文：15.5.1

25. 设计阶段，"三跨"跨越档距大于（ ）时，导线弧垂应按照导线允许温度进行计算。

A. 100m

B. 150m

C. 200m

D. 250m

参考答案：C

对应条文：15.8.8

三、多项选择题

1. 防止倒塔事故的措施包括哪些？（ ）

    A. 避让不良地质灾害区

    B. 加强基础检查维护

    C. 安装在线监测设备

    D. 允许取土挖沙

    参考答案：ABC

    对应条文：15.1.2、15.1.14、15.1.15

2. 防止断线事故的措施包括哪些？（ ）

    A. 加强施工质量管控

    B. 定期测振大跨越线路

    C. 更换腐蚀严重的导地线

    D. 跳线接续采用预绞式金具

    参考答案：ABC

    对应条文：15.2.1、15.2.3、15.2.4

3. 防止绝缘子和金具断裂事故的措施包括哪些？（ ）

    A. 选用耐磨型金具

    B. 正确安装均压环

    C. 定期检测锁紧销

    D. 允许绝缘子护套损伤

    参考答案：ABC

    对应条文：15.3.1、15.3.2、15.3.11

4. 防止风偏闪络事故的措施包括哪些？（ ）

    A. 合理设计风速

    B. 加装绝缘子及重锤

    C. 检查通道周边隐患

    D. 无需校核风偏角

    参考答案：ABC

    对应条文：15.4.1、15.4.2、15.4.4

5. 防止覆冰、舞动事故的措施包括哪些？（ ）

    A. 避开重冰区

    B. 安装融冰装置

    C. 加强观测和监测

    D. 允许导地线滑移

    参考答案：ABC

    对应条文：15.5.1、15.5.6、15.5.7

6. 防止鸟害闪络事故的措施包括哪些？（ ）

    A. 安装防鸟装置

    B. 拆除鸟巢

    C. 更换损伤的复合绝缘子

    D. 允许鸟粪污染绝缘子

参考答案：ABC

对应条文：15.6.1、15.6.3、15.6.4

7. 防止外力破坏事故的措施包括哪些？（　　）

A. 防盗防撞设计

B. 清理通道内树障

C. 设立限高警示牌

D. 允许山火发生

参考答案：ABC

对应条文：15.7.1、15.7.7、15.7.6

8. 防止"三跨"事故的措施包括哪些？（　　）

A. 减少"三跨"数量

B. 采用独立耐张段

C. 安装监测装置

D. 允许大档距设计

参考答案：ABC

对应条文：15.8.1、15.8.5、15.8.12

9. 设计阶段防止"三跨"事故的措施包括哪些？（　　）

A. 交叉角要求

B. 防舞设防水平

C. 导地线无接头

D. 无需防松措施

参考答案：ABC

对应条文：15.8.2、15.8.4、15.8.14

10. 在运"三跨"线路的维护措施包括哪些？（　　）

A. 红外测温

B. 无损探伤检测

C. 特殊巡视

D. 无需维护

参考答案：ABC

对应条文：15.8.24、15.8.23、15.8.26

11. 线路设计时应避让可能引起杆塔倾斜和沉降的（　　）等不良地质灾害区。

A. 崩塌

B. 滑坡

C. 泥石流

D. 岩溶塌陷／地裂缝

参考答案：ABCD

对应条文：15.1.2

12. 对于腐蚀严重区域的线路，应根据导地线运行情况进行鉴定性试验；出现（　　）时，宜换线。

A. 多处严重锈蚀

B. 散股

C. 断股

D. 表面氧化

参考答案：ABCD

对应条文：15.2.4

16 防止污闪事故的重点要求习题

一、判断题（对画"√"，错画"×"）

1. 新改扩建输变电设备的外绝缘配置应仅以最新版污区分布图为依据。（ ）

参考答案：×

对应条文：16.1

对应条文部分内容：新、改（扩）建输变电设备的外绝缘配置应以最新版污区分布图为基础，综合考虑环境、气象、污秽发展和运行经验等因素确定。

2. 线路设计时，交流 c 级以下污区外绝缘按 c 级配置。（ ）

参考答案：√

对应条文：16.1

3. 特高压交直流工程无需开展专项沿线污秽调查。（ ）

参考答案：×

对应条文：16.2

对应条文部分内容：特高压交直流工程宜开展专项沿线污秽调查以确定外绝缘配置。

4. 中重污区变电站悬垂串宜采用复合绝缘子或外伞形绝缘子。（ ）

参考答案：√

对应条文：16.3

5. 复合绝缘子的伞套和伞裙的电蚀损性和阻燃性应适当提高。（ ）

参考答案：×

对应条文：16.4

对应条文部分内容：宜在现行标准基础上适当降低伞套和伞裙的电蚀损性和阻燃性，相应提高硅橡胶含量。

6. 易发生覆冰闪络地区的外绝缘配置宜采用 V 型串或加装辅助伞裙。（ ）

参考答案：√

对应条文：16.5

7. 粉尘污染严重地区的外绝缘应选用自洁能力强的绝缘子。（ ）

参考答案：√

对应条文：16.6

8. 非密封户内设备外绝缘设计与户外的污秽等级差异不宜大于两级。（ ）

参考答案：×

对应条文：16.7

对应条文部分内容：与户外设备外绝缘的污秽等级差异不宜大于一级。

9. 瓷或玻璃绝缘子安装前涂覆防污闪涂料应采用现场施工。（ ）

参考答案：×

对应条文：16.8

对应条文部分内容：宜采用工厂复合化工艺。

10. 盘形悬式瓷绝缘子安装前需逐个进行零值检测。（ ）

参考答案：√

对应条文：16.9

11. 污区分布图修订无需考虑连续无降水日的延长。（ ）

参考答案：×

对应条文：16.11

对应条文部分内容：应考虑连续无降水日的大幅度延长等影响因素。

12. 外绝缘不满足要求时，可采取增加绝

缘子片数等措施。（ ）

参考答案：√

对应条文：16.12

13.清扫是主要的防污闪措施。（ ）

参考答案：×

对应条文：16.13

对应条文部分内容：清扫作为辅助性防污闪措施。

14.线路或变电站设计时，c级以下污区外绝缘按c级配置；c、d级污区根据环境情况适当提高配置；e级污区按实际情况配置。（ ）

参考答案：√

对应条文：16.1

15.在大雾、毛毛雨、覆冰（雪）等易污闪条件下，宜加强特殊巡视，且可采用红外热成像、紫外成像等辅助手段判定外绝缘运行状态。（ ）

参考答案：√

对应条文：16.16

16.瓷套避雷器不宜单独加装辅助伞裙，如需加装辅助伞裙宜将辅助伞裙与防污闪涂料结合使用。（ ）

参考答案：√

对应条文：16.19

二、单项选择题

1.线路设计时，交流c级以下污区外绝缘按什么配置？（ ）

A. b级

B. c级

C. d级

D. e级

参考答案：B

对应条文：16.1

2.特高压交直流工程应如何确定外绝缘配置？（ ）

A. 参考历史数据

B. 开展专项沿线污秽调查

C. 按常规标准配置

D. 以上都不对

参考答案：B

对应条文：16.2

3.中重污区变电站悬垂串宜采用哪种绝缘子？（ ）

A. 瓷绝缘子

B. 玻璃绝缘子

C. 复合绝缘子或外伞形绝缘子

D. 以上都不对

参考答案：C

对应条文：16.3

4.非密封户内设备外绝缘与户外的污秽等级差异不宜大于多少？（ ）

A. 一级

B. 二级

C. 三级

D. 无限制

参考答案：A

对应条文：16.7

5.设计阶段，对于饱和等值盐密大于（ ）的污区，应单独校核外绝缘配置。

A. $0.3mg/cm^2$

B. $0.35mg/cm^2$

C. $0.4mg/cm^2$

D. $0.45mg/cm^2$

参考答案：B

对应条文：16.2

6.设计阶段，安装在非密封户内的设备外绝缘设计应考虑户内场湿度和实际污秽度，与

147

户外设备外绝缘的污秽等级差异（ ）。

    A. 大于二级

    B. 不宜大于二级

    C. 大于一级

    D. 不宜大于一级

参考答案：D

对应条文：16.7

三、多项选择题

1. 防止污闪事故的措施包括哪些？（ ）

    A. 增加绝缘子片数

    B. 涂覆防污闪涂料

    C. 更换复合绝缘子

    D. 允许绝缘子表面污染

参考答案：ABC

对应条文：16.12

2. 哪些情况下应加强特殊巡视？（ ）

    A. 大雾

    B. 毛毛雨

    C. 覆冰（雪）

    D. 晴天

参考答案：ABC

对应条文：16.16

17 防止电力电缆损坏事故的重点要求习题

一、判断题（对画"√"，错画"×"）

1. 应根据线路输送容量、系统运行条件等合理选择电缆和附件结构型式及相关材料。（　）

参考答案：√

对应条文：17.1.1

2. 电缆通道邻近热力管线时无需采取措施。（　）

参考答案：×

对应条文：17.1.2

对应条文部分内容：应避免电缆通道邻近热力管线、腐蚀性、易燃易爆介质的管道，确实不能避开时，最小净距应符合相关标准要求。

3. 同一受电端的双回或多回电缆线路宜选用不同制造商的电缆、附件。（　）

参考答案：√

对应条文：17.1.4

4. GIS 电缆终端与线路隔离开关之间应配置试验专用隔离开关。（　）

参考答案：√

对应条文：17.1.5

5. 10kV 及以上电力电缆应采用干法化学交联的生产工艺。（　）

参考答案：√

对应条文：17.1.7

6. 运行在潮湿环境中的 110kV 电缆无需纵向阻水功能。（　）

参考答案：×

对应条文：17.1.8

对应条文部分内容：运行在潮湿或浸水环境中的 110（66）kV 及以上电压等级的电缆应有纵向阻水功能。

7. 统包型电缆的金属屏蔽层、金属护层应两端直接接地。（　）

参考答案：√

对应条文：17.1.9

8. 允许在变电站电缆夹层布置电力电缆接头。（　）

参考答案：×

对应条文：17.1.10

对应条文部分内容：严禁在变电站电缆夹层、竖井、50m 及以下桥架等缆线密集区域布置电力电缆接头。

9. 运维部门应每年开展电缆线路状态评价。（　）

参考答案：√

对应条文：17.1.24

10. 人员密集区域的存量瓷套终端无需更换。（　）

参考答案：×

对应条文：17.1.27

对应条文部分内容：人员密集区域或有防爆要求场所的存量瓷套终端应更换为复合套管终端。

11. 新、扩建工程中的电缆设计应有防火设计要求。（　）

参考答案：√

对应条文：17.2.1

12. 同一通道内不同电压等级的电缆应按电压从高到低排列。（　）

参考答案：×

对应条文：17.2.2

对应条文部分内容：应按照电压等级的高低从下向上排列。

13. 新建 110kV 电缆线路在隧道内应选用阻燃电缆。（ ）

参考答案：√

对应条文：17.2.3

14. 中性点非有效接地方式的电缆线路可与 110kV 及以上电缆共用隧道。（ ）

参考答案：×

对应条文：17.2.4

对应条文部分内容：不宜与 110kV 及以上电压等级电缆线路共用隧道、电缆沟、综合管廊电力舱。

15. 电缆密集区域应设置火灾自动报警系统。（ ）

参考答案：√

对应条文：17.2.5

16. 非直埋电缆接头的最外层应包覆阻燃材料。（ ）

参考答案：√

对应条文：17.2.7

17. 电缆通道临近易燃介质管道时无需加强监视。（ ）

参考答案：×

对应条文：17.2.12

对应条文部分内容：应加强监视，防止其渗漏进入电缆通道。

18. 与 110kV 电缆共用隧道的中性点非有效接地电缆线路应进行改造或疏导。（ ）

参考答案：√

对应条文：17.2.15

19. 同一受电端的双路电缆宜选用不同通道。（ ）

参考答案：√

对应条文：17.3.1

20. 综合管廊中 110kV 电缆线路应采用独立舱体建设。（ ）

参考答案：√

对应条文：17.3.2

21. 电缆终端站井盖无需安防措施。（ ）

参考答案：×

对应条文：17.3.3

对应条文部分内容：应设置视频监控、门禁、井盖监控等安防措施。

22. 直埋电缆沿线应装设永久标识或路径感应标识。（ ）

参考答案：√

对应条文：17.3.6

23. 户外金属电缆支架应使用防盗螺栓。（ ）

参考答案：√

对应条文：17.3.7

24. 电缆路径上无需设立警示标志。（ ）

参考答案：×

对应条文：17.3.8

对应条文部分内容：应设立明显的警示标志。

25. 工井正下方的电缆无需保护措施。（ ）

参考答案：×

对应条文：17.3.9

对应条文部分内容：宜采取防止坠落物体打击的保护措施。

26. 敷设于公用通道中的电缆无需明确运维职责。（ ）

参考答案：×

对应条文：17.3.11

对应条文部分内容：应明确设备归属及运维职责。

27.临近大型施工现场的电缆通道应采取技防措施。（ ）

参考答案：√

对应条文：17.3.13

28.电缆支架立柱部分应采用角钢以避免硌伤电缆。（ ）

参考答案：×

对应条文：17.1.15

对应条文部分内容：支架立柱部分不应采用角钢以避免硌伤电缆。

29.金属护层不接地运行是允许的。（ ）

参考答案：×

对应条文：17.1.23

对应条文部分内容：严禁金属护层不接地运行。

30.电缆夹层内应安装温度、烟气监视报警器。（ ）

参考答案：√

对应条文：17.2.5

31.3～66kV 中性点不接地系统发生单相接地故障时，一次设备应能快速响应。（ ）

参考答案：√

对应条文：17.2.16

32.电缆通道与其他管道交叉时的最小净距无需符合标准。（ ）

参考答案：×

对应条文：17.1.2

对应条文部分内容：应符合相关标准要求。

33.110kV 电缆穿越桥梁时应采用可缓冲机械应力的固定装置。（ ）

参考答案：√

对应条文：17.1.20

34.电缆终端尾管应采用封铅方式。（ ）

参考答案：√

对应条文：17.1.21

35.运维部门应检测电缆金属护层接地电阻。（ ）

参考答案：√

对应条文：17.1.17

36.金属护层交叉互联时无需导通测试。（ ）

参考答案：×

对应条文：17.1.18

对应条文部分内容：应逐相进行导通测试。

37.电缆支架、固定金具等无需接地。（ ）

参考答案：×

对应条文：17.1.15

对应条文部分内容：电缆支架、固定金具等均应可靠接地。

38.电缆附件安装现场允许在雨、雾环境中施工。（ ）

参考答案：×

对应条文：17.1.16

对应条文部分内容：严禁在雨、雾、风沙等有严重污染的环境中安装电缆附件。

39.电缆线路发生故障后无需检查接地系统。（ ）

参考答案：×

对应条文：17.1.26

对应条文部分内容：应检查接地系统是否受损。

40.与电力电缆同通道的控制电缆无需采取防火隔离措施。（ ）

参考答案：×

对应条文：17.2.3

对应条文部分内容：应选用不低于 C 级阻燃等级并采取穿入阻燃管或其他防火隔离措施。

41.同一受电端的双回或多回电缆线路宜

选用不同制造商的电缆、附件。（　）

参考答案：√

对应条文：17.1.4

42.安装现场的温度、湿度和清洁度应符合安装工艺要求，可以在雨、雾、风沙等有严重污染的环境中安装电缆附件。（　）

参考答案：×

对应条文：17.1.16

对应条文部分内容：安装现场的温度、湿度和清洁度应符合安装工艺要求，严禁在雨、雾、风沙等有严重污染的环境中安装电缆附件。

43.35kV及以下电力电缆站外户外终端应有检修平台。（　）

参考答案：×

对应条文：17.1.6

对应条文部分内容：110（66）kV及以上电力电缆站外户外终端应有检修平台。

44.运行在潮湿或浸水环境中的110（66）kV及以上电压等级的电缆应有纵向阻水功能，电缆附件应密封防潮。（　）

参考答案：√

对应条文：17.1.8

45.电缆通道应有防火、排水、通风的措施。（　）

参考答案：√

对应条文：17.2.1

46.新建110（66）kV及以上电压等级电缆线路在隧道、电缆沟、变电站内、桥梁内应选用阻燃电缆,其成束阻燃性能应不低于C级。（　）

参考答案：√

对应条文：17.2.3

47.中性点非有效接地方式且允许带故障运行的新建电力电缆线路不宜与110kV及以上电压等级电缆线路共用隧道、电缆沟、综合管廊电力舱。（　）

参考答案：√

对应条文：17.2.4

48.电缆终端站、隧道出入口、重要区域的工井井盖应设置视频监控、门禁、井盖监控等安防措施。（　）

参考答案：√

对应条文：17.3.3

49.电缆路径上应设立明显的警示标志，对可能发生外力破坏的区段应加强监视，并采取可靠的防护措施。（　）

参考答案：√

对应条文：17.3.8

50.临近大型施工现场的电缆通道宜采用视频监控、光纤振动等技防措施，减少外力破坏发生。（　）

参考答案：√

对应条文：17.3.13

二、单项选择题

1.同一受电端的双回或多回电缆线路宜选用什么制造商的电缆？（　）

A. 同一制造商

B. 不同制造商

C. 无要求

D. 以上都不对

参考答案：B

对应条文：17.1.4

2.GIS电缆终端与线路隔离开关之间应配置什么？（　）

A. 断路器

B. 试验专用隔离开关

C. 避雷器

D. 以上都不对

参考答案：B

对应条文：17.1.5

3.10kV 及以上电力电缆应采用什么生产工艺？（ ）

A. 湿法化学交联

B. 干法化学交联

C. 物理交联

D. 以上都不对

参考答案：B

对应条文：17.1.7

4.运行在潮湿环境中的 110kV 电缆应有什么功能？（ ）

A. 横向阻水

B. 纵向阻水

C. 防腐

D. 以上都不对

参考答案：B

对应条文：17.1.8

5.统包型电缆的金属屏蔽层、金属护层应如何接地？（ ）

A. 一端接地

B. 两端直接接地

C. 不接地

D. 以上都不对

参考答案：B

对应条文：17.1.9

6.新建 110kV 电缆线路在隧道内应选用什么等级的阻燃电缆？（ ）

A. A 级

B. B 级

C. C 级

D. 无要求

参考答案：C

对应条文：17.2.3

7.综合管廊中 110kV 及以上电缆线路应采用什么舱体建设？（ ）

A. 独立舱体

B. 与其他管线共用舱体

C. 无要求

D. 以上都不对

参考答案：A

对应条文：17.3.2

8.直埋电缆沿线应装设什么标识？（ ）

A. 临时标识

B. 永久标识或路径感应标识

C. 无要求

D. 以上都不对

参考答案：B

对应条文：17.3.6

9.户外金属电缆支架应使用什么类型的螺栓？（ ）

A. 普通螺栓

B. 防盗螺栓

C. 高强度螺栓

D. 以上都不对

参考答案：B

对应条文：17.3.7

10.临近大型施工现场的电缆通道应采取什么技防措施？（ ）

A. 视频监控、光纤振动

B. 门禁系统

C. 温度监测

D. 以上都不对

参考答案：A

对应条文：17.3.13

11.电缆通道与其他管道交叉时的最小净距应符合什么要求？（ ）

A. 企业标准

153

B. 行业标准

C. 国家标准

D. 以上都不对

参考答案：C

对应条文：17.1.2

12. GIS 电缆终端尾管与 GIS 筒之间应设计（　　）。

A. 过电压限制元件

B. 过电流限制元件

C. 欠电压限制元件

D. 欠电流限制元件

参考答案：A

对应条文：17.1.5

13. 金属护层采取（　　）方式时，应（　　）进行导通测试，确保连接方式正确。

A. 平行互联、逐相

B. 平行互联、相间

C. 交叉互联、逐相

D. 交叉互联、相间

参考答案：C

对应条文：17.1.18

14. 防火墙、阻火隔板和阻火封堵应满足耐火极限不低于（　　）的耐火完整性、隔热性要求。

A. 1h

B. 1.5h

C. 2h

D. 2.5h

参考答案：A

对应条文：17.2.9

15.（　　）中性点不接地系统发生单相接地故障时，一次设备应能快速响应，防止电缆着火、事故扩大。

A. 3～66kV

B. 110（66）kV

C. 110～220kV

D. 220kV 及以上

参考答案：A

对应条文：17.2.16

16.（　　）的双路或多路电缆宜选用不同通道，同通道敷设时应两侧布置。

A. 不同受电端

B. 同一受电端

C. 不同受电端或同一受电端

D. 不同受电端和同一受电端

参考答案：B

对应条文：17.3.1

三、多项选择题

1. 防止电缆绝缘击穿事故的措施包括哪些？（　　）

A. 合理选择电缆和附件

B. 加强选型、订货、验收管理

C. 允许金属护层不接地运行

D. 严格控制敷设过程

参考答案：ABD

对应条文：17.1.1、17.1.3、17.1.14

2. 防止电缆火灾事故的措施包括哪些？（　　）

A. 防火设计与主体工程同步

B. 选用阻燃电缆

C. 设置火灾自动报警系统

D. 允许易燃物积存

参考答案：ABC

对应条文：17.2.1、17.2.3、17.2.5

3. 防止外力破坏的措施包括哪些？（　　）

A. 不同通道敷设

B. 设置安防措施

C. 设立警示标志

D. 允许施工破坏

参考答案：ABC

对应条文：17.3.1、17.3.3、17.3.8

4. 电缆敷设的要求包括哪些？（　　）

A. 控制牵引力、侧压力和弯曲半径

B. 支架立柱采用角钢

C. 严格固定

D. 无需防火封堵

参考答案：AC

对应条文：17.1.14、17.1.15

5. 电缆附件安装的要求包括哪些？（　　）

A. 环境清洁度符合要求

B. 雨天施工

C. 按说明书施工

D. 无需检测

参考答案：AC

对应条文：17.1.16

6. 电缆通道的安全要求包括哪些？（　　）

A. 与其他管线保持安全距离

B. 防火设施

C. 标识清晰

D. 允许易燃物存放

参考答案：ABC

对应条文：17.1.2、17.2.1、17.3.6

7. 110（66）kV及以上电力电缆应采用（　　）工艺。

A. 干法化学交联式

B. 悬链式

C. 立塔式

D. 以上都是

参考答案：BC

对应条文：17.1.7

8. 密集区域的电缆接头应选用（　　）防火防爆隔离措施。

A. 防火槽盒

B. 防火隔板

C. 防火毯

D. 防爆壳

参考答案：ABCD

对应条文：17.2.7

9. 电缆（　　）应设置明显方向桩或标桩。

A. 接头处

B. 转弯处

C. 进入建筑物处

D. 以上都是

参考答案：ABCD

对应条文：17.3.6

18 防止继电保护及安全自动装置事故的重点要求习题

一、判断题（对画"√"，错画"×"）

1. 涉及电网安全、稳定运行的发、输、变、配及重要用电设备的继电保护装置应纳入电网统一规划、设计、运行、管理和技术监督。（　）

参考答案：√

对应条文：18.1.1

2. 继电保护及安全自动装置的设计、配置和选型，无需满足有关规程规定的要求。（　）

参考答案：×

对应条文：18.1.2

对应条文部分内容：必须满足有关规程规定的要求，并经相关继电保护管理部门同意。

3. 稳控系统应在合理的电网结构和电源结构基础上规划、设计和运行。（　）

参考答案：√

对应条文：18.1.3

4. 继电保护及安全自动装置无需符合网络安全防护规定。（　）

参考答案：×

对应条文：18.1.4

对应条文部分内容：应符合网络安全防护规定，满足《电力监控系统安全防护规定》[国家发展改革委第14号令（2014年）]及《电力监控系统网络安全防护导则》(GB/T 36572)要求。

5. 220kV及以上电压等级线路、变压器、母线、高压电抗器、串联电容器补偿装置等交流输变电设备的保护及电网安全稳定控制装置应按双重化配置。（　）

参考答案：√

对应条文：18.1.5

6. 依照双重化原则配置的两套保护装置，每套保护仅需含有主保护功能。（　）

参考答案：×

对应条文：18.1.6

对应条文部分内容：每套保护均应含有完整的主、后备保护功能，能反应被保护设备的各种故障及异常状态，并能作用于跳闸或给出信号。

7. 220kV及以上电压等级输电线路两端均应配置双重化线路纵联保护，两套保护的通道应相互独立。（　）

参考答案：√

对应条文：18.1.7

8. 线路纵联保护应优先采用载波通道。（　）

参考答案：×

对应条文：18.1.8

对应条文部分内容：线路纵联保护应优先采用光纤通道。

9. 100MW及以上容量及接入220kV及以上电压等级的发电机、启备变应按双重化原则配置微机保护（非电量保护除外）。（　）

参考答案：√

对应条文：18.1.9

10. 220kV及以上电压等级电网、110（66）kV变压器的保护和测控功能应相互独立。（　）

参考答案：√

对应条文：18.1.10

11. 继电保护及安全稳定控制装置组屏设计无需考虑运行和检修时的安全性。（　）

参考答案：×

对应条文：18.1.11

对应条文部分内容：应充分考虑运行和检修时的安全性，应采取合理布置端子排、预留足够检修空间、规范现场安全措施等防止继电保护"三误"（误碰、误整定、误接线）事故的措施。

12. 为保证继电保护相关辅助设备的供电可靠性，宜采用直流电源供电。（ ）

参考答案：√

对应条文：18.1.12

13. 新建、扩建和技改工程中，无需进行电流互感器的选型工作。（ ）

参考答案：×

对应条文：18.1.13

对应条文部分内容：应根据相关规定和电网发展带来的系统短路容量增加等情况进行电流互感器的选型工作，并充分考虑到保护配置及整定的要求。

14. 差动保护用电流互感器的相关特性宜一致。（ ）

参考答案：√

对应条文：18.1.14

15. 母线差动、变压器差动和发变组差动保护各支路的电流互感器应优先选用准确限值系数和额定拐点电压较高的电流互感器。（ ）

参考答案：√

对应条文：18.1.15

16. 当220kV及以上电压等级变电站、升压站新建、改建或扩建采用3/2、4/3、角形、桥形接线等多断路器接线形式时，无需在断路器两侧均配置电流互感器。（ ）

参考答案：×

对应条文：18.1.16.1

对应条文部分内容：应在断路器两侧均配置电流互感器。

17. 110（66）kV及以上电压等级发电厂升压站、变电站应配置故障录波器。（ ）

参考答案：√

对应条文：18.1.17

18. 不同间隔设备的主保护功能可以集成。（ ）

参考答案：×

对应条文：18.1.18

对应条文部分内容：不同间隔设备的主保护功能不应集成。

19. 布置在室外的保护装置，其附属设备的性能指标无需满足保护运行要求。（ ）

参考答案：×

对应条文：18.1.19

对应条文部分内容：其附属设备（如智能控制柜及温控设备）的性能指标应满足保护运行要求且便于维护。

20. 继电保护及相关设备的端子排，应按照功能进行分区、分段布置。（ ）

参考答案：√

对应条文：18.1.20

21. 500kV及以上电压等级变压器低压侧并联电抗器和电容器、站用变压器的保护配置与设计，无需与一次系统相适应。（ ）

参考答案：×

对应条文：18.1.21

对应条文部分内容：应与一次系统相适应，防止电抗器、电容器或站用变压器故障造成主变压器的跳闸。

22. 双回线路采用同型号纵联保护，或线路纵联保护采用双重化配置时，无需防止保护通道交叉使用。（ ）

参考答案：×

对应条文：18.1.22

对应条文部分内容：应采取有效措施防止保护通道交叉使用。

23. 对闭锁式纵联保护，"其他保护停信"回路应接入收发信机。（ ）

参考答案：×

对应条文：18.1.23

对应条文部分内容：应直接接入保护装置，而不应接入收发信机。

24. 发电厂升压站断路器控制回路及保护装置电源，应取自升压站配置的独立的直流系统。（ ）

参考答案：√

对应条文：18.1.24

25. 发电厂的辅机设备及其电源在外部系统发生故障时，无需具有抵御事故能力。（ ）

参考答案：×

对应条文：18.1.25

对应条文部分内容：应具有一定的抵御事故能力，以保证发电机在外部系统故障情况下的持续运行。

26. 稳控装置动作切除负荷或机组后，无需采取措施防止控制措施失效。（ ）

参考答案：×

对应条文：18.1.26

对应条文部分内容：应采取有效措施防止重合闸、备自投或被切除机组所带负荷转由同一厂站的其他机组承担等导致的控制措施失效。

27. 继电保护的设计、配置和选型应以可靠性、选择性、灵敏性、速动性为基本原则。（ ）

参考答案：√

对应条文：18.2.1

28. 按双重化配置的两套保护中，当一套保护退出时会影响另一套保护运行。（ ）

参考答案：×

对应条文：18.2.2

对应条文部分内容：当一套保护退出时不应影响另一套保护运行。

29. 两套保护装置的交流电流、电压应分别取自互感器互相独立的绕组。（ ）

参考答案：√

对应条文：18.2.2.1

30. 两套保护装置的直流电源应取自同一蓄电池组连接的直流母线段。（ ）

参考答案：×

对应条文：18.2.2.2

对应条文部分内容：应取自不同蓄电池组连接的直流母线段。

31. 按双重化配置的两套保护装置的跳闸回路应与断路器的两个跳闸线圈、压力闭锁继电器分别一一对应。（ ）

参考答案：√

对应条文：18.2.2.3

32. 双重化配置的两套保护装置之间可以有电气联系。（ ）

参考答案：×

对应条文：18.2.2.4

对应条文部分内容：不应有电气联系。

33. 新建、改建、扩建工程双重化配置的线路、变压器、发电机变压器组、调相机变压器组、母线、高压电抗器保护装置宜采用不同生产厂家的产品。（ ）

参考答案：√

对应条文：18.2.2.5

34. 220kV及以上电压等级的线路保护，每套保护均应能对全线路内发生的各种类型故障快速动作切除。（ ）

参考答案：√

对应条文：18.2.3.1

35.对于远距离、重负荷线路及负荷转移等情况，继电保护装置无需防止相间、接地距离保护误动作。（ ）

参考答案：×

对应条文：18.2.3.2

对应条文部分内容：应采取有效措施，防止相间、接地距离保护在系统发生较大的潮流转移时误动作。

36.应采取措施，防止由于零序功率方向元件的电压死区导致零序功率方向纵联保护拒动。（ ）

参考答案：√

对应条文：18.2.3.3

37.220kV及以上电压等级变压器、电抗器单套配置的非电量保护以及单套配置的断路器失灵保护应同时作用于断路器的两个跳闸线圈。（ ）

参考答案：√

对应条文：18.2.4

38.非电量保护及动作后不能随故障消失而立即返回的保护可以启动失灵保护。（ ）

参考答案：×

对应条文：18.2.5

对应条文部分内容：不应启动失灵保护。

39.发电机—变压器组的阻抗保护须经电流元件启动。（ ）

参考答案：√

对应条文：18.2.6

40.200MW及以上容量发电机定子接地保护宜将基波零序过电压保护与三次谐波电压保护的出口分开，基波零序过电压保护投跳闸。（ ）

参考答案：√

对应条文：18.2.7

41.采用零序电压原理的发电机匝间保护无需设有负序方向闭锁元件。（ ）

参考答案：×

对应条文：18.2.8

对应条文部分内容：应设有负序方向闭锁元件。

42.并网电厂均应制订完备的发电机带励磁失步振荡故障的应急措施，300MW及以上容量的发电机应配置失步保护。（ ）

参考答案：√

对应条文：18.2.9

43.发电机的失磁保护应使用能正确区分短路故障和失磁故障的、具备复合判据的方案。（ ）

参考答案：√

对应条文：18.2.10

44.300MW及以上容量发电机无需配置启、停机保护。（ ）

参考答案：×

对应条文：18.2.11

对应条文部分内容：应配置起、停机保护。

45.全电缆线路可以采用重合闸。（ ）

参考答案：×

对应条文：18.2.12

对应条文部分内容：全电缆线路禁止采用重合闸。

46.220kV及以上电压等级变压器、发变组的断路器失灵保护，当接线形式为线路—变压器或线路—发变组时，线路和主设备的电气量保护均应启动断路器失灵保护。（ ）

参考答案：√

对应条文：18.2.13.1

47.变压器的电气量保护应启动断路器失灵保护，断路器失灵保护动作仅跳开失灵断路

器相邻的全部断路器。（ ）

参考答案：×

对应条文：18.2.13.2

对应条文部分内容：还应跳开本变压器连接其他电源侧的断路器。

48. 发电机机端断路器失灵保护判据中可以使用机端断路器辅助触点作为判据。（ ）

参考答案：×

对应条文：18.2.13.3

对应条文部分内容：不应使用机端断路器辅助触点作为判据。

49. 防跳继电器动作时间应与断路器动作时间配合。（ ）

参考答案：√

对应条文：18.2.14

50. 断路器失灵保护中用于判断断路器主触头状态的电流判别元件动作和返回时间均不宜大于20ms，其返回系数不应低于0.9。（ ）

参考答案：√

对应条文：18.2.15

51. 为提高切除变压器低压侧母线故障的可靠性，不宜在变压器的低压侧设置取自不同电流回路的两套电流保护功能。（ ）

参考答案：×

对应条文：18.2.16

对应条文部分内容：宜在变压器的低压侧设置取自不同电流回路的两套电流保护功能。

52. 变压器过励磁保护的启动、反时限和定时限元件应根据变压器的过励磁特性曲线分别进行整定，其返回系数不应低于0.96。（ ）

参考答案：√

对应条文：18.2.17

53. 110（66）kV及以上电压等级的母联、分段断路器不宜按断路器配置具备瞬时和延时跳闸功能的过电流保护装置或功能。（ ）

参考答案：×

对应条文：18.2.18

对应条文部分内容：宜按断路器配置具备瞬时和延时跳闸功能的过电流保护装置或功能。

54. 有保护远方修改定值等远方控制业务需求的场站，无需保证保护定值修改的安全性。（ ）

参考答案：×

对应条文：18.2.19

对应条文部分内容：应有措施保证保护定值修改的安全性。

55. 新建、改建、扩建工程的相关设备投入运行后，施工（或调试）单位无需及时提供完整的一、二次设备安装资料及调试报告。（ ）

参考答案：×

对应条文：18.3.2

对应条文部分内容：应及时提供完整的一、二次设备安装资料及调试报告，并应保证图纸与实际投入运行设备相符。

56. 保护验收应进行所有保护整组检查，模拟故障检查保护与硬（软）压板的唯一对应关系。（ ）

参考答案：√

对应条文：18.3.3

57. 保护装置整组传动验收时，无需检验同一间隔内所有保护之间的相互配合关系。（ ）

参考答案：×

对应条文：18.3.4

对应条文部分内容：应检验同一间隔内所有保护之间的相互配合关系。

58. 所有继电保护及安全自动装置投入运行前，应在能够保证互感器与测量仪表精度的负荷电流条件下，测定相回路和差回路。（ ）

参考答案：√

对应条文：18.3.5

59. 验收方无需制定详细的验收标准。（ ）

参考答案：×

对应条文：18.3.6

对应条文部分内容：应根据有关规程、规定及反措要求制定详细的验收标准。

60. 继电保护及安全自动装置应按照《继电保护和电网安全自动装置检验规程》（DL／T 995)等标准要求开展检修及出口传动检验。（ ）

参考答案：√

对应条文：18.3.8

61. 稳控系统无需加强厂内测试、工程验证和现场调试。（ ）

参考答案：×

对应条文：18.3.9

对应条文部分内容：应按照"入网必检、逢修必验"原则加强稳控系统厂内测试、工程验证和现场调试。

62. 加强继电保护及安全自动装置软件版本的管控，新投、修改、升级前无需对原运行软件进行备份。（ ）

参考答案：×

对应条文：18.4.1

对应条文部分内容：应对其书面说明材料及检测报告进行确认，并对原运行软件进行备份。

63. 继电保护装置检验应保质保量，严禁超期和漏项。（ ）

参考答案：√

对应条文：18.4.2

64. 无需配置足够的保护备品、备件。（ ）

参考答案：×

对应条文：18.4.3

对应条文部分内容：应配置足够的保护备品、备件，缩短继电保护缺陷处理时间。

65. 继电保护专业和通信专业应密切配合，加强对纵联保护通道设备的检查。（ ）

参考答案：√

对应条文：18.4.5

66. 利用载波作为纵联保护通道时，无需建立阻波器、结合滤波器等高频通道加工设备的定期检修制度。（ ）

参考答案：×

对应条文：18.4.6

对应条文部分内容：应建立阻波器、结合滤波器等高频通道加工设备的定期检修制度。

67. 配置母差保护的变电站，在母差保护停用期间无需采取相应措施。（ ）

参考答案：×

对应条文：18.4.7

对应条文部分内容：应采取相应措施，严格限制母线侧刀闸的倒闸操作，以保证系统安全。

68. 应加强备用电源自动投入装置的管理，定期进行传动试验。（ ）

参考答案：√

对应条文：18.4.8

69. 在电压切换和电压闭锁回路，断路器失灵保护，母线差动保护，远跳、远切、联切回路、"和电流"等接线方式有关的二次回路上工作时，无需做好安全隔离措施。（ ）

参考答案：×

对应条文：18.4.9

对应条文部分内容：应做好安全隔离措施。

70. 新投运或电流、电压回路发生变更的 220kV 及以上保护设备，在第一次经历区外故障后，无需校核保护交流采样值、功率方向以

及差动保护差流值的正确性。（ ）

参考答案：×

对应条文：18.4.10

对应条文部分内容：应通过保护装置和故障录波器相关录波数据校核保护交流采样值、功率方向以及差动保护差流值的正确性。

71. 建立和完善二次设备在线监视与分析系统，确保继电保护信息、故障录波等可靠上送。（ ）

参考答案：√

对应条文：18.4.11

72. 对于运行工况不良以及运行超过12年的110kV及以上保护装置，无需立项改造。（ ）

参考答案：×

对应条文：18.4.12

对应条文部分内容：经评估存在保护拒动、误动或无法及时消缺等运行风险，应立项改造。

73. 电网调整运行方式时，无需考虑其对稳控系统的影响。（ ）

参考答案：×

对应条文：18.4.13

对应条文部分内容：应充分考虑其对稳控系统的影响，保证稳控系统控制功能正常运行。

74. 电厂应开展初步设计、施工图设计、施工调试、验收并网、生产运行、退役报废、技术改造等阶段的继电保护及安全自动装置全过程技术监督。（ ）

参考答案：√

对应条文：18.4.14

75. 严格执行工作票制度和二次工作安全措施票制度，规范现场安全措施，防止继电保护"三误"事故。（ ）

参考答案：√

对应条文：18.4.15

76. 依据电网结构和继电保护配置情况，按相关规定进行继电保护的整定计算。（ ）

参考答案：√

对应条文：18.5.1

77. 发电企业无需进行继电保护整定计算。（ ）

参考答案：×

对应条文：18.5.2

对应条文部分内容：应按相关规定进行继电保护整定计算，并认真校核与电网侧保护的配合关系。

78. 大型发电机高频、低频保护整定计算时，应分别根据发电机在并网前、后的不同运行工况和制造厂提供的发电机性能、特性曲线，并结合电网要求进行整定计算。（ ）

参考答案：√

对应条文：18.5.3

79. 发变组过励磁保护的启动元件、反时限和定时限应能分别整定，其返回系数不宜低于0.96。（ ）

参考答案：√

对应条文：18.5.4

80. 发电机负序电流保护应根据制造厂提供的负序电流暂态限值（A值）进行整定，并留有一定裕度。（ ）

参考答案：√

对应条文：18.5.5

81. 发电机励磁绕组过负荷保护无需投入运行。（ ）

参考答案：×

对应条文：18.5.6

对应条文部分内容：应投入运行，且与励磁调节器过励磁限制（OEL）相配合。

82. 变压器中、低压侧为110kV及以下电

压等级且并列运行的，其中、低压侧后备保护宜第一时限跳开母联或分段断路器，缩小故障范围。（　）

参考答案：√

对应条文：18.5.7

83. 装设静态型、微机型继电保护装置机箱应构成良好电磁屏蔽体，并有可靠的接地措施。（　）

参考答案：√

对应条文：18.6.1

84. 电流互感器或电压互感器的二次回路可以有多个接地点。（　）

参考答案：×

对应条文：18.6.2.1

对应条文部分内容：只能有一个接地点。

85. 未在开关场接地的电压互感器二次回路，宜在电压互感器端子箱处将每组二次回路中性点分别经放电间隙或氧化锌阀片接地。（　）

参考答案：√

对应条文：18.6.2.2

86. 可以在保护装置电流回路中并联接入过电压保护器。（　）

参考答案：×

对应条文：18.6.2.4

对应条文部分内容：严禁在保护装置电流回路中并联接入过电压保护器。

87. 二次回路电缆敷设应合理规划路径，尽可能离开高压母线、避雷器和避雷针的接地点等设备。（　）

参考答案：√

对应条文：18.6.3.1

88. 交流电流和交流电压回路、不同交流电压回路、交流和直流回路、强电和弱电回路、来自电压互感器二次的四根引入线和电压互感器开口三角绕组的两根引入线可以使用同一根电缆。（　）

参考答案：×

对应条文：18.6.3.2

对应条文部分内容：均应使用各自独立的电缆。

89. 保护装置的跳闸回路和启动失灵回路可以使用同一根电缆。（　）

参考答案：×

对应条文：18.6.3.3

对应条文部分内容：应使用各自独立的电缆。

90. 应严格执行有关规程、规定及反措，防止二次寄生回路的形成。（　）

参考答案：√

对应条文：18.6.4

91. 主设备非电量保护无需防水、防震、防油渗漏、密封性好。（　）

参考答案：×

对应条文：18.6.6

对应条文部分内容：应防水、防震、防油渗漏、密封性好。

92. 新建、改建、扩建工程引入两组及以上电流互感器构成和电流的继电保护及安全自动装置，各组电流互感器应分别引入保护装置，禁止通过装置外部回路形成和电流。（　）

参考答案：√

对应条文：18.6.7

93. 对经长电缆跳闸的回路，无需采取防止长电缆分布电容影响和防止出口继电器误动的措施。（　）

参考答案：×

对应条文：18.6.8

对应条文部分内容：应采取防止长电缆分

163

布电容影响和防止出口继电器误动的措施。

94.继电保护及安全自动装置应选用抗干扰能力符合有关规程规定的产品。（　）

参考答案：√

对应条文：18.6.10

95.涉及电网安全、稳定运行的发、输、变、配及重要用电设备的继电保护装置应纳入电网统一规划、设计、运行、管理和技术监督。（　）

参考答案：√

对应条文：18.1.1

96.220kV及以上电压等级线路、变压器、母线、高压电抗器、串联电容器补偿装置等交流输变电设备的保护及电网安全稳定控制装置应按双重化配置。（　）

参考答案：√

对应条文：18.1.5

97.穿越覆冰区的220kV及以上电压等级输电线路，应至少配置一条不受冰灾影响的应急通道。（　）

参考答案：√

对应条文：18.1.8

98.双重化配置的两套保护中，当一套保护退出时会影响另一套保护运行。（　）

参考答案：×

对应条文：18.2.2

对应条文部分内容：按双重化配置的两套保护中，当一套保护退出时不应影响另一套保护运行。

99.按双重化配置的两套保护装置的跳闸回路应与断路器的两个跳闸线圈、压力闭锁继电器分别一一对应。（　）

参考答案：√

对应条文：18.2.2.3

100.两套保护装置的直流电源应取自不同蓄电池组连接的直流母线段。（　）

参考答案：√

对应条文：18.2.2.2

101.新建、改建、扩建工程的相关设备投入运行后，施工（或调试）单位应及时提供完整的一、二次设备安装资料及调试报告，并应保证图纸与实际投入运行设备相符。（　）

参考答案：√

对应条文：18.3.2

102.所有继电保护及安全自动装置投入运行前，还必须测量各中性线的不平衡电流、电压，以保证保护装置和二次回路接线的正确性。（　）

参考答案：√

对应条文：18.3.5

103.未经调度部门认可的软件版本和智能站配置文件不得投入运行。（　）

参考答案：√

对应条文：18.4.1

104.继电保护专业和通信专业应密切配合，注意校核继电保护通信设备（光纤、微波、载波）传输信号的可靠性和冗余度及通道传输时间，防止因通信问题引起保护不正确动作。（　）

参考答案：√

对应条文：18.4.5

二、单项选择题

1.220kV及以上电压等级线路、变压器、母线、高压电抗器、串联电容器补偿装置等交流输变电设备的保护及电网安全稳定控制装置应按什么配置？（　）

A. 单套

B. 双重化

C. 三重化

D. 无要求

参考答案：B

对应条文：18.1.5

2. 线路纵联保护应优先采用哪种通道？（   ）

A. 载波通道

B. 光纤通道

C. 微波通道

D. 以上都不对

参考答案：B

对应条文：18.1.8

3. 100MW 及以上容量及接入 220kV 及以上电压等级的发电机、启备变应按什么原则配置微机保护？（   ）

A. 单套

B. 双重化

C. 三重化

D. 无要求

参考答案：B

对应条文：18.1.9

4. 220kV 及以上电压等级电网、110（66）kV 变压器的保护和测控功能应如何设置？（   ）

A. 相互独立

B. 集成

C. 无要求

D. 以上都不对

参考答案：A

对应条文：18.1.10

5. 差动保护用电流互感器的相关特性宜如何？（   ）

A. 不一致

B. 一致

C. 无要求

D. 以上都不对

参考答案：B

对应条文：18.1.14

6. 母线差动、变压器差动和发变组差动保护各支路的电流互感器应优先选用什么特性的电流互感器？（   ）

A. 准确限值系数和额定拐点电压较高

B. 准确限值系数和额定拐点电压较低

C. 无要求

D. 以上都不对

参考答案：A

对应条文：18.1.15

7. 按双重化配置的两套保护装置的直流电源应取自哪里？（   ）

A. 同一蓄电池组连接的直流母线段

B. 不同蓄电池组连接的直流母线段

C. 无要求

D. 以上都不对

参考答案：B

对应条文：18.2.2.2

8. 220kV 及以上电压等级的线路保护，每套保护应能对全线路内发生的各种类型故障如何动作？（   ）

A. 快速动作切除

B. 延时动作切除

C. 不动作

D. 以上都不对

参考答案：A

对应条文：18.2.3.1

9. 发电机—变压器组的阻抗保护须经什么元件启动？（   ）

A. 电压元件

B. 电流元件

C. 功率元件

165

D. 以上都不对

参考答案：B

对应条文：18.2.6

10. 200MW 及以上容量发电机定子接地保护宜将基波零序过电压保护与三次谐波电压保护的出口如何设置？（　）

A. 合并

B. 分开

C. 无要求

D. 以上都不对

参考答案：B

对应条文：18.2.7

11. 采用零序电压原理的发电机匝间保护应设有什么元件？（　）

A. 负序方向闭锁元件

B. 正序方向闭锁元件

C. 无要求

D. 以上都不对

参考答案：A

对应条文：18.2.8

12. 300MW 及以上容量的发电机应配置什么保护？（　）

A. 失步保护

B. 过励磁保护

C. 无要求

D. 以上都不对

参考答案：A

对应条文：18.2.9

13. 全电缆线路禁止采用什么？（　）

A. 重合闸

B. 差动保护

C. 无要求

D. 以上都不对

参考答案：A

对应条文：18.2.12

14. 发电机机端断路器失灵保护判据中是否可以使用机端断路器辅助触点作为判据？（　）

A. 可以

B. 不可以

C. 无要求

D. 以上都不对

参考答案：B

对应条文：18.2.13.3

15. 断路器失灵保护中用于判断断路器主触头状态的电流判别元件动作和返回时间均不宜大于多少？（　）

A. 10ms

B. 20ms

C. 30ms

D. 40ms

参考答案：B

对应条文：18.2.15

16. 为提高切除变压器低压侧母线故障的可靠性，宜在变压器的低压侧设置取自不同电流回路的几套电流保护功能？（　）

A. 一套

B. 两套

C. 三套

D. 无要求

参考答案：B

对应条文：18.2.16

17. 变压器过励磁保护的启动、反时限和定时限元件应根据什么进行整定？（　）

A. 变压器的过励磁特性曲线

B. 电网结构

C. 无要求

D. 以上都不对

参考答案：A

对应条文：18.2.17

18. 110（66）kV及以上电压等级的母联、分段断路器宜按断路器配置具备什么功能的过电流保护装置或功能？（　）

A. 瞬时跳闸

B. 延时跳闸

C. 瞬时和延时跳闸

D. 无要求

参考答案：C

对应条文：18.2.18

19. 保护装置整组传动验收时，应检验什么？（　）

A. 同一间隔内所有保护之间的相互配合关系

B. 不同间隔保护之间的配合

C. 无要求

D. 以上都不对

参考答案：A

对应条文：18.3.4

20. 所有继电保护及安全自动装置投入运行前，应测定什么？（　）

A. 相回路和差回路

B. 零序回路

C. 无要求

D. 以上都不对

参考答案：A

对应条文：18.3.5

21. 继电保护及安全自动装置应按照什么标准开展检修及出口传动检验？（　）

A.《继电保护和电网安全自动装置检验规程》（DL/T 995）

B. 无要求

C. 以上都不对

参考答案：A

对应条文：18.3.8

22. 配置母差保护的变电站，在母差保护停用期间应采取什么措施？（　）

A. 无措施

B. 严格限制母线侧刀闸的倒闸操作

C. 以上都不对

参考答案：B

对应条文：18.4.7

23. 新投运或电流、电压回路发生变更的220kV及以上保护设备，在第一次经历区外故障后，应校核什么？（　）

A. 保护交流采样值、功率方向以及差动保护差流值的正确性

B. 无要求

C. 以上都不对

参考答案：A

对应条文：18.4.10

24. 对于运行工况不良以及运行超过12年的110kV及以上保护装置，经评估存在运行风险，应如何处理？（　）

A. 继续运行

B. 立项改造

C. 无要求

D. 以上都不对

参考答案：B

对应条文：18.4.12

25. 发电企业应按相关规定进行继电保护整定计算，并认真校核与什么的配合关系？（　）

A. 电网侧保护

B. 厂用系统保护

C. 无要求

D. 以上都不对

参考答案：A

对应条文：18.5.2

26. 大型发电机高频、低频保护整定计算时，应分别根据什么进行？（ ）

A. 发电机在并网前、后的不同运行工况和制造厂提供的发电机性能、特性曲线，并结合电网要求

B. 无要求

C. 以上都不对

参考答案：A

对应条文：18.5.3

27. 发电机负序电流保护应根据什么进行整定？（ ）

A. 制造厂提供的负序电流暂态限值（A值）

B. 无要求

C. 以上都不对

参考答案：A

对应条文：18.5.5

28. 继电保护及安全自动装置的通讯通道应采用安全可靠的传输方式，线路纵联保护应优先采用（ ）。

A. 微波通道

B. 载波通道

C. 引导线通道

D. 光纤通道

参考答案：D

对应条文：18.1.8

29. 依照双重化原则配置的两套保护装置，每套保护均应含有完整的（ ）保护功能。

A. 主

B. 后备

C. 辅助

D. 主、后备

参考答案：D

对应条文：18.1.6

30. 继电保护"三误"是指（ ）。

A. 误走错间隔、误碰、误整定、

B. 误走错间隔、误整定、误接线

C. 误碰、误整定、误接线

D. 误走错间隔、误碰、误接线

参考答案：C

对应条文：18.1.11

31. 两套保护装置的交流电流、电压应（ ）的绕组。

A. 同步取自互感器互相配合

B. 同步取自互感器互相独立

C. 分别取自互感器互相配合

D. 分别取自互感器互相独立

参考答案：D

对应条文：18.2.2.1

32. 全电缆线路禁止采用（ ）。

A. 重合闸

B. 电压保护

C. 电流保护

D. 纵联差动保护

参考答案：A

对应条文：18.2.12

33. 保护验收应进行所有保护整组检查，模拟故障检查保护与硬（软）压板的唯一对应关系，避免有（ ）存在。

A. 串联回路

B. 并联回路

C. 寄生回路

D. 串并联回路

参考答案：C

对应条文：18.3.3

34. （ ）还应与对侧线路保护进行一一对应的联动试验。

A. 电流保护

B. 电压保护

C. 零序保护

D. 线路纵联保护

参考答案：D

对应条文：18.3.4

35. 加强继电保护试验仪器、仪表的管理工作，每（ ）年应对继电保护试验装置进行一次全面检测。

A. 1

B. 1~2

C. 2

D. 2~3

参考答案：B

对应条文：18.4.4

36. 配置母差保护的变电站，在母差保护停用期间应采取相应措施，严格限制（ ）的倒闸操作，以保证系统安全。

A. 母线侧刀闸

B. 线路侧刀闸

C. 母线侧刀闸或线路侧刀闸

D. 母线侧刀闸和线路侧刀闸

参考答案：A

对应条文：18.4.7

37. 发电企业应按相关规定进行继电保护整定计算，并认真校核与（ ）保护的配合关系。

A. 母线侧

B. 电源侧

C. 电网侧

D. 用户侧

参考答案：C

对应条文：18.5.2

38. 发变组过励磁保护的启动元件、反时限和定时限应能分别整定，其返回系数不宜低于（ ）。

A. 0.8

B. 0.86

C. 0.9

D. 0.96

参考答案：D

对应条文：18.5.4

39. 电流互感器或电压互感器的二次回路（ ）接地点。

A. 只能有一个

B. 至少有一个

C. 只能有两个

D. 至少有两个

参考答案：A

对应条文：18.6.2.1

40. 严禁在保护装置电流回路中并联接入（ ）保护器。

A. 过电流

B. 过电压

C. 欠电流

D. 欠电压

参考答案：B

对应条文：18.6.2.4

41. （ ）应完善智能变电站现场运行规程，细化智能设备各类报文、信号、硬压板、软压板的使用说明和异常处置方法。

A. 中心领导

B. 调控中心

C. 调度自动化

D. 运维单位

参考答案：D

对应条文：18.7.7

42. 发电机—变压器组的阻抗保护须经什么元件启动？（ ）

A. 电流元件

B. 电压元件

C. 功率元件

D. 以上都不对

参考答案： A

对应条文：18.2.6

43. 全电缆线路禁止采用重合闸，对于含电缆的混合线路应采取什么措施？（ ）

A. 停用重合闸

B. 继续使用重合闸

C. 无要求

D. 以上都不对

参考答案： A

对应条文：18.2.12

44. 继电保护及安全自动装置应按照哪些标准开展检修及出口传动检验？（ ）

A.《继电保护和电网安全自动装置检验规程》（DL/T 995）

B. 无要求

C. 以上都不对

参考答案： A

对应条文：18.3.8

45. 对于运行工况不良以及运行超过 12 年的 110kV 及以上保护装置，经评估存在运行风险，应如何处理？（ ）

A. 继续运行

B. 立项改造

C. 无要求

D. 以上都不对

三、多项选择题

1. 按双重化配置的两套保护装置，每套保护应含有哪些功能？（ ）

A. 主保护

B. 后备保护

C. 信号功能

参考答案： B

对应条文：18.4.12

46. 发电企业应按相关规定进行继电保护整定计算，并认真校核与什么的配合关系？（ ）

A. 电网侧保护

B. 厂用系统保护

C. 无要求

D. 以上都不对

参考答案： A

对应条文：18.5.2

47. 220kV 及以上电压等级输电线路两端均应配置双重化线路纵联保护，两套保护的通道应如何设置？（ ）

A. 相互独立

B. 共享

C. 无要求

D. 以上都不对

参考答案： A

对应条文：18.1.7

48. 继电保护及安全自动装置的通讯通道应采用什么传输方式？（ ）

A. 安全可靠

B. 任意

C. 无要求

D. 以上都不对

参考答案： A

对应条文：18.1.8

D. 以上都不是

参考答案： ABC

对应条文：18.1.6

2. 按双重化配置的两套保护装置的跳闸回路应与断路器的哪些部分对应？（ ）

A. 一个跳闸线圈

B. 两个跳闸线圈

C. 压力闭锁继电器

D. 以上都不对

参考答案：BC

对应条文：18.2.2.3

3.220kV 及以上电压等级的线路保护，每套保护应能对全线路内发生的各种类型故障快速动作切除，包括哪些故障？（　）

A. 单相接地

B. 相间短路

C. 三相短路

D. 以上都不是

参考答案：ABC

对应条文：18.2.3.1

4.300MW 及以上容量的发电机应配置哪些保护？（　）

A. 失步保护

B. 起、停机保护

C. 无要求

D. 以上都不对

参考答案：AB

对应条文：18.2.9、18.2.11

5.保护验收应进行哪些检查？（　）

A. 所有保护整组检查

B. 模拟故障检查保护与硬（软）压板的唯一对应关系

C. 无要求

D. 以上都不对

参考答案：AB

对应条文：18.3.3

6.加强继电保护及安全自动装置软件版本的管控，新投、修改、升级前应做哪些工作？（　）

A. 确认书面说明材料及检测报告

B. 对原运行软件进行备份

C. 无要求

D. 以上都不对

参考答案：AB

对应条文：18.4.1

7.保护功能可以集成的情况有哪些？（　）

A. 母线保护

B. 变压器保护

C. 发变组保护

D. 不同间隔设备的主保护

参考答案：ABC

对应条文：18.1.18

8.继电保护的基本原则（　）。

A. 可靠性

B. 选择性

C. 速动性

D. 灵敏性

参考答案：ABCD

对应条文：18.2.1

9.发电机负序电流保护，应校核发电机保护启动失灵保护的（　）判别元件满足灵敏度要求。

A. 零序电流

B. 负序电流

C. 正序电流

D. 以上都是

参考答案：AB

对应条文：18.5.5

10.保护功能可以集成的情况有哪些？（　）

A. 母线保护

B. 变压器保护

C. 发变组保护

D. 不同间隔设备的主保护

参考答案：ABC

对应条文：18.1.18

11. 继电保护的基本原则（　　）。

A. 可靠性

B. 选择性

C. 速动性

D. 灵敏性

参考答案：ABCD

对应条文：18.2.1

12. 发电机负序电流保护，应校核发电机保护启动失灵保护的（　　）判别元件满足灵敏度要求。

A. 零序电流

B. 负序电流

C. 正序电流

D. 以上都是

参考答案：AB

对应条文：18.5.5

19 防止电力自动化系统、电力监控系统网络安全、电力通信网及信息系统事故的重点要求习题

一、判断题（对画"√"，错画"×"）

1. 调度自动化主站系统和110kV及以上电压等级的厂站的主要设备应采用冗余配置，互为热备。（　）

参考答案：√

对应条文：19.1.1

2. 主网500kV（330kV）及以上厂站无需部署相量测量装置（PMU）。（　）

参考答案：×

对应条文：19.1.2

对应条文部分内容：主网 500kV（330kV）及以上厂站、220kV 枢纽变电站、大电源、电网薄弱点、通过 35kV 及以上电压等级线路并网且装机容量 40MW 及以上的风电场、光伏电站均应部署相量测量装置（PMU）。

3. 调度自动化主站系统应采用专用的、冗余配置的不间断电源（UPS）供电，不应与信息系统、通信系统合用电源。（　）

参考答案：√

对应条文：19.1.3

4. 厂站内的自动化设备（子站）无需通过国家级检测资质的质检机构检验。（　）

参考答案：×

对应条文：19.1.4

对应条文部分内容：必须是通过具有国家级检测资质的质检机构检验合格的产品。

5. 调度范围内的发电厂、110kV 及以上电压等级的变电站应采用开放、分层、分布式计算机双网络结构。（　）

参考答案：√

对应条文：19.1.5

6. 改（扩）建变电站（换流站）的改（扩）建部分和原有部分可以采用两套或多套监控系统。（　）

参考答案：×

对应条文：19.1.6

对应条文部分内容：最终不应采用两套或多套监控系统。

7. 调度自动化系统主站、子站、调度数据网等必须提前进行调试，确保与一次设备同步投入运行。（　）

参考答案：√

对应条文：19.1.7

8. 厂站数据通信网关机、相量测量装置等屏柜应分散布置。（　）

参考答案：×

对应条文：19.1.8

对应条文部分内容：宜集中布置，双套配置的设备宜分屏放置且两个屏应采用独立电源供电。

9. 变电站、发电厂监控系统软件升级无需测试即可投入运行。（　）

参考答案：×

对应条文：19.1.9

对应条文部分内容：应经过测试并向对应调度中心提交合格测试报告后方可投入运行。

10. 主站系统应建立基础数据一体化维护使用机制和考核机制。（　）

参考答案：√

对应条文：19.1.10

11.发电厂自动发电控制和自动电压控制子站可以擅自修改控制策略和相关参数。（　）

参考答案：×

对应条文：19.1.11

对应条文部分内容：未经调度许可不得擅自修改自动发电控制和自动电压控制系统的控制策略和相关参数。

12.调度自动化系统运行维护管理部门应建立健全各项管理办法和规章制度。（　）

参考答案：√

对应条文：19.1.12

13.调度自动化系统应急预案和故障恢复措施无需制定。（　）

参考答案：×

对应条文：19.1.13

对应条文部分内容：应制定和落实调度自动化系统应急预案和故障恢复措施，系统和运行数据应定期备份。

14.调度范围内厂站远动信息无需定期测试。（　）

参考答案：×

对应条文：19.1.14

对应条文部分内容：应定期对调度范围内厂站远动信息（含相量测量装置信息）进行测试。

15.调度端及厂站端应配备全站统一的卫星时钟设备和网络授时设备。（　）

参考答案：√

对应条文：19.1.15

16.电力监控系统安全防护应满足《网络安全法》等要求，建立健全网络安全防护体系。（　）

参考答案：√

对应条文：19.2.1

17.电力监控系统安全防护策略应从边界防护过渡到全过程安全防护。（　）

参考答案：√

对应条文：19.2.2

18.生产控制大区一区和二区之间无需逻辑隔离。（　）

参考答案：×

对应条文：19.2.3

对应条文部分内容：生产控制大区一区和二区之间应实现逻辑隔离。

19.调度主站、变电站、统调发电厂生产控制大区的业务系统与终端的纵向通信应优先采用专用数据网络。（　）

参考答案：√

对应条文：19.2.4

20.调度主站具有远方控制功能的业务无需身份认证和数据加密。（　）

参考答案：×

对应条文：19.2.5

对应条文部分内容：应采用人员、设备和程序的身份认证，具备数据加密等安全技术措施。

21.地级及以上调度机构应建设网络安全管理平台或网络安全态势感知系统。（　）

参考答案：√

对应条文：19.2.6

22.火电厂分散控制系统与管理信息大区之间无需设置安全隔离装置。（　）

参考答案：×

对应条文：19.2.7

对应条文部分内容：必须设置经国家指定部门检测认证的电力专用横向单向安全隔离装置。

23. 电力监控系统安全防护技术措施应与电力监控系统同步建设。（ ）

参考答案：√

对应条文：19.2.8

24. 变电站、发电厂电力监控系统安全防护实施方案无需经过调度机构审核。（ ）

参考答案：×

对应条文：19.2.9

对应条文部分内容：应经过相应调度机构的审核。

25. 电力监控系统各类主机、网络设备等应采用强口令，并删除缺省账户。（ ）

参考答案：√

对应条文：19.2.10

26. 生产控制大区中可以选用具有无线通信功能的设备。（ ）

参考答案：×

对应条文：19.2.11

对应条文部分内容：应禁止选用具有无线通信功能的设备。

27. 电力监控系统上线前无需进行安全评估。（ ）

参考答案：×

对应条文：19.2.12

对应条文部分内容：应进行安全评估，不符合安全防护规定或存在严重漏洞的禁止投入运行。

28. 严格控制生产控制大区局域网络的延伸和异地使用 KVM 功能。（ ）

参考答案：√

对应条文：19.2.13

29. 调度主站、发电厂电力监控系统投入运行后无需办理等级保护备案手续。（ ）

参考答案：×

对应条文：19.2.14

对应条文部分内容：应在投入运行后 30 日内办理等级保护备案手续。

30. 电力监控系统网络运行状态日志应保存不少于三个月。（ ）

参考答案：×

对应条文：19.2.15

对应条文部分内容：应保存不少于六个月。

31. 调度主站、发电厂应定期更新病毒库、木马库以及入侵检测系统（IDS）规则库。（ ）

参考答案：√

对应条文：19.2.16

32. 无需对厂家现场服务人员进行网络安全教育。（ ）

参考答案：×

对应条文：19.2.17

对应条文部分内容：应对厂家现场服务人员进行网络安全教育，签订安全承诺书。

33. 允许各类发电厂生产控制大区进行非法外联。（ ）

参考答案：×

对应条文：19.2.18

对应条文部分内容：禁止各类发电厂生产控制大区任何形式的非法外联。

34. 电力监控系统运维单位无需制订应急预案。（ ）

参考答案：×

对应条文：19.2.19

对应条文部分内容：应制定和落实电力监控系统应急预案和故障恢复措施。

35. 电力监控系统遭受网络攻击时无需立即处置。（ ）

参考答案：×

对应条文：19.2.20

对应条文部分内容：应立即采取处置措施，并向上级调度机构以及主管部门报告。

36. 调度主站、变电站、发电厂应配置运维网关（堡垒机）等运维装备。（ ）

参考答案：√

对应条文：19.2.21

37. 重要电力监控系统和设备应逐步推广应用可信计算技术。（ ）

参考答案：√

对应条文：19.2.22

38. 电力监控系统的设计研发、安装调试等环节无需考虑安全防护技术。（ ）

参考答案：×

对应条文：19.2.23

对应条文部分内容：各环节均应严格考虑安全防护技术。

39. 电力监控系统可采用控制专用云技术，但需与社会公有云实施安全隔离。（ ）

参考答案：√

对应条文：19.2.24

40. 电力通信网的网络规划应与电力发展相适应，并保持适度超前。（ ）

参考答案：√

对应条文：19.3.1

41. 承载 110kV 及以上电压等级输电线路生产控制类业务的光传输设备无需支持双电源供电。（ ）

参考答案：×

对应条文：19.3.2

对应条文部分内容：应支持双电源供电，核心板卡应满足冗余配置要求。

42. 电力新建、改（扩）建工程改变原有通信系统时无需委托设计单位进行设计。（ ）

参考答案：×

对应条文：19.3.3

对应条文部分内容：工程建设单位应委托设计单位对通信系统进行设计。

43. 电力调度机构、集控中心等应具备两条及以上完全独立的光缆敷设沟道。（ ）

参考答案：√

对应条文：19.3.4

44. 省级及以上电力调度机构应具备三条及以上全程不同路由的出局光缆接入骨干通信网。（ ）

参考答案：√

对应条文：19.3.5

45. 通信光缆或电缆可以与一次动力电缆同沟（架）布放。（ ）

参考答案：×

对应条文：19.3.6

对应条文部分内容：应避免与一次动力电缆同沟（架）布放。

46. 调度自动化实时业务信息的传输应具有两路不同路由的通信通道。（ ）

参考答案：√

对应条文：19.3.7

47. 同一条 220kV 及以上电压等级线路的两套继电保护通道应采用同一路由。（ ）

参考答案：×

对应条文：19.3.8

对应条文部分内容：应至少采用两条完全独立的路由。

48. 双重化配置的继电保护光电转换接口装置的直流电源应取自同一电源。（ ）

参考答案：×

对应条文：19.3.9

对应条文部分内容：应取自不同的电源。

49. 具备双电源接入功能的通信设备应由

两套电源独立供电。（　）

参考答案：√

对应条文：19.3.10

50.电力调度机构、330kV及以上电压等级变电站应配备两套独立的通信高频开关电源。（　）

参考答案：√

对应条文：19.3.11

51.通信站蓄电池组供电后备时间不少于2h。（　）

参考答案：×

对应条文：19.3.12

对应条文部分内容：不少于4h，地处偏远的无人值班通信站应大于抢修人员携带必要工器具抵达通信站的时间且不小于8h。

52.通信高频开关电源与机房空调可以共用机房交流配电屏。（　）

参考答案：×

对应条文：19.3.14

对应条文部分内容：不应共用机房交流配电屏。

53.跨越"三跨"的架空输电线路区段光缆宜选用全铝包钢结构的光纤复合架空地线（OPGW）。（　）

参考答案：√

对应条文：19.3.16

54.电力一次系统配套通信项目应随电力一次系统建设同步设计、实施、投运。（　）

参考答案：√

对应条文：19.3.17

55.通信设备投运前无需进行双电源倒换测试。（　）

参考答案：×

对应条文：19.3.21

对应条文部分内容：应进行双电源倒换测试。

56.安装调试人员应严格按照通信业务运行方式单的内容进行设备配置和接线。（　）

参考答案：√

对应条文：19.3.22

57.OPGW光缆在进站门型架处无需接地。（　）

参考答案：×

对应条文：19.3.23

对应条文部分内容：应通过匹配的专用接地线可靠接地。

58.直埋光缆（通信电缆）在地面无需设置标识。（　）

参考答案：×

对应条文：19.3.25

对应条文部分内容：应设置清晰醒目的标识。

59.通信设备可以并接使用断路器或直流熔断器供电。（　）

参考答案：×

对应条文：19.3.26

对应条文部分内容：应采用独立的断路器或直流熔断器供电，禁止并接使用。

60.通信机房可以安装窗户且无需遮阳功能。（　）

参考答案：×

对应条文：19.3.27

对应条文部分内容：不宜安装窗户，若有窗户应具备遮阳功能。

61.通信蓄电池组核对性放电试验周期不得超过三年。（　）

参考答案：×

对应条文：19.3.30

对应条文部分内容：不得超过两年。

62. 连接两套通信直流供电系统的直流母联断路器应采用自动切换方式。（　）

参考答案：×

对应条文：19.3.32

对应条文部分内容：应采用手动切换方式。

63. 通信检修工作无需按电力通信检修管理规定执行。（　）

参考答案：×

对应条文：19.3.33

对应条文部分内容：应严格遵守电力通信检修管理规定相关要求。

64. 线路运行维护部门应每半年对OPGW光缆进行专项检查。（　）

参考答案：√

对应条文：19.3.37

65. 每年雷雨季节前无需对接地系统进行检查和维护。（　）

参考答案：×

对应条文：19.3.38

对应条文部分内容：应进行检查和维护。

66. 信息系统需求阶段无需考虑信息安全。（　）

参考答案：×

对应条文：19.4.1

对应条文部分内容：应充分考虑到信息安全，进行风险分析，开展等级保护定级工作。

67. 涉及电网安全、稳定运行的发、输、变、配及重要用电设备的继电保护装置应纳入电网统一规划、设计、运行、管理和技术监督。（　）

参考答案：√

对应条文：18.1.1

68. 220kV及以上电压等级线路、变压器、母线、高压电抗器、串联电容器补偿装置等交流输变电设备的保护及电网安全稳定控制装置应按双重化配置。（　）

参考答案：√

对应条文：18.1.5

69. 穿越覆冰区的220kV及以上电压等级输电线路，应至少配置一条不受冰灾影响的应急通道。（　）

参考答案：√

对应条文：18.1.8

70. 双重化配置的两套保护中，当一套保护退出时会影响另一套保护运行。（　）

参考答案：×

对应条文：18.2.2

对应条文部分内容：按双重化配置的两套保护中，当一套保护退出时不应影响另一套保护运行。

71. 按双重化配置的两套保护装置的跳闸回路应与断路器的两个跳闸线圈、压力闭锁继电器分别一一对应。（　）

参考答案：√

对应条文：18.2.2.3

72. 两套保护装置的直流电源应取自不同蓄电池组连接的直流母线段。（　）

参考答案：√

对应条文：18.2.2.2

73. 新建、改建、扩建工程的相关设备投入运行后，施工（或调试）单位应及时提供完整的一、二次设备安装资料及调试报告，并应保证图纸与实际投入运行设备相符。（　）

参考答案：√

对应条文：18.3.2

74. 所有继电保护及安全自动装置投入运行前，还必须测量各中性线的不平衡电流、电压，以保证保护装置和二次回路接线的正确性。（　）

参考答案：√

对应条文：18.3.5

75.未经调度部门认可的软件版本和智能站配置文件不得投入运行。（ ）

参考答案：√

对应条文：18.4.1

76.继电保护专业和通信专业应密切配合，注意校核继电保护通信设备（光纤、微波、载波）传输信号的可靠性和冗余度及通道传输时间，防止因通信问题引起保护不正确动作。（ ）

参考答案：√

对应条文：18.4.5

二、单项选择题

1.哪些厂站应部署相量测量装置（PMU）？（ ）

A. 110kV 变电站

B. 500kV 及以上厂站

C. 35kV 风电场

D. 以上都不对

参考答案：B

对应条文：19.1.2

2.调度自动化主站系统应采用何种电源供电？（ ）

A. 单路 UPS

B. 冗余配置的 UPS

C. 与通信系统合用电源

D. 以上都不对

参考答案：B

对应条文：19.1.3

3.厂站内的自动化设备（子站）应通过何种检验？（ ）

A. 省级检测机构

B. 国家级检测资质的质检机构

C. 无需检验

D. 以上都不对

参考答案：B

对应条文：19.1.4

4.调度范围内的发电厂、110kV 及以上电压等级的变电站应采用何种网络结构？（ ）

A. 单网络

B. 双网络

C. 无要求

D. 以上都不对

参考答案：B

对应条文：19.1.5

5.改（扩）建变电站（换流站）的改（扩）建部分和原有部分最终应接入几套监控系统？（ ）

A. 两套

B. 多套

C. 同一套

D. 以上都不对

参考答案：C

对应条文：19.1.6

6.电力监控系统安全防护应遵循什么原则？（ ）

A. 安全分区、网络专用

B. 横向隔离、纵向认证

C. A 和 B

D. 以上都不对

参考答案：C

对应条文：19.2.1

7.生产控制大区一和二区之间应实现什么隔离？（ ）

A. 物理隔离

B. 逻辑隔离

C. 无隔离

179

D. 以上都不对

参考答案：B

对应条文：19.2.3

8. 调度主站、变电站、统调发电厂生产控制大区的业务系统与终端的纵向通信应优先采用什么网络？（　）

A. 公共互联网

B. 电力调度数据网

C. 无线通信网

D. 以上都不对

参考答案：B

对应条文：19.2.4

9. 火电厂分散控制系统与管理信息大区之间应设置什么装置？（　）

A. 防火墙

B. 横向单向安全隔离装置

C. 无要求

D. 以上都不对

参考答案：B

对应条文：19.2.7

10. 电力监控系统安全防护技术措施应与电力监控系统如何建设？（　）

A. 先后建设

B. 同步建设

C. 无要求

D. 以上都不对

参考答案：B

对应条文：19.2.8

11. 电力监控系统上线前无需进行什么评估？（　）

A. 安全评估

B. 风险评估

C. 性能评估

D. 以上都不对

参考答案：A

对应条文：19.2.12

12. 调度主站、发电厂电力监控系统应在投入运行后多少日内办理等级保护备案手续？（　）

A. 15 日

B. 30 日

C. 60 日

D. 以上都不对

参考答案：B

对应条文：19.2.14

13. 电力通信网的网络规划应如何与电力发展相适应？（　）

A. 滞后

B. 同步

C. 适度超前

D. 以上都不对

参考答案：C

对应条文：19.3.1

14. 承载 110kV 及以上电压等级输电线路生产控制类业务的光传输设备应支持什么供电？（　）

A. 单电源

B. 双电源

C. 无要求

D. 以上都不对

参考答案：B

对应条文：19.3.2

15. 电力调度机构、集控中心等应具备几条独立的光缆敷设沟道？（　）

A. 一条

B. 两条及以上

C. 三条

D. 以上都不对

参考答案：B

对应条文：19.3.4

16. 省级及以上电力调度机构应具备几条全程不同路由的出局光缆接入骨干通信网？（　　）

A. 一条

B. 两条

C. 三条及以上

D. 以上都不对

参考答案：C

对应条文：19.3.5

17. 通信光缆或电缆应避免与什么同沟（架）布放？（　　）

A. 通信电缆

B. 一次动力电缆

C. 无要求

D. 以上都不对

参考答案：B

对应条文：19.3.6

18. 同一条220kV及以上电压等级线路的两套继电保护通道应采用几条独立路由？（　　）

A. 一条

B. 两条及以上

C. 三条

D. 以上都不对

参考答案：B

对应条文：19.3.8

19. 双重化配置的继电保护光电转换接口装置的直流电源应取自哪里？（　　）

A. 同一电源

B. 不同电源

C. 无要求

D. 以上都不对

参考答案：B

对应条文：19.3.9

20. 相量测量装置与主站之间应采用（　　）进行信息交互。

A. 调度数据网络

B. 现场总线

C. 以太网

D. 物联网

参考答案：A

对应条文：19.1.2

三、多项选择题

1. 电力监控系统安全防护应遵循哪些原则？（　　）

A. 安全分区

B. 网络专用

C. 横向隔离

D. 纵向认证

参考答案：ABCD

对应条文：19.2.1

2. 生产控制大区与管理信息大区间应安装什么装置？（　　）

A. 防火墙

B. 单向横向隔离装置

C. 纵向加密认证装置

D. 无要求

参考答案：BC

对应条文：19.2.3

3. 电力监控系统哪些业务可以采用无线通信方式？（　　）

A. 配电网自动化

B. 用电负荷控制

C. 风电场内部控制

D. 光伏电站内部控制

181

参考答案：ABCD

对应条文：19.2.4

4.电力监控系统安全防护设备应如何配置？（　　）

A. 横向隔离装置

B. 纵向加密认证装置

C. 防火墙

D. 无要求

参考答案：ABC

对应条文：19.2.3

5.电力通信网的网络规划应满足哪些要求？（　　）

A. 与电力发展相适应

B. 保持适度超前

C. 避免生产控制类业务过度集中承载

D. 网络结构合理

参考答案：ABCD

对应条文：19.3.1

6.承载110kV及以上电压等级输电线路生产控制类业务的光传输设备应满足什么要求？（　　）

A. 支持双电源供电

B. 核心板卡冗余配置

C. 单电源供电

D. 无要求

参考答案：AB

对应条文：19.3.2

7.电力调度机构、集控中心等应具备哪些通信通道？（　　）

A. 两路不同路由的通信通道

B. 两种及以上通信方式的调度电话

C. 至少一路单机电话

D. 以上都不对

参考答案：ABC

对应条文：19.3.7

8.同一条220kV及以上电压等级线路的两套继电保护通道应满足什么要求？（　　）

A. 独立路由

B. 双设备

C. 双路由

D. 双电源

参考答案：ABCD

对应条文：19.3.8

9.通信高频开关电源系统投运前应进行哪些试验？（　　）

A. 双交流输入切换试验

B. 电源系统告警信号校核验证

C. 全核对性放电试验

D. 无要求

参考答案：AB

对应条文：19.3.21

10.信息系统开发阶段应采取哪些安全措施？（　　）

A. 建立内部安全测试机制

B. 确保开发环境与实际运行环境安全隔离

C. 无需管理

D. 以上都不对

参考答案：AB

对应条文：19.4.2

20 防止串联电容器补偿装置和并联电容器装置事故的重点要求习题

一、判断题（对画"√"，错画"×"）

1. 串补装置接入后，要考虑其对差动保护、距离保护、重合闸等继电保护功能产生的影响。（　）

参考答案：√

对应条文：20.1.1

2. 系统感性电抗小于串补容性电抗这种串补接入方式，继电保护是能够适应的。（　）

参考答案：×

对应条文：20.1.1

对应条文部分内容：应避免出现系统感性电抗小于串补容性电抗等继电保护无法适应的串补接入方式。

3. 电源送出系统装设串补装置时，需对串补装置接入后对发电机组次同步振荡的影响进行分析。（　）

参考答案：√

对应条文：20.1.2

4. 不用通过对电力系统区内外故障、暂态过载、短时过载和持续运行等顺序事件进行校核，来验证串补装置的耐受能力。（　）

参考答案：×

对应条文：20.1.3

对应条文部分内容：应通过对电力系统区内外故障、暂态过载、短时过载和持续运行等顺序事件进行校核，以验证串补装置的耐受能力。

5. 串联电容器采用双套管结构是合理的。（　）

参考答案：√

对应条文：20.1.4.1

6. 串联电容器绝缘介质的平均电场强度可以高于 57kV/mm。（　）

参考答案：×

对应条文：20.1.4.2

对应条文部分内容：串联电容器绝缘介质的平均电场强度不应高于 57kV/mm。

7. 单只电容器的耐爆容量应不小于 18kJ，且电容器的并联数量要考虑其耐爆能力。（　）

参考答案：√

对应条文：20.1.4.3

8. 电容器之间的连接线采用软连接是正确的做法。（　）

参考答案：√

对应条文：20.1.4.4

9. 电容器组初始不平衡电流应不大于电容器组不平衡电流告警值的 50%。（　）

参考答案：×

对应条文：20.1.4.5

对应条文部分内容：电容器组初始不平衡电流应不大于电容器组不平衡电流告警值的 30%。

10. 运行中若确认电容器组不平衡电流值越限告警，应在一个月内安排串补装置检修。（　）

参考答案：×

对应条文：20.1.4.6

对应条文部分内容：当确认该值发生越限告警时，应在一周内安排串补装置检修。

11.MOV 的能耗计算不用考虑系统发生区内和区外故障时积累的能量。（ ）

参考答案：×

对应条文：20.1.5.1

对应条文部分内容：MOV 的能耗计算应考虑系统发生区内和区外故障（包括单相接地故障、两相短路故障、两相接地故障和三相接地故障）以及故障后线路摇摆电流流过金属氧化物限压器过程中积累的能量。

12.新建串补装置的 MOV 热备用容量裕度应大于 10% 且不少于 3 单元/平台。（ ）

参考答案：√

对应条文：20.1.5.2

13.新建串补装置的 MOV 采用复合外套是符合要求的。（ ）

参考答案：√

对应条文：20.1.5.3

14.线路短路故障导致串补跳闸后，若放电电流频率超出设计值，不用考虑阻尼装置损坏。（ ）

参考答案：×

对应条文：20.1.6.1

对应条文部分内容：若放电电流频率超出设计值，应考虑阻尼装置损坏，尽快安排串补装置检修。

15.火花间隙的强迫触发电压应不高于 1.8p.u.，无强迫触发命令时拉合串补装置相关隔离开关不应出现间隙误触发。（ ）

参考答案：√

对应条文：20.1.7.1

16.火花间隙动作次数超过厂家规定值时不需要进行检查。（ ）

参考答案：×

对应条文：20.1.7.2

对应条文部分内容：火花间隙动作次数超过厂家规定值时进行检查。

17.要检查串补装置保护触发火花间隙功能，验证间隙能可靠击穿。（ ）

参考答案：√

对应条文：20.1.7.3

18.串补装置平台上控制保护设备电源应能在激光电源供电、平台取能设备供电之间平滑切换。（ ）

参考答案：√

对应条文：20.1.8.1

19.光纤柱中包含的信号光纤和激光供能光纤可以采用光纤转接设备。（ ）

参考答案：×

对应条文：20.1.9.1

对应条文部分内容：光纤柱中包含的信号光纤和激光供能光纤不应采用光纤转接设备。

20.串补装置平台到控制保护室的光纤损耗不应超过 3dB。（ ）

参考答案：√

对应条文：20.1.9.2

21.串补装置平台上测量及控制箱的箱体无需采用密闭良好的金属壳体。（ ）

参考答案：×

对应条文：20.1.10.1

对应条文部分内容：串补装置平台上测量及控制箱的箱体应采用密闭良好的金属壳体。

22.串补装置平台上各种电缆无需采取一、二次设备间的隔离和防护措施。（ ）

参考答案：×

对应条文：20.1.10.2

对应条文部分内容：串补装置平台上各种电缆应采取有效的一、二次设备间的隔离和防护措施。

23.控制保护系统应采取必要的电磁干扰防护措施,串补装置平台上的控制保护设备所采用的电磁干扰防护能力应高于控制室内的控制保护设备。( )

参考答案:✓

对应条文:20.1.11.1

24.串补装置的保护无需完全双重化配置。( )

参考答案:×

对应条文:20.1.11.4

对应条文部分内容:串补装置的保护应完全双重化配置。

25.通过对电力系统区内外故障、暂态过载、短时过载和持续运行等顺序事件进行校核,以验证串补装置的耐受能力。( )

参考答案:✓

对应条文:20.1.3

26.电容器单元选型时应采用外熔丝结构,电容器组禁止采用外熔断器和内熔丝保护混用。( )

参考答案:×

对应条文:20.2.1.3

对应条文部分内容:电容器单元选型时应采用内熔丝结构,电容器组禁止采用外熔断器和内熔丝保护混用。

27.应考虑串补装置接入后对差动保护、距离保护、重合闸等继电保护功能的影响。并应避免出现系统感性电抗小于串补容性电抗等继电保护无法适应的串补接入方式。( )

参考答案:✓

对应条文:20.1.1

28.串补装置的保护应完全双重化配置。( )

参考答案:✓

对应条文:20.1.11.4

29.在使用环境温度低于-40℃时,户外安装的串联电抗器应采用油浸铁心电抗器。( )

参考答案:✓

对应条文:20.2.3.6

30.为防止高压并联电容器装置事故,新安装放电线圈应采用全密封结构。对已运行的非全封闭放电线圈应加强绝缘监督,发现受潮现象应及时更换。( )

参考答案:✓

对应条文:20.2.4.2

二、单项选择题

1.应避免出现哪种串补接入方式?( )

A. 系统感性电抗大于串补容性电抗

B. 系统感性电抗小于串补容性电抗

C. 系统感性电抗等于串补容性电抗

D. 以上都不对

参考答案:B

对应条文:20.1.1

2.串联电容器绝缘介质的平均电场强度不应高于多少?( )

A.55kV/mm

B.57kV/mm

C.60kV/mm

D.65kV/mm

参考答案:B

对应条文:20.1.4.2

3.单只电容器的耐爆容量应不小于多少?( )

A.15kJ

B.18kJ

C.20kJ

D. 25kJ

参考答案：B

对应条文：20.1.4.3

4. 新建串补装置的 MOV 热备用容量裕度应大于多少且不少于多少单元／平台？（　）

A. 5%，2

B. 10%，3

C. 15%，4

D. 20%，5

参考答案：B

对应条文：20.1.5.2

5. 火花间隙的强迫触发电压应不高于多少？（　）

A. 1.5p.u.

B. 1.8p.u.

C. 2.0p.u.

D. 2.2p.u.

参考答案：B

对应条文：20.1.7.1

6. 串补装置平台到控制保护室的光纤损耗不应超过多少？（　）

A. 2dB

B. 3dB

C. 4dB

D. 5dB

参考答案：B

对应条文：20.1.9.2

7. 采用自动电压控制（AVC）等自动投切系统控制的多组电容器，近1个年度内投切次数达到多少次时，自动投切系统应闭锁投切？（　）

A. 800 次

B. 900 次

C. 1000 次

D. 1200 次

参考答案：C

对应条文：20.2.1.9

8. 应避免出现系统感性电抗小于串补容性电抗等继电保护无法适应的串补接入方式。（　）

A. 感性电抗小于串补容性电抗

B. 感性电抗大于串补容性电抗

C. 容性电抗小于串补感性电抗

D. 容性电抗大于串补感性电抗

参考答案：A

对应条文：20.1.1

9. 当电源送出系统装设串补装置时，应进行串补装置接入对发电机组（　）的影响分析。

A. 同步振荡

B. 次同步振荡

C. 异步振荡

D. 低频振荡

参考答案：B

对应条文：20.1.2

10. 串联电容器绝缘介质的平均电场强度不应高于（　）。

A. 55kV/mm

B. 56kV/mm

C. 57kV/mm

D. 58kV/mm

参考答案：C

对应条文：20.1.4.2

11. 电容器组初始不平衡电流应不大于电容器组不平衡电流告警值的（　）。

A. 25%

B. 30%

C. 35%

D. 40%

参考答案：B

对应条文：20.1.4.5

12. 串补装置平台到控制保护室的光纤损耗不应超过（　　）dB。

A. 3

B. 4

C. 5

D. 6

参考答案：A

对应条文：20.1.9.2

13. 加强高压并联电容器工作场强控制，在压紧系数为1（即 $K=1$）条件下，全膜电容器绝缘介质的平均场强不得大于（　　）。

A. 55kV/mm

B. 56kV/mm

C. 57kV/mm

D. 58kV/mm

参考答案：C

对应条文：20.2.1.1

14. 对于内熔丝电容器，当电容量减少超过铭牌标注电容量的（　　）时，应退出运行，避免电容器带故障运行而发展成扩大性故障。

A. 0.5%

B. 1%

C. 2%

D. 3%

参考答案：D

对应条文：20.2.1.8.1

15. 在使用环境温度（　　）时，户外安装的串联电抗器应采用油浸铁心电抗器。

A. 高于 −35℃

B. 低于 −35℃

C. 高于 −40℃

D. 低于 −40℃

参考答案：D

对应条文：20.2.3.6

16. 330kV及以上变电站用干式空心电抗器设备交接时，具备条件时宜进行匝间耐压试验，试验电压取出厂值的（　　）。

A. 75%

B. 80%

C. 85%

D. 90%

参考答案：B

对应条文：20.2.3.5

三、多项选择题

1. 高压并联电容器装置中，电容器的要求包括（　　）。

A. 工作场强控制

B. 耐爆容量要求

C. 连接方式要求

D. 选型要求

参考答案：ABCD

对应条文：20.2.1

2. 串联电抗器的选择和安装要求有（　　）。

A. 根据谐波含量选择电抗率

B. 户内优先选用干式空心电抗器

C. 新安装干式空心电抗器不应采用叠装结构

D. 安装在电容器组首端

参考答案：ACD

对应条文：20.2.3

3. 电容器组过电压保护用金属氧化物避雷器的要求包括（　　）。

A. 采用星形接线，中性点直接接地方式

B. 安装在紧靠电容器组高压侧入口处位置

C. 充分考虑通流容量

D. 2ms方波通流能力无要求

187

参考答案：ABC

对应条文：20.2.5

4. 接入串补装置后可能对哪些保护装置有影响（　　）。

A. 差动保护

B. 距离保护

C. 重合闸

D. 以上都是

参考答案：ABCD

对应条文：20.1.1

5. 线路短路故障导致串补跳闸后，应检查故障相电容器（　　）。

A. 低频放电电流频率

B. 高频放电电流频率

C. 低频放电电流衰减速度

D. 高频放电电流衰减速度

参考答案：BD

对应条文：20.1.6.1

6. 高压直流输电系统用（　　）在设计环节应有防鸟害措施。

A. 交流并联电容器

B. 交流滤波电容器

C. 直流并联电容器

D. 直流滤波电容器

参考答案：AB

对应条文：20.2.1.4

21 防止直流换流站设备损坏和单双极强迫停运事故的重点要求习题

一、判断题（对画"√"，错画"×"）

1. 换流阀及阀控系统应进行赴厂监造和验收。（ ）

参考答案：√

对应条文：21.1.2

2. 新建直流工程每个单阀中的冗余晶闸管数应不小于12个月运行周期内损坏的晶闸管数期望值的2.5倍，且不应少于2级晶闸管。（ ）

参考答案：×

对应条文：21.1.3

对应条文部分内容：不应少于3级晶闸管。

3. 换流阀应采用阻燃材料，并消除火灾在换流阀内蔓延的可能性。（ ）

参考答案：√

对应条文：21.1.4

4. 换流阀安装期间，阀塔内部各水管接头应用普通扳手紧固。（ ）

参考答案：×

对应条文：21.1.5

对应条文部分内容：应用力矩扳手紧固，并做好标记。

5. 换流阀冷控制保护系统至少应双重化配置。（ ）

参考答案：√

对应条文：21.1.6

6. 换流阀内冷系统主泵切换延时引起流量变化时，无需满足换流阀对水冷系统最小流量的要求。（ ）

参考答案：×

对应条文：21.1.7

对应条文部分内容：仍应满足换流阀对水冷系统最小流量的要求。

7. 设计阀外风冷系统时，应考虑现场热岛效应，设计最高温度应在气象统计最高温度的基础上增加3～5℃。（ ）

参考答案：√

对应条文：21.1.8

8. 冷却系统管道允许在换流站阀冷系统安装施工现场切割焊接。（ ）

参考答案：×

对应条文：21.1.9

对应条文内容：不允许在施工现场切割焊接。

9. 阀控系统应实现完全冗余配置，除光发射板、光接收板和背板外，其他板卡应能够在换流阀不停运的情况下进行故障处理。（ ）

参考答案：√

对应条文：21.1.10

10. 换流阀外水冷系统缓冲水池应配置两套水位监测装置，并设置高低水位报警。（ ）

参考答案：√

对应条文：21.1.11

11. 在寒冷地区，阀外冷系统冷却器无需装设于防冻棚内。（ ）

参考答案：×

对应条文：21.1.13

对应条文内容：应装设于防冻棚内，配置

足够裕度的暖风机。

12.运行期间当单阀内晶闸管故障数达到跳闸值－1时,无需申请停运直流系统。( )

参考答案：×

对应条文：21.1.16

对应条文部分内容：应申请停运直流系统并进行全面检查。

13.换流变压器及油浸式平波电抗器阀侧套管不宜采用充油套管。( )

参考答案：√

对应条文：21.2.1

14.换流变压器及油浸式平波电抗器应配置带胶囊的储油柜,储油柜容积应不小于本体油量的8%～10%。( )

参考答案：√

对应条文：21.2.2

换流变压器保护应采用三重化或双重化配置。( )

参考答案：√

对应条文：21.2.3

15.换流变压器回路电流互感器、电压互感器二次绕组无需满足保护冗余配置的要求。( )

参考答案：×

对应条文：21.2.4

对应条文部分内容：应满足保护冗余配置的要求。

16.换流变压器分接开关不应配置浮球式的油流继电器。( )

参考答案：√

对应条文：21.2.5

17.采用六氟化硫气体绝缘的换流变压器及油浸式平波电抗器套管等应配置六氟化硫压力或密度继电器。( )

参考答案：√

对应条文：21.2.6

18.换流变压器、油浸式平波电抗器故障跳闸后,无需自动切除潜油泵。( )

参考答案：×

对应条文：21.2.7

对应条文部分内容：应自动切除潜油泵。

19.换流变压器铁芯及夹件引出线无需采用不同标识。( )

参考答案：×

对应条文：21.2.9

对应条文部分内容：应采用不同标识,并引出至运行中便于测量的位置。

20.换流变压器及油浸式平波电抗器的重瓦斯保护应投信号。( )

参考答案：×

对应条文：21.2.11

对应条文部分内容：应投跳闸。

21.换流站的站用电源设计应配置三路独立、可靠电源,其中至少有一回应从站内交流系统引接。( )

参考答案：√

对应条文：21.3.1

22.站用电系统10kV母线和400V母线无需配置备用电源自动投切功能。( )

参考答案：×

对应条文：21.3.2

对应条文部分内容：均应配置备用电源自动投切功能。

23.换流阀内冷却系统两台主泵应冗余配置、主泵电源应相互独立并取自不同的400V母线段。( )

参考答案：√

对应条文：21.3.3

24.在设计阶段,应充分考虑当地污秽等级设计直流场设备外绝缘强度。（ ）

参考答案:√

对应条文:21.4.1

25.对于新电压等级的直流工程,无需通过绝缘配合计算合理选择避雷器参数。（ ）

参考答案:×

对应条文:21.4.2

对应条文部分内容:应通过绝缘配合计算合理选择避雷器参数。

26.每年应对已喷涂防污闪涂料的直流场设备绝缘子进行憎水性检查。（ ）

参考答案:√

对应条文:21.4.4

27.直流控制系统应采用完全冗余的双重化配置。（ ）

参考答案:√

对应条文:21.5.1

28.直流保护应采用分区设置,各区域交界面应相互重叠,防止出现保护死区。（ ）

参考答案:√

对应条文:21.5.2

29.采用双重化配置的直流保护,每套保护应采用"启动+动作"逻辑。（ ）

参考答案:√

对应条文:21.5.3

30.直流控制保护系统检测到测量异常时应可靠退出相关保护功能。（ ）

参考答案:√

对应条文:21.5.4

31.直流光电流互感器二次回路应简洁、可靠,光电流互感器输出的数字量信号宜直接输入直流控制保护系统。（ ）

参考答案:√

对应条文:21.5.6

32.直流控制保护装置安装可与土建施工同时进行。（ ）

参考答案:×

对应条文:21.5.7

对应条文部分内容:应在控制室、继电器室等建筑物土建施工完成并且联合验收合格后进行,不得与土建施工同时进行。

33.换流站所有跳闸出口触点均应采用常闭触点。（ ）

参考答案:×

对应条文:21.5.8

对应条文部分内容:应采用常开触点。

34.换流站户外端子箱、接线盒、插头等防护等级(IP)最低应达到 IP54。（ ）

参考答案:×

对应条文:21.5.9

对应条文部分内容:最低应达到 IP55。

35.现场无需控制直流控制保护系统运行环境。（ ）

参考答案:×

对应条文:21.5.10

对应条文部分内容:应注意控制运行环境,监视主机板卡的运行温度、清洁度。

36.直流控制保护系统的软件、硬件及定值的修改无需履行审批手续。（ ）

参考答案:×

对应条文:21.5.11

对应条文部分内容:须履行软硬件修改审批手续,经主管部门的同意后方可执行。

37.一极运行一极检修(调试)时,检修(调试)极中性隔离开关应处于合闸状态。（ ）

参考答案:×

对应条文:21.5.12

对应条文部分内容：应处于分闸状态。

38.直流控制保护系统故障处理完毕后，无需检查即可切换到运行状态。（　）

参考答案：×

对应条文：21.5.13

对应条文部分内容：应检查并确认无报警、无保护出口后才可切换到运行状态。

39.换流阀外风冷系统风扇电机无需采取防潮防锈措施。（　）

参考答案：×

对应条文：21.1.12

对应条文部分内容：应采取防潮防锈措施。

40.换流变压器分接开关挡位不一致时，异常相分接开关无法调节且与正常相挡位差达到2挡及以上，可调整正常相分接开关挡位与异常相档位相差1挡。（　）

参考答案：√

对应条文：21.2.14

41.换流变压器和油浸式平波电抗器投运前应检查套管末屏端子接地良好。（　）

参考答案：√

对应条文：21.2.15

42.平波电抗器瓦斯继电器与油枕相连的波纹联管应为柔性连接。（　）

参考答案：×

对应条文：21.2.16

对应条文部分内容：应为刚性连接。

43.对于换流阀及阀控系统，应进行赴厂监造和验收。监造验收工作结束后，赴厂人员应提交监造报告，并作为设备原始资料分别交建设和运行单位存档。（　）

参考答案：√

对应条文：21.1.2

44.直流换流站内的阀控系统应实现完全冗余配置，除光发射板、光接收板和背板外，其他板卡应能够在换流阀不停运的情况下进行故障处理。（　）

参考答案：√

对应条文：21.1.10

45.运行期间，换流变压器及油浸式平波电抗器的重瓦斯保护以及换流变压器有载分接开关油流保护应投报警。（　）

参考答案：×

对应条文：21.2.11

对应条文部分内容：运行期间，换流变压器及油浸式平波电抗器的重瓦斯保护以及换流变压器有载分接开关油流保护应投跳闸。

46.平波电抗器瓦斯继电器与油枕相连的波纹联管应为刚性连接，降低瓦斯继电器振动加速度，避免共振。（　）

参考答案：√

对应条文：21.2.16

47.直流换流站换流阀内冷却系统两台主泵应冗余配置、主泵电源应相互独立并取自不同的400V母线段。（　）

参考答案：√

对应条文：21.3.3

48.直流换流站当失去一路站用电源时应尽快恢复其供电。当仅剩一路电源时，换流站应立即向调度机构汇报。（　）

参考答案：√

对应条文：21.3.6

49.密切跟踪直流换流站周围污染源及污秽度的变化情况，加强环境气象监测，应定期开展污秽度及污闪风险评估，据此及时采取相应措施使设备爬电比距与所处地区的污秽等级相适应。（　）

参考答案：√

对应条文：21.4.3

50.定期对直流场设备进行红外测温，建立红外图谱档案，进行纵、横向温差比较，便于及时发现隐患并处理。（　）

参考答案：√

对应条文：21.4.5

51.换流站直流控制系统应采用完全冗余的双重化配置。（　）

参考答案：√

对应条文：21.5.1

52.换流站直流保护应采用分区设置，各区域交界面应相互重叠，防止出现保护死区。（　）

参考答案：√

对应条文：21.5.2

二、单项选择题

1.新建直流工程每个单阀中的冗余晶闸管数应不小于12个月运行周期内损坏的晶闸管数期望值的多少倍？（　）

A. 1.5倍

B. 2倍

C. 2.5倍

D. 3倍

参考答案：C

对应条文：21.1.3

2.换流阀冷控制保护系统至少应采用何种配置？（　）

A. 单套配置

B. 双重化配置

C. 三重化配置

D. 无要求

参考答案：B

对应条文：21.1.6

3.换流变压器及油浸式平波电抗器阀侧套管不宜采用哪种类型？（　）

A. 干式套管

B. 充油套管

C. 六氟化硫套管

D. 复合套管

参考答案：B

对应条文：21.2.1

4.换流变压器及油浸式平波电抗器应配置带胶囊的储油柜，储油柜容积应不小于本体油量的多少？（　）

A. 5%～8%

B. 8%～10%

C. 10%～12%

D. 12%～15%

参考答案：B

对应条文：21.2.2

5.换流站的站用电源设计应配置几路独立、可靠电源？（　）

A. 一路

B. 两路

C. 三路

D. 四路

参考答案：C

对应条文：21.3.1

6.站用电系统 10kV 母线和 400V 母线应配置什么功能？（　）

A. 备用电源自动投切功能

B. 过压保护功能

C. 欠压保护功能

D. 无要求

参考答案：A

对应条文：21.3.2

193

7. 在设计阶段，应如何设计直流场设备外绝缘强度？（ ）

A. 忽略当地污秽等级

B. 仅参考短期运行经验

C. 充分考虑当地污秽等级并进行专题研究

D. 以上都不对

参考答案：C

对应条文：21.4.1

8. 每年应对已喷涂防污闪涂料的直流场设备绝缘子进行什么检查？（ ）

A. 绝缘电阻检查

B. 憎水性检查

C. 耐压试验

D. 无要求

参考答案：B

对应条文：21.4.4

9. 直流控制系统应采用何种配置？（ ）

A. 单套配置

B. 双重化配置

C. 三重化配置

D. 无要求

参考答案：B

对应条文：21.5.1

10. 直流保护应采用何种设置方式？（ ）

A. 分区设置

B. 集中设置

C. 无要求

D. 以上都不对

参考答案：A

对应条文：21.5.2

11. 采用双重化配置的直流保护，每套保护应采用何种逻辑？（ ）

A."启动 + 动作" 逻辑

B."三取二" 逻辑

C. 无要求

D. 以上都不对

参考答案：A

对应条文：21.5.3

12. 换流站所有跳闸出口触点应采用何种类型？（ ）

A. 常闭触点

B. 常开触点

C. 无要求

D. 以上都不对

参考答案：B

对应条文：21.5.8

13. 新建直流工程每个单阀中应具有一定数量的冗余晶闸管。各单阀中的冗余晶闸管数应不小于12个月运行周期内损坏的晶闸管数期望值的（ ）倍，且不应少于3级晶闸管。

A. 1.5

B. 2

C. 2.5

D. 3

参考答案：C

对应条文：21.1.3

14. 晶闸管换流阀运行（ ）年后，每3年应随机抽取部分晶闸管进行全面检测和状态评估。

A. 10

B. 12

C. 15

D. 20

参考答案：C

对应条文：21.1.19

15. 换流变压器及油浸式平波电抗器应配置带胶囊的储油柜，储油柜容积应不小于本体油量的（ ），胶囊宜采用丁腈橡胶材质。

A. 5%～8%

B. 5%～10%

C. 8%～10%

D. 10%～12%

参考答案：C

对应条文：21.2.2

16.换流变压器保护应采用（　）配置。

A. 单重化

B. 双重化

C. 三重化

D. 三重化或双重化

参考答案：D

对应条文：21.2.3

17.直流换流站的站用电源设计应配置（　）独立、可靠电源，其中至少有一回应从站内交流系统引接。

A. 一路

B. 二路

C. 三路

D. 四路

参考答案：C

对应条文：21.3.1

18.直流换流站站用电系统（　）配置备用电源自动投切功能，并与阀外冷系统电源切换装置的动作时间逐级配合，确保不因站用电源切换导致单、双极闭锁。

A. 10kV 母线应

B. 400V 母线应

C. 10kV 母线和 400V 母线均应

参考答案：C

对应条文：21.3.2

19.对于新电压等级的直流工程，应通过绝缘配合计算合理选择避雷器参数。

A. 导电配合

B. 短路配合

C. 绝缘配合

D. 保护配合

参考答案：C

对应条文：21.4.2

20.每年应对已喷涂防污闪涂料的直流场设备绝缘子进行憎水性检查，及时对破损或失效的涂层进行重新喷涂。若绝缘子的憎水性下降到（　）级，应考虑重新喷涂。

A. 1

B. 2

C. 3

D. 4

参考答案：C

对应条文：21.4.4

21.换流站直流控制保护系统的参数应由成套设计单位通过（　）给出设计值，经过二次设备联调试验验证。

A. 系统仿真计算

B. 设备能力校核

C. 系统仿真计算、设备能力校核

D. 保护整定计算

参考答案：C

对应条文：21.5.5

22.换流站户外端子箱、接线盒、插头等防护等级（IP）最低应达到（　）。

A. IP54

B. IP55

C. IP65

D. IP68

参考答案：B

对应条文：21.5.9

195

三、多项选择题

1. 换流阀的要求包括（ ）。

A. 采用阻燃材料

B. 冗余晶闸管配置

C. 阀冷系统双重化配置

D. 无需火情检测装置

参考答案：ABC

对应条文：21.1.4、21.1.3、21.1.6

2. 换流变压器及油浸式平波电抗器的要求包括（ ）。

A. 阀侧套管不宜采用充油套管

B. 配置带胶囊的储油柜

C. 保护采用三重化或双重化配置

D. 非电量保护不投跳闸

参考答案：ABC

对应条文：21.2.1、21.2.2、21.2.3

3. 站用电系统的要求包括（ ）。

A. 配置三路独立电源

B. 10kV 和 400V 母线配置备用电源自动投切功能

C. 主泵电源取自同一母线段

D. 无需电源切换试验

参考答案：AB

对应条文：21.3.1、21.3.2

4. 直流场设备外绝缘的要求包括（ ）。

A. 设计阶段考虑污秽等级

B. 定期开展污秽度评估

C. 憎水性检查

D. 无需红外测温

参考答案：ABC

对应条文：21.4.1、21.4.3、21.4.4

5. 直流控制保护系统的要求包括（ ）。

A. 双重化配置

B. 分区设置

C. 具备自检功能

D. 跳闸出口触点采用常闭触点

参考答案：ABC

对应条文：21.5.1、21.5.2、21.5.4

6. 换流站阀冷系统的要求包括（ ）。

A. 主泵冗余配置

B. 冷却系统管道允许现场切割焊接

C. 缓冲水池水位监测

D. 无需防冻措施

参考答案：AC

对应条文：21.1.7、21.1.9、21.1.11

7. 为防止换流阀损坏事故，对于换流阀冷控制保护系统，以下正确的选项有（ ）。

A. 换流阀冷控制保护系统至少应双重化配置

B. 阀冷控制系统应具备手动切换和系统故障情况下自动切换功能，防止单一元件故障不经系统切换直接跳闸出口

C. 作用于跳闸的传感器应按照三套独立冗余配置，保护按照"三取二"原则出口，当一套传感器故障时，采用"二取一"或"二取二"逻辑出口；当两套传感器故障时，采用"一取一"逻辑出口

D. 当阀冷保护检测到严重泄漏、主水流量过低或者进阀水温过高时，应自动停运直流系统以防止换流阀损坏

参考答案：ABCD

对应条文：21.1.6

8. 关于换流变压器及油浸式平波电抗器套管，以下正确的选项有（ ）。

A. 换流变压器及油浸式平波电抗器阀侧套管不宜采用充油套管

B. 换流变压器及油浸式平波电抗器穿墙套

管的封堵应使用非导磁材料

C. 换流变压器及油浸式平波电抗器阀侧套管类新产品应充分论证，并严格通过试验考核后再在直流工程中使用

参考答案：ABC

对应条文：21.2.1

9. 直流换流站站用电系统及阀冷却系统应在系统调试前完成（　　）。

A. 各级站用电源切换

B. 定值检定

C. 内冷水主泵切换试验

参考答案：ABC

对应条文：21.3.4

10. 对于直流换流站，以下正确的选项有（　　）。

A. 恶劣天气下加强设备的巡视，检查跟踪设备放电情况

B. 发现设备出现异常放电后，及时汇报，必要时申请降压运行或停电处理

C. 若发现交流滤波器开关有放电现象，应申请调度暂停功率调整，减少交流滤波器开关分合操作

参考答案：ABC

对应条文：21.4.6

11. 关于直流换流站，直流控制保护系统应具备完善、全面的自检功能，自检到主机、板卡、总线、测量等故障时应根据故障级别进行（　　）等操作，且给出准确的故障信息。

A 报警

B. 系统切换

C. 退出运行

D. 停运直流系统

参考答案：ABCD

对应条文：21.5.4

22 防止发电厂、变电站全停及重要电力用户停电事故的重点要求习题

一、判断题（对画"√"，错画"×"）

1. 重要辅机（如送引风、给水泵、循环水泵等）电动机事故控制按钮应该加装保护罩，防止误碰造成停机事故。（　）

　　参考答案：√

　　对应条文：22.1.4

2. 积极开展汽轮发电机组小岛试验工作，以保证机组与电网解列后的备用电源。（　）

　　参考答案：√

　　对应条文：22.1.6

3. 升压站电压等级在220kV及以上时，发电机组用直流电源系统与升压站用直流电源系统应该互为备用。（　）

　　参考答案：√

　　对应条文：22.2.6.1

4. 对于伞形合理、爬距不低于三级污区要求的瓷绝缘子，可根据当地运行经验，采取绝缘子表面涂覆防污闪涂料的补充措施。（　）

　　参考答案：√

　　对应条文：22.2.5.1

5. 供电企业生产部门、调度部门应建立重要电力用户电网侧安全隐患排查机制，定期至少一年一次对重要电力用户供电情况进行排查，对发现的电网责任安全隐患进行整改。（　）

　　参考答案：×

　　对应条文：22.3.5.1

　　对应条文部分内容：供电企业生产部门、调度部门应建立重要电力用户电网侧安全隐患排查机制，定期（至少半年一次）对重要电力用户供电情况进行排查，对发现的电网责任安全隐患进行整改。

6. 供电企业应根据国家相关标准、电力行业标准，针对重要电力用户供电的输变电设备制定相应的运行规范、检修规范、反事故措施。（　）

　　参考答案：√

　　对应条文：22.3.3.1

7. 电力企业和重要电力用户应贯彻落实电力系统治安反恐防范的重点目标和重点部位、重点目标等级和防范级别、总体防范要求、常态三级防范要求、常态二级防范要求、常态一级防范要求、非常态防范要求和安全防范系统技术要求。（　）

　　参考答案：√

　　对应条文：22.4.1

8. 电力企业应落实《电力行业网络安全管理办法》《电力监控系统安全防护规定》《电力行业网络安全等级保护管理办法》等网络安全工作要求，防止网络攻击事件导致的发电厂、变电站全停和重要电力用户停电事故。（　）

　　参考答案：√

　　对应条文：22.4.2

二、单项选择题

1. 加强蓄电池和直流系统（含逆变电源）及（　）的运行维护，确保主机交直流润滑油泵和主要辅机小油泵供电可靠。

A. 厂用电源

B. 柴油发电机组

C. 电动机

D. 控制柜

参考答案：B

对应条文：22.1.5

2. 电厂监控系统、调度自动化系统等重要设备应选择（ ）供电。

A. 交流电源

B. 直流电源

C. 不间断电源

参考答案：C

对应条文：22.1.9

3. 在确定各类保护装置（ ）二次绕组分配时，应考虑消除保护死区。

A. 电流互感器

B. 电压互感器

C. 电流互感器和电压互感器

参考答案：A

对应条文：22.2.4.7

4. 直流系统的电缆应采用（ ），两组蓄电池的电缆应分别铺设在各自独立的通道内，尽量避免与交流电缆并排铺设。

A. 耐火电缆

B. 阻燃电缆

C. 绝缘电缆

D. 低烟耐火电缆

参考答案：B

对应条文：22.2.6.15

5. 重要电力用户自备应急电源配置容量标准应达到保安负荷的（ ）。

A. 80%

B. 100%

C. 120%

D. 140%

参考答案：C

对应条文：22.3.4.1

6. 供电企业应督促重要电力用户编制反事故预案，定期开展反事故演习，每（ ）年至少开展1次电网和重要用户端的联合演练，并组织演练评估。

A. 1

B. 2

C. 3

D. 4

参考答案：C

对应条文：22.3.5.2

7. 电力企业和重要电力用户应贯彻落实电力系统治安反恐防范的（ ）、重点目标等级和防范级别、总体防范要求、常态三级防范要求、常态二级防范要求、常态一级防范要求、非常态防范要求和安全防范系统技术要求。（ ）

A. 全面目标和全面部位

B. 重点目标和重点部位

C. 普通目标和普通部位

D. 一般目标和一般部位

参考答案：B

对应条文：22.4.1

8. 电力企业应落实《电力行业网络安全管理办法》《电力监控系统安全防护规定》《电力行业网络安全等级保护管理办法》等网络安全工作要求，防止网络攻击事件导致的（ ）。

A. 发电厂全停事故

B. 电网停电事故

C. 重要电力用户停电事故

D. 发电厂、变电站全停和重要电力用户停电事故

参考答案：D

对应条文：22.4.2

199

三、多项选择题

1. 加强厂用电系统运行方式和设备管理，具体应（　　）。

A. 根据电厂运行实际情况，制订合理的全厂公用系统运行方式，防止部分公用系统故障导致全厂停电

B. 重要公用系统在非标准运行方式时，应制定监控措施，保障运行正常

C. 重视机组厂用电切换装置的合理配置及日常维护，确保系统电压、频率出现较大波动时，具有可靠的保厂用电源技术措施

D. 带直配电负荷电厂的机组应设置低频率、低电压解列装置，确保机组在发生系统故障时，解列部分机组后能单独带厂用电和直配负荷运行

参考答案：ABCD

对应条文：22.1.1

2. 220kV及以上电压等级的新建变电站通信电源应双重化配置，满足"（　　）"的要求。

A. 双设备

B. 双路由

C. 双电源

D. 双保护

参考答案：ABC

对应条文：22.2.6.2

3. 重要电力用户应按照国家和电力行业有关规程、规范和标准的要求，对自备应急电源定期进行（　　）。

A. 安全检查

B. 预防性试验

C. 启机试验

D. 切换装置的切换试验

参考答案：ABCD

对应条文：22.3.4.6

4. 电力企业和重要电力用户应贯彻落实电力系统治安反恐防范的重点目标和重点部位、重点目标等级和防范级别、总体防范要求、（　　）和安全防范系统技术要求。

A. 常态三级防范要求

B. 常态二级防范要求

C. 常态一级防范要求

D. 非常态防范要求

参考答案：ABCD

对应条文：22.4.1

23 防止水轮发电机组（含抽水蓄能机组）事故的重点要求习题

一、判断题（对画"√"，错画"×"）

1.调速器设置交直流两套电源装置，互为备用，故障时手动转换并发出故障信号。（　）

参考答案：×

对应条文：23.1.1

对应条文部分内容：调速器设置交直流两套电源装置，互为备用，故障时自动转换并发出故障信号。

2.机组调速系统安装、更新改造及大修后应进行水轮机调节系统静态模拟试验、动态特性试验和导叶关闭规律等试验，各项指标合格方可投入运行。（　）

参考答案：√

对应条文：23.1.3

3.新机组、改造后机组投运前或机组大修后应通过甩负荷和过速试验，验证水压上升率和转速上升率符合设计要求，过速整定值校验合格。（　）

参考答案：√

对应条文：23.1.4

4.新投产机组或机组大修后，无需核对水轮机导叶关闭规律是否符合设计要求。（　）

参考答案：×

对应条文：23.1.5

对应条文部分内容：新投产机组或机组大修后，应结合机组甩负荷试验时转速升高值，核对水轮机导叶关闭规律是否符合设计要求，并通过合理设置关闭时间或采用分段关闭，确保水压上升值不超过规定值。

5.对调速系统油质进行定期化验和颗粒度超标检查，在油质指标不合格的情况下，严禁机组启动。（　）

参考答案：√

对应条文：23.1.6

6.工作闸门（主阀）不具备动水关闭功能。（　）

参考答案：×

对应条文：23.1.7

对应条文部分内容：工作闸门（主阀）应具备动水关闭功能，导水机构拒动时能够动水关闭。具备自动关闭条件的工作闸门（主阀），应保证在最大流量下动水关闭时，关闭时间不超过机组在最大飞逸转速下允许持续运行的时间。

7.进口工作门（事故门）应定期进行落门试验。（　）

参考答案：√

对应条文：23.1.8

8.过速保护装置无需定期检验。（　）

参考答案：×

对应条文：23.1.9

对应条文部分内容：设置完善的剪断销剪断（破断连杆、导叶摩擦装置）、调速系统低油压、低油位、电气和机械过速等保护装置。过速保护装置应定期检验，并正常投入。对机械过速、事故停机时剪断销剪断（破断连杆破断）等保护在机组检修时应进行传动试验。

9.机组过速保护的转速信号装置采用冗余配置，其输入信号取自不同的信号源，转速信

号器的选用应符合规程要求。（ ）

参考答案：√

对应条文：23.1.10

10. 大中型水电站在水轮发电机组的保护和控制回路电压消失时无需发出报警信号。（ ）

参考答案：×

对应条文：23.1.11

对应条文内容：大中型水电站在水轮发电机组的保护和控制回路电压消失时发出报警信号，对于有人值班的电站，当工作电源完全消失时，并网机组接力器行程应保持当前位置不变，或采取关机保护原则；对于无人值班电站，当工作电源完全消失时，调节系统可采取关机保护的原则。

11. 机组 A 级检修时无需对过速限制器进行分解检查。（ ）

参考答案：×

对应条文：23.1.12

对应条文部分内容：机组 A 级检修时做好过速限制器的分解检查，保证机组过速时可靠动作，防止机组飞逸。

12. 电气和机械过速保护装置、自动化元件应定期进行检修、试验，以确保机组过速时可靠动作。（ ）

参考答案：√

对应条文：23.1.13

13. 水电站规划设计中无需重视水轮发电机组的运行稳定性。（ ）

参考答案：×

对应条文：23.2.1.1

对应条文部分内容：水电站规划设计中应重视水轮发电机组的运行稳定性，合理选择机组参数，使机组具有较宽的稳定运行范围。水电站运行单位应全面掌握各台水轮发电机组的运行特性，划分机组运行区域，并将测试结果作为机组运行控制和自动发电控制（AGC）等系统运行参数设定的依据，电力调度机构应加强与水电站的沟通联系，了解和掌握所调度范围水轮发电机组随水头、出力变化的运行特性，优化机组的安全调度。

14. 水轮发电机组设计制造时应重视机组重要连接紧固部件的安全性，并说明重要连接紧固部件的安装、使用、维护要求。（ ）

参考答案：√

对应条文：23.2.1.2

15. 水轮机导水机构无需设有防止导叶损坏的安全装置。（ ）

参考答案：×

对应条文：23.2.1.3

对应条文部分内容：水轮机导水机构必须设有防止导叶损坏的安全装置，包括装设剪断销（破断连杆、导叶摩擦装置等）、导叶限位、导叶轴向调整和止推等装置。

16. 水电站应安装水轮发电机组状态在线监测系统，对机组的运行状态进行监测、记录和分析。（ ）

参考答案：√

对应条文：23.2.1.4

17. 水轮机桨叶接力器与操作机构连接螺栓无需符合设计要求。（ ）

参考答案：×

对应条文：23.2.1.5

对应条文部分内容：水轮机桨叶接力器与操作机构连接螺栓应符合设计要求，经无损检测合格，螺栓预紧力矩符合设计要求，止动装置安装牢固或点焊牢固。

18. 水轮机的轮毂与主轴连接螺栓和销钉符合设计标准，经无损检测合格，螺栓对称紧固，

预紧力矩符合设计要求，止动装置安装或点焊牢固。（ ）

参考答案：√

对应条文：23.2.1.6

19.轴流转桨式水轮机桨叶接力器铜套、桨叶轴颈铜套、连杆铜套无需符合设计标准。（ ）

参考答案：×

对应条文：23.2.1.7

对应条文部分内容：轴流转桨式水轮机桨叶接力器铜套、桨叶轴颈铜套、连杆铜套应符合设计标准，铜套完好无明显磨损，铜套润滑油沟油槽完好，铜套与轴颈配合间隙符合设计要求。

20.水轮机桨叶接力器、桨叶轴颈密封件应完好无渗漏，符合设计要求，并保证耐压试验、渗漏试验及桨叶动作试验合格。（ ）

参考答案：√

对应条文：23.2.1.8

21.水轮机伸缩节所用螺栓无需符合设计要求。（ ）

参考答案：×

对应条文：23.2.1.9

对应条文部分内容：水轮机伸缩节所用螺栓符合设计要求，经无损检测合格，密封件完好无渗漏，螺栓紧固无松动，预留间隙均匀并符合设计值。

22.灯泡贯流式、轴流转桨式水轮机转轮室与桨叶端部间隙符合设计要求，桨叶轴向窜动量符合设计要求。混流式机组应检查上冠和下环之间的间隙符合设计要求。（ ）

参考答案：√

对应条文：23.2.1.10

23.水轮机水下部分检修无需检查转轮体与泄水锥的连接情况。（ ）

参考答案：×

对应条文：23.2.1.11

对应条文部分内容：水轮机水下部分检修应检查转轮体与泄水锥的连接牢固可靠。

24.水轮机过流部件应定期检修，重点检查过流部件裂纹、磨损和汽蚀，防止裂纹、磨损和大面积汽蚀等造成过流部件损坏。（ ）

参考答案：√

对应条文：23.2.1.12

25.水轮机所用紧固件、连接件、结构件无需结合机组检修检查。（ ）

参考答案：×

对应条文：23.2.1.13

对应条文部分内容：水轮机所用紧固件、连接件、结构件应结合机组检修检查，针对关键部位的紧固件、连接件和结构件，应执行所在行业相关规定；水轮机轮毂与主轴等重要受力、振动较大的部位螺栓应在每次大修拆卸后更换，如需继续使用，应开展全面无损检测，经有资质单位确认后方可继续使用，如经过高温加热拆卸的，应全部更换。

26.水轮机转轮室及人孔门的螺栓、焊缝无需进行无损检测。（ ）

参考答案：×

对应条文：23.2.1.14

对应条文部分内容：水轮机转轮室及人孔门的螺栓、焊缝经无损检测合格，M32 以上螺栓应出具检测报告；螺栓紧固无松动，密封完好无渗漏。

27.水轮机真空破坏阀、补气阀无需动作可靠。（ ）

参考答案：×

对应条文：23.2.1.15

对应条文部分内容：水轮机真空破坏阀、补气阀应动作可靠,检修期间应对其进行检查、维护和测试。

28. 水轮机导轴承的间隙应符合设计要求,导轴承支撑方式宜采用球面支撑,保证导瓦径向和切向调整灵活,轴承瓦面完好无明显磨损(巴氏合金瓦与基材无分层褶皱),轴承瓦与主轴接触面积符合设计标准。（　　）

参考答案：√

对应条文：23.2.2.1

29. 水轮机导轴承紧固螺栓无需符合设计要求。（　　）

参考答案：×

对应条文：23.2.2.2

对应条文部分内容：水轮机导轴承紧固螺栓应符合设计要求,经无损检测合格,对称紧固,止动装置安装牢固或焊死。

30. 新机制造时,制造厂无需对机组各种运行条件下和典型转速点导轴承油膜厚度、压力,轴承受力、强度等进行分析计算。（　　）

参考答案：×

对应条文：23.2.2.3

对应条文部分内容：新机制造时,制造厂应对机组各种运行条件下和典型转速点导轴承油膜厚度、压力,轴承受力、强度等进行分析计算,并提交正式计算报告。

31. 水轮机导轴承瓦出厂前应进行全面的性能试验和无损检测。对于巴氏合金瓦,应对原材料开展硬度、金相组织抽样检测,并提交正式检测报告。（　　）

参考答案：√

对应条文：23.2.2.4

32. 油润滑的水导轴承无需定期检查油位、油色。（　　）

参考答案：×

对应条文：23.2.2.5

对应条文部分内容：油润滑的水导轴承应定期检查油位、油色,油位应具备远方自动监测功能,定期对运行中的油进行油质化验。

33. 水润滑的水导轴承应保证水质清洁、水流畅通和水压正常,压力变送器和示流器等装置工作正常。（　　）

参考答案：√

对应条文：23.2.2.6

34. 水轮机导轴承测温元件和表计无需显示正常。（　　）

参考答案：×

对应条文：23.2.2.7

对应条文部分内容：水轮机导轴承测温元件和表计应保证显示正常,信号整定值正确。对设置有外循环油系统的机组,其控制系统应正常工作。

35. 水轮机顶盖排水系统无需完好。（　　）

参考答案：×

对应条文：23.2.2.8

对应条文部分内容：水轮机顶盖排水系统完好,防止顶盖水位升高导致水导轴承油槽进水。

36. 水轮机出现异常运行工况可能损伤轴承时,无需检查轴瓦可直接重新启动。（　　）

参考答案：×

对应条文：23.2.2.9

对应条文部分内容：水轮机出现异常运行工况可能损伤轴承时,应全面检查确认轴瓦完好后,方可重新启动。

37. 压力油罐油气比无需符合规程要求。（　　）

参考答案：×

对应条文：23.2.3.1

对应条文部分内容：压力油罐油气比符合规程要求，对投入运行的自动补气阀定期检查试验，保证自动补气工作正常。

38.压力油罐及其附件应定期检验检测合格，焊缝检测合格。压力容器安全阀、压力开关和变送器定期校验，动作定值符合设计要求。（　　）

参考答案：√

对应条文：23.2.3.2

39.机组检修后无需对油泵启停定值、安全阀组定值进行校对并试验。（　　）

参考答案：×

对应条文：23.2.3.3

对应条文部分内容：机组检修后对油泵启停定值、安全阀组定值进行校对并试验。油泵运转应平稳，其输油量不小于设计值。

40.液压系统管路无需经耐压试验合格。（　　）

参考答案：×

对应条文：23.2.3.4

对应条文部分内容：液压系统管路应经耐压试验合格，重要连接螺栓经无损检测合格，M32以上螺栓应出具检测报告，密封件完好无渗漏。

41.结合引水系统管路定检、设备检修检查，分析引水系统管路管壁锈蚀、磨损情况，如有异常则及时采取措施处理，做好引水系统管路外表除锈防腐工作。（　　）

参考答案：√

对应条文：23.2.4.1

42.无需定期检查伸缩节漏水、伸缩节螺栓紧固情况。（　　）

参考答案：×

对应条文：23.2.4.2

对应条文部分内容：定期检查伸缩节漏水、伸缩节螺栓紧固情况，如有异常及时处理。

43.无需及时监测拦污栅前后压差情况。（　　）

参考答案：×

对应条文：23.2.4.3

对应条文部分内容：及时监测拦污栅前后压差情况，出现异常及时处理。结合机组检修定期检查拦污栅的完好性情况，防止进水口拦污栅损坏。

44.当引水管破裂时，事故门应能可靠关闭，并具备远方操作功能，在检修时进行关闭试验。（　　）

参考答案：√

对应条文：23.2.4.4

45.一管（洞）多机的主进水阀设备检修吊出时，同流道相邻机组无需陪停。（　　）

参考答案：×

对应条文：23.2.4.5

对应条文部分内容：一管（洞）多机的主进水阀设备检修吊出时，同流道相邻机组宜陪停，不宜采用加装堵头等临时措施。若加装堵头，应对堵头的结构和刚强度专门设计，并由第三方复核，确保在调保计算最不利工况不致发生堵头撕裂、焊缝断裂等；严控制造工艺，材质成分、力学性能等应检测合格，所有焊缝应经射线检测等无损检测合格；堵头出厂前应压力试验合格；严格按照审核合格的施工方案进行堵头安装，并做好堵头运行过程中的状态监视。

46.定子绕组在槽内应紧固，槽电位测试应符合要求。（　　）

参考答案：√

对应条文：23.3.1.1

47.无需定期检查定子绕组端部有无下沉、松动或磨损现象。（ ）

参考答案：×

对应条文：23.3.1.2

对应条文部分内容：定期检查定子绕组端部有无下沉、松动或磨损现象。

48.加强大型发电机环形接线、过渡引线绝缘检查，并定期按照相关标准要求进行试验。（ ）

参考答案：√

对应条文：23.3.2.1

49.无需定期检查发电机定子铁芯螺杆紧力。（ ）

参考答案：×

对应条文：23.3.2.2

对应条文部分内容：定期检查发电机定子铁芯螺杆紧力，发现铁芯螺杆紧力不符合出厂设计值应及时处理。定期检查发电机硅钢片叠压整齐、无过热痕迹，发现有硅钢片滑出应及时处理。

50.卧式机组无需做好发电机风洞内及引线端部油、水引排工作。（ ）

参考答案：×

对应条文：23.3.2.4

对应条文部分内容：卧式机组应做好发电机风洞内及引线端部油、水引排工作，定期检查发电机风洞内应无油气，机仓底部无积油、水。

51.水轮发电机组（含抽水蓄能机组）调速器设置交直流两套电源装置，互为备用，故障时自动转换并发出故障信号。（ ）

参考答案：√

对应条文：23.1.1

52.水轮发电机组（含抽水蓄能机组）A级检修时做好过速限制器的分解检查，保证机组过速时可靠动作，防止机组飞逸。（ ）

参考答案：√

对应条文：23.1.12

53.水电站规划设计中应重视水轮发电机组的运行稳定性，合理选择机组参数，使机组具有较窄的稳定运行范围。（ ）

参考答案：×

对应条文：23.2.1.1

对应条文部分内容：水电站规划设计中应重视水轮发电机组的运行稳定性，合理选择机组参数，使机组具有较宽的稳定运行范围。

54.对于水轮发电机组振动、摆度突然增大超过标准的异常情况，应立即停机检查，查明原因和处理合格后，方可按规定程序恢复机组运行。（ ）

参考答案：√

对应条文：23.2.1.4

55.定期检查发电机定子铁芯螺杆紧力，发现铁芯螺杆紧力不符合出厂设计值应及时处理。（ ）

参考答案：√

对应条文：23.3.2.2

56.发电机励磁系统中两套励磁调节器的电压回路应相互独立，使用机端不同电压互感器的二次绕组，防止其中一个短路引起发电机误强励。（ ）

参考答案：√

对应条文：23.3.10.3

57.新建抽水蓄能电站在调试期间或全部机组投运后一年内，同一制造厂生产的主进水阀应至少选取1台进行动水关闭试验，以全面验证主进水阀及其附属设备性能。（ ）

参考答案：√

对应条文：23.4.5.8

58.抽水蓄能电站监控系统应设计有防止同一流道内不同机组同时抽水和发电的闭锁功能。（ ）

参考答案：✓

对应条文：23.4.8.1

二、单项选择题

1.水轮机导轴承瓦出厂前，对于巴氏合金瓦，除全面性能试验和无损检测外，还应对原材料进行（ ）。

A. 拉伸试验

B. 硬度、金相组织抽样检测

C. 弯曲试验

D. 冲击试验

参考答案：B

对应条文：23.2.2.4

2.压力油罐投入运行后，自动补气阀应（ ）。

A. 无需检查

B. 不定期检查

C. 定期检查试验

D. 故障时检查

参考答案：C

对应条文：23.2.3.1

3.机组检修后，油泵运转的输油量应（ ）。

A. 小于设计值

B. 等于设计值

C. 不小于设计值

D. 无要求

参考答案：C

对应条文：23.2.3.3

4.卧式机组应定期检查发电机风洞及机仓底部，确保（ ）。

A. 有少量积水

B. 有油气

C. 无油气、无积油和水

D. 有少量积油

参考答案：C

对应条文：23.3.2.4

5.当发电机振动伴随无功变化时，可能是（ ）。

A. 定子绕组绝缘损坏

B. 转子有严重的匝间短路

C. 定子铁芯局部过热

D. 轴承损坏

参考答案：B

对应条文：23.3.3

6.发电机出口、中性点引线连接部分应（ ）。

A. 无需检查

B. 定期检查，确保可靠连接

C. 出现问题再处理

D. 连接松动不影响运行

参考答案：B

对应条文：23.3.4.3

7.水轮发电机风洞作业时，作业人员进入发电机内部前应（ ）。

A. 随意携带物品

B. 取出禁止带入的物件并清点记录

C. 穿着有金属的工作服

D. 不用考虑安全问题

参考答案：B

对应条文：23.3.5.3

8.新装设有轴电流（轴绝缘）保护装置的机组，轴电流（轴绝缘）保护回路应（ ）。

A. 不定期投入

B. 故障时投入

C. 正常投入

D. 无需投入

参考答案：C

对应条文：23.3.6.13

9. 水轮发电机风洞内应避免使用在电磁场下易发热材料或能被电磁吸附的金属连接材料，若使用则强度应（　　）。

A. 随意满足

B. 不低于最低标准

C. 满足使用要求

D. 无要求

参考答案：C

对应条文：23.3.7.1

10. 水轮发电机机械制动系统中，制动闸及其供气、油系统出现影响制动性能的缺陷时，应（　　）。

A. 继续使用

B. 及时处理

C. 下次检修再处理

D. 不影响正常运行

参考答案：B

对应条文：23.3.7.4

11. 励磁调节器运行通道发生故障时，应（　　）。

A. 手动切换通道

B. 自动切换通道并投入运行

C. 停止运行

D. 维持当前状态

参考答案：B

对应条文：23.3.10.1

12. 电源电压偏差为（　　）、频率偏差为+4%～-6%时，励磁控制系统及其继电器、开关等操作系统均能正常工作。

A. +15%～-10%

B. +10%～-15%

C. +20%～-15%

D. +10%～-20%

参考答案：B

对应条文：23.3.10.2

13. 新机组、改造机组投运前，机组 A 修或进行其他影响调速系统调节性能的工作后，甩负荷试验应在额定负荷的（　　）下进行。

A. 25%、50%、75%

B. 50%、75%、100%

C. 25%、50%、75%、100%

D. 100%

参考答案：C

对应条文：23.4.1.1

14. 抽水蓄能电站上下水库应分别设置（　　）不同原理的水库水位测量装置。

A. 一套

B. 两套

C. 三套

D. 四套

参考答案：B

对应条文：23.4.3.1

15. 水轮发电机组（含抽水蓄能机组）调速器控制器应冗余配置，重要控制信号应至少设置（　　）路，重要控制信号丢失后系统控制性能应满足相关标准要求。

A. 1

B. 2

C. 3

D. 4

参考答案：B

对应条文：23.1.2

16. 水轮发电机组（含抽水蓄能机组）新机组、改造后机组投运前或机组大修后应通过

（　　），验证水压上升率和转速上升率符合设计要求，过速整定值校验合格。

A. 甩负荷试验

B. 过速试验

C. 甩负荷和过速试验

D. 进口工作门（事故门）落门试验

参考答案：C

对应条文：23.1.4

17.水轮机过流部件应定期检修，重点检查过流部件（　　）。

A. 裂纹

B. 裂纹、磨损

C. 裂纹、磨损和汽蚀

D. 裂纹、磨损、汽蚀和堵塞

参考答案：C

对应条文：23.2.1.12

18.水轮机转轮室及人孔门的螺栓、焊缝经无损检测合格，（　　）以上螺栓应出具检测报告；螺栓紧固无松动，密封完好无渗漏。

A.M20

B.M30

C.M32

D.M36

参考答案：C

对应条文：23.2.1.14

19.在电源电压偏差为（　　）、频率偏差为+4%～-6%时，水轮发电机励磁控制系统及其继电器、开关等操作系统均应能正常工作。

A. +5%～-10%

B. +5%～-15%

C. +10%～-10%

D. +10%～-15%

参考答案：D

对应条文：23.3.10.2

20.在发电机组（　　）过程中，应有机组低转速时切断发电机励磁的措施。

A. 启动

B. 停机

C. 其他试验

D. 启动、停机和其他试验

参考答案：D

对应条文：23.3.10.7

21.抽水蓄能机组：对于一管（洞）多机的新建电站，应结合电站电气主接线、现场实际运行条件，在单机甩负荷之后，择机开展同一引水水道多机组同时发电甩负荷试验，甩负荷试验应在额定负荷的（　　）下进行。试验后应进行过渡过程复核计算，验证水压上升率和转速上升率符合设计要求。

A.25%

B.50%

C.75%

D.100%

参考答案：D

对应条文：23.4.1.2

22.抽水蓄能电站上/下水库水位各测点应根据水工设施要求分别设置（　　）。

A. 一级越上限和一级越下限

B. 一级越上限和两级越下限

C. 两级越上限和一级越下限

D. 两级越上限和两级越下限

参考答案：D

对应条文：23.4.3.2

三、多项选择题

1.调速器防止机组飞逸的措施包括（　　）。

A. 设置交直流两套电源装置，互为备用

209

B. 控制器冗余配置，重要控制信号至少设置 2 路

C. 机组调速系统安装等后进行多项试验

D. 新机组等投运前或大修后通过甩负荷和过速试验

参考答案：ABCD

对应条文：23.1.1、23.1.2、23.1.3、23.1.4

2. 水轮机防止过流及重要紧固部件损坏的措施有（　）。

A. 合理选择机组参数，划分运行区域

B. 定期检查维护重要设备部件，进行无损探伤

C. 导水机构设置防止导叶损坏的安全装置

D. 安装状态在线监测系统，监测振动摆度

参考答案：ABCD

对应条文：23.2.1.1、23.2.1.2、23.2.1.3、23.2.1.4

3. 水轮机导轴承防止事故的重点要求有（　）。

A. 间隙符合设计要求，采用球面支撑

B. 紧固螺栓符合要求，对称紧固

C. 定期检查油润滑轴承的油位、油色和油质

D. 保证水润滑轴承水质、水压正常

参考答案：ABCD

对应条文：23.2.2.1、23.2.2.2、23.2.2.5、23.2.2.6

4. 防止水轮发电机定子绕组绝缘损坏的重点要求包括（　）。

A. 加强环形接线、过渡引线绝缘检查和试验

B. 定期检查定子铁芯螺杆紧力

C. 检查硅钢片叠压情况

D. 检查抽水蓄能发电／电动机线棒端部与端箍相对位移与磨损

参考答案：ABCD

对应条文：23.3.2.1、23.3.2.2、23.3.2.3

5. 防止水轮发电机轴承损坏的重点要求有（　）。

A. 导轴承采用球面支撑

B. 对推力和导轴承进行分析计算并提交报告

C. 轴承油系统电源配置及切换装置要求

D. 定期检查轴瓦，监测冷却水温、油温、瓦温

参考答案：ABCD

对应条文：23.3.6.1、23.3.6.2、23.3.6.4、23.3.6.10

6. 防止抽水蓄能机组飞逸的重点要求包括（　）。

A. 新机组等投运前进行单机甩负荷和过速试验

B. 一管（洞）多机新建电站开展多机组同时发电甩负荷试验

C. 新机组或改造机组投运前进行水泵工况断电试验

D. 定期检查过速保护装置

参考答案：ABC

对应条文：23.4.1.1、23.4.1.2、23.4.1.3

7. 防止抽水蓄能电站水淹厂房的重点要求有（　）。

A. 设计单位提交防水淹厂房专题报告

B. 中控室配置紧急停机和关闭事故闸门装置

C. 主进水阀、调速器控制回路供电及失电关闭功能

D. 地下或坝后式厂房逃生通道及应急照明设置

参考答案：ABCD

对应条文：23.4.6.1、23.4.6.2、23.4.6.3、23.4.6.6

8. 水轮发电机组（含抽水蓄能机组）设置完善的（　　）等保护装置。过速保护装置应定期检验，并正常投入。对机械过速、事故停机时剪断销剪断（破断连杆破断）等保护在机组检修时应进行传动试验。

A. 剪断销剪断（破断连杆、导叶摩擦装置）

B. 调速系统低油压、低油位

C. 电气

D. 机械过速

参考答案：ABCD

对应条文：23.1.9

9. 水轮机导水机构必须设有防止导叶损坏的安全装置，包括装设（　　）等装置。

A. 剪断销（破断连杆、导叶摩擦装置等）

B. 导叶限位

C. 导叶轴向调整

D. 导叶止推

参考答案：ABCD

对应条文：23.2.1.3

10. 水轮发电机（　　）应紧固良好，机架和定子支撑、转动轴系等承载部件的承载结构、焊缝、基础、配重块等应无松动、裂纹、变形等现象。

A. 机架固定螺栓

B. 定子基础螺栓

C. 定子穿芯螺栓

D. 拉紧螺栓

参考答案：ABCD

对应条文：23.3.7.3

11. 抽水蓄能机组：新机组、改造机组投运前，机组A修或进行其他影响调速系统调节性能的工作后，应通过单机甩负荷和过速试验。甩负荷试验应在额定负荷的（　　）下进行，验证水压上升率和转速上升率符合设计要求。

A. 25%

B. 50%

C. 75%

D. 100%

参考答案：ABCD

对应条文：23.4.1.1

24 防止垮坝、水淹厂房及厂房坍塌事故的重点要求习题

一、判断题（对画"√"，错画"×"）

1. 设计应充分考虑不利条件，可在危险地段新建工程。（ ）

参考答案：×

对应条文：24.1.1

对应条文部分内容：设计应充分考虑不利的工程地质、气象条件和地震、洪水、地质灾害等自然灾害的影响，尽量避开不利地段，禁止在危险地段新建、扩建和改建工程。设计应开展大坝、厂房周边安全风险评估，优先设计管控风险的工程措施。

2. 大坝、厂房的安全监测设计应与主体工程同步进行。（ ）

参考答案：√

对应条文：24.1.2

3. 大坝、厂房的设防标准只需满足部分规范要求。（ ）

参考答案：×

对应条文：24.1.3

对应条文部分内容：大坝、厂房的设防标准应满足规范要求。大坝应有安全、可靠的泄洪等设施，闸门启闭设备电源、闸门门后通气孔、防水淹厂房应急电源及视频监控设备、水位监测设施等的设置和可靠性应满足要求。应配置独立可靠的大坝泄洪闸门启闭应急电源或应急启闭装置。

4. 厂房应设计可靠的正常及应急排水系统。（ ）

参考答案：√

对应条文：24.1.4

5. 地面主厂房的安全出口可以只有一个。（ ）

参考答案：×

对应条文：24.1.5

对应条文部分内容：地面主厂房的安全出口不应少于2个，且应有1个直通室外。地下厂房至少应有2个通至地面的安全出口。

6. 设计单位无需征求运行单位意见。（ ）

参考答案：×

对应条文：24.1.6

对应条文部分内容：设计应根据已运行电站出现的问题，统筹考虑水电站大坝和厂房等工程问题的解决方案。设计单位应从保护设施、设备运行安全及维护方便等方面征求运行单位意见。

7. 施工期项目建设单位应成立防洪度汛组织机构，明确各单位职责。（ ）

参考答案：√

对应条文：24.2.1

8. 设计单位无需在汛前提出工程度汛标准。（ ）

参考答案：×

对应条文：24.2.2

对应条文部分内容：设计单位应于每年汛前提出工程度汛标准、工程形象面貌及度汛要求。

9. 大坝、厂房改（扩）建过程中要满足各施工阶段的防洪标准。（ ）

参考答案：√

对应条文：24.2.3

10.压力管道等过水系统充水或首台机组启动前，设计单位应提交防水淹厂房专题报告。（ ）

参考答案：√

对应条文：24.2.4

11.施工期项目建设单位无需编制防洪度汛方案。（ ）

参考答案：×

对应条文：24.2.5

对应条文部分内容：施工期项目建设单位应组织编制满足工程度汛及施工要求的防洪度汛方案，报相关部门审查后严格执行。

12.项目建设单位、施工单位应制定完善工程防洪应急预案，并按要求组织评审、审批、培训和演练。（ ）

参考答案：√

对应条文：24.2.6

13.施工单位无需单独编制监测设施施工方案。（ ）

参考答案：×

对应条文：24.2.7

对应条文部分内容：施工单位应单独编制监测设施施工方案，由项目建设单位组织设计、监理、运行单位审查后实施。

14.项目建设单位应于汛前组织开展防汛检查，并对汛期安全风险进行评估。（ ）

参考答案：√

对应条文：24.2.8

15.施工单位应在汛前按要求制定防汛措施，成立防汛抢险队伍。（ ）

参考答案：√

对应条文：24.2.9

16.施工期无需加强自然灾害的监测预报。（ ）

参考答案：×

对应条文：24.2.10

对应条文部分内容：施工期应加强洪水、地震、地质灾害等自然灾害的监测预报和会商研判，密切跟踪区域内雨情和水情动态，及时发布预报预警信息。

17.施工期做好汛期防灾避险工作，强降雨前无需检查截排水系统。（ ）

参考答案：×

对应条文：24.2.11

对应条文部分内容：施工期应做好汛期防灾避险工作，预报有强降雨前应及时对截排水系统等进行全面检查，加强施工区域的隐患排查治理和突发事件应急处置。

18.应办理大坝安全注册登记，并对注册检查提出的意见进行整改。（ ）

参考答案：√

对应条文：24.3.1

19.汛期无需建立防汛组织机构。（ ）

参考答案：×

对应条文：24.3.2

对应条文部分内容：建立健全大坝运行安全组织体系和应急工作机制，加强大坝运行全过程管理。汛期应建立主要负责人为第一责任人的防汛组织机构，以及与地方政府和上下游单位的联动机制，成立防汛抢险队伍，明确防汛目标和防汛重点，强化落实防汛岗位责任制。

20.制定的防汛等制度规程无需严格执行。（ ）

参考答案：×

对应条文：24.3.3

对应条文部分内容：制定并不断修订完善能够指导实际工作的防汛、检查、监测、运行维护等制度规程，并严格执行；制订和完善大坝运行安全应急预案和防水淹厂房应急预案，确保预案的科学性、针对性和可操作性。

21. 做好大坝安全检查等工作，对异常监测数据无需分析。（ ）

参考答案：×

对应条文：24.3.4

对应条文部分内容：做好大坝安全检查（日常巡查、专项检查、年度详查、定期检查和特种检查）、监测、维护工作，对检查发现的问题及时整改；对异常监测数据应及时分析、上报和采取措施；当发生地震、洪水、库水位骤升骤降、库水位低于死水位或者其他影响大坝安全的异常情况时，应加强巡视检查，增加监测频次，并进行分析；确保大坝处于良好状态。

22. 无需对发电、输水建筑物及附属设施进行安全检查。（ ）

参考答案：×

对应条文：24.3.5

对应条文部分内容：做好发电、输水建筑物及附属设施的安全检查、监测、维护工作，定期开展厂房和输水建筑物结构安全评估。

23. 近厂坝区域发现滑坡体及泥石流沟的，应每隔3～5年论证导致漫坝或水淹厂房事故发生的可能性。（ ）

参考答案：√

对应条文：24.3.6

24. 对影响大坝安全的缺陷、隐患，无需进行处理。（ ）

参考答案：×

对应条文：24.3.7

对应条文部分内容：对影响大坝、灰坝、厂房安全的缺陷、隐患及水毁工程，应实施永久性的工程措施，优先安排资金，抓紧进行处理。对已确认的病、险坝，应在规定期限内完成补强加固处理，并制定险情预计和应急预案。病险坝除险加固方案要专项设计、专项审查、专项施工和专项验收，隐患未消除前，应根据实际病险情况，充分论证运行安全性，必要时采取降低水库运行水位等措施确保安全。

25. 应认真开展汛前、汛中和汛后检查工作，并及时上报检查报告及演练情况。（ ）

参考答案：√

对应条文：24.3.8

26. 汛前无需对泄洪设备应急电源进行带负荷可靠性验证试验。（ ）

参考答案：×

对应条文：24.3.9

对应条文部分内容：应按照有关规定，对大坝、发电输水系统、厂房建筑物、泄洪设备、排水设施、消防设施及其供电电源等进行认真检查。泄洪设备应急电源汛前应进行带负荷可靠性验证试验。闸门操作控制系统（含远程）应结合检修进行检查和可靠性验证试验。既要检查厂房外部、上下游防洪墙的防汛措施，也要检查厂房内部及厂房内外连接管路、闸（阀）门、堵头的防水淹厂房措施，厂房内部重点应对供排水系统、消防水系统、廊道、尾水进人孔、水轮机顶盖、堵头（含检修期间的临时封堵装置）等部位进行检查和监视。定期验证防水淹厂房停机保护措施及运行监控系统的可靠性。

27. 汛前无需做好防止水淹各类设施的防范措施。（ ）

参考答案：×

对应条文：24.3.10

对应条文部分内容：汛前应做好防止水淹厂房、廊道、泵房、变电站、进厂铁（公）路以及其他生产、生活设施的可靠防范措施，特别确保地处河流附近低洼地区、水库下游地区、河谷地区排水畅通，防止河水倒灌和暴雨造成水淹。

28.汛前应备足必要的防洪抢险器材、物资，并定期检查。（ ）

参考答案：√

对应条文：24.3.11

29.滨海地区受海水潮汐影响的厂房无需制定防极端高潮位和海啸的应急措施。（ ）

参考答案：×

对应条文：24.3.12

对应条文部分内容：在重视防御江河洪水灾害的同时，应落实防御和应对上游水库垮坝、下游尾水顶托及局部暴雨造成的厂坝区山洪、支沟洪水、厂区内部涝水的各项应急措施。对于滨海地区可能受到海水潮汐作用影响的厂房，应制定防极端高潮位和海啸的应急措施。

30.无需完善水雨情自动测报系统。（ ）

参考答案：×

对应条文：24.3.13

对应条文部分内容：完善水雨情自动测报系统，广泛收集气象、水文信息，充分利用共享的水情信息，加强水情测报和洪水预报，确保洪水预报精度。加强对水雨情自动测报系统的维护，每年汛前开展专项检查，确保设备、系统正常运行和水情数据准确可靠。

31.可擅自在汛限水位以上蓄水运行。（ ）

参考答案：×

对应条文：24.3.14

对应条文部分内容：应严格执行批准的汛期调度运用计划，不得擅自在汛限水位以上蓄水运行。汛限水位以上防洪库容调度运用，应按照水行政主管部门或流域管理机构（防汛指挥部门）下达的防洪调度指令执行。

32.水电厂水库应根据批准的调洪方案和指令进行调洪。（ ）

参考答案：√

对应条文：24.3.15

33.检修期间各类临时挡水、封堵设施无需专项论证。（ ）

参考答案：×

对应条文：24.3.16

对应条文部分内容：加强维护检修改造过程的防汛和安全管理，辨识危险源、评估安全风险并采取切实可靠的管控措施。检修期间各类临时挡水、封堵设施应按规定组织专项论证、专项设计、专项审查、专项施工、专项验收。

34.汛期无需加强防汛值班。（ ）

参考答案：×

对应条文：24.3.17

对应条文部分内容：汛期应加强防汛值班，值班人员应具有相应的业务知识和技能，并落实汛期 24h 值班和领导带班制度。

35.防汛抗洪中发现异常现象无需报告上级主管部门。（ ）

参考答案：×

对应条文：24.3.18

对应条文部分内容：及时掌握和上报有关防汛信息。防汛抗洪中发现异常现象和不安全因素时，应及时采取措施，并报告上级主管部门和地方政府。

36.汛期后无需对存在的隐患和问题进行整改。（ ）

参考答案：×

对应条文：24.3.19

对应条文部分内容：汛期后应及时对存在的隐患和问题进行整改，并及时进行防汛总结，应及时将防汛总结上报主管单位。

37. 坝高100m以上的大坝可不设大坝安全在线监控系统。（ ）

参考答案：×

对应条文：24.1.2

对应条文部分内容：大坝、厂房的安全监测设计应与主体工程同步设计、同步施工、同步投入运行，监测项目和布置在符合水工建筑物监测设计规范基础上，应满足运行、维护及检修要求。对坝高100m以上的大坝或库容1亿m³以上的大坝，应当同步设计大坝安全在线监控系统。

38. 地下厂房可以只有1个通至地面的安全出口。（ ）

参考答案：×

对应条文：24.1.5

对应条文部分内容：地面主厂房的安全出口不应少于2个，且应有1个直通室外。地下厂房至少应有2个通至地面的安全出口。

39. 施工期防洪度汛方案无需报相关部门审查。（ ）

参考答案：×

对应条文：24.2.5

对应条文部分内容：施工期项目建设单位应组织编制满足工程度汛及施工要求的防洪度汛方案，报相关部门审查后严格执行。

40. 对已确认的病、险坝，无需制定险情预计和应急预案。（ ）

参考答案：×

对应条文：24.3.7

对应条文部分内容：对影响大坝、灰坝、厂房安全的缺陷、隐患及水毁工程，应实施永久性的工程措施，优先安排资金，抓紧进行处理。对已确认的病、险坝，应在规定期限内完成补强加固处理，并制定险情预计和应急预案。病险坝除险加固方案要专项设计、专项审查、专项施工和专项验收，隐患未消除前，应根据实际病险情况，充分论证运行安全性，必要时采取降低水库运行水位等措施确保安全。

41. 大坝应有安全、可靠的泄洪等设施，闸门启闭设备电源、闸门门后通气孔、防水淹厂房应急电源及视频监控设备、水位监测设施等的设置和可靠性应满足要求。（ ）

参考答案：√

对应条文：24.1.3

42. 厂房应设计可靠的正常及应急排水系统。（ ）

参考答案：√

对应条文：24.1.4

43. 落实大坝、厂房施工期防洪度汛措施：设计单位应于每年汛前提出工程度汛标准、工程形象面貌及度汛要求。（ ）

参考答案：√

对应条文：24.2.2

44. 落实大坝、厂房施工期防洪度汛措施：项目建设单位应于汛前组织开展防汛检查，并对汛期可能存在的安全风险进行辨识、分析和评估，制定管控措施，汛前落实到位。（ ）

参考答案：√

对应条文：24.2.8

45. 制订和完善大坝运行安全应急预案和防水淹厂房应急预案，确保预案的科学性、针对性和可操作性。（ ）

参考答案：√

对应条文：24.3.3

46. 加强大坝、厂房日常运行管理，汛期后要及时总结，对存在的隐患进行整改，总结情况应及时上报主管单位。（ ）

参考答案：√

对应条文：24.3.19

二、单项选择题

1. 坝高100m以上的大坝，应当同步设计（　　）。

A. 大坝安全监测系统
B. 大坝安全在线监控系统
C. 水位监测设施
D. 视频监控设备

参考答案：B
对应条文：24.1.2

2. 地面主厂房的安全出口不应少于（　　）。

A. 1个
B. 2个
C. 3个
D. 4个

参考答案：B
对应条文：24.1.5

3. 设计单位应于每年（　　）提出工程度汛标准、工程形象面貌及度汛要求。

A. 汛后
B. 汛中
C. 汛前
D. 不定期

参考答案：C
对应条文：24.2.2

4. 施工单位编制的监测设施施工方案，需由（　　）组织审查。

A. 设计单位
B. 项目建设单位
C. 监理单位
D. 运行单位

参考答案：B
对应条文：24.2.7

5. 项目建设单位应于（　　）组织开展防汛检查。

A. 汛后
B. 汛中
C. 汛前
D. 不定期

参考答案：C
对应条文：24.2.8

6. 施工单位制定防汛措施后，需报（　　）审批。

A. 设计单位
B. 项目建设单位
C. 监理单位
D. 运行单位

参考答案：C
对应条文：24.2.9

7. 大坝安全注册登记后，针对注册检查提出的意见应（　　）。

A. 无需理会
B. 制定整改落实计划并完成整改
C. 部分整改
D. 后期再整改

参考答案：B
对应条文：24.3.1

8. 汛期应建立以（　　）为第一责任人的防汛组织机构。

A. 主要负责人
B. 安全管理人员
C. 技术人员
D. 普通员工

参考答案：A
对应条文：24.3.2

9. 汛限水位以上防洪库容调度运用，应按照（　）下达的防洪调度指令执行。

A. 水行政主管部门或流域管理机构（防汛指挥部门）

B. 上级主管单位

C. 设计单位

D. 项目建设单位

参考答案：A

对应条文：24.3.14

10. 多泥沙水库应严格执行（　），防止淤堵泄洪设施和侵占调洪库容。

A. 蓄水调度方案

B. 拉沙调度方案

C. 发电调度方案

D. 防洪调度方案

参考答案：B

对应条文：24.3.15

11. 汛期后应及时进行防汛总结，并上报（　）。

A. 设计单位

B. 地方政府

C. 主管单位

D. 施工单位

参考答案：C

对应条文：24.3.19

12. 对坝高（　）以上的大坝或库容 1 亿 m³ 以上的大坝，应当同步设计大坝安全在线监控系统。

A. 60m

B. 80m

C. 100m

D. 120m

参考答案：C

对应条文：24.1.2

13. 加强大坝、厂房设计：地面主厂房的安全出口不应少于（　），且应有 1 个直通室外。地下厂房至少应有 2 个通至地面的安全出口。

A. 一个

B. 两个

C. 三个

D. 四个

参考答案：B

对应条文：24.1.5

14. 落实大坝、厂房施工期防洪度汛措施：（　）等过水系统充水或首台机组启动前，设计单位应提交防水淹厂房专题报告。

A. 压力管道、蜗壳

B. 压力管道、尾水管道

C. 蜗壳、尾水管道

D. 压力管道、蜗壳、尾水管道

参考答案：D

对应条文：24.2.4

15. 落实大坝、厂房施工期防洪度汛措施：施工期（　）应组织编制满足工程度汛及施工要求的防洪度汛方案，报相关部门审查后严格执行。

A. 项目建设单位

B. 项目勘察单位

C. 项目设计单位

D. 项目施工单位

E. 项目监理单位

参考答案：A

对应条文：24.2.5

16. 对影响大坝、灰坝安全和防洪度汛的缺陷、隐患及水毁工程，应实施（　）的措施，优先安排资金，抓紧进行处理。

A. 永久性

B. 暂时性

C. 其他优先

D. 节省费用

参考答案：A

对应条文：24.3.7

17. 近厂坝区域发现有滑坡体及泥石流沟的，应每隔（ ）论证导致漫坝或水淹厂房事故发生的可能性。

A. 1～2 年

B. 1～3 年

C. 2～3 年

D. 3～5 年

参考答案：D

对应条文：24.3.6

三、多项选择题

1. 设计大坝、厂房时应考虑的因素有（ ）。

   A. 不利的工程地质条件

   B. 地震、洪水等自然灾害

   C. 开展周边安全风险评估

   D. 征求运行单位意见

   参考答案：ABCD

   对应条文：24.1.1、24.1.6

2. 大坝、厂房施工期防洪度汛措施包括（ ）。

   A. 成立防洪度汛组织机构

   B. 编制防洪度汛方案

   C. 制定防洪应急预案

   D. 加强自然灾害监测预报

   参考答案：ABCD

   对应条文：24.2.1、24.2.5、24.2.6、24.2.10

3. 大坝运行安全组织体系和应急工作机制在汛期应（ ）。

   A. 建立主要负责人为第一责任人的防汛组织机构

   B. 与地方政府和上下游单位建立联动机制

   C. 成立防汛抢险队伍

   D. 明确防汛目标和防汛重点，落实防汛岗位责任制

   参考答案：ABCD

   对应条文：24.3.2

4. 大坝安全检查类型包括（ ）。

   A. 日常巡查

   B. 专项检查

   C. 年度详查

   D. 定期检查

   E. 特种检查

   参考答案：ABCDE

   对应条文：24.3.4

5. 汛前需要进行检查和可靠性验证试验的有（ ）。

   A. 泄洪设备应急电源

   B. 闸门操作控制系统（含远程）

   C. 防水淹厂房停机保护措施

   D. 运行监控系统

   E. 水雨情自动测报系统

   参考答案：ABCD

   对应条文：24.3.9

6. 水电厂水库运行管理在调洪时应（ ）。

   A. 根据批准的调洪方案进行

   B. 按照有防洪调度权限的部门指令操作

   C. 遇特大洪水按应急调度方案确保大坝安全

   D. 通知地方政府及相关单位

   E. 洪水后复核水库防洪能力

   参考答案：ABCDE

   对应条文：24.3.15

7. 加强大坝、厂房设计：设计应充分考虑不利的工程地质、气象条件和（ ）等自然灾害的影响，尽量避开不利地段，禁止在危险地

219

段新建、扩建和改建工程。设计应开展大坝、厂房周边安全风险评估，优先设计管控风险的工程措施。

  A. 地震

  B. 洪水

  C. 地址灾害

  D. 火灾

参考答案：ABC

对应条文：24.1.1

8.施工期项目建设单位应成立包含（　　）等参建单位的防洪度汛组织机构，明确各单位职责。

  A. 业主（建设）

  B. 勘察

  C. 设计

  D. 施工

  E. 监理

参考答案：ABCDE

对应条文：24.2.1

9.做好大坝安全检查（　　）、监测、维护工作，对检查发现的问题及时整改。

  A. 日常巡查

  B. 专项检查

  C. 年度详查

  D. 定期检查

  E. 特种检查

参考答案：ABCDE

对应条文：24.3.4

25　防止重大环境污染事故的重点要求习题

一、判断题（对画"√"，错画"×"）

1.电厂采用水力除灰时，灰水必须回收循环使用，灰水设施和除灰系统投运前必须做水压试验。（　）

参考答案：√

对应条文：25.1.2

2.电厂应按地方、国家烟气污染物排放标准规定的各污染物排放限值，采用相应的烟气除尘设施、脱硫设施与脱硝设施。（　）

参考答案：√

对应条文：25.1.3

3.电厂锅炉实际燃用煤质的灰分、硫分、低位发热量等可以超出设计煤质及校核煤质。（　）

参考答案：×

对应条文：25.1.4

对应条文部分内容：电厂的锅炉实际燃用煤质的灰分、硫分、低位发热量等不宜超出设计煤质及校核煤质。

4.灰场大坝工程设计应建设灰水回用系统，贮灰场应无渗漏设计。（　）

参考答案：√

对应条文：25.1.5

5.贮灰场（灰坝坝体）安全管理制度建立后，应设专人定期对灰坝、灰管、灰场和排渗水设施进行巡检。（　）

参考答案：√

对应条文：25.2.1

6.贮灰场安全评估工作原则上每两年进行一次。（　）

参考答案：×

对应条文：25.2.2

对应条文部分内容：应对贮灰场定期组织开展安全评估工作，原则上每三年进行一次。

7.应加强灰水系统运行参数和污染物排放情况及地下水、土壤等周边环境的影响的监测分析。（　）

参考答案：√

对应条文：25.2.3

8.灰管检查重点包括灰管（含弯头）的磨损和接头、各支撑装置（含支点及管桥）的状况等。（　）

参考答案：√

对应条文：25.2.4

9.分区使用或正在取灰外运的贮灰场，必须制定落实严格的防止扬尘污染的管理制度。（　）

参考答案：√

对应条文：25.2.5

10.贮灰场服务期满或不再承担新的贮存、填埋任务时，无需启动封场作业。（　）

参考答案：×

对应条文：25.2.6

对应条文部分内容：贮灰场应根据实际情况进行覆土、种植或表面固化处理等措施，防止发生扬尘污染。当贮灰场服务期满或不再承担新的贮存、填埋任务时，应启动封场作业，并采取相应的污染防治措施，防止造成环境污染和生态破坏。

11.电厂内部应做到废水集中处理，提高水的重复利用率，减少废水和污染物排放量。

（　）

参考答案：√

对应条文：25.3.1

12. 应对废（污）水处理设施制订严格的运行维护和检修制度。（　）

参考答案：√

对应条文：25.3.2

13. 电厂无需作好废（污）水处理设施运行记录。（　）

参考答案：×

对应条文：25.3.3

对应条文部分内容：作好电厂废（污）水处理设施运行记录，并定期监督废水处理设施的投运率、处理效率和废水排放达标率。

14. 锅炉进行化学清洗时，必须制订废液处理方案，并经审批后执行。（　）

参考答案：√

对应条文：25.3.4

15. 除尘设施的运行参数应控制在最佳状态。（　）

参考答案：√

对应条文：25.4.1

16. 新建、改造和大修后的除尘设施，性能指标未达标也能验收。（　）

参考答案：×

对应条文：25.4.2

对应条文部分内容：新建、改造和大修后的除尘设施应进行性能试验，性能指标未达标不得验收。

17. 电除尘器的除尘效率、电场投运率、烟尘排放浓度应满足设计的要求，同时烟尘排放浓度达到国家、地方的排放标准规定要求。（　）

参考答案：√

对应条文：25.4.3

18. 袋式除尘器、电袋复合式除尘器运行期间出现滤袋破损应及时处理。（　）

参考答案：√

对应条文：25.4.4

19. 电厂干除灰输送系统、干排渣系统及水力输送系统的输送管道泄漏时，无需制定紧急事故措施及预案。（　）

参考答案：×

对应条文：25.4.5

对应条文部分内容：防止电厂干除灰输送系统、干排渣系统及水力输送系统的输送管道泄漏，应制定紧急事故措施及预案。

20. 锅炉启动时油枪点火、燃油、煤油混烧、等离子投入等工况下，电除尘器应在闪络电压以下运行。（　）

参考答案：√

对应条文：25.4.6

21. 袋式除尘器或电袋复合式除尘器的旁路烟道及阀门应零泄漏。（　）

参考答案：√

对应条文：25.4.7

22. 无需对除尘设施本体和烟道的腐蚀和磨损情况进行定期检查。（　）

参考答案：×

对应条文：25.4.8

对应条文部分内容：应对除尘设施本体和烟道的腐蚀和磨损情况进行定期检查，防止发生大面积腐蚀漏风和设备塌陷。

23. 加强袋式除尘器、电袋复合式除尘器入口烟温监测，出现超温现象应及时采取措施。（　）

参考答案：√

对应条文：25.4.9

24.湿式电除尘器入口烟温、氧量及电场电流电压、闪络频次等参数异常时无需采取应急措施。（ ）

  参考答案：×

  对应条文：25.4.10

  对应条文部分内容：加强湿式电除尘器入口烟温、氧量及电场电流电压、闪络频次等参数的监视，出现异常情况及时采取应急措施，防止因烟气过热、放电过热、短路等引起湿式电除尘器火灾事故。

25.应加强除尘器灰斗料位监视，当灰位超过高位报警值时，应立即采取降低灰位的措施。（ ）

  参考答案：√

  对应条文：25.4.11

26.经过电改布袋的除尘器，无需委托有相应资质能力的专业机构开展钢结构强度校核。（ ）

  参考答案：×

  对应条文：25.4.12

  对应条文部分内容：对于经过电改布袋的除尘器，要委托有相应资质能力的专业机构开展钢结构强度校核，并确保在极端运行工况下仍具有足够安全裕度。

27.应制订完善的脱硫设施运行、维护及管理制度，并严格贯彻执行。（ ）

  参考答案：√

  对应条文：25.5.1

28.锅炉运行时，脱硫系统可以不投入。（ ）

  参考答案：×

  对应条文：25.5.2

  对应条文部分内容：锅炉运行时脱硫系统必须同时投入，SO_2排放浓度应达到国家及地方的排放标准。

29.新建、改造和大修后的脱硫系统，性能指标未达到标准也能验收。（ ）

  参考答案：×

  对应条文：25.5.3

  对应条文部分内容：新建、改造和大修后的脱硫系统应进行性能试验，指标未达到标准的不得验收。

30.脱硫系统运行时必须投入废水处理系统，处理后的废水应满足国家及行业标准。（ ）

  参考答案：√

  对应条文：25.5.4

31.应对脱硫系统吸收塔、换热器、烟道等设备的腐蚀、结晶和堵塞情况进行定期检查。（ ）

  参考答案：√

  对应条文：25.5.5

32.应加强对脱硫系统的巡回检查，及时发现并消除系统的跑冒滴漏。（ ）

  参考答案：√

  对应条文：25.5.6

33.脱硝设施运行、维护及管理制度无需严格贯彻执行。（ ）

  参考答案：×

  对应条文：25.6.1

  对应条文部分内容：制订完善的脱硝设施运行、维护及管理制度，并严格贯彻执行。

34.脱硝系统的脱硝效率、投运率、应达到设计要求，同时NO_x排放浓度满足国家及地方的排放标准。（ ）

  参考答案：√

  对应条文：25.6.2

35.新建、改造和大修后的脱硝系统，性能指标未达到标准也能验收。（ ）

参考答案：×

对应条文：25.6.3

对应条文部分内容：新建、改造和大修后的脱硝系统应进行性能试验，指标未达到标准的不得验收。

36. 应定期对脱硝催化剂进行性能检测，开展催化剂寿命评估。（　）

参考答案：√

对应条文：25.6.4

37. 设有液氨储存设备、采用燃油热解炉的脱硝系统，无需制定事故应急预案。（　）

参考答案：×

对应条文：25.6.6

对应条文部分内容：设有液氨储存设备、采用燃油热解炉的脱硝系统，应制定事故应急预案，每年至少组织一次环境污染的事故预想、防火、防爆处理演习。

38. 电厂宜采用干除灰输送系统、干排渣系统。（　）

参考答案：√

对应条文：25.1.2

39. 电厂的锅炉实际燃用煤质的灰分、硫分、低位发热量等不宜超出设计煤质及校核煤质。（　）

参考答案：√

对应条文：25.1.4

40. 对分区使用或正在取灰外运的贮灰场，必须制定落实严格的防止扬尘污染的管理制度，配备必要的防尘设施，避免扬尘对周围环境造成污染。（　）

参考答案：√

对应条文：25.2.5

41. 贮灰场应根据实际情况进行覆土、种植或表面固化处理等措施，防止发生扬尘污染。（　）

参考答案：√

对应条文：25.2.6

42. 禁止无排污许可证或者违反排污许可证的规定排放废水、污水。（　）

参考答案：√

对应条文：25.3.1

43. 禁止利用渗井、渗坑、暗管、雨水管、裂隙、溶洞等排放废水、污水。（　）

参考答案：√

对应条文：25.3.1

44. 新建、改造和大修后的除尘设施应进行性能试验，性能指标未达标不得验收。（　）

参考答案：√

对应条文：25.4.2

45. 防止电厂干除灰输送系统、干排渣系统及水力输送系统的输送管道泄漏，应制定紧急事故措施及预案。（　）

参考答案：√

对应条文：25.4.5

46. 锅炉运行时脱硫系统必须同时投入，SO_2排放浓度应达到国家及地方的排放标准。（　）

参考答案：√

对应条文：25.5.2

47. 脱硫系统运行时必须投入废水处理系统，处理后的废水应满足国家及行业标准。（　）

参考答案：√

对应条文：25.5.4

48. 脱硝系统的脱硝效率、投运率应达到设计要求，同时NO_x排放浓度满足国家及地方的排放标准，不能达到标准要求应加装或更换催化剂。（　）

参考答案：√

对应条文：25.6.2

49.新建、改造和大修后的脱硝系统应进行性能试验，指标未达到标准的不得验收。（　）

参考答案：√

对应条文：25.6.3

二、单项选择题

1.电厂宜采用干除灰输送系统、干排渣系统。如采用水力除灰电厂应实现（　）。

A. 灰水回收循环使用

B. 灰水直接排放

C. 灰水简单处理后排放

D. 灰水与其他废水混合处理

参考答案：A

对应条文：25.1.2

2.电厂应按地方、国家烟气污染物排放标准规定的各污染物排放限值，采用相应的（　）。

A. 烟气除尘设施

B. 脱硫设施

C. 脱硝设施

D. 以上都是

参考答案：D

对应条文：25.1.3

3.灰场大坝工程设计应最大限度地合理利用水资源并建设（　）。

A. 灰水回用系统

B. 废水处理系统

C. 循环冷却水系统

D. 消防水系统

参考答案：A

对应条文：25.1.5

4.应对贮灰场定期组织开展安全评估工作，原则上（　）进行一次。

A. 每年

B. 每三年

C. 每五年

D. 每十年

参考答案：B

对应条文：25.2.2

5.电厂内部应做到废水集中处理，提高水的重复利用率，减少废水和污染物排放量。禁止（　）排放废水、污水。

A. 无排污许可证

B. 违反排污许可证的规定

C. 利用渗井、渗坑、暗管等

D. 以上都是

参考答案：D

对应条文：25.3.1

6.锅炉进行化学清洗时，必须制订废液处理方案，并经（　）后执行。

A. 审批

B. 讨论

C. 备案

D. 记录

参考答案：A

对应条文：25.3.4

7.新建、改造和大修后的除尘设施应进行性能试验，性能指标未达标（　）。

A. 可以验收

B. 不得验收

C. 部分验收

D. 视情况验收

参考答案：B

对应条文：25.4.2

8.电除尘器（包括旋转电极）的除尘效率、电场投运率、烟尘排放浓度应满足设计的要求，同时烟尘排放浓度达到（　）。

225

A. 国家排放标准

B. 地方排放标准

C. 国家及地方的排放标准规定要求

D. 行业标准

参考答案：C

对应条文：25.4.3

9. 袋式除尘器、电袋复合式除尘器的除尘效率、滤袋破损率、阻力、滤袋寿命等应满足设计的要求，同时烟尘排放浓度达到（　）。

A. 国家排放标准

B. 地方排放标准

C. 国家及地方的排放标准规定要求

D. 企业标准

参考答案：C

对应条文：25.4.4

10. 锅炉启动时油枪点火、燃油、煤油混烧、等离子投入等工况下，电除尘器应在（　）运行。

A. 闪络电压以下

B. 闪络电压以上

C. 额定电压

D. 任意电压

参考答案：A

对应条文：25.4.6

11. 电厂应按地方、国家烟气污染物排放标准规定的各污染物排放限值，采用相应的烟气（　），投运的环保设施及系统应运行正常，脱除效率应达到设计要求，各污染物排放浓度达到国家及地方标准规定的要求。

A. 除尘设施

B. 脱硫设施

C. 脱硝设施

D. 除尘设施、脱硫设施与脱硝设施

参考答案：D

对应条文：25.1.3

12. 灰场大坝应充分考虑大坝的（　）和安全性，大坝工程设计应最大限度地合理利用水资源并建设灰水回用系统，贮灰场应无渗漏设计，防止污染地下水。

A. 高度

B. 宽度

C. 厚度

D. 强度

参考答案：D

对应条文：25.1.5

13. 应对贮灰场定期组织开展安全评估工作，原则上（　）进行一次。

A. 每一年

B. 每二年

C. 每三年

D. 每五年

参考答案：C

对应条文：25.2.2

14. 加强灰水系统（　）和污染物排放情况及地下水、土壤等周边环境的影响的监测分析，发现问题及时采取措施。

A. 运行管理

B. 运行参数

C. 检查

D. 维修

参考答案：B

对应条文：25.2.3

15. 应对废（污）水处理设施制订严格的（　），加强对污水处理设备的维护、管理，确保废（污）水处理运转正常。

A. 运行管理制度

B. 检修管理制度

C. 运行维护和检修制度

D. 缺陷管理制度

参考答案：C

对应条文：25.3.2

16.作好电厂废(污)水处理设施运行记录，并定期监督废水处理设施的（ ）、处理效率和废水排放达标率。

A. 投运率

B. 停运率

C. 故障率

D. 不可用率

参考答案：A

对应条文：25.3.3

17.应对除尘设施本体和烟道的腐蚀和磨损情况进行定期检查，防止发生（ ）。

A. 大面积腐蚀

B. 大面积腐蚀漏风

C. 设备塌陷

D. 大面积腐蚀漏风和设备塌陷

参考答案：D

对应条文：25.4.8

18.加强湿式电除尘器（ ）等参数的监视，出现异常情况及时采取应急措施，防止因烟气过热、放电过热、短路等引起湿式电除尘器火灾事故。

A. 入口烟温

B. 入口烟温、氧量

C. 入口烟温、氧量及电场电流电压

D. 入口烟温、氧量及电场电流电压、闪络频次

参考答案：D

对应条文：25.4.10

19.应对脱硫系统吸收塔、换热器、烟道等设备的（ ）情况进行定期检查，防止发生大面积腐蚀和堵塞。

A. 腐蚀、结晶

B. 腐蚀、堵塞

C. 结晶、堵塞

D. 腐蚀、结晶和堵塞

参考答案：D

对应条文：25.5.5

20.应加强对除雾器组件、喷淋层的（ ），防止发生除雾器及喷淋层的堵塞、脱落、变形。

A. 冲洗

B. 检查

C. 冲洗及检查

D. 维修

参考答案：C

对应条文：25.5.7

21.应定期对脱硝催化剂进行性能检测，开展催化剂寿命评估，及时对失效催化剂进行（ ）。

A. 更换

B. 再生

C. 更换或再生

参考答案：C

对应条文：25.6.4

22.设有液氨储存设备、采用燃油热解炉的脱硝系统，应制定事故应急预案，（ ）至少组织一次环境污染的事故预想、防火、防爆处理演习。

A. 每年

B. 每两年

C. 每三年

D. 每四年

参考答案：A

对应条文：25.6.6

三、多项选择题

1. 环保设施应当与主体工程（　　）。

   A. 同时设计

   B. 同时施工

   C. 同时投入使用

   D. 同时报废

   参考答案：ABC

   对应条文：25.1.1

2. 电厂应采用相应的烟气（　　）设施，投运的环保设施及系统应运行正常，脱除效率应达到设计要求。

   A. 除尘

   B. 脱硫

   C. 脱硝

   D. 除灰

   参考答案：ABC

   对应条文：25.1.3

3. 灰场大坝应充分考虑大坝的（　　）。

   A. 强度

   B. 安全性

   C. 美观性

   D. 经济性

   参考答案：AB

   对应条文：25.1.5

4. 应设专人定期对（　　）进行巡检。

   A. 灰坝

   B. 灰管

   C. 灰场

   D. 排、渗水设施

   参考答案：ABCD

   对应条文：25.2.1

5. 应对废(污)水处理设施制订严格的（　　）制度。

   A. 运行维护

   B. 检修

   C. 报废

   D. 更换

   参考答案：AB

   对应条文：25.3.2

6. 环保设施应当与主体工程（　　），应符合经批准的环境影响评价文件的要求。应加强对环保设施运维管理，确保环保设施正常运行，环保指标应达到设计标准和国家及地方排放标准的要求。

   A. 同时设计

   B. 同时施工

   C. 同时投入使用

   参考答案：ABC

   对应条文：25.1.1

7. 建立贮灰场（灰坝坝体）安全管理制度，明确管理职责。应设专人定期对（　　）进行巡检。应坚持巡检制度并认真做好巡检记录，发现缺陷和隐患及早解决。

   A. 灰坝

   B. 灰管

   C. 灰场

   D. 排、渗水设施

   参考答案：ABCD

   对应条文：25.2.1

8. 电厂内部应做到（　　），减少废水和污染物排放量。

   A. 废水集中处理

   B. 废水分散处理

   C. 提高水的重复利用率

   D. 减少水的重复利用率

   参考答案：AC

   对应条文：25.3.1

9.电除尘器（包括旋转电极）的（ ）应满足设计的要求，同时烟尘排放浓度达到国家、地方的排放标准规定要求。

A. 除尘效率

B. 电场投运率

C. 设备完好率

D. 烟尘排放浓度

参考答案：ABD

对应条文：25.4.3

附录　防止电力生产事故的二十五项重点要求（2023版）

1　防止人身伤亡事故的重点要求

1.1 防止高处坠落事故

1.1.1 高处作业人员必须经职业健康体检合格（检查周期为1年），凡患有不宜从事高处作业病症的人员，不得参加高处作业。

1.1.2 高处作业人员，必须经过专业技能培训，并取得合格证书后方可上岗。

1.1.3 高处作业应穿工作服、防滑鞋，正确佩戴使用个人安全防护用具，并设专人监护。

高处作业人员配备的安全帽、安全带、安全绳、攀登自锁器、防坠器等应检验合格并符合要求；使用前应检查确认。安全带、安全绳必须系在牢固物件上，防止脱落。安全带应采取高挂低用的方式，安全带的使用长度应事前调整合适，必要时加缓冲器，避免在高空坠落防护范围内造成二次冲击或应力伤害。作业人员应随时检查安全带、安全绳是否拴牢，在转移作业位置时不得失去安全保护。

高处作业所用的工具和材料应放在工具袋内或用绳索拴在牢固的构件上，较大的工具应系保险绳。上下传递物件应使用绳索，不得抛掷。

1.1.4 遇有阵风风力6级及以上以及暴雨、雷电、冰雹、大雾、沙尘暴等恶劣天气，应停止露天高处作业；冰雪、霜冻、雨雾天气未采取防滑、防寒、防冻措施，禁止进行高处作业。在夜间或光线不足的地方作业，应设充足的照明。

特殊情况下，确需在恶劣天气进行抢修时，应制定完善的安全措施，经本单位批准，并在安全措施执行到位后方可进行高处作业。

1.1.5 高处作业应设有防止作业人员失误、失踏或坐靠坠落的牢固作业立足面、防护栏、防护网、停歇区等。立足面应有足够面积，脚手板应满铺并有效固定。

1.1.6 施工或生产作业区的通道及各种孔、洞、井、沟、坑口、平台等临边部位应设置可靠的安全防护设施、悬挂安全标志牌。

基坑（槽）临边应装设合格牢固的防护栏杆，防护栏杆上除安全标志牌外不得拴挂任何物件。上下基坑必须设置专用斜道、梯道、扶梯、入坑踏步等攀登设施，作业人员严禁沿坑壁、支撑或乘坐运土工具上下。

1.1.7 作业现场常设洞口应设盖板并盖实、表面刷黄黑相间的安全警示线或装设栏杆护板；临时洞口或洞口盖板掀开后，应装设刚性防护栏杆，装设挡脚板，悬挂安全标志牌，夜间无照明或照明不足时应设红灯警示。

1.1.8 登高用的支撑架、脚手架、作业平台应使用合格材质搭设。高处作业层应装有防护栏杆并搭设牢固，经验收合格后方可使用，使用中严禁超载。

作业层脚手板必须铺满、铺稳、铺实、铺平，脚手板和脚手架应连接牢固。禁止使用单板或大于150mm的探头板。作业层脚手板下必须采用足够强度的安全平网兜底，以下每隔不大于10m必须采用安全平网封闭。

脚手架内立杆与建筑物距离大于150mm时，必须采取封闭防护措施。

特殊形式的脚手架，如悬吊式脚手架、水电站的进水口处脚手架、调压井处脚手架等，应专门设计并经批准。

1.1.9 作业现场使用移动高处作业平台四周应设置保护栏杆、护脚板或其他保护设施，作业平台表面应防滑、支撑稳定，不得超载。

移动式升降工作平台应经验收合格后方可投入使用。操作人员必须经专业培训合格，操作时遵守安全操作规程和制造商的操作使用说明。工作平台升降作业时，必须设置醒目的作业警戒控制区，悬挂安全标志牌和风险告知牌，无关人员严禁入内。

1.1.10 高处作业应使用有防滑保护装置（如防滑套、挂钩等）的合格的梯子，梯阶的距离不应大于30cm，并在距梯顶1m处设限高标志。使用单梯工作时，梯腿和水平面之间的夹角为65°～75°，梯子应有人扶持，以防失稳坠落。梯上有人时，禁止移动梯子。

1.1.11 作业现场使用的吊篮应检验合格，悬挂机构的结构件应有足够的强度、刚度、配重以及可固定措施。操作人员应经专门培训。

禁止货运吊篮、索道载人。

吊篮的每个吊点处除工作钢丝绳外还应独立设置安全钢丝绳，安全钢丝绳必须装有安全锁或相同作用的独立防坠落装置。

1.1.12 线路施工作业，登杆塔前应对塔架、根部、基础、拉线、桩锚、地脚螺母（螺栓）等进行全面检查。合格后，方可登杆塔作业。

1.1.13 在轻质型材等强度不足的高处作业面（如石棉瓦、铁皮板、采光浪板、装饰板、屋面光伏板等）上作业，必须搭设带安全护栏的临时通道，悬挂安全标志牌，在梁下张设安全平网或搭设安全防护设施。

严禁无有效防护措施在轻质型材上行走、作业。

1.1.14 绑扎钢筋和安装钢筋骨架需要悬空作业时，必须搭设脚手架和上下通道，严禁攀爬钢筋骨架；绑扎圈梁、挑梁、挑檐、外墙、边柱和悬空梁等构件的钢筋时，必须设置合格作业平台；绑扎立柱和墙体钢筋时，严禁站在钢筋骨架上或攀登骨架作业。

严禁未设置作业平台，进行高处绑扎柱钢筋作业、预应力张拉作业和开展临边高度2m及以上混凝土结构构件浇筑作业。

模板安装和拆卸时，作业人员必须有可靠的立足点和防护措施。上下模板支撑架必须设置专用攀登通道，不得在连接件和支撑件上攀登，不得在上下同一垂直面上装拆模板。

钢结构安装或装配式混凝土结构安装作业层未设置手扶水平安全绳、未搭设水平通道、两侧未设置防护栏杆，禁止作业。

严禁在未固定、无有效防护措施的物件以及安装中的管道上作业或通行。

1.1.15 在煤（粉、灰）仓或斗内作业时，作业人员必须佩戴防坠器和全身式安全带，安全带上应挂有安全绳，安全绳另一端必须握在仓或斗外的监护人手中，且牢固地连接到外部固定物体上。

1.1.16 从事风电机组塔筒清洗、叶片维修等高处作业，必须在风电机组停机状态并将叶轮锁定、做好防止吊篮摆动等措施后进行，作业人员必须使用独立安全绳、防坠器，安全绳应避免接触边缘锋利的构件，严禁对安全绳接长使用。工作地点20m直径范围内禁止人员停留和通行。

1.1.17 拆除工程必须事先制定安全防护措施和作业程序，并对作业人员进行安全技术交底；作业人员必须在安全措施落实到位后，按照拆除程序进行作业，不得颠倒、漏项。

1.2 防止触电事故

1.2.1 凡从事电气操作、电气检修和维护的人员（统称电气作业人员）必须经专业技术培训、触电急救培训并考试合格方可上岗。带电作业人员应经专门安全作业培训，考试合格并经单位批准。

1.2.2 电气作业人员应正确佩戴合格的个人防护用品，使用合格的电力安全工器具。绝缘鞋（靴）、绝缘手套等必须符合国家或行业相关标准。作业时，应穿工作服，戴安全帽，穿绝缘鞋（靴），根据作业需要佩戴绝缘手套。

1.2.3 使用绝缘安全工器具——绝缘操作杆、验电器、携带型短路接地线等必须经过定期试验合格，使用前必须检查安全工器具结构完整、性能良好，在检验有效期内。

使用的手持电动工器具和电气机具应定期检验合格，使用前应进行检查，并按工器具类型在使用中佩戴绝缘手套、配备漏电保护器或隔离电源。

1.2.4 电气设备的金属外壳应有良好的接地装置，使用中不得将接地装置拆除或对其进行任何工作。

1.2.5 检修动力电源箱的支路开关都应加装剩余电流动作保护器（漏电保护器），并应定期检查和试验。连接电动机械及电动工具的电气回路应单独装设开关或插座，并装设剩余电流动作保护器，做到"一机一闸一保护"。

对氢站、氨站、油区、危险化学品间、酸性蓄电池室（不含阀控式密封铅酸蓄电池室）等特殊场所，应选用防爆型检修电源箱，并使用防爆插头。

1.2.6 在高压线路、设备及相关区域工作，根据不同的作业方式、地点，人体与带电体的安全距离应满足《电力安全工作规程 电力线路部分》（GB 26859）和《电力安全工作规程 发电厂和变电站电气部分》（GB 26860）相关要求。低压电气带电工作时，人体不得直接接触裸露的带电部位并保持对地绝缘。作业中应采取防相间短路和单相接地措施。

1.2.7 高压线路、设备停电检修时，应采取停电、验电、接地、悬挂标示牌和装设遮栏（围栏）等措施，作业人员应在接地装置的保护范围内作业。禁止作业人员擅自移动或拆除接地线、遮栏（围栏）、标示牌。

低压线路、设备停电、验电后，无法实施接地措施时，可采取加锁、挂牌或绝缘遮蔽等措施，必要时派人看守。

带电作业主要采取等电位、中间电位、地电位三种方式。等电位作业时，作业人员须穿屏蔽服，与带电部位保持电位相同；中间电位和地电位作业时，作业人员需借用绝缘工器具对带电部位进行操作。

1.2.8 高压电气设备带电部位对地距离不满足设计标准时周边必须装设防护围栏，门应加锁，并挂好安全警示牌。围栏与带电部位最小间距应满足《电力安全工作规程 发电厂和变电站电气部分》（GB 26860）要求。

1.2.9 雷雨天气，需要巡视室外高压设备时，应穿绝缘靴，并不准靠近避雷器和避雷针。

雨天操作室外高压设备时，应使用有防雨罩的绝缘棒，穿绝缘靴、戴绝缘手套。雷电时禁止就地倒闸操作和登塔作业。发生雷雨天气后 1h 内禁止靠近风电机组。

1.2.10 当高压设备发生接地故障时，室内不得进入故障点 4m 以内，室外不得进入故障点 8m 以内。进入上述范围的人员必须穿绝缘靴，接触设备的外壳和构架应戴绝缘手套。

当发觉有跨步电压时，应立即将双脚并在一起或用一条腿跳着离开接地故障点。

1.2.11 高压试验时，必须装设围栏，悬挂安全标示牌，并设专人看护，严禁其他人员进入试验场地或接触被试验设备。试验设备两端不在同一地点时，另一端也应采取防范措施，并指派专人看守。试验时，操作人员应站在绝缘物上。禁止越过遮栏（围栏）。

1.2.12 因临近带电设备或工作地段有临近、平行、交叉跨越及同杆塔架设带电线路，导致检修设备（线路）可能产生感应电压时，应加装工作接地线或使用个人保安线。

架空绝缘导线不得视为绝缘设备，在停电检修作业中，开断或接入绝缘导线前，应做好防感应电的安全措施。

1.2.13 电缆及电容器检修前应逐相充分放电，并可靠接地；试验后的电缆及电容器应充分放电。

1.2.14 在地下敷设电缆附近开挖土方时，严禁使用机械开挖。

1.2.15 严禁用湿手去触摸电源开关以及其他电气设备。

1.2.16 在变电站户外和高压室内搬动梯子、管子等长物，应放倒后搬运，并与带电部分保持足够的安全距离。在变电站、配电站带电区域内或临近带电线路处，禁止使用金属梯子。

1.2.17 在带电设备周围或上方进行安装或测量时，严禁使用钢卷尺或带有金属丝的测绳、皮尺，上下传递物件必须使用干燥的绝缘绳索。

1.2.18 有限空间移动照明应使用 36V 以下的电压，金属容器内、潮湿环境下应使用 12V 的安全电压。

使用超过安全电压的手持电动工具，应按规定配置剩余电流动作保护装置（漏电保护器）。

1.2.19 严禁无票操作、擅自修改操作票、擅自解除高压电气设备的防误操作闭锁装置，严禁带接地线（接地开关）合断路器（隔离开关），严禁带电挂（合）接地线（接地开关）和带负荷拉（合）隔离开关，严禁误入带电间隔。

1.2.20 3～66kV 中性点不接地系统发生单相接地故障时，一次设备应能快速切除故障，从而降低人身触电风险。变电站 3～66kV 各段母线，因地制宜配置主动干预型消弧装置。

1.3 防止物体打击事故

1.3.1 进入生产现场人员必须掌握相关安全防护知识，正确佩戴合格的安全帽。工作场所井、坑、孔、洞或沟道、缝隙等，应覆以与地面齐平的坚固盖板，作业平台临边必须装设踢脚板。建（构）筑物或设备设施上搁置物、悬挂物必须采取防止脱落、掉落措施。

1.3.2 高处临边原则上不得堆、放物件，必须堆放时应采取防止物件掉落措施。在格栅式平台上堆、放小型物件时，应铺设木板或胶皮等，采取确保物件不掉落的措施。

高处场所的废弃物应及时清理，清理前应做好防止物件掉落的措施。

1.3.3 高处作业时，必须做好防止物件掉落的防护措施，严禁两名及以上作业人员同时攀爬直梯；使用工具袋时，应拴紧系牢；上下传递物件时，应用绳子系牢物件后再传递，严禁上下抛掷物品。

上、下层垂直交叉同时作业时，中间必须搭设严密牢固的防护隔板、罩栅或其他隔离设施。无专项施工方案和现场安全措施未落实，禁止立体交叉作业。

高处作业地点的下方应用围栏设置隔离区，人员进、出通道口和通行道路上部应设置安全防护棚；无法设置隔离区的应设警戒区，应设专人监护，人员不得在工作地点下面通行和逗留。

1.3.4 从事手工加工的作业人员，必须掌握工器具的正确使用方法及安全防护知识，作业前应检查工器具安装牢固。

从事人工搬运的作业人员，必须掌握撬杠、滚杠、跳板等工具的正确使用方法及安全防护知识，必须戴好安全帽、防护手套，穿好防砸鞋，必要时戴好披肩、垫肩、护目镜。

1.3.5 进入锅炉炉膛、尾部烟道、脱硫吸收塔、电除尘等设备内部进行工作前，应先清除上方可能掉落的焦、渣，并做好防止工作时上方落物的安全措施。

1.3.6 风力发电机组叶片有结冰现象且有掉落危险时，禁止人员靠近。登风电机组前，应确定无高处落物风险。禁止两人同时攀爬。随手携带工具人员应后上塔、先下塔。

1.4 防止机械伤害事故

1.4.1 机械（设备）的操作人员必须经过专业技能培训，并掌握现场操作规程和安全防护知识。

操作人员着装不应有可能被转动机械绞住的部分,必须穿好工作服,衣服、袖口应扣好、扎紧,不得戴围巾、领带,长发必须盘在帽内。

使用机床时,必须戴防护眼镜,不得戴手套。不得在运转设备的旋转和移动部分旁边换衣服。

1.4.2 机械设备各转动、传动部位（如传送带、齿轮机、联轴器、飞轮等）必须装设防护装置。

机械设备必须装设紧急制动装置,"一机一闸一保护"。周边必须划警戒线,照明必须充足。

工作场所应设人行通道,设备移动或转动时与构筑物或固定物体之间安全距离不符合要求的区域,应用固定式安全网封闭隔离,限制人员通行。

1.4.3 在停运检修的机械设备上工作,应切断电源、风源、水源、汽（气）源、油源等,必须采取强制制动措施,防止设备突然转动。

1.4.4 严禁清扫、擦拭和润滑运行设备中的旋转和移动部分,严禁将头、手、脚伸入部件活动区内。

1.4.5 输煤皮带的转动部分及拉紧重锤必须装设遮栏,加油装置应接在遮栏外面。输煤皮带两侧人行通道必须装设固定防护栏杆和标识明显的紧急停止拉线开关。

1.4.6 在输煤皮带运行、备用过程中,严禁清理皮带和设备中杂物。在防止输煤皮带启动安全措施实施前,输煤皮带上严禁站人,严禁跨越和爬过输煤皮带,严禁在输煤皮带上传递各种用具。

1.4.7 给料（煤）机在运行中发生卡、堵时,应停止设备运行,做好设备防转动措施后方可清理塞物,严禁用手直接清理塞物。

钢球磨煤机运行中,严禁在传动装置和滚筒下部清除煤粉、钢球、杂物等。

1.4.8 在空气预热器内进行检修工作前,内外部人员信息必须保持通畅并做好相应的安全措施;回转式空气预热器盘车时,内部人员应撤离至安全位置;盘车用的工具应封闭存放,由专人保管。

1.5 防止灼烫伤害事故

1.5.1 电工、电（气）焊人员均属于特种作业人员,必须经专业技能培训,取得特种作业操作证。电工作业、焊接与热切割作业、除灰（焦）人员、热力作业人员必须经专业技术培训,符合上岗要求。

电（气）焊作业面应铺设防火隔离毯并做好防焊渣、焊花飞溅的措施,作业区下方设置警戒线并设专人看护,作业现场照明充足。

1.5.2 作业人员应避免靠近或长时间地停留在可能受到灼烫危及人身安全的地方。

进行接触高温物体的工作,必须穿好防烫伤的隔热劳动防护用品。电（气）焊作业人员必须穿好焊工工作服、焊工防护鞋,戴好工作帽、焊工手套,其中电焊须戴好焊工面罩,气焊须戴好防护眼镜。化学作业人员[配置化学溶液,装卸酸（碱）等]必须穿好耐酸（碱）服,戴好橡胶耐酸（碱）手套和防护眼镜（面罩）。

1.5.3 在维护和检修热力系统的阀门、管件、设备时,必须采取防止汽水串通的可靠隔离措施。

严禁在热力系统消压、放水前作业，严禁近距离检查带压状态设备、管道的泄漏，严禁用敲打法检查管道的泄漏，严禁带压堵漏。

1.5.4 除焦作业人员必须穿好防烫伤的隔热工作服、工作鞋，戴好防烫伤手套、防护面罩和必需的安全工具，站在除焦口的侧面。

除焦时，原则应停炉进行。确需不停炉除焦（渣）时，应设置警戒区域，挂上安全警示牌，设专人监护，非除焦人员禁止进入除焦作业区；必须做好确保锅炉稳定燃烧的措施，当燃烧不稳定或有炉烟向外喷出时，禁止打焦。

循环流化床锅炉除焦，必须停炉处理，指定专门的现场指挥人员，开工前必须制定好除焦方案，并进行安全和技术交底。

1.5.5 捞渣机周边应装设固定防护栏杆，设置"当心烫伤"警示牌，禁止人员在运行中的捞渣机周围长时间停留。

不停炉在捞渣机区域进行检修作业时，作业人员必须穿好防烫伤的隔热工作服、戴头盔等，应采取降低机组负荷、关闭锅炉冷灰斗关断门并设置支撑等防止大焦块掉落，渣飞溅伤人措施。

循环流化床锅炉的外置床事故排渣口周围必须设置固定围栏。循环流化床排渣门须使用先进、可远操作的电动锤型阀，取消简易的插板门。

1.5.6 制粉系统防爆门应装有阻火装置，不应正对人行道。对给粉机、给煤机、磨煤机入口管道、制粉系统设备内部进行清理煤（粉）前，应确保煤粉无自燃，入口门（挡板）关闭。

1.5.7 锅炉运行时，因工作需要打开的门孔应及时关闭。人员不得在锅炉人孔门、炉膛连接的膨胀节处长时间逗留。

观察炉膛燃烧情况时，必须站在看火孔的侧面；同时佩戴防护眼镜或用有色玻璃遮盖眼睛。

1.6 防止起重伤害事故

1.6.1 属于特种设备的起重机械必须按照国家相关规定周期进行检验，并在特种设备安全监督管理部门登记备案，应定期检查并做好记录。

1.6.2 起重吊具（钢丝绳、钢丝绳卡、吊带、吊钩、卸扣等）由使用单位每月检查 1 次、每年自检 1 次；手拉葫芦（倒链）、电葫芦、卷扬机由使用单位每年自检 1 次。

1.6.3 从事起吊作业及其安装维修的人员必须取得相应证书，并经县级以上医疗机构体检合格方可上岗。持证人员应按照证书上的作业类别和准操项目，操作相应的起重机械。

1.6.4 起重作业人员必须穿工作服和安全鞋（靴），佩戴安全帽；起重指挥人员必须佩戴明显标志，配备必要的通讯设备，不得兼做司索（挂钩）及其他工作，严禁多人指挥；起重司机必须听从指挥人员的指挥，指挥信号不明时严禁操作；吊装中任何人发出紧急停车信号时，司机必须立即停车。

1.6.5 大型起重作业、易燃易爆物品吊装及危险化学品的吊装作业必须制订"三措两案"（即组织措施、技术措施、安全措施、施工方案、应急预案），经本单位审批执行，并设置专业人员监护。吊装易燃易爆物（如氧气瓶、煤气罐等）、危险化学品时，由专业人员负责吊物的安全性，指挥人员负责吊装的安全性。

1.6.6 起吊现场必须保证光线和视线良好、照明充足，设置警戒区域并设专人监护，非工作人员严禁入内。

1.6.7 吊装散件物时应用料斗或箱子，装料高度严禁超过上口边，散粒状的物料必须低于料斗上口边线100mm；吊装大的或不规则的物件时，应在物件上系上控制其姿态和方向的拉绳。

1.6.8 起重吊物前，必须清楚吊物重量并捆绑牢固，严禁起吊不明物和埋在地下的物件。当吊物无固定吊点时必须按规定选择吊点，使吊物在吊运中保持平衡和吊点不发生移动。带棱角或缺口的吊物无防割措施严禁起吊。

1.6.9 吊装前，必须检查起重机械的安全装置可靠、起重工具检验合格并在有效期内，吊具、钢丝绳等完好无损，确认吊点承载能力、吊物重量、捆绑正确牢固、吊装区域内无人、吊运路线无障碍物、与电气设备距离符合安全要求。

1.6.10 起吊前必须鸣铃（或口哨）示警，吊装接近人时应给断续铃声（或口哨）示警。当起吊物离地20～30cm时必须停吊检查，确认安全性；吊装中的吊物不得长期悬在空中；吊物暂时悬在空中时，司机不得离开驾驶室或做其他工作；吊装中突遇停电，应先将控制器恢复到零位，切断电源，然后采用防止吊物坠落的可靠措施将吊物缓慢放下。

1.6.11 吊装作业，严禁利用管道、设备、防护栏杆、脚手架以及不坚固的建（构）筑物上作为起吊物的吊点，严禁超载或歪斜拽吊，严禁在吊物上站人或放有活动物件，严禁起重人员停留在吊物下作业，严禁吊物从人的头上越过或停留，严禁人员从吊物下方行走或停留。

1.6.12 利用两台或多台起重机械吊装同一重物时，绑扎时应根据各台起重机械的允许起重量按比例分配负荷，保持吊装同步，每台起重机械的起重量不得超过其额定起吊重量的80%。

1.6.13 翻转吊物时，起重人员必须站在吊物翻转方向反侧来翻转吊物；放置吊物必须平稳牢固，并做好防倾倒、滑动和滚动措施；抽出吊物绑绳时，不得斜拉、强拉或旋转吊物等。

1.6.14 在电气设备附近或高压线下起吊物体，必须履行审批手续，起重机械必须使用不小于16mm^{2}的软铜线可靠接地，且与电气设备或高压线保持安全距离，制订好防范措施，并设电气监护人监护。

1.6.15 大雪、大雨、雷电、大雾、风力6级及以上等恶劣天气严禁户外起重作业。

1.7 防止坍塌伤害事故

1.7.1 堆放物料前必须检查确认堆放物处的地面平整、平台牢固且承载能力满足要求；堆放物料时应自下而上逐层进行，取物料时与此相反。严禁超高堆放物料，严禁中间抽取物料，严禁倚靠堆置物，严禁在堆置物旁逗留、工作或休息。

1.7.2 开挖土石方（基坑）前，必须勘察确认施工场地的地质、水文和地下管网布置等情况，基坑四周和坑底四周应设置排水措施，对大型基坑、井坑等必须有经专家审定的施工方案。严禁掏根开挖和反坡开挖，严禁在石土滑落方向撬挖，严禁上下层同时开挖，严禁在基坑或边坡下休息。开挖过程中，若发现有可能坍塌或滑动裂缝时，作业人员必须立即撤离危险区域，待险情处理或采取可靠的防护措施后再恢复作业。

1.7.3 人工开挖基坑要有支护方案，基坑深度不足2m时，原则上不再进行支护但要放坡；基坑深度超过2m小于5m应按表1-1规定对基坑放坡；基坑深度超过5m且不具备放坡条件时，要有专项支护设计。严禁开挖已支护基坑的下层土石方；严禁在支护结构上放置或悬挂重物。

表1-1　　　　　　　　　　　　各类土质的坡度

土质类别	砂土、砾土、淤泥	砂质黏土	黏土、黄土	硬黏土
坡度（深、宽）	1：0.75	1：0.5	1：0.3	1：0.15

1.7.4 煤场汽车接卸煤指挥人员必须远离煤车指挥，严禁站在汽车上煤堆行驶方向指挥。用推煤机压实整形煤堆时，应注意煤堆坡度和煤堆坍塌的风险，应注意与煤堆边缘保持一定安全距离。

1.7.5 加强对存在可能垮塌风险的场所（如尾部烟道、料仓、粉仓、灰斗等）的定期巡检和管理工作，保证料位计指示正确，严禁长期高料位运行。若发现有漏灰、灰斗脱落等异常情况时应及时采取防护措施后进行处理，周围应悬挂警示牌，严禁人员在附近逗留和通过。

1.7.6 搭设脚手架必须使用合格的管件、脚手板、扣件等材料，搭设好后必须验收合格、悬挂验收合格牌；每次使用前必须检查确认架体连接稳固、安全可靠、承载能力；使用时，严禁擅自改变架体结构，严禁超载使用，严禁在脚手架上起重作业，严禁将任何管道、起重装置等与架体结构连接；拆除脚手架时，必须由上而下逐层拆除，连墙件必须随脚手架逐层拆除，严禁数层同时拆除，严禁将整个脚手架推倒拆除。

1.7.7 模板工程施工，严禁擅自改变施工方案或凭经验施工，搭设模板必须选用合格的搭设材料，浇筑混凝土必须办理混凝土浇筑许可手续，浇筑时必须按照"先浇筑柱、再浇筑梁和板"工序进行；拆除模板必须办理申请拆模手续，且确认混凝土达到拆模强度后方可拆除，拆除模板时必须按照"先拆侧模后拆底模，先拆非承重部分后拆承重部分"的原则进行，严禁随意拆模。

1.7.8 搭设临时建筑必须制订施工方案，选择安全地段和合格建材，必须验收合格后方可使用。严禁使用钢管、毛竹、三合板、石棉瓦等搭设，严禁使用夹芯板作为活动房的竖向承重构件，严禁在易发生泥石流、季节旋风、山洪、微地形大风处搭设，严禁在临时建筑墙外周边开挖土石方。

1.7.9 拆除工程应制订施工方案，并遵守"先上后下、先屋面后主体、先水电后建筑、先梁板后墙柱、先内墙后外墙"原则；拆除前必须现场研究拟拆除物整体结构、确定拆除顺序，按照拆除顺序施工，对局部拆除影响结构安全的必须先加固后拆除。严禁随意拆除或立体交叉拆除作业。

1.8 防止中毒窒息事故

1.8.1 进入有限空间必须佩戴合格的防护用品和应急装备；进入可能会持续释放有毒有害气体或作业可能产生有毒有害气体的场所，必须佩戴长管呼吸器或正压空气呼吸器；进入有害气体的场所必须佩戴防毒面罩；进入酸气较大的场所必须佩戴套头式防毒面具；进入液氨泄漏的场所必须穿好重型防化服并佩戴正压式空气呼吸器。

1.8.2 有限空间作业必须遵守"先通风、再检测、后作业"原则，对隧洞作业或者有害因素可能发生变化的作业，还必须做到"持续通风、持续检测"原则。必须执行有限空间作业审批许可制度、有限空间出入登记制度，必须设专人监护。

1.8.3 有限空间作业必须对其危险有害因素进行辨识，进入前30min内必须检测有害气体浓度不得超过表1-2限值，氧气浓度在19.5%～21.0%范围内，并保持良好通风；作业中至少每2h检测一次有害气体含量，对可能释放有害物质的有限空间应连续监测；作业中断时间超过30min必须重新检测。

表1-2　　　　　　　　　有限空间作业常见有毒气体浓度判定限值

气体名称	评判值	
	mg/m³	ppm（20℃）
硫化氢	10	7
氯化氢	7.5	4.9
氰化氢	1	0.8
磷化氢	0.3	0.2
溴化氢	10	2.9
氯	1	0.3
甲醛	0.5	0.4
一氧化碳	30	25
一氧化氮	10	8
二氧化碳	18000	9834
二氧化氮	10	5.2
二氧化硫	10	3.7
二硫化碳	10	3.1
苯	10	3
甲苯	100	26
二甲苯	100	22
氨	30	42
乙酸	20	8
丙酮	450	186

注　标中数据均为该气体容许浓度的上限值。

1.8.4 有限空间仅有 1 个进出口时,必须将通风设备出风口置于作业区域底部进行送风;有限空间有 2 个或 2 个以上进出口(通风口)时,必须在临近作业人员处进行送风,远离作业人员处进行排风,且出风口应远离进风口,防止有害气体循环进入有限空间。

1.8.5 对容器内的有害气体置换时,吹扫必须彻底、不留残留气体,吹扫气体排放必须符合安全要求,易燃易爆气体必须使用符合要求的惰性气体置换,容器与其他管道的连接处应加装可靠隔离封堵措施。

1.8.6 在有限空间内从事衬胶、涂漆、刷环氧树脂等具有挥发性溶剂作业时,必须进行强力通风,采取防止爆燃措施。严禁使用纯氧通风。

1.8.7 进入容器、罐、井、仓或池内的作业人员必须遵守 1.1.15、1.8.2、1.8.3、1.8.5 等条要求外,还必须确保作业人员与外部监护人联络畅通,联络不畅时严禁作业。严禁在容器、罐、井、仓或池内使用软梯。

1.8.8 在有限空间内作业感觉身体不适时,应立即撤离现场;如发生中毒窒息事件时,现场监护人应在有限空间外施救,并立即报告。施救人员必须正确选用并佩戴好合格的防毒用品、呼吸器具,携带救援器材后,方可进入施救。严禁盲目进入施救。

1.8.9 有限空间内作业结束后,必须清点人员和工具,确认有限空间内无人后,方可关闭人孔门或盖板并解除采取的隔离封闭措施。

1.8.10 两台锅炉共用一个烟囱,当一台锅炉运行另一台锅炉检修需进入脱硫吸收塔、净烟道时,净烟气挡板必须关闭严密并切断电源,防止烟气倒入检修系统。

1.8.11 危险化学品专用仓库必须装设机械通风装置、冲洗水源及排水设施,必须设专人管理,应进行出入库登记。从事危险化学品的人员必须熟悉所用药品的毒性、腐蚀、爆炸、燃烧等特性,掌握操作要点及安全注意事项,掌握现场急救方法和程序。

1.8.12 化学实验室必须装设通风、自来水、消防设施,应在明显处放置急救药箱、酸(碱)伤害急救中和用药、毛巾、肥皂等。从事化验人员必须穿专用工作服并做好安全防护。

1.8.13 盛装化学药品和溶剂的容器必须标识正确,严禁容器上无标签。剧毒危化品必须储藏在隔离房间或保险柜内,保险柜应装设双锁,并双人、双账管理,装设电子监控设备,并挂"当心中毒"警示牌。

1.8.14 进入尿素溶解罐前,必须将罐内浆液全部清空,充分通风,并检测罐内氨气残存量的气体浓度值不得大于 $30mg/m^3$,方准作业。

1.8.15 配制有毒性、致癌或有挥发性等药品时,室内必须在通风柜橱内进行,室外必须站在上风口进行。露天装卸化学药品(溶液)时,人必须站在上风口作业。

1.8.16 化学室内作业时,应每隔 1~2h 到室外换气。若感到头痛、恶心、胸闷、心悸等不适症状,立即停止作业,并到室外换气。

1.8.17 化学实验时,严禁一边作业一边饮食(水);工作中断或结束后,工作人员必须及时换衣洗手。化学实验用过的有毒有害废弃物严禁随意抛弃，必须集中保管，妥善处理。

1.9 防止电力生产交通事故

1.9.1 建立和完善电力生产交通安全管理制度和相应的实施细则，健全交通安全保证和监督体系，明确责任。严禁无证驾驶、酒后驾驶、超速超载、人货混装等违法违章驾驶行为。

1.9.2 加强对电力生产所用车辆维修管理，确保车辆的技术状况符合国家规定，安全装置完善可靠。定期对车辆进行检修维护，在行驶前、行驶中、行驶后对安全装置进行检查，发现危及交通安全问题，应及时处理，严禁带病行驶。

1.9.3 大件运输、大件转场、运输危化品或易燃易爆物品应严格遵守有关法规，制定运输方案和专门的安全技术措施，指定有经验的专人负责，事前应对参加工作的全体人员进行全面安全技术交底。危险货物运输驾驶员、装卸员、押运员应取得相应的从业资格证。

1.9.4 在临边、狭窄场地、临近带电体及线路等危险区域（路段）使用车辆作业时，应划定明确的作业范围，设置明显的警示标志，并设专人监护。

1.9.5 严禁未提前确认路基、边坡满足安全作业要求盲目作业，悬崖陡坡、路边临空边缘必须设安全警示标志、安全墩、挡墙等防护设施，并确保夜间有充足照明。

1.9.6 严禁在铁道上或机车底下休息，不准在车辆下面或两节车的中间穿过。在铁道附近进行工作可能影响调车作业或行车安全时，工作负责人应事先与调车人员联系，做好安全措施，必要时应设专人监护。煤车摘钩、挂钩或启动前，必须由调车人员查明车底下或各节车辆的中间确已无人，才可发令操作。

1.9.7 叉车、翻斗车、起重机、铲车等特种车辆，除驾驶员、副驾驶员座位以外，任何位置在工作中不得载人。

1.9.8 机动车在无限速标志的厂内主干道行驶时，不得超过 30km/h，其他道路不得超过 20km/h。机动车行驶特定地点、路段或遇到特殊情况时的限速要求应符合相关规定。

1.9.9 建立交通安全预警机制。按恶劣气候、气象、地质灾害等情况及时启动预警机制，制定并落实防止车辆伤害事故的管控措施。

1.10 防止电力生产淹溺事故

1.10.1 水上运输应遵守水运管理部门或海事管理机构的有关规定。

机动作业船、运维交通船等作业船只，必须有船舶行驶许可证，必须按要求配备船员，配备救生设备，船体不得有损伤、漏水。

1.10.2 上下船使用的跳板宽度不得小于 250mm，水上临时人行跳板宽度不得小于 600mm，跳板的强度和刚度应满足使用要求，跳板端部应固定，板面应设置防滑设施。水上临时人行跳板应设置安全护栏或张挂安全网。

1.10.3 船上装卸大件物体或大型施工设备应有专门的装卸方案，严禁船舶超载。海上风电建设项目大件运输应制定海上运输方案和应急预案。

1.10.4 进入水轮机（水泵）等内部工作时，必须严密关闭进水闸门（或进水阀），并切断其动力电源和控制电源，做好隔离水源措施，排除内部积水。工作结束撤出时必须清点人数。

1.10.5 集水井、集水廊道洞口、生产区域水池等有淹溺危险的场所应设置坚固的盖板或护网并盖实，防止人员掉落溺水。集水井、集水廊道内的工作，必须有专人监护，作业人员必须系好安全带和安全绳，安全绳由监护人掌握，遇有水位上涨时，井内作业人员必须立即撤离。

1.10.6 临水、水上作业应对作业人员进行安全救生培训，必须制定详细的预控措施并进行现场交底，必须有两人以上方可进行。

临水、水上作业及乘坐交通工作船时，人员必须穿好救生衣（或绑安全绳、安全带）、穿防滑鞋，作业人员在出海前或在船期间不得饮酒，禁止游泳、捞物。

临水作业现场应设置有效的安全防护措施、安全警示牌，夜间作业配备足够的照明设施，五级及以上大风、大雨、雷电、浓雾天气禁止临水和水上作业。

1.10.7 围堰施工过程中必须监测水位变化，围堰内外的水头差必须在设计范围内，筑岛围堰必须高出施工期间可能出现的最高水位0.7m以上。

1.10.8 基坑、顶管工作井周边必须有良好的排水系统和设施，设置防护盖板或围栏，夜间必须设置警示灯。

1.10.9 严禁穿越深浅不明的水域。对于抗洪抢险作业、台风暴雨持续期间，故障巡视应至少两人一组进行，巡视期间保持通信畅通。

1.10.10 当大坝溢流或泄洪量达到规定值时，禁止在上、下游大坝近区进行任何水上作业。

1.10.11 潜水作业应由取得相关资质的人员担任，作业前，必须对装具、设备和系统进行现场检查和测试，并遵守潜水作业相关安全要求。禁止夜间水下作业，如遇特殊情况需在夜间作业时，应经本单位批准，并做好相关措施。

1.11 防止烟气脱硫设备及其系统中人身伤亡事故

1.11.1 新建、改建和扩建电厂的吸收塔及内部支撑架、烟道、浆液箱罐、烟气挡板、浆液管道、烟囱做防腐处理时，应选择耐腐蚀、耐磨损的材料，对浆液泵及搅拌器、浆液管道（管件）、旋流器、膨胀节要做防磨处理，并加强日常检查维护，防止由于设备腐蚀、卡涩带来的安全隐患。

1.11.2 防止脱硫塔进口烟气温度过高损坏防腐层。及时修复损坏的防腐层和更换损坏的衬胶管。

1.11.3 加强石灰石粉输送系统防尘措施，防止粉尘飞扬对作业人员造成职业健康伤害。在脱硫石膏装载作业时，必须在确认运输车厢（罐）内无人后才能进行装载作业。

1.11.4 加强浆液池等盛装液体的沟池的安全防护，有淹溺危险的场所必须设置盖板，并做到盖板严密，以防作业人员落入沟池。

1.11.5 进入脱硫塔前，必须打开人孔门进行通风，在有毒气体浓度降低到允许值以下才能进入。进入脱硫塔检修，应做好防止作业人员坠落、防落物伤人安全措施，脱硫塔外必须设专人监护。

1.11.6 加强保安电源的维护，发生全厂停电或者脱硫系统突然停电时，保安电源能确保及时启动并向脱硫系统供电。

1.12 防止液氨储罐泄漏、中毒、爆炸伤人事故

1.12.1 液氨储罐区应由具有综合甲级资质或者化工、石化专业甲级设计资质的化工、石化设计单位设计。储罐、管道、阀门、法兰等必须定期检验、检测、试压，确保质量性能符合要求。

1.12.2 液氨区域应必须设置安全警示标志，现场必须放置防毒面具、防护服、药品等防护用具。

液氨区域必须标识清晰的安全逃生方向和路线，必须设置及时掌握风向变化的方向标，必须放置符合规定要求的消防灭火器材，必须设置洗眼器、淋洗器和喷淋系统，必须按要求设置避雷装置和静电释放装置，输送易燃物质的管道、法兰等应有防静电接地措施。

氨区控制室和配电间出入口不得朝向装置间。氨区所有电气设备、远传仪表、执行机构、热控盘柜等均选用相应等级的防爆设备，防爆结构选用隔爆型（Ex-d），防爆等级不低于ⅡAT1。

1.12.3 进入液氨储存区，严禁吸烟，严禁携带火种，严禁携带和使用无线通信设备，严禁人员未释放静电进入。

1.12.4 应加强液氨区域管理，建立液氨管理制度，加强相关人员的业务知识培训，液氨作业人员必须经过专门培训，熟悉系统，熟悉液氨物理、化学特性和危险性，经考试合格，持证上岗。

严格工艺措施，加强巡回检查，防止液氨系统跑、冒、滴、漏，尤其应防止因外部环境腐蚀发生泄漏。

应制定液氨储罐意外受热或罐体温度过高致使压力显著升高、液氨泄漏等应急预案，并定期组织演练。

1.12.5 进入液氨储存区域的人员必须正确穿戴劳动防护用品，严禁穿戴易产生静电服装（严禁穿带钉皮鞋、穿易起静电化纤类服装等）。作业人员实施操作时，应按规定佩戴个人防护品。

1.12.6 氨区应设置事故报警系统，氨气泄漏检测装置应覆盖氨区，具有检测数据远传、就地报警功能，并自动联锁启动水喷淋系统。

液氨泄漏时，应立即采取处理措施，在保证安全的情况下，尽可能切断泄漏源；应急处理人员必须戴正压式空气呼吸器，穿专用防护服；泄漏区周围立即设置隔离带，并监测空气中氨气的浓度，撤离隔离带内所有人员。

1.12.7 严格控制液氨储罐充装量，不应超过储罐总容积的85%。严禁过量充装，防止因超压而发生罐体开裂或阀门顶脱、液氨泄漏伤人。

1.12.8 应在液氨储罐四周安装自动水喷淋装置，当罐体温度过高时该装置自动启动。氨贮存箱、氨计量箱的排气，应设置氨气吸收装置。

1.12.9 在液氨储存区检修时应作好防护措施，严格执行动火审批制度，并加强监护。氨罐检修时，必须采取防止形成爆炸性混合气体的措施后方可开工。严禁在充装液氨的罐体上实施动火作业。

1.12.10 液氨槽车卸料时应严格遵守操作规程，卸料过程应有专人监护。完善储运等生产设施的安全阀、压力表、放空管、氮气吹扫置换口等安全装置，并做好日常维护；严禁使用软管卸氨，应采用金属万向管道充装系统卸氨。

1.12.11 加强进入液氨储存区车辆管理，严禁未装阻火器机动车辆进入，运送物料的机动车辆必须正确行驶。

1.12.12 加强厂外运输液氨车辆管理，不得随意找社会车辆进行液氨运输。电厂应与具有危险货物运输资质的单位签订专项液氨运输协议。

2 防止火灾事故的重点要求

2.1 加强防火组织与消防设施管理

2.1.1 各单位应落实全员消防安全责任制，建立消防安全保证和监督体系，制定消防安全制度、消防安全操作规程，制定灭火和应急疏散预案。建立火灾风险分级管控及火灾隐患排查治理双重预防机制。保障疏散通道、安全出口、消防车通道畅通。配备消防专责人员，并建立有效的消防组织网络和训练有素的志愿消防队伍。定期进行全员消防安全培训、组织有针对性的消防演练和火灾疏散演习。

2.1.2 配备符合要求的消防设施、消防器材及正压式消防空气呼吸器，灭火剂的选用应根据灭火的有效性，设备、人身和环境的影响等因素确定。禁止使用过期和性能不达标消防器材。灭火器最低配置基准、灭火器的设置、灭火器类型、规格和灭火级别应符合《建筑灭火器配置设计规范》（GB 50140）标准。泡沫灭火器的标志牌应标明"不适用于电气火灾"字样。

2.1.3 单机容量 125MW 机组及以上的燃煤电厂消防给水应采用独立的消防给水系统，以确保消防水量、水压不受其他系统影响；消防设施的备用电源应由保安电源供给，未设置保安电源的应按Ⅰ类负荷供电（25MW 及以下的发电厂，消防水泵应按不低于Ⅱ类负荷供电）。消防水系统应定期检查、维护。正常工作状态下，应将自动喷水灭火系统、火灾自动报警系统、防烟排烟系统和联动控制的防火卷帘分隔设施设置在自动控制状态。

2.1.4 设置固定式气体灭火系统的发电厂、变电站等场所、长距离电缆隧道、长距离地下燃料皮带通廊、地下变电站至少配置 2 套正压式消防空气呼吸器，长距离电缆隧道、长距离地下燃料皮带通廊、地下变电站至少配置 4 只防毒面具。并应进行使用培训，确保其掌握正确使用方法，以防止人员在灭火中因使用不当中毒或窒息。正压式空气呼吸器和消防员灭火防护服应每月检查一次。

2.1.5 现场工作人员应掌握《电力设备典型消防规程》（DL 5027）动火级别、禁止动火条件。在一、二级动火区施工、检修现场动火作业时，要做好一般动火安全措施、组织措施、技术措施，严格执行动火工作票制度。变压器、脱硫塔现场检修工作期间应有专人防火值班，不得出现现场无人情况。

2.1.6 电力调度大楼、地下变电站、无人值守变电站应安装火灾自动报警或自动灭火设施，无人值守变电站其火灾报警系统应和视频监控系统联动，以便及时发现火警。

2.1.7 建（构）筑物的安全疏散安全出口、室外疏散楼梯、疏散通道、疏散门不得堆积和占用，应保持畅通，疏散设施各项防火参数符合要求。疏散门不许封堵、上锁。主厂房疏散楼梯间内部不应穿越可燃气体管道，蒸汽管道，甲、乙、丙类液体的管道和电缆或电缆槽盒。

2.1.8 风电、光伏新能源场站要与当地森林防火指挥中心建立应急协调机制，根据气候特征，结合森林、草场季节、环境等因素以及山火、林火、草火特点，适时开展风电、光伏新能源场站及输配电线路火灾隐患排查,并落实防范措施,最大限度地减少山火、雷击事故造成的损失。

2.1.9 大型发电、变配电等特殊建设工程应履行消防设计审查、消防验收制度,其他建设工程应履行备案抽查制度;依法应当进行消防验收的建设工程,未经消防验收或者消防验收不合格的,禁止投入使用;其他建设工程经依法抽查不合格的,应当停止使用。

2.1.10 定期进行消防设施维护保养检测;消防设施维护保养检测、消防安全评估等消防技术服务机构及人员应符合从业条件和资格,并对服务质量负责。

2.1.11 推广应用电力设备消防新产品、新技术。消防新产品、新技术应按有关规定通过型式检验、技术鉴定、专家评审、验收,并提供相应报告或记录。

2.1.12 进入氢站、油库、氨区和天然气站前进行静电释放,严禁携带手机、火种,严禁穿带钉子的鞋和易产生静电的衣服,运行和维护应使用铜质的专用工具。

2.2 防止发电厂电缆着火事故

2.2.1 新建、扩建工程中的电缆选择与敷设应按有关规定进行设计。电缆通道的防火设施必须与主体工程同时设计、同时施工、同时验收。

2.2.2 在密集敷设电缆的主控制室下电缆夹层和电缆沟内,不得布置热力管道、油气管以及其他可能引起着火的管道和设备。

2.2.3 对于新建、扩建的火电厂主厂房、升压站、输煤、燃油、制氢、氨区及其他易燃易爆场所,应选用阻燃电缆。

2.2.4 采用排管、电缆沟、隧道、桥梁及桥架敷设的阻燃电缆,其成束阻燃性能应不低于C级。与电力电缆同通道敷设的控制电缆、非阻燃通信光缆等应分层敷设并采取防火隔离措施。110(66)kV及以上电压等级电缆在隧道、电缆沟、变电站内、桥梁内应选用阻燃电缆,其成束阻燃性能应不低于C级。

2.2.5 严格按正确的设计图册施工,做到布线整齐,同一通道内电缆数量较多时,若在同一侧的多层支架上敷设,应按电压等级由高至低的电力电缆、强电至弱电的控制和信号电缆、通信电缆"由上而下"的顺序排列;当水平通道中含有35kV以上高压电缆,或为满足引入柜盘的电缆符合允许弯曲半径要求时,应按"由下而上"的顺序排列。同一重要回路的工作与备用电缆应配置在不同层或不同侧的支架上,并应实行防火分隔。电缆在任何敷设方式及其全部路径条件的上下左右改变部位,均应满足电缆允许弯曲半径要求,并应符合电缆绝缘及其构造特性的要求,避免任意交叉并留出足够的人行通道。

2.2.6 发电厂控制室、开关室、计算机室等通往电缆夹层、隧道、穿越楼板、墙壁、柜、盘等处的所有电缆孔洞和盘面之间的缝隙(含电缆穿墙套管与电缆之间缝隙)必须采用合格的不燃或阻燃材料封堵。防火封堵组件的耐火极限不应低于被贯穿物的耐火极限,且不低于1.00h。

2.2.7 非直埋电缆接头的外护层及接地线应包覆阻燃材料,充油电缆接头及敷设密集的10~35kV电缆的接头应用耐火防爆槽盒封闭。密集区域(4回及以上)的110(66)kV及以上电压等级电缆接头应选用防火槽盒、防火隔板、防火毯、防爆壳等防火防爆隔离措施。

2.2.8 新建或改扩建工程，发电厂的发电机、主变压器、备用变压器、消防水泵、消防系统回路、应急电源、断路器及重要公用设备的保护、控制等回路，应使用耐火电缆。水电厂（含抽水蓄能电厂）消防电梯、消防系统回路，应急电源、断路器、灭磁开关等直流操作电源回路，以及发电机组紧急停机、进水口快速闸门或阀门紧急闭门的直流电源等重要回路，计算机监控、双重化继电保护的电源回路，应使用耐火电缆。

2.2.9 电缆竖井和电缆沟应分段做防火隔离，对敷设在隧道和主控室或厂房内构架上的电缆要采取分段阻燃措施。

2.2.10 尽量减少电缆中间接头的数量。如需要，应按工艺要求制作安装电缆头，经质量验收合格后，再用防火或防爆措施将其封闭。变电站夹层内3kV以上在运中间接头应逐步移出，电力电缆切改或故障抢修时，应将3kV以上中间接头布置在站外的电缆通道内。

2.2.11 在电缆通道、夹层内动火作业应办理动火工作票，并采取可靠的防火措施。在电缆通道、夹层内使用的临时电源应满足绝缘、防火、防潮要求。工作人员撤离时应立即断开电源。

2.2.12 火力发电厂主厂房到网络控制楼或主控制楼的每条电缆隧道或沟道所容纳的电缆回路，宜不超过1台机组的电缆。

2.2.13 建立健全电缆维护、检查及防火、报警等各项规章制度。严格按照规程规定对电缆夹层、通道进行定期巡检，并检测电缆和附件关键部位运行温度，多条并联的电缆应分别进行测量。

2.2.14 电缆通道、夹层应保持清洁，禁止堆放杂物，照明应充足，并有防火、防水、通风的措施。电缆通道沿线及其内部、隧道通风口（亭）外部不得积存易燃、易爆物。火电厂锅炉、燃煤贮运车间内架空电缆上及附近电气设备控制箱内的积灰应定期清扫。

2.2.15 近高温管道、阀门等热体的电缆应有隔热措施，靠近充油设备的电缆沟，靠近充油设备的电缆沟，应设有防火延燃措施，盖板应封堵。

2.2.16 发电厂主厂房内架空电缆与热体管路平行时应保持足够的距离，控制电缆不小于0.5m，动力电缆不小于1m。控制电缆、动力电缆与热力管道交叉时，两者距离分别不应小于0.25m及0.5m。当不能满足要求时，应采取有效的防火隔热措施。

2.2.17 电缆通道临近易燃或腐蚀性介质的存储容器、输送管道时，应加强监视或采取安全隔离措施，防止易燃或腐蚀性介质渗漏进入电缆通道损害电缆或导致火灾。

2.2.18 3～66kV中性点不接地系统发生单相接地故障时，一次设备应能快速响应，防止电缆着火、事故扩大。变电站3～66kV各段母线，因地制宜配置主动干预型消弧装置。

2.2.19 重要的电缆通道如控制电缆安装密集的电缆夹层、电缆竖井、电缆桥架、电缆沟区域内应安装火灾探测报警装置，并定期检测。新建场站和重要负荷的交流电源回路，在发生绝缘损坏时，接地故障产生的接地电弧，可能引起火灾危险时宜设置剩余电流监测电器。

2.3 防止汽机油系统着火事故

2.3.1 油系统应尽量避免使用法兰连接，禁止使用铸铁阀门。

2.3.2 油系统法兰禁止使用塑料垫、橡皮垫（含耐油橡皮垫）和石棉纸垫，应按磷酸酯抗燃油及矿物油对密封材料的相容性要求进行选择。

2.3.3 油管道法兰、阀门及可能漏油部位附近不准有明火，必须明火作业时要采取有效措施，附近的热力管道或其他热体的保温应紧固完整，并包好铁皮。

2.3.4 禁止在有介质的油管道上进行切割、焊接工作。在无介质的油管上进行切割、焊接时，必须事先将管子冲洗、吹扫干净，办理一级动火工作票，并对可燃气体检测合格后，方可进行动火作业。

2.3.5 油管道法兰、阀门及轴承、调速系统等应保持严密不漏油，如有漏油应及时消除，严禁漏油渗透至下部蒸汽管、阀保温层。对油管道上的焊口、弯头及接头部位，结合机组检修进行无损检测抽检，发现问题进行更换处理并扩大抽检范围。

2.3.6 油管道法兰、阀门的周围及下方，如敷设有热力管道或其他热体，这些热体保温必须齐全，保温外面应包铁皮等金属外保护层。

2.3.7 检修时如发现保温材料内有渗油时，应查明原因，消除漏油点，并更换保温材料。

2.3.8 事故排油阀应设两个串联钢质截止阀，其操作手轮应设在距油箱5m以外的地方，便于操作和撤离，有两个以上通道且能保证漏油着火时人员可以到达，操作手轮不允许加锁或摘除手轮，应挂有明显的"禁止操作"标志牌。

2.3.9 油管道要保证机组在各种运行工况下自由膨胀，应定期检查和维修油管道支吊架。定期检查油管道有无碰摩，发生碰摩应及时设法消除；油管道穿过楼板、孔洞等构筑物时，留在孔洞内管道不得有法兰、焊口，且应设有橡胶套管等防碰摩措施。

2.3.10 机组油系统的设备及管道损坏发生漏油，除轻微渗油可以及时处理外，凡不能与系统隔绝处理且无法现场消除漏油的，或热力管道保温已渗入油且无法妥善处置的，应立即停机处理。

2.4 防止燃油罐区及锅炉油系统着火事故

2.4.1 油系统应使用铜制工具或专用防爆工具操作，禁止在油管道上进行焊接、捻缝工作。

2.4.2 储油罐或油箱的加热温度必须根据燃油种类严格控制在允许的范围内，加热燃油的蒸汽温度，应低于油品的自燃点。

2.4.3 油区、输卸油管道应有可靠的防静电安全接地装置，油区应设置可靠地防雷接地装置，并定期测试接地电阻值。

2.4.4 油区、油库必须有严格的消防管理制度。在相关设施、设备上，设置明显的消防安全警示标志。油区内明火作业时，必须办理一级动火工作票，并应有可靠的安全措施。

2.4.5 油区内易着火的临时建筑要拆除，禁止存放易燃物品和堆放杂物，无杂草。

2.4.6 燃油罐区及锅炉油系统的防火还应遵守 2.3.4、2.3.6、2.3.7 的规定。

2.4.7 燃油系统的软管和垫片，应定期检查更换。

2.4.8 油库、油罐降温装置要进行定期维护和试运，保持完整备用。

2.5 防止制粉系统爆炸事故

2.5.1 不得用压力水管直接浇着火的煤粉，以防煤粉飞扬引起爆炸，不准在运行中的制粉设备上进行焊接工作。

2.5.2 及时消除漏粉点，清除漏出的煤粉。清理煤粉时，应杜绝明火。

2.5.3 严格控制磨煤机出口温度和煤粉仓温度，其温度不得超过煤种要求的规定。磨制混合品种燃料时，出口温度应按其中最易爆的煤种确定。

2.5.4 防爆门动作时喷出的气流，不应危及附近的电缆、油气管道和有人通行的部位。

2.5.5 制粉系统的设备保温材料、管道保温材料及在煤仓间穿过的汽、水、油管道保温材料均应采用不燃烧材料。

2.5.6 制粉系统动火作业，应测定粉尘浓度合格，并执行动火工作制度。

2.6 防止氢气系统爆炸事故

2.6.1 当发电机为氢气冷却运行时，置换空气的管路必须隔绝，并加严密的堵板。制氢和供氢的管道、阀门或其他设备发生冻结时，应用蒸汽或热水解冻，禁止用火烤。

2.6.2 氢冷系统中氢气纯度须不低于96%，含氧量不应大于1.2%；制氢设备中，气体含氢量不应低于99.5%，含氧量不应超过0.5%。如不能达到标准，应立即进行处理，直到合格为止。

2.6.3 在氢站或氢气系统附近进行明火作业或做能产生火花的工作时，应测定工作区域内氢气含量合格，执行动火工作制度，并应办理一级动火工作票。作业时必须使用不产生火花的工具。

2.6.4 氢站应按严重危险级的场所管理，应设推车式灭火器。

2.6.5 密封油系统平衡阀、压差阀、安全阀及浮球阀必须保证动作灵活、可靠，密封瓦间隙必须调整合格。

2.6.6 空、氢侧各种备用密封油泵应定期进行联动试验。

2.6.7 室内氢气排放管的出口应高出屋顶 2m 以上。室外设备的氢气排放管应高于附近有人员作业的最高设备 2m 以上。氢气排放管应设置静电接地，并在避雷保护范围之内。氢管道应有防静电的接地措施，管道法兰、阀门等连接处，应采用金属线跨接。

2.6.8 首次使用和检修、改造后的氢气系统应进行耐压、清洗（吹扫）和气密性试验，符合要求后方可投入使用。

2.7 防止输煤皮带着火事故

2.7.1 输煤皮带停止上煤期间，也应坚持巡视检查，发现积煤、积粉应及时清理。

2.7.2 煤垛发生自燃现象时应及时扑灭，不得将带有火种的煤送入输煤皮带。

2.7.3 燃用易自燃煤种的电厂必须采用阻燃输煤皮带。

2.7.4 应经常清扫输煤系统主辅助设备，重点是电源箱柜、电缆排架、电缆槽盒、电缆竖井、除尘器管路、落煤管、导煤槽内等各处的积粉。

2.8 防止脱硫、湿除系统着火事故

2.8.1 脱硫、湿式电除尘器系统防腐材料应当天配置，即配即用，非工作期间分类存放在专用仓库内。严禁在吸收塔、烟道、湿式除尘器内及其他防腐区域堆积防腐材料。专用仓库应单独隔离并距离其他建（构）筑物不小于 25m。严禁在防腐材料仓库周围 10m 范围内焊接、切割或进行其他热处理作业。装过挥发性油剂及其他易燃物质的容器，应及时清理处置，粘有油漆的棉纱、破布及油纸等易燃废物，应及时回收处理。

2.8.2 在涉及衬胶、环氧树脂、玻璃鳞片、喷涂聚脲、FRP 玻璃钢的设备内部或外壁进行焊接、切割、打磨等可能产生明火的作业或其他加热作业，必须严格执行动火工作票制度。吸收塔、湿式电除尘器及相关烟道内动火作业只能单点作业，焊割作业应采取间歇性工作方式。

2.8.3 涉及脱硫塔、湿式电除尘器以及相关烟道内部防腐、非金属部件安装区域，必须制定施工区域出入门禁制度，所有人员凭证出入并登记，交出火种，关闭随身携带的无线通信设备，禁止穿钉有铁掌的鞋和容易产生静电火花的化纤服装。

2.8.4 脱硫、湿式电除尘器系统及附属烟道内防腐、安装或检修必须选用防爆型电器设备和电动工具，并安装漏电保护器，电源线必须使用软橡胶电缆，且不允许有接头。塔、罐及烟道行灯电压不得超过 12V，不得使用自耦变压器。严禁将行灯照明的隔离变压器带进金属容器、金属管道或密闭容器内使用。灯具与内部防腐涂层及除雾器、湿式除尘器阳极模块的距离应大于 1.0m。

2.8.5 脱硫、湿式电除尘器系统及内部防腐及非金属部件安装作业期间，应至少设置 2 台防爆型排风机进行强制通风，并配备足够的消防灭火设施，周围 10m 范围及其上下空间内严禁动火。禁止在与防腐、非金属部件安装作业面相通的其他设备、烟道、管道内部和外壁进行焊接、切割、打磨等可能产生明火的作业。防腐施工面积在 10m² 以上时，防腐现场应接引消防水带，并保证消防水随时可用。与非金属部件胶合黏结采用加热保温方法促进固化时，严禁使用明火。禁止在塔、箱、罐及烟道等有限空间内进行防腐鳞片涂料稀释或搅拌作业。进行吸收塔、湿式电除尘器和烟道内部防腐、安装施工时，应至少保留 2 个有限空间出入孔，并保持逃生通道畅通。

2.8.6 湿式电除尘器本体四周应配备消防设施，灭火范围应能够覆盖最顶层平台设备。阳极上方须设置全覆盖事故喷淋系统。电场启动前和停运后必须进行冲洗，未经冲洗不得启动。严禁湿式电除尘器未通烟气空载运行，锅炉 MFT 动作应立即联锁停运湿式电除尘器并启动冲洗系统。空载升压试验须履行规定的许可手续，相关管理和专业人员须到场监督指导，消防人员做好现场监护和消防应急准备。空载升压必须在风机运行的条件下进行，空载升压前、后必须对电场进行冲洗，空载升压二次电压最大值不得超过设计值。

2.8.7 应编制并落实脱硫系统、湿式电除尘器系统施工临时设施的消防设计，满足施工现场防火、灭火及人员安全疏散的要求，并对各级施工人员进行安全交底。应制定脱硫系统、湿式电除尘器系统施工专项应急预案和现场处置方案,建立应急救援队伍,配备应急救援物资,开展应急演练,并对演练效果进行评估。

2.9 防止氨系统着火爆炸事故

2.9.1 健全和完善氨系统运行与维护规程以及相关的制度、措施。

2.9.2 氨区及输氨管道法兰、阀门连接处应装设金属跨接线。与储罐相连的管道、阀门、法兰、仪表等材料选择符合要求,并具有防腐蚀措施。

2.9.3 氨区所有电气设备、远传仪表、执行机构、热控盘柜应使用防爆型电器设备,且通风、照明良好。

2.9.4 液氨设备、系统的布置应便于操作、通风和事故处理,同时必须留有足够宽度的操作空间和安全疏散通道。

2.9.5 在正常运行中会产生火花的氨压缩机启动控制设备、氨泵及空气冷却器(冷风机)等动力装置的启动控制设备不应布置在氨压缩机房中。温度遥测、记录仪表等不应布置在氨压缩机房内。

2.9.6 在氨区或氨系统附近进行明火作业时,必须严格执行动火工作票制度,氨区内动火必须办理一级动火工作票,氨区内严禁明火采暖。氨系统动火作业前、后应置换排放合格;动火结束后,及时清理火种。

2.9.7 氨储罐区及使用场所,应按规定配备消防灭火和稀释吸收的喷淋系统以及足够的消防器材、氨漏泄检测器和视频监控系统,并按时检查和试验。

2.9.8 氨储罐的新建、改建和扩建工程项目应进行安全性评价,其防火、防爆设施应与主体工程同时设计、同时施工、同时验收投产。

2.9.9 氨区按规定设置避雷保护装置,储罐和氨管道可靠接地,并采取防止静电感应的措施。

2.9.10 氨区储罐应设置防晒和温度升高的降温喷淋措施,具有自动启动功能并定期试验。

2.9.11 卸氨区应装设万向充装系统用于接卸液氨,禁止使用软管接卸。万向充装系统应使用干式快装接头,周围设置防撞设施。

2.10 防止天然气系统着火爆炸事故

2.10.1 燃气轮机(房)或联合循环发电机组(房)、余热锅炉(房)与办公、生活建筑(耐火等级一、二级)之间的防火间距应大于10m,与办公、生活建筑(耐火等级三级)之间的防火间距应大于12m,天然气调压站与办公、生活建筑之间的防火间距应大于25m。

2.10.2 天然气系统的新建、改建和扩建工程项目应进行安全评价,其防火、防爆设施应与主体工程同时设计、同时施工、同时验收投产。

2.10.3 天然气系统区域应建立严格的防火防爆制度,生产区与办公区应有明显的分界标志,并设有"严禁烟火"等醒目的防火标志。

2.10.4 室内天然气调压站,燃气轮机与联合循环发电机组厂房应设可燃气体漏泄探测装置,其报警信号应引至集中火灾报警控制器。

2.10.5 应定期对天然气系统进行火灾、爆炸风险评估，对可能出现的危险及影响应制定和落实风险削减措施，并应有完善的防火、防爆应急救援预案。

2.10.6 天然气系统的压力容器使用管理应按《特种设备安全监察条例》的规定执行。

2.10.7 天然气系统中设置的安全阀，应做到启闭灵敏，每年至少委托有资格的检验机构检验、校验一次。压力表等其他安全附件应按其规定的检验周期定期进行校验。

2.10.8 在天然气管道中心线两侧各5m地域范围内，禁止种植乔木、灌木、藤类、芦苇、竹子或者其他根系达管道埋设部位可能损坏管道防腐层的深根植物；禁止取土、采石、用火、堆放重物、排放腐蚀性物质、使用机械工具进行挖掘施工；禁止挖塘、修渠、修晒场、修建水产养殖场、建温室、建家畜棚圈、建房以及修建其他建筑物、构筑物。

2.10.9 天然气爆炸危险区域内的设施应采用防爆电器，其选型、安装和电气线路的布置应按《爆炸和火灾危险环境电力装置设计规范》（GB 50058）执行。

2.10.10 天然气区域应有防止静电荷产生和集聚的措施，并设有可靠的防静电接地装置。

2.10.11 天然气区域的设施应有可靠的防雷装置，防雷（静电）接地，接地电阻不应大于10Ω；防雷（静电）检测每年应进行两次（其中在雷雨季节前监测一次）。

2.10.12 连接管道的法兰连接处，应设金属跨接线（绝缘管道除外），当法兰用五根以上的螺栓连接时，法兰可不用金属线跨接，但必须构成电气通路。

2.10.13 在天然气易燃易爆区域内进行作业时，应使用防爆工具，并穿戴防静电服和不带铁掌的工鞋。禁止使用手机等非防爆通信工具。

2.10.14 机动车辆进入天然气系统区域，排气管应带阻火器。

2.10.15 天然气区域内不应使用汽油、轻质油、苯类溶剂等擦地面、设备和衣物。

2.10.16 天然气区域需要进行动火、动土、进入有限空间等特殊作业时，应按照作业许可的规定，办理作业许可。

2.10.17 天然气区域应做到无油污、无杂草、无易燃易爆物，生产设施做到不漏油、不漏气、不漏电、不漏火。

2.10.18 应配置专职的消防队（站）人员、车辆和装备，并符合国家和行业的标准要求，或与距离较近的国家综合性消防救援队形成联动机制，制定灭火救援预案，定期联合演练。

2.10.19 发生火灾、爆炸后，火场指挥部应立即采取安全警戒措施，并根据现场是否有继续扩大蔓延的态势以及产生次生灾害的情况，果断下达撤退命令，在确保人员、设备、物资安全的前提下，采取相应的措施。

2.10.20 燃气轮机天然气系统厂房如汽机房、燃机房、集中控制室、启动锅炉房、天然气增压站等，建筑物耐火等级应达到二级，外墙保温材料及屋面板应采用不燃性材料，屋面防水层应采用不燃、难燃材质。

2.10.21 燃气轮机天然气系统停气进行动火作业前，应按规定对作业管段或设备进行系统隔离及置换。置换应采用间接置换法。

2.10.22 燃气轮机天然气系统各过滤器及与过滤器相连的取样管、放空管、排污管等管道在进行动火作业前，必须确认动火管段与过滤器之间有可靠物理隔离或封堵；过滤器设备本体进行动火作业前，必须将滤芯拆除并清理干净罐体内部；排污管进行动火作业前管道内部必须清理干净。现场工作应使用铜质工具。

2.11 防止风力发电机组着火事故

2.11.1 建立健全预防风力发电机组（以下简称风机）火灾的管理制度，严格风机内动火作业管理，定期巡视检查风机防火控制措施。

2.11.2 风电机组机舱、塔筒内母排、并网接触器、励磁接触器、变频器、变压器等一次设备动力电缆必须选用阻燃电缆，机舱至塔基电缆应采取分段阻燃措施。靠近加热器等热源的电缆应有隔热措施，靠近带油设备的电缆槽盒密封。机舱通往塔筒穿越平台、柜、盘等处电缆孔洞和盘面缝隙应采用有效的封堵措施且涂刷电缆防火涂料。

2.11.3 严格监控设备轴承、发电机、齿轮箱及机舱内环境温度变化，发现异常及时处理。发电机轴承温度报警值不超过85℃，停机温度不超过95℃。定期清理主轴下部接油盒内废油。严禁用火把或喷灯拆卸或安装轴承。

2.11.4 母排、并网接触器、励磁接触器、变频器、变压器等一次设备动力电缆，定期用红外测温或使用测温贴对电缆温度进行监视，电缆损坏时及时更换阻燃电缆。机组塔筒内电缆穿越的孔洞应用耐火极限不低于1h的不燃材料进行封堵。

2.11.5 风机机舱、塔筒内的电气设备及防雷设施的预防性试验合格，并每季度检查机组防雷接地回路的电涌保护器、接地引下线、旋转导电单元等部件是否工作可靠，连接正常。每年应测量一次防雷系统接地电阻，单机工频接地电阻应不大于4Ω。每年检测接闪器至塔筒底部接地扁钢引雷通道电气连接性能，每一连接点的过渡电阻应不大于0.24Ω。

2.11.6 风机机舱的齿轮油及液压油系统应严密、无渗漏，应采用不易燃烧或燃点（闪点）高于风电机组运行最高温度的油品。法兰不得使用铸铁材料、不得使用塑料垫、橡胶垫（含耐油橡胶垫）和石棉纸、钢纸垫，刹车系统必须采取对火花或高温碎屑封闭隔离的措施。

2.11.7 机组内严禁存放易燃物品，机舱内保温材料必须用阻燃材料。并应配置自动消防系统，至少包含探测器、火灾报警装置、灭火装置、控制器、通信设备等，应具有智能防护、自动控制功能，并且可与风机主控系统协调联动；检修期间机舱内应配置不低于2个呼吸器用于紧急逃生；机组机舱、塔内底部及机舱下第一个平台应摆设合格消防器材；在检修作业和动火作业时，应在作业平台配备合格消防器材后方可进行作业。

2.11.8 风机机舱末端有紧急逃生孔及逃生绳悬挂点，配备紧急逃生装置，且定期检验合格，保证人员逃逸或施救安全。塔筒的醒目部位必须悬挂安全警示牌。

2.11.9 风机塔筒内的动火作业必须开具动火作业票，作业前消除动火区域内可燃物。氧气瓶、乙炔气瓶应摆放、固定在塔筒外，气瓶间距不得小于5m，不得暴晒。电焊机电源应取自塔筒外，不得将电焊机放在塔筒内，严禁在机舱内油管道上进行焊接作业，作业场所保持良好通风和照明。动火结束后清理火种。

2.11.10 进入风机机舱、塔筒内，严禁带火种、严禁吸烟，不得存放易燃品。清洗、擦拭设备时，必须使用非易燃清洗剂。严禁使用汽油、酒精等易燃物。

2.11.11 布置在风机内（含塔架与机舱）的变压器应采用干式变压器，应布置于独立的隔离室内并配置自动灭火装置，设置耐火隔板，耐火隔板的耐火极限不小于1h。塔架外独立布置的机组变压器与塔架之间的距离不应小于10m，当小于10m时应选用干式变压器或在变压器与塔架之间增设防火墙，并且变压器与塔架之间最小间距不得低于5m；对于贴挂在塔架外壁的机组变压器，应选用干式变压器并配置自动灭火装置。

2.11.12 风电机组的机舱及机舱平台底板下部、轮毂、塔架底部设备层、各类电气柜应设应配置自动灭火装置；风机机舱大空间灭火介质应选用新型气溶胶或超细干粉，电气控制柜、变流器柜等局部小空间应采用新型气溶胶，新型气溶胶喷口温度均应大于200℃，且配置的灭火介质需经消防产品质量监督检测中心测试及认证。

2.11.13 定期对控制柜内元器件及接线情况进行检查，保证元件工作可靠，电缆连接无松动、过热和老化现象。定期检查、清扫发电机集电环碳粉，及时更换磨损超标超限的碳刷，防止污闪及环火。定期检查并统计机组并网断路器动作次数，动作次数或使用年限达到设计寿命的应进行更换。

2.11.14 风电机组高速轴刹车系统应采用钢质材料的防护罩，其厚度应不小于2mm。定期对刹车时间、刹车间隙、刹车油泵的自动启动进行测试，不满足要求的禁止机组投运。定期检查刹车盘和制动钳的间隙，刹车盘厚度磨损量超过3mm时必须更换，及时清理刹车盘油污。定期检查检查制动钳的释放灵活性，不满足要求时应及时更换。

2.12 防止电化学储能电站火灾事故

2.12.1 发电侧和电网侧电化学储能电站（以下简称"储能电站"）站址不应贴邻或设置在生产、储存、经营易燃易爆危险品的场所，不应设置在具有粉尘、腐蚀性气体的场所，不应设置在重要架空电力线路保护区内；当设置在发电厂、变电站内时，电池设备室与其他电力设施的安全距离应符合《电化学储能电站设计规范》（GB 51048）等技术标准的相关规定。

2.12.2 中大型储能电站应选用技术成熟、安全性能高的电池，审慎选用梯次利用动力电池。当选用梯次利用动力电池时，应遵循全生命周期理念，进行一致性筛选并结合溯源数据进行安全评估，符合《电力储能用锂离子电池》（GB/T 36276）等技术标准中关于安全性能的要求；运行中，应实时监测电池性能参数，及时进行一致性管控。

2.12.3 储能电站锂离子电池设备间不得设置在人员密集场所。锂离子电池设备间的布置应符合《电化学储能电站设计规范》（GB 51048）等技术标准的相关规定。

2.12.4 储能单元直流回路、电池簇回路应配置直流开断设备，电池模块端子应具备结构性防反接功能。电池管理系统应具备过压、欠压、压差、过流等电量保护功能和过温、温差等非电量保护功能，宜具备簇级隔离控制功能，能发出分级告警信号或跳闸指令，实现就地故障隔离。

2.12.5 磷酸铁锂电池设备间内应设置可燃气体探测装置，当H_2或CO浓度大于设定的阈值时，应联动断开设备间级和簇级直流开断设备，联动启动事故通风系统和报警装置。可燃气体探测装置阈值的设定应满足相关标准的要求。通风系统应采用防爆型，启动时每分钟排风量不小于设备间容积（可按照扣除电池等设备体积后的净空间计算），合理设置进风口、排风口位置，保证上下层不同密度可燃气体及时排出室外，严禁产生气流短路。正常运行时，通风系统应处于自动运行状态。

2.12.6 铅酸/铅炭、液流电池室内应设置可燃气体探测装置，联动启动通风系统和报警装置。通风系统的设计应符合《电力系统用固定型铅酸蓄电池安全运行使用技术规范》(NB/T 42083)、《全钒液流电池 安全要求》（GB/T 34866）等技术标准的相关规定。

2.12.7 储能电站电气设备间应设置火灾自动报警系统。新（改、扩）建中大型锂离子电池储能电站电池设备间内应设置固定自动灭火系统；灭火系统应满足扑灭电池明火且不复燃的要求，系统类型、流量、压力、喷头布置方式等技术参数应经具有相应资质的机构实施模块级电池实体火灾模拟试验验证。

2.12.8 储能电站的设备间、隔墙、隔板等管线开孔部位和电缆进出口应采用防火封堵材料封堵严密。设备间（舱）的通风口、孔洞、门、电缆沟等与室外相通部位，应设置防止雨雪、风沙、小动物进入的设施。

2.12.9 储能电站运维单位应制定消防设施运行操作规程，定期开展维护保养，每年至少进行一次全面检测，确保消防设施处于正常工作状态。投运前，运维单位应针对可能存在的电池热失控、火灾等紧急情况编制应急预案，与属地消防救援机构建立协同机制，定期开展演练。运维人员应经消防培训合格后方可上岗。

3 防止电气误操作事故的重点要求

3.1 防误操作技术措施

3.1.1 防止电气误操作的"五防"功能除"防止误分、误合断路器"可采取提示性措施以外,其余"四防"功能必须采取强制性防止电气误操作措施。

强制性防止电气误操作是指在设备的电动操作控制回路中串联受闭锁回路控制的接点,在设备的手动操控部件上加装受闭锁回路控制的锁具,严禁出现走空程序。

3.1.2 防误闭锁装置应简单、可靠,操作和维护方便。不得影响继电保护和自动化系统等设备正常运行。

3.1.3 采用计算机监控系统时,远方、就地操作均应具备防止误操作闭锁功能。监控防误系统应具有完善的全站性防误闭锁功能,应满足相关标准的要求。

3.1.4 断路器、隔离开关和接地开关电气防误闭锁回路应直接用断路器、隔离开关和接地开关的辅助触点,不应经重动继电器类元器件重动后接入;操作断路器或隔离开关时,应确保操作断路器或隔离开关位置正确,并以现场实际状态为准。

3.1.5 敞开式隔离开关与其所配装的接地开关间应配有可靠的机械防误闭锁。

3.1.6 电磁锁、遥控闭锁装置、微机闭锁、智能防误终端等防误闭锁装置,电源应单独设置,并与继电保护及控制回路电源分开。防误闭锁系统主机应由不间断电源供电。防误闭锁系统主机应单独配置。

3.1.7 成套高压开关柜、成套六氟化硫(SF_6)组合电器(GIS/PASS/HGIS)"五防"功能应齐全、性能良好。开关柜应装设具有自检功能的带电显示装置,并与接地开关(或临时接地装置)及柜门实现强制闭锁,带电显示装置传感器应三相分别设置。高压开关柜内手车开关拉出后,隔离带电部位的挡板应可靠闭锁。

3.1.8 新(扩)建的发电、变电工程或主设备经技术改造后,防误闭锁装置应与主设备同时设计、同时安装、同时验收投运。

设计阶段应根据选用防误闭锁装置的类型,配置完善的闭锁程序和闭锁部件;闭锁部件的装设应和主设备安装同时进行;验收阶段应有运行人员参与,验证闭锁程序的正确,检查"五防"闭锁功能是否齐全完善、是否达到强制闭锁要求。闭锁部件安装应牢固可靠,使用方便。

3.1.9 调度、集控、场站等各层级操作都应具备完善的防误闭锁功能,并确保操作权的唯一性。

3.1.10 采用新技术实现"五防"闭锁功能时,具备条件的应实现实时在线强制闭锁,以满足新型电力系统及智能(数字)电网发展的实际需要。有条件时应优先选用综合智能防误系统。

3.1.11 防误闭锁系统或装置应具备应急硬件(解锁钥匙)快速解锁机制,在授权管理下,可临时停用、停运防误闭锁装置。

3.1.12 采用微机防误闭锁系统的场区及变电站内应预设固定接地桩，临时接地线的挂、拆状态应实时采集监控，并实施强制性闭锁。

3.2 防误操作管理措施

3.2.1 严格执行操作票、工作票制度，并使"两票"制度标准化，管理规范化。在满足网络安全防护的前提下，"两票"管理系统宜与防误系统形成业务贯通。

3.2.2 严格执行操作指令。当操作中发生疑问时，应立即停止操作并向发令人报告，并禁止单人滞留在操作现场，待发令人确认无误并再行许可后，方可进行操作。不准擅自更改操作票，不准随意解除防误闭锁装置，禁止擅自使用解锁工具（钥匙）或扩大解锁范围。

3.2.3 建立完善的解锁工具（钥匙）及解锁密码使用和管理制度。防误闭锁装置不能随意退出运行，只有在应急处理事故时，才能停用、停运防误闭锁装置，此时应经本单位分管生产的行政副职或总工程师批准；确因防误闭锁装置本身故障短时间退出防误闭锁装置，应经变电站站长、运维班班长、操作或运维队长、发电厂当班值长批准，并实行双重监护后实施，应按程序尽快修复该防误闭锁装置并投入运行。

防误闭锁装置因缺陷不能及时消除，防误功能暂时不能恢复时，执行审批手续后，可以通过加挂机械锁作为临时措施，此时机械锁的钥匙也应纳入解锁工具（钥匙）管理，禁止随意取用。

3.2.4 应制定和完善防误闭锁装置的运行规程及检修规程，加强防误闭锁装置的运行、维护管理，确保防误闭锁装置正常运行。对已投产尚未装设防误闭锁装置的发、变电设备，要制订切实可行的防范措施和整改计划，必须尽快装设防误闭锁装置。

3.2.5 应配备充足的经国家认证认可的质检机构检测合格的安全工器具和安全防护用具。检修工作时，为防止误登室外带电设备，应在带电设备四周装设全封闭检修临时围栏。

4 防止系统稳定破坏事故的重点要求

4.1 加强电源支撑能力

4.1.1 合理规划电源接入点，并满足分层分区原则。发电厂宜根据布局、装机容量以及所起的作用，接入相应电压等级，并综合考虑地区受电需求、地区电压及动态无功支撑需求、相关政策等影响。

4.1.2 电源均应具备一次调频、快速调压、调峰能力，且应满足相关标准要求。新能源场站应根据电网需求，具备相应的惯量能力。在新能源并网发电比重较高的地区，新能源场站应具备短路容量支撑能力。

4.1.3 综合考虑电力系统安全稳定水平、电力市场空间、可再生能源比例、峰谷时段发用电平衡、系统总体调节能力等因素，统筹协调、合理布局抽水蓄能电站、储能、单循环燃气机组等灵活性电源。

4.1.4 发电厂的升压站不应作为系统枢纽站，也不应装设构成电磁环网的联络变压器。

4.1.5 开展风电场和集中式光伏电站接入系统设计之前，应完成"系统接纳风电、光伏能力研究"和"大型风电场、光伏电站输电系统设计"等新能源相关研究。风电场、光伏电站接入系统方案应与电网总体规划相协调，并满足相关规程、规定的要求。

4.1.6 对于点对网或经串补送出等大电源远距离交直流外送系统有特殊要求的情况，应开展励磁系统、调速系统对电网影响、直流孤岛、次同步振荡等专题研究，研究结果用于指导励磁、调速系统的选型。

4.1.7 严格做好风电场、光伏电站并网验收环节的工作，严禁不符合标准要求的设备并网运行。

4.1.8 并网电厂机组投入运行时，相关继电保护、安全自动装置等稳定措施、一次调频、电力系统稳定器（PSS）、自动发电控制（AGC）、自动电压控制（AVC）等自动调整措施和电力专用通信配套设施等应同时投入运行。

4.1.9 新能源场站应加强运行监视与数据分析工作的管理，优化运行方式，制订防范机组大量脱网的技术及管理措施，保障系统安全稳定运行。

4.1.10 电源侧的继电保护（涉网保护、线路保护）和自动装置（自动励磁调节器、电力系统稳定器、调速器、稳定控制装置、自动发电控制装置等）的配置和整定应与发电设备相互配合，并应与电力系统相协调，保证其性能满足电力系统稳定运行的要求。具体按照国家标准《电力系统网源协调技术导则》（GB/T 40594—2021）等相关标准执行。

4.2 加强系统网架结构

4.2.1 加强电网规划工作，制定完备的电网发展规划和实施计划，尽快消除电网薄弱环节，重点加强主干网架建设及配电网完善工作，对供电可靠性要求高的电网应适度提高设计标准，确保电网结构合理、运行灵活、坚强可靠和协调发展。

4.2.2 电网规划应统筹考虑、合理布局，各电压等级电网协调发展。电网结构应按照电压等级和供电范围分层分区，控制短路电流，各电压等级及交直流系统之间应相互协调。

4.2.3 电网发展应适度超前，规划的输电通道及联络线输电能力应在满足运行需求的基础上留有一定裕度。

4.2.4 直流系统应优化落点选址，完善近区网架，提高系统对直流的支撑能力，直流输电的容量应与送受端系统的容量匹配，直流短路比、多馈入直流短路比应达到合理水平。

4.2.5 受端系统应具有多个方向的多条受电通道，电源点应合理分散接入，每个独立输电通道的输送电力占受端系统最大负荷的比重不宜过大，并保证失去任一通道时不影响电网安全运行和受端系统可靠供电。

4.2.6 在直流容量占比较大的受端系统，应关注由于直流闭锁或受端系统大容量电源脱网引起大功率缺额导致的电压稳定和频率稳定问题，并采取必要的控制措施。

4.2.7 受端电网 330kV 及以上变电站设计时应考虑一台变压器停运后对地区供电的影响，必要时一次投产两台或更多台变压器。

4.2.8 在工程设计、建设、调试和启动阶段，电网、发电、设计、建设、调试等相关企业应相互协调配合，分别制定有效的组织、管理和技术措施，以保证一次设备投入运行时，相关配套设施等能同时投入运行。

4.2.9 电网应进行合理分区，分区电网应尽可能简化，有效限制短路电流；兼顾供电可靠性和经济性，分区之间要有备用联络线以满足一定程度的负荷互带能力。

4.2.10 避免和消除严重影响系统安全稳定运行的电磁环网。在高一级电压网络建设初期，对于暂不能消除的影响系统安全稳定运行的电磁环网，应采取必要的稳定控制措施，同时应采取后备措施限制系统稳定破坏事故的影响范围。

4.2.11 联系较为薄弱的省级电网之间及区域电网之间宜采取自动解列等措施，防止一侧系统发生稳定破坏事故时扩展到另一侧系统。特别重要的系统（政治、经济或文化中心）应采取必要措施，防止相邻系统发生事故时直接影响到本系统的安全稳定运行。

4.2.12 加强开关设备、保护装置的运行维护和检修管理，确保能够快速、可靠地切除故障。

4.3 加强系统稳定分析及管理

4.3.1 重视和加强系统稳定计算分析工作。规划、设计、运行部门必须严格按照《电力系统安全稳定计算规范》（GB/T 40581—2021）等相关规定要求进行系统安全稳定计算分析，全面把握系统特性，优化电网规划设计方案，滚动调整建设时序，完善电网安全稳定控制措施，提高系统安全稳定水平。

4.3.2 在系统规划、设计有关稳定计算中，系统中各设备模型均应与生产运行相关稳定计算模型一致，以正确反映系统动态特性。

4.3.3 在规划、设计阶段，对尚未有具体参数的规划设备，宜采用同类型、同容量设备的典型模型和参数。

4.3.4 对基建阶段的特殊运行方式，应进行认真细致的电网安全稳定分析，制定相关的控制措施和事故预案。

4.3.5 严格执行相关规定，进行必要的计算分析，制定完善的基建投产启动方案。必要时应开展电网相关适应性专题分析。

4.3.6 应做好电网运行控制极限管理，根据系统发展变化情况，及时计算和调整电网运行控制极限。电网调度部门确定的电网运行控制极限值，应按照相关规定在计算极限值的基础上留有一定的裕度。

4.3.7 加强计算模型、参数的研究和实测工作，并据此建立系统计算的各种元件、控制装置及负荷的模型和参数。

4.3.8 严格执行电网各项运行控制要求，严禁超过运行控制极限运行。电网一次设备故障后，应按照故障后电网运行控制的要求，尽快将相关设备的潮流（或发电机出力、电压等）控制在规定值以内。

4.3.9 电网正常运行中，必须按照有关规定留有一定的旋转备用和事故备用容量。

4.3.10 加强电网在线安全稳定分析与预警系统建设，提高电网运行决策时效性和预警预控能力。

4.4 增强电力监控系统（二次系统）可靠性

4.4.1 做好电力监控系统（二次系统）规划。结合电网发展规划，做好继电保护、安全自动装置、自动化系统、通信系统规划，提出合理配置方案，保证接入电网的二次相关设施安全水平与电网要求保持一致。电力监控系统（二次系统）网络安全水平应与国家和行业规定相一致。

4.4.2 稳定控制措施设计应与系统设计同时完成。合理设计稳定控制措施和失步解列，高频高压切机、低频低压减载方案。

4.4.3 加强110kV及以上电压等级母线、220kV及以上电压等级主设备快速保护建设。

4.4.4 特高压直流及柔性直流的控制保护逻辑应根据不同工程及工程不同阶段接入电网的安全稳定特性进行差异化设计。

4.4.5 一次设备投入运行时，相关继电保护、安全自动装置、稳定措施、自动化系统、故障信息系统和电力专用通信配套设施等应同时投入运行。

4.4.6 加强安全稳定控制装置入网管理。对新入网或软、硬件更改后的安全稳定控制装置，应经装置所接入电网调度机构组织专业部门检测合格后，进行出厂测试（或验收试验）、现场联合调试和挂网试运行等工作。

4.4.7 严把工程投产验收关，专业技术人员必须全程参与基建和技改工程验收工作。

4.4.8 调度机构应根据电网的变化情况及时地分析、调整各种保护装置、安全自动装置的配置或整定值，并按照有关规程规定每年下达低频低压减载方案，及时跟踪负荷变化，细致分析低频减载实测容量，定期核查、统计、分析各种安全自动装置的运行情况。各运行维护单位应加强检修管理和运行维护工作，防止电网事故情况下装置出现拒动、误动。

4.4.9 加强继电保护运行维护，正常运行时，严禁 220kV 及以上电压等级线路、变压器等设备无快速保护运行。

4.4.10 母差保护临时退出时，应尽量缩短无母差保护运行时间，并严格限制母线及相关元件的倒闸操作。

4.4.11 受端系统枢纽厂站继电保护定值整定困难时，应侧重防止保护拒动。

4.5 防止系统无功电压稳定破坏

4.5.1 电力系统中无功电源的安排应有规划，并留有适当裕度，以保证系统各中枢点的电压在正常和事故后均能满足规定的要求。

4.5.2 电力系统中的无功补偿应能保证系统在高峰和低谷运行方式下，分（电压）层和分（供电）区的无功平衡，并应避免经长距离线路或多级变压器传送无功功率。

4.5.3 无功补偿设备的配置与选型，应进行技术经济比较，并应具有灵活的无功电力调节能力及足够的事故和检修备用容量。

4.5.4 为保证受端系统发生突然失去一回线路、失去直流单级或失去一台大容量机组（包括发电机失磁）等故障时，保持电压稳定和正常供电，不致出现电压崩溃，受端系统中应有足够的动态无功补偿设备。对于大容量直流落点近区、新能源集中外送系统以及高比例受电地区，通过技术经济比较可选择调相机、静止同步补偿器（STATCOM）等。

4.5.5 新能源场站应具备无功功率调节能力和自动电压控制功能，并保持其运行的稳定性。新能源场站无功功率调节能力原则上应与同步发电机保持一致。

4.5.6 110kV 及以上电压等级发电厂（包括新能源场站）、变电站均应具备自动电压控制（AVC）功能，可对发电机组、有载调压变压器分接头、并联电容器、并联电抗器、调相机、静态无功补偿器（SVC）、静态无功发生器（SVG）等设备进行自动控制。

4.5.7 变电站一次设备投入运行时，配套的无功补偿设备及自动投切装置等应同步投入运行。

4.5.8 在基建阶段应完成自动电压控制系统（AVC）的联调和传动工作。自动电压控制系统（AVC）应先投入半闭环控制模式运行 48h，自动控制策略验证无误后再改为闭环控制模式。

4.5.9 电网局部电压超出允许偏差范围时，应根据分层分区、就地平衡的原则，调整该局部地区内无功电源的出力。若电压偏差仍不符合要求时，可调整相应的有载调压变压器分接头。当母线电压低于调度部门下达的电压曲线下限时，应闭锁接于该母线有载调压变压器分接头的调整。

4.5.10 发电厂、变电站电压监测系统和调度自动化系统应保证有关测量数据的准确性。中枢点电压超出电压合格范围时，应及时向运行人员告警。

4.5.11 在电网运行时,当系统电压持续降低并有进一步恶化的趋势时,必须及时采取拉路限电等果断措施,防止发生系统电压崩溃事故。

4.6 加强大面积停电恢复能力

4.6.1 根据电网结构特点合理划出分区,各分区应至少安排 1～2 台具备黑启动能力的机组,并保证机组容量、所处位置分布合理。

4.6.2 结合本系统的实际情况制定大面积停电后系统恢复方案(包括黑启动方案),以满足在保证系统设备安全的前提下快速有序地实现系统和用户供电的恢复。上述方案应根据系统运行方式的变化适时进行修订或调整,并落实到电网及各并网主体。

4.6.3 发生电力系统大面积停电后应首先确定停电的地区、范围和负荷状况,然后依次确定本区内电源或外部系统帮助恢复供电的可能性。当不可能时,应尽快执行系统恢复方案。

4.6.4 在恢复启动过程中系统电压和频率的波动可比正常运行方式允许范围有所增加,但不能超出设备能够承受的范围,应避免出现非同期合闸。

5 防止机网协调及风电机组、光伏逆变器大面积脱网事故的重点要求

5.1 防止机网协调事故

5.1.1 各发电企业（厂）应重视和完善与电网运行关系密切的励磁、调速、无功补偿装置和保护选型、配置，其涉网控制性能除了保证主设备安全，还必须满足电网安全运行的要求。

5.1.2 发电机励磁调节器［包括电力系统稳定器（PSS）］须经涉网性能检测合格，形成入网励磁调节器软件版本，才能进入电网运行。

5.1.3 40MW 及以上水轮机调速器控制程序须经全面的静态模型测试和动态涉网性能测试合格，形成入网调速器软件版本，才能进入电网运行。

5.1.4 根据电网安全稳定运行的需要，100MW 及以上容量的火力发电机组、核电机组和燃气发电机组、40MW 及以上容量的水轮发电机组和光热机组，或接入 220kV 电压等级及以上的同步发电机组应配置 PSS。

5.1.5 发电机应具备进相运行能力。100MW 及以上容量的火力发电机组、核电机组和燃气发电机组、40MW 及以上容量的水轮发电机组和光热机组，或接入 220kV 电压等级及以上的同步发电机组，有功额定工况下功率因数应能达到 -0.95 ～ -0.97，必要时可结合机组接入电网情况，由当地电力调度机构、试验单位以及电厂通过专题研究确定。励磁系统的低励限制定值应可在线调整。

5.1.6 新投产的大型汽轮发电机应具有一定的耐受带励磁失步振荡的能力。发电机失步保护应考虑既要防止发电机损坏又要减小失步对系统和用户造成的危害。为防止失步故障扩大为电网事故，应当为发电机解列设置一定的时间延迟，使电网和发电机具有重新恢复同步的可能性。

5.1.7 为防止频率异常时发生电网崩溃事故，发电机组应具有必要的频率异常运行能力。正常运行情况下，汽轮发电机组频率异常允许运行时间应满足表 5-1 的要求。水轮发电机频率异常运行能力应优于汽轮发电机并满足当地电网运行控制要求。

表 5-1 汽轮发电机组频率异常允许运行时间

频率范围（Hz）	允许运行时间	
	累计（min）	每次（s）
51.0 以上～51.5	>30	>30
50.5 以上～51.0	>180	>180
48.5～50.5	连续运行	
48.5 以下～48.0	>300	>300
48.0 以下～47.5	>60	>60
47.5 以下～47.0	>10	>20
47.0 以下～46.5	>2	>5

5.1.8 发电机励磁系统应具备一定过负荷能力。

5.1.8.1 励磁系统应保证发电机励磁电流不超过其额定值的1.1倍时能够连续运行。

5.1.8.2 发电机交流励磁机励磁系统顶值电压倍数不低于2倍，自并励静止励磁系统顶值电压倍数在发电机80%额定电压时，汽轮发电机不应低于1.8倍，水轮发电机不应低于2倍。强励电流倍数等于2倍时，允许持续强励时间不低于10s。

5.1.9 发电厂应准确掌握接入大规模新能源汇集地区电网、有串联补偿电容器送出线路以及接入直流换流站近区的汽轮发电机组可能存在的次／超同步振荡风险情况，并做好抑制和预防机组次／超同步振荡措施，同时应装设次／超同步振荡监测及保护装置，协助电网管理部门共同防止次／超同步振荡。

5.1.10 机组并网调试前三个月，发电厂应向相应电力调度机构提供电网计算分析所需的主设备（发电机、变压器等）参数、二次设备［电流互感器（TA）、电压互感器（TV）］参数及保护装置技术资料以及励磁系统（包括PSS）、调速系统技术资料（包括原理及传递函数框图）等。

5.1.11 新建机组及增容改造机组，发电厂应根据有关电力调度机构要求，开展励磁系统、调速系统建模及参数实测试验、电力系统稳定器参数整定试验、发电机进相试验、一次调频试验、自动发电控制（AGC）试验、自动电压控制（AVC）试验工作，实测建模报告需通过电力调度机构认可的单位审核，并将试验报告报有关电力调度机构。

5.1.12 并网电厂应根据《并网电源涉网保护技术要求》（GB/T 40586—2021）的规定、电网运行情况和主设备技术条件，认真校核涉网保护与电网保护的整定配合关系，并根据电力调度机构的要求，做好每年度对所辖设备的整定值进行全面复算和校核工作。当电网结构、线路参数和短路电流水平发生变化时，应及时校核相关涉网保护的配置与整定，避免保护发生不正确动作行为。

5.1.13 发电机励磁系统正常应投入自动方式运行，PSS正常必须置入投运状态，励磁系统（包括PSS）的整定参数应适应跨区交流互联电网不同联网方式运行要求，对0.1～2.0Hz系统振荡频率范围的低频振荡模式应能提供正阻尼。

5.1.14 利用自动电压控制系统（AVC）对发电机调压时，受控机组励磁系统应置于自动方式。

5.1.15 100MW及以上火电、燃气及核电机组，40MW及以上水电机组，接入220kV及以上电压等级的同步发电机组的频率异常保护，过电压保护，过激磁保护，失磁保护，失步保护，转子过负荷保护，定子过负荷保护，超速保护，一类辅机保护，功率负荷不平衡保护，零功率切机保护等涉网保护，发电机励磁系统（包括PSS）等设备（保护）定值必须报有关电力调度机构备案。

5.1.15.1 励磁系统的过励限制（即过励磁电流反时限限制和强励电流瞬时限制）环节的特性应与发电机转子的过负荷能力相一致，并与发电机保护中转子过负荷保护定值相配合，在保护跳闸之前动作。

5.1.15.2 励磁变压器保护定值应与励磁系统强励能力相配合，防止机组强励时保护误动作。

5.1.15.3 励磁系统如设有定子电流限制环节，则定子电流限制环节的特性应与发电机定子的过电流能力相一致，并与发电机保护中定子过负荷保护定值相配合，在保护跳闸之前动作。

5.1.15.4 励磁系统的伏／赫兹限制（V/Hz限制）环节特性应与发电机或变压器过激磁能力低者相匹配，应在发电机组对应继电保护装置跳闸动作前进行限制。V/Hz限制环节在发电机空载和负载工况下都应正确工作。

5.1.15.5 励磁系统如设有定子过压限制环节，应与发电机过压保护定值相配合，在保护跳闸之前动作。

5.1.16 电网低频减载装置的配置和整定，应保证系统频率动态特性的低频持续时间符合相关规定，并有一定裕度。发电机组低频保护定值可按汽轮发电机制造厂有关规定进行整定，低频保护应与电网低频减载装置配合，低频保护定值应低于电网低频减载装置最低一级定值。汽轮机超速保护控制（OPC）应与机组过频保护、电网高频切机装置协调配合，遵循高频切机先于OPC，OPC先于过频保护动作的原则，电网有特殊要求者除外。应考虑OPC动作特性与电网特性的配合，防止OPC反复动作对电网的扰动。机组低电压保护定值应低于系统（或所在地区）低压减载的最低一级定值。

5.1.17 发电机组一次调频运行管理

5.1.17.1 并网发电机组的一次调频功能参数应按照电网运行的要求进行整定，一次调频功能应按照电网有关规定投入运行。一次调频功能应与AGC功能协调配合，且优先级高于AGC功能。

5.1.17.2 新投产机组和在役机组大修、通流改造、灵活性改造、原动机及其调节控制系统改造（升级）、控制逻辑和参数变更、运行方式改变后，发电厂应向相应电力调度机构交付由技术监督部门或有资质的试验单位完成的一次调频性能试验和调速系统参数测试及建模试验报告，以确保机组一次调频功能长期安全、稳定运行。在役机组应定期进行一次调频性能复核试验和调速系统参数测试及建模复核试验，复核周期不应超过5年。

5.1.17.3 发电机组调速系统中的调门特性参数应与一次调频功能和AGC调度方式相匹配。在阀门大修后或发现两者不匹配时，应进行调门特性参数测试及优化整定，确保机组参与电网调峰调频的安全性。

5.1.17.4 具有孤网或孤岛运行可能的机组，机组调节系统应针对孤岛、孤网运行方式配备专门的一次调频功能，其性能指标应根据电网稳定需求确定。

5.1.18 发电机组进相运行管理

5.1.18.1 发电厂应根据发电机进相试验结果绘制指导实际进相运行的 P-Q 图，编制相应的进相运行规程，并根据电力调度机构的要求进相运行。发电机应能监视双向无功功率和功率因数。

5.1.18.2 并网发电机组的低励限制辅助环节功能参数应按照电网运行的要求进行整定和试验，与电压控制主环合理配合，确保在低励限制动作后发电机组稳定运行。

5.1.18.3 低励限制定值应参考进相试验结果、考虑发电机电压影响并与发电机失磁保护相配合，应在发电机失磁保护之前动作。应结合机组B级及以上检修定期检查限制动作定值。

5.1.19 发电机组自动发电控制（AGC）运行管理

5.1.19.1 单机容量100MW及以上火电（不含背压式热电机组）和燃气机组，40MW及以上非灯泡贯流式水电机组和抽水蓄能机组，根据所在电网要求，都应参加电网AGC运行。

5.1.19.2 发电机组AGC的性能指标应满足接入电网的相关规定和要求。

5.1.19.3 发电机组大修、增容改造、通流改造、脱硫脱硝改造、高背压改造、原动机及其调节控制系统改造（升级）、控制逻辑和参数变更、运行方式改变后，发电厂应向相应电力调度机构交付由技术监督部门或有资质的试验单位完成的AGC试验报告，以确保机组AGC功能长期安全、稳定运行。

5.1.20 发电厂应制订完备的发电机带励磁失步振荡故障的应急措施，并按有关规定做好保护定值整定，包括：

5.1.20.1 当失步振荡中心在发变组内部，失步运行时间超过整定值或电流振荡次数超过规定值时，保护动作于解列。

5.1.20.2 当失步振荡中心在发变组外部时，发电机组应允许失步运行5～20个振荡周期。此时，应立即增加发电机励磁，同时减少有功负荷，切换厂用电，延迟一定时间，争取恢复同步。

5.1.20.3 水轮发电机承受失步振荡运行能力应满足当地电网运行控制要求。

5.1.21 发电机失磁异步运行管理

5.1.21.1 严格控制发电机组失磁异步运行的时间和运行条件。根据国家有关标准规定，不考虑对电网的影响时，汽轮发电机应具有一定的失磁异步运行能力，但只能维持发电机失磁后短时运行，此时必须快速降负荷。若在规定的短时运行时间内不能恢复励磁，则机组应与系统解列。水轮发电机不允许失磁异步运行，失磁保护宜带时限动作于解列。

5.1.21.2 发电机失磁保护阻抗圆元件宜按异步边界圆整定。

5.1.22 为避免系统扰动引起全厂机组同时跳闸，同一电厂内各发电机的失磁、失步保护在跳闸策略上应协调配合。

5.1.23 电网发生事故引起发电厂高压母线电压、频率等异常时，电厂一类辅机保护不应先于主机保护动作，以免切除辅机造成发电机组停运。

5.1.24 发电机组附属设备变频器应具备在电网发生故障的瞬态过程中保持运行的能力。电厂应按照标准要求开展厂用一类辅机变频器高/低电压穿越能力的评估，必要时进行改造，并将评估、改造结果报有关电力调度机构。

5.1.25 新建及改扩建电厂应主动开展并网安全性评价工作，已投入运行的电厂应定期进行并网安全性评价，保证发电机组满足并网安全条件、评价标准以及电力监管机构和电力调度机构涉网安全规定的要求。

5.2 防止风电机组、光伏逆变器大面积脱网事故

5.2.1 新建及改扩建风电场、光伏发电站设备选型时，性能指标必须满足《电力系统安全稳定导则》（GB 38755—2019）要求，并通过国家有关部门授权的有资质的检测机构的并网检测，不符合要求的不予并网。

5.2.2 风电机组、光伏逆变器除具备低电压穿越能力外，机端电压原则上应具有 1.3 倍额定电压持续 500ms 的高电压穿越能力。以电压耐受运行时间评价风电机组和光伏逆变器的高电压穿越能力，满足表 5-2 要求。

表 5-2　　　　　　　　　风电机组和光伏逆变器高电压耐受运行时间表

并网点工频电压值（标幺值）	风电机组	光伏逆变器
$U_T \leqslant 1.10$	连续运行	
$1.10 < U_T \leqslant 1.2$	具有每次运行 10s 的能力	
$1.2 < U_T \leqslant 1.25$	具有每次运行 1s 的能力	具有每次运行 500ms 的能力
$1.25 < U_T \leqslant 1.30$	具有每次运行 500ms 的能力	
$U_T > 1.30$	允许退出运行	

5.2.3 风电场、光伏发电站并网点的电压偏差、频率偏差、闪变、谐波／间谐波、三相电压不平衡等电能质量指标满足《风电场接入电力系统技术规定》（GB/T 19963—2021）、《光伏发电站接入电力系统技术规定》（GB/T 19964—2012）要求时，场站内的风电机组、光伏逆变器应能正常运行。

5.2.4 风电场、光伏发电站的无功容量应按照分层分区、基本平衡的原则进行配置，场站在充分利用风电机组、光伏逆变器等无功容量的基础上，根据当地电网要求配置动态无功补偿装置，且电压无功系统调节时间小于 100ms。

5.2.5 风电场、光伏发电站的动态无功补偿装置的低电压、高电压穿越能力应不低于风电机组、光伏逆变器的穿越能力，支撑风电机组、光伏逆变器满足低电压、高电压穿越要求。

5.2.6 风电场、光伏发电站的频率耐受能力应满足表 5-3 要求。

表 5-3　　　　　　　　　风电场和光伏发电站频率耐受能力表

频率范围（Hz）	风电机组（s）	光伏逆变器（s）
$51.0 < f \leqslant 51.5$	>30	
$50.5 < f \leqslant 51$	>180	
$48.5 \leqslant f \leqslant 50.5$	连续运行	
$48.0 \leqslant f < 48.5$	>1800	>300
$47.5 \leqslant f < 48.0$	>60	
$47.0 \leqslant f < 47.5$	>20	
$46.5 \leqslant f < 47.0$	>5	

5.2.7 风电场、光伏发电站应配置场站监控系统，实现风电机组、光伏逆变器的有功／无功功率和无功补偿装置的在线动态调节，并具备接受电力调度机构远程自动控制的功能。风电场、光伏发电站监控系统应按相关技术标准要求，采集并向电力调度机构上传所需的运行信息。

5.2.8 风电场、光伏发电站一次调频功能应自动投入，技术指标满足《并网电源一次调频技术规定及试验导则》（GB/T 40595—2021）和当地电网的要求。当系统频率偏差超过一次调频死区值（风电场调频死区在 ±0.03 ～ ±0.1Hz 范围内，光伏发电站调频死区在 ±0.02 ～ ±0.06Hz 范围内，具体根据电网需要确定），风电场、光伏发电站应能调节有功输出，参与电网一次调频，在核定的出力范围内响应系统频率变化。

5.2.9 风电场、光伏发电站应根据电网安全稳定需求配置相应的安全稳定控制装置。

5.2.10 风电场、光伏发电站应向相应电力调度机构提供电网计算分析所需的风电机组、光伏逆变器及其升压站内主要涉网设备参数、有功与无功控制系统技术资料、并网检测报告等。风电场、光伏发电站应完成风电机组、光伏逆变器及配套静止无功发生器（SVG）、静态无功补偿装置（SVC）的参数测试、一次调频、AGC 投入、AVC 投入等试验，并向电力调度机构提供相关试验报告。

5.2.11 风电场、光伏发电站应根据电力调度机构电网稳定计算分析要求，开展电磁暂态和机电暂态建模及参数实测工作，并将模型和试验报告报电力调度机构。

5.2.12 电力系统发生故障，并网点电压出现跌落或骤升时，风电场、光伏发电站应具备电压支撑能力，动态调整风电机组、光伏逆变器和场内无功补偿装置的无功功率，确保电容器、电抗器支路在紧急情况下能被快速正确投切，配合系统将并网点电压和机端电压快速恢复到正常范围内。

5.2.13 风电场、光伏发电站 35kV 电缆终端头、中间接头应严格按照安装图纸规定的尺寸、工艺要求制作并经电气试验合格，电缆附件的安装应实行全过程验收。投运后应定期检查电缆终端头及接头温度、放电痕迹和机械损伤等情况。

5.2.14 风电场、光伏发电站汇集线系统的单相故障应快速切除。汇集线系统应采用经电阻或消弧线圈接地方式，宜采用低电阻接地方式，不应采用不接地或经消弧柜接地方式。经电阻接地的汇集线系统发生单相接地故障时，应能通过相应保护快速切除，同时应兼顾机组运行电压适应性要求。经消弧线圈接地的汇集线系统发生单相接地故障时，应能可靠选线，快速切除。汇集线保护快速段定值应对线路末端故障有灵敏度，汇集线系统中的母线应配置母差保护。

5.2.15 接入 220kV 及以上电压等级的风电场、光伏发电站的单元变压器高压侧宜采用断路器隔离故障。单元变压器配有速动电气量保护并可作用于其高压侧断路器时，汇集线系统过流Ⅰ段或相间距离Ⅰ段保护应增加短延时以保证选择性。

5.2.16 风电机组、光伏逆变器控制系统参数和变流器参数设置应与电压、频率等保护协调一致。风电机组、光伏逆变器的电压、频率保护应与安全自动装置、防孤岛装置的电压、频率等保护协调一致。

5.2.17 风电场、光伏发电站内保护定值应按照相关标准要求整定并经电站审核，其涉网保护定值应与电网保护定值相配合，报电力调度机构备案。

5.2.18 风电机组、光伏逆变器因安全自动装置动作，电压、频率等电气保护动作，导致脱网后不得自行并网，故障脱网的风电机组、光伏逆变器须经电力调度机构许可后并网。

5.2.19 发生故障后，风电场、光伏发电站应及时向电力调度机构报告故障及相关保护动作情况，及时收集、整理、保存相关资料，积极配合调查。

5.2.20 风电场、光伏发电站应在升压站内配置故障录波装置，启动判据应至少包括电压越限和电压突变量，记录升压站内设备在故障前10s至故障后60s的电气量数据，波形记录应满足相关技术标准。

5.2.21 风电场、光伏发电站应配备全站统一的卫星时钟（北斗和GPS），并具备双网络授时功能，对场站内各种系统和设备的时钟进行统一校正。

5.2.22 当风电机组、光伏逆变器各部件软件版本信息、涉网保护定值及关键控制技术参数更改后，需提供故障穿越能力等涉网性能一致性技术分析及说明资料。

5.2.23 风电场、光伏发电站应向电力调度机构定时上传可用发电功率的短期、超短期预测，实时上传理论发电功率和场站可用发电功率，上传率和准确率应满足电网电力电量平衡要求。

5.2.24 对于可能存在次同步振荡、超同步振荡风险的风电场、光伏发电站，应在场站投运前开展次/超同步振荡风险研究，向电力调度机构提供研究结论和相关技术资料，并根据评估研究结果采取抑制、保护和监测措施。

6 防止锅炉事故的重点要求

6.1 防止锅炉尾部再次燃烧事故

6.1.1 防止锅炉尾部再次燃烧事故重点是防止回转式空气预热器转子蓄热元件、脱硝装置的催化元件、余热利用装置、除尘器及其干除灰系统、锅炉底部干除渣系统等部位的再次燃烧事故。

6.1.2 锅炉机组的设计选型要保证回转式空气预热器本身及其辅助系统设计合理、配套齐全，必须保证预热器在运行中和热态停机状态均有完善的监控和防止再次燃烧事故的手段，包括：

（1）预热器应设独立的主辅电机、盘车装置、火灾报警装置、入口烟气挡板、出入口风挡板及相应的联锁保护。

（2）预热器应设可靠的停转报警装置，停转报警信号应取自预热器的主轴，而不能取自预热器电动机。

（3）预热器应有相配套的水冲洗系统，设备性能必须满足冲洗工艺要求，电厂必须配套具体的水冲洗制度和水冲洗措施，并严格执行。

（4）预热器应设有完善的消防系统，空气侧和烟气侧均应装设消防水喷淋水管，喷淋面积应覆盖整个受热面。如采用蒸汽消防系统，其汽源必须与公共汽源相联，以保证启停、正常运行时均可随时投入、以隔绝空气。

（5）预热器应设计配套完善合理的吹灰系统，冷热端均应设有吹灰器。如采用蒸汽吹灰，其汽源应合理选择，且必须与公共汽源相联，疏水设计合理，以满足机组启动和低负荷运行期间的吹灰需要。

6.1.3 锅炉设计、改造时应加强油枪、小油枪、等离子燃烧器等锅炉点火/助燃系统的选型工作，保证其自身完备性及其与锅炉的适应性。

（1）油燃烧器必须设置配风器，配风、雾化质量与出力要匹配，以保证油枪点火可靠、着火稳定、燃烧完全。

（2）循环流化床锅炉油燃烧器出口必须设计足够的燃烧空间，保证油进入炉膛前能够完全燃烧。

（3）锅炉采用少油/无油点火技术时必须充分把握燃用煤质特性，保证小油枪或等离子发生装置的点火热功率与燃用煤质匹配，确保少油/无油点火的可靠性、启动初期的燃尽率和整体性能。

（4）所有燃烧器均应设计完善可靠的火焰监测保护系统，并保证其可以真实反应实际着火情况。

6.1.4 回转式空气预热器在制造等阶段应进行监造和正确保管：

（1）传热元件在出厂和安装保管期间不得采用浸油防腐方式。

（2）设备制造过程中应重视预热器着火报警系统测点元件的检查和验收。

6.1.5 必须充分重视回转式空气预热器辅助设备及系统的可靠性和可用性，按要求进行设备传动检查和试运工作，保证系统可用，联锁保护动作正确。

（1）机组基建、调试阶段和检修期间应重视空气预热器的全面检查和资料审查，重点包括空气预热器的热控逻辑、吹灰系统、水冲洗系统、消防系统、停转保护、报警系统及隔离挡板等。

（2）机组基建调试前期和启动前，必须做好吹灰系统、冲洗系统、消防系统的检查、调试、消缺和维护工作，确保吹灰、冲洗、消防行程、喷头等均无死角、无堵塞。锅炉点火前空气预热器相关的所有系统都必须达到投运状态。

（3）基建机组首次点火前或空预器检修后应逐项检查传动火灾报警测点和系统，确保火灾报警系统正常。

（4）基建调试或机组检修期间应进入烟道内部，就地检查、调试空预器各烟风挡板，确保DCS显示、就地刻度和挡板实际位置一致，且动作灵活，关闭严密，能起到隔绝作用。

6.1.6 机组启动前要严格执行验收和检查工作，保证空气预热器和烟风系统干净无杂物、无堵塞。

（1）预热器首次投运前，应将杂物彻底清理干净，蓄热元件通过全面的通透性检查，并经制造、施工、建设、生产等各方验收合格后，方可投入运行。

（2）基建或检修期间，在炉膛或者烟风道内进行工作后，必须彻底检查清理炉膛、风道和烟道，并经过验收，防止风机启动后杂物积聚在空预器换热元件表面上或缝隙中。

6.1.7 锅炉冷态点火前要重视系统准备和调试工作，保证锅炉启动后燃烧良好，特别要防止出现设备故障导致的燃烧不良。

（1）新建机组或锅炉改造后，燃油系统必须经过辅汽吹扫，并按要求进行油循环；首次投运前必须经过燃油泄漏试验确保各油阀的严密性。

（2）油枪、少油/无油点火系统等新设备和新系统投运前必须进行正确整定和冷态调试。

（3）锅炉启动点火或锅炉灭火后重新点火前必须对炉膛及烟道进行充分吹扫，防止未燃尽物质聚集在尾部烟道。

（4）火焰监测保护系统点火前应全部投用，严禁退出火焰监测保护系统和随意修改逻辑。

6.1.8 锅炉启动后应精心做好运行调整工作，保证燃烧系统参数合理，燃料燃烧完全。

（1）油燃烧器运行时，必须加强配风调整工作，从火焰根部给予足够的燃烧风量以保证燃油燃烧稳定、完全。

（2）锅炉燃用渣油或重油时应保证燃油温度和油压在规定值内，雾化蒸汽参数在设计值内，以保证油枪雾化良好、燃烧完全。锅炉点火时应严格监视油枪雾化情况，油枪雾化不好应立即停用并进行清理检修。

（3）采用少油/无油点火方式启动锅炉机组，应保证入炉煤质满足点火要求，磨煤机出力、通风量和煤粉细度在合理范围；应注意检查和分析燃烧情况和锅炉沿程温度、阻力变化情况。

（4）煤油混烧情况下应防止燃烧器超出力。

（5）点火后应加强飞灰可燃物含量的监控，并防止未完全燃烧可燃物在烟道内的沉积。

6.1.9 要重视空气预热器的吹灰，必须精心组织机组冷态启动和低负荷运行情况下的吹灰工作，做到合理吹灰。

（1）投入蒸汽吹灰器前应进行充分疏水，确保吹灰要求的蒸汽过热度。

（2）采用少油/无油点火方式启动的机组，锅炉启动初期空气预热器必须连续吹灰。

（3）机组启动期间，锅炉负荷低于25%额定负荷时，空气预热器应连续吹灰；锅炉负荷大于25%额定负荷时，至少每8h吹灰一次；当回转式空气预热器烟气侧压差增加时，应增加吹灰次数；当低负荷煤、油混烧时，空气预热器应连续吹灰。

6.1.10 要加强对回转式空气预热器的检查，重视发挥水冲洗的作用，及时精心组织，对回转式空气预热器正确地进行水冲洗。

（1）机组每次大、小修或锅炉停炉1周以上时必须对预热器受热面进行检查。若锅炉较长时间低负荷燃油或煤油混烧，应根据具体情况安排停炉对预热器受热面进行检查。

（2）预热器停炉检查若发现有存挂油垢或积灰堵塞现象，应及时清理，必要时应及时组织进行水冲洗。

（3）机组运行中，如果预热器阻力超过对应工况设计阻力的150%，应及时安排全面清理。

（4）预热器水冲洗必须事先制定全面的技术措施并通过审批，冲洗工作必须严格按措施执行，一次性彻底冲洗干净，达到冲洗工艺要求，并验收合格。

（5）预热器冲洗后必须正确地进行干燥，并保证彻底干燥。不能立即启动引送风机进行强制通风干燥，防止炉内积灰被空预器金属表面水膜吸附，造成二次污染。

6.1.11 应重视并加强对锅炉尾部再次燃烧事故风险点的监控。

（1）运行规程应明确省煤器、脱硝装置、空气预热器等部位烟道在不同工况的烟气温度限制值。

（2）运行中应加强监视回转式空气预热器出口烟风温度变化情况，当烟气温度超过规定值、有再燃前兆时，应立即停炉并及时采取消防措施。

（3）机组停运后和温、热态启动时，是回转式空气预热器受热和冷却条件发生巨大变化的时候，容易产生热量积聚引发着火，应更重视运行监控和检查，如有再燃前兆，必须及早发现，及早处理。

（4）锅炉停炉后，严格按照运行规程和厂家要求停运空气预热器，应加强停炉后的回转式空气预热器运行监控，防止异常发生。

（5）应根据运行工况及时优化、调整脱硝装置喷氨量，保证氨逃逸量在合理区间，以减轻由于硫酸氢铵引起的空气预热器堵塞。

6.1.12 回转式空气预热器跳闸后应防止发生再燃及空预器故障。

（1）若发现预热器停转，立即将其隔绝，投入盘车装置。若挡板隔绝不严或转子盘不动，应立即停炉。

（2）若预热器未设出入口烟/风挡板，空气预热器停转应立即停炉。

6.1.13 加强空预器外的其他特殊设备和部位防再次燃烧事故工作。

（1）在低负荷阶段有少油/无油助燃装置投运或煤油混烧期间，脱硝反应器内必须加强吹灰，监控反应器前后阻力及烟气温度，防止反应器内催化剂区域有未燃尽物质燃烧，反应器灰斗需要及时排灰，防止沉积。

（2）新建燃煤机组尾部烟道下部省煤器灰斗应设可靠输灰系统，以保证未燃物可以及时送出系统。

（3）如果低负荷燃油、微油点火、等离子点火、或者煤油混烧电除尘器在投入运行，电除尘器应降低、或者限二次电压、电流运行，防止在积尘极和放电极之间燃或者在电除尘器内部发生爆炸。期间除灰系统必须连续投入。

（4）布袋除尘器应设可靠的降温系统或保护逻辑以防止除尘器入口烟气温度超限，损坏除尘布袋。如降温系统无法控制烟温，应立即降负荷或停炉。在低负荷阶段有少油/无油助燃装置投运或煤油混烧期间，布袋除尘器宜停止清灰或减少清灰频次。

（5）对于安装在锅炉脱硝系统与除尘器间的烟气余热利用装置，在低负荷阶段有少油/无油助燃装置投运或煤油混烧期间，烟气余热利用装置必须加强吹灰，监控装置前后阻力及烟气温度，防止装置管排间有未燃尽物质积存燃烧。对于布置烟气余热利用装置的烟道中容易积灰的位置应设计除灰系统，并及时排灰，防止沉积。

（6）在低负荷阶段有少油/无油助燃装置投运或煤油混烧期间，要防止由于锅炉未燃尽的物质落入干排渣系统的钢带二次燃烧，损坏钢带。要加强就地巡检，必要时应派人就地监控。

（7）锅炉尾部有非金属防腐内衬的部位，检修时有动火操作，必须有相应的防火措施并严格执行。

6.2 防止锅炉炉膛爆炸事故

6.2.1 防止锅炉灭火的重点要求

（1）锅炉炉膛安全监控系统的设计、选型、安装、调试等各阶段都应严格执行《火力发电厂锅炉炉膛安全监控系统技术规程》（DL/T 1091—2018）中的安全规定。

（2）根据《电站锅炉炉膛防爆规程》（DL/T 435—2018）中有关防止炉膛灭火放炮的规定以及设备的实际状况，如煤质监督、混配煤、燃烧调整、深度调峰运行等内容，制定防止锅炉灭火放炮的措施并严格执行。

（3）加强燃煤的监督管理，制定配煤掺烧管理办法，完善混煤设施。加强负荷预测和煤质分析，根据负荷和煤质变化做好深度调峰用煤管理和调整燃烧的应变措施，防止煤质突变引发燃烧失稳和锅炉灭火事故。

（4）锅炉新投产、改进性大修后或入炉燃料与设计燃料有较大差异时，应进行燃烧调整，以确定合理的配风方式、过量空气系数、煤粉细度、燃烧器倾角或旋流强度及不投油最低稳燃负荷等。

（5）当锅炉已经灭火或全部运行磨煤机的多个火检保护信号闪烁失稳时，严禁投油枪、微油点火枪、等离子点火枪等引燃。当锅炉灭火后，要立即停止燃料（含煤、油、燃气、制粉乏气）供给，严禁用爆燃法恢复燃烧。重新点火前必须对锅炉进行充分通风吹扫，以排除炉膛和烟道内的可燃物质。

（6）100MW及以上等级机组的锅炉应装设锅炉灭火保护装置。该装置应包括但不限于以下功能：炉膛吹扫、锅炉点火、主燃料跳闸、全炉膛火焰监视、灭火保护和主燃料跳闸首出等。

（7）锅炉灭火保护装置和就地控制设备电源应可靠，电源应采用两路交流220V供电电源，其中一路应为交流不间断电源，另一路电源引自厂用事故保安电源。当设置冗余不间断电源系统时，也可两路均采用不间断电源，但两路进线应分别取自不同的供电母线，防止因瞬间失电造成失去锅炉灭火保护功能。

（8）参与灭火保护的炉膛压力测点应单独设置并冗余配置，必须保证炉膛压力信号取样部位设计合理、安装正确，各压力信号的取样管相互独立，系统工作可靠。炉膛负压模拟量测点应冗余配备4套或以上，各套测量系统的取样点、取样管、压力变送器均单独设置：其中三个为调节用，量程应大于炉膛压力异常联跳风机定值，另一个作监视用，其量程应大于炉膛瞬态承压能力极限值。

（9）炉膛压力保护定值应综合考虑炉膛防爆能力、炉底密封承受能力和锅炉正常燃烧要求合理设置；新机启动或机组检修后启动时必须进行炉膛压力保护带工质传动试验。

（10）加强锅炉灭火保护装置的维护与管理，防止发生火焰探头烧毁和污染失灵、炉膛负压管堵塞等问题，确保锅炉灭火保护装置可靠投用。

（11）每个煤、油、气燃烧器都应单独设置火焰检测装置。火焰检测装置应精细调整，保证锅炉在全负荷段（含深度调峰工况）和全适用煤种条件下都能正确检测到火焰。火焰检测装置冷却用气源应稳定可靠。

（12）锅炉运行中严禁随意退出锅炉灭火保护。因设备缺陷需部分退出锅炉灭火保护时，应严格履行审批手续，事先做好安全措施并及时恢复。严禁锅炉在灭火保护装置退出情况下启动。

（13）加强设备检修管理和运行维护，防止出现炉膛严重漏风、一次风管不畅、送风不正常脉动、直吹式制粉系统磨煤机堵煤断煤和粉管堵粉、中储式制粉系统给粉机下粉不均或煤粉自流、热控设备失灵等问题。

（14）加强点火油、气系统的维护管理，消除泄漏，防止燃油、燃气漏入炉膛发生爆燃。燃油、燃气速断阀要定期试验，确保动作正确、关闭严密。

（15）加强锅炉点火（稳燃）系统的检查和维护，定期对各型油枪进行清理和投入试验，确保油枪动作可靠、雾化良好；定期对等离子点火系统进行拉弧试验,确保点火(稳燃)系统可靠备用,能在锅炉深度调峰运行或燃烧不稳时及时投入。

（16）在停炉检修或备用期间,必须检查确认燃油或燃气系统阀门关闭的严密性。锅炉点火前应进行燃油、燃气系统泄漏试验,合格后方可点火启动。

（17）配置少油／无油点火系统煤粉锅炉的灭火保护应参照有关规范合理制定：采用中速磨煤机直吹式制粉系统时,180s内未点燃时应立即停止相应磨煤机的运行；中储式制粉系统在30s内未点燃时,应立即停止相应给粉机的运行；启动点火期间严禁磨煤机出力超出等离子或小油枪最大允许范围运行。点火失败后必须经充分通风吹扫、查明原因后再重新投入。锅炉点火时严禁解除全炉膛灭火保护,严禁强制火检信号。

（18）加强热工控制系统的维护与管理,防止因分散控制系统死机导致的锅炉炉膛灭火放炮事故。

（19）锅炉实施灵活性改造应全面考虑掉渣、塌灰、辅机跳闸、负荷突变等各类内扰或外扰对稳燃的影响,充分论证并制定可靠的燃烧器改造方案,消除燃烧器缺陷,确定深度调峰工况下的锅炉合理的燃烧方式和制粉系统组合方式。

（20）应通过试验确定锅炉深度调峰运行稳燃安全边界,并制定可靠的稳燃运行技术措施。当深度调峰运行出现燃烧不稳或达到稳燃安全边界时,应及时调整燃烧或投入稳燃系统。深度调峰工况不应采取煤质特性差异较大的煤种掺烧运行。

（21）完成灵活性改造的锅炉,应通过燃烧调整确认深度调峰工况下主辅机运行方式,并建立相应的风煤比、一次风压、二次风量、直流燃烧器摆角或旋流燃烧器旋流强度等参数的控制策略,完善深度调峰运行措施和应急预案。锅炉所有保护和自动投入率不应因深度调峰运行而降低。

（22）锅炉深度调峰运行应同步改进并完善吹灰系统和吹灰控制策略。

6.2.2 防止锅炉严重结渣的重点要求

（1）锅炉炉膛的设计、选型应参照《大容量煤粉燃烧锅炉炉膛选型导则》（DL/T 831—2015）的有关规定进行。

（2）重视锅炉燃烧器的安装、检修和维护,保留必要的安装记录,确保安装角度正确,避免一次风射流偏斜产生贴壁气流。燃烧器改造后的锅炉投运前应进行冷态炉膛空气动力场试验,以检查燃烧器安装角度是否正确,确定锅炉炉内空气动力场符合设计要求。

（3）加强氧量计、一氧化碳测量装置、风量测量装置及二次风门等锅炉燃烧监视、调整相关设备的管理与维护,形成定期校验制度,确保其指示准确,动作正确,避免在炉内近壁区域形成还原性气氛,从而加剧炉膛结渣。

（4）采用与锅炉相匹配的煤种,是防止炉膛结渣的重要措施,当煤种改变时,要进行变煤种燃烧调整试验。

（5）加强运行培训,使运行人员了解防止炉膛和燃烧器结渣的要素,熟悉燃烧调整手段。

（6）运行人员应监视和分析炉膛结渣情况，发现结渣，应及时处理。

（7）应加强锅炉吹灰器维护、检修，设置合理的吹灰参数，严格执行定期吹灰制度，防止受热面结渣沾污造成超温。

（8）锅炉受热面及炉底等部位严重结渣，影响锅炉安全运行时，应立即停炉处理。

6.2.3 循环流化床锅炉防爆的重点要求

（1）应严格按照制造厂规定的可燃物含量要求，筛选合适的启动床料，严禁使用可燃物含量超标的启动床料。

（2）锅炉启动前或主燃料跳闸（MFT）、锅炉跳闸（BT）后应根据床温情况严格执行炉膛冷态或热态吹扫程序，禁止采用降低一次风量至最小控制流化风量以下的方式点火。

（3）确保床上、床下油枪雾化良好、燃烧完全。油枪投用时应严密监视油枪雾化和燃烧情况，发现油枪雾化不良应立即停用，并及时进行清理检修；油枪停用时应确保不发生燃油泄漏。

（4）对于循环流化床锅炉，应根据实际燃用煤质着火点情况进行间断投煤操作，禁止床温未达到投煤允许条件连续大量投煤。锅炉运行中严禁退出床温低触发主燃料跳闸的保护。

（5）循环流化床锅炉压火应先停止给煤机，切断所有燃料，并严格执行炉膛吹扫程序，待床温开始下降、氧量回升时再按正确顺序停风机；禁止通过锅炉跳闸（BT）直接跳闸风机联跳主燃料跳闸（MFT）的方式压火。压火后的热启动应严格执行热态吹扫程序，并根据床温情况进行投油升温或投煤启动。

（6）循环流化床锅炉水冷壁泄漏后，应尽快停炉，并保留一台引风机运行，禁止闷炉；冷渣器受热面泄漏后，应立即切断炉渣进料，并隔绝冷却水。

（7）燃料掺烧应定期做好日常入炉煤质分析，确保投煤允许床温高于入炉煤着火点，新燃料首次掺烧应参照执行《循环流化床锅炉燃料掺烧技术导则》（DL/T 2199—2020）的规定。

6.2.4 防止锅炉内爆的重点要求

（1）新建机组引风机和脱硫增压风机的最大压头设计必须与炉膛及尾部烟道防内爆能力相匹配，设计炉膛及尾部烟道防内爆强度应大于引风机及脱硫增压风机压头之和。

（2）机组改造增加烟气系统阻力时，应重新核算引风机出力裕度及锅炉尾部烟道的负压承受能力；引风机出力不足时应同步增容改造，对烟道强度不足部分应进行重新加固。检修时应对烟风道的壁面、内部支撑情况进行检查，腐蚀、磨损、变形严重的部分必须进行加固或更换。

（3）应特别重视防止机组高负荷灭火或设备故障瞬间产生过大炉膛负压对锅炉炉膛及尾部烟道造成的内爆危害。锅炉主保护应设置炉膛负压低二值跳锅炉保护；烟风系统联锁应设置炉膛负压低三值跳引风机的保护；机组（RunBack，RB）功能应可靠投用。

（4）加强引风机、脱硫增压风机等设备的检修维护工作，定期对入口调节装置进行检查和试验，确保动作灵活可靠和炉膛负压自动调节特性良好，防止机组运行中设备故障时或锅炉灭火后产生过大负压。

（5）运行规程中必须有防止炉膛内爆的条款和事故处理预案。

6.3 防止制粉系统爆炸和煤尘爆炸事故

6.3.1 防止制粉系统爆炸的重点要求

（1）在锅炉设计和制粉系统设计选型时期，应严格遵照相关规程要求，保证制粉系统设计和磨煤机的选型，与燃用煤种特性和锅炉机组性能要求相匹配和适应，必须体现出制粉系统防爆设计。

（2）不论是新建机组设计、还是由于改烧煤种等原因进行锅炉燃烧系统改造，都不应忽视制粉系统的防爆要求，当煤的干燥无灰基挥发分大于25%（或煤的爆炸性指数大于3.0）时，不宜采用中间储仓式制粉系统，如必要时宜抽取炉烟干燥或者加入惰性气体。

（3）对于制粉系统，应设计可靠足够的温度、压力、流量等测点和完备的连锁保护逻辑，以保证对制粉系统状态测量指示准确、监控全面、动作合理。中间储仓制粉系统的粉仓和直吹制粉系统的磨煤机出口，应设置足够的温度测点和温度报警装置，并定期进行校验。

（4）制粉系统设计时，应尽量减少水平管段，整个系统要做到严密、内壁光滑、无积粉死角。

（5）煤仓、粉仓、制粉和送粉管道、制粉系统阀门、制粉系统防爆压力和防爆门等的防爆设计符合《火力发电厂烟风煤粉管道设计规范》（DL/T 5121—2020）和《火力发电厂制粉系统设计计算技术规定》（DL/T 5145—2012）的相关要求。

（6）热风道与制粉系统连接部位，以及排粉机出入口风箱的连接部位，应达到防爆规程规定的抗爆强度。

（7）制粉系统应设计配置齐全的磨煤机出口隔离门和热风隔绝门。

（8）对于爆炸特性较强煤种，制粉系统应配套设计相应的消防系统和充惰系统。该系统应汽（气）源稳定，疏水符合设计和运行要求，并定期进行维护和检查，确保能够随时按要求投用。

（9）原煤仓应安装性能适应的疏松装置，能够在机组运行中发挥作用，及时有效防止原煤仓发生堵塞、棚煤、板结和局部走空等问题。

（10）加强防爆门的检查和管理工作，防爆薄膜应有足够的防爆面积和规定的强度。防爆门一旦动作喷出物的喷射方向和范围，不能直对通道和电缆桥架，以避免危及人身安全、损坏设备和烧损电缆。

（11）保证系统安装质量，保证连接部位严密、光滑、无死角，避免出现局部积粉。

（12）做好"三块分离"和入炉煤杂物清除工作，保证制粉系统运行正常。

（13）应做好磨煤机风门挡板和石子煤排渣门的检修维护工作，保证磨煤机能够隔离严密。

（14）中储式制粉系统粉仓、绞龙的吸潮管应完好，管内通畅无阻，运行中粉仓要保持适当负压。

（15）定期检查煤仓、粉仓仓壁内衬钢板，严防衬板磨漏、夹层积粉自燃。每次大修煤粉仓应清仓，并检查粉仓的严密性及有无死角，特别要注意仓顶板——大梁搁置部位有无积粉死角。

（16）在锅炉机组进行跨煤种改烧时，在对燃烧器和配风方式进行改造的同时，应对制粉系统进行安全评估，必要时进行配套改造，以保证炉膛和制粉系统全面达到安全要求。

（17）加强入厂煤和入炉煤的管理工作，建立煤质分析和配煤管理制度，掺烧和燃用易燃易爆煤种应进行可行性研究，分析评估设备、系统、运行以及管理等方面存在的不适应性，必要情况下应加以设备改造，提前制定完善的管理制度和技术措施并进行培训，具体掺烧和燃用时应及早通知运行人员，以便加强监视和检查，发现异常及时处理。

（18）中储式制粉系统要坚持执行定期降粉制度和停炉前煤粉仓空仓制度。

（19）根据煤种的自燃特性，建立停炉清理煤仓制度，防止因长期停运导致原煤仓自燃。

（20）制粉系统的爆炸绝大部分发生在制粉设备的启动和停机阶段，因此不论是制粉系统的控制设计，还是运行规程中的操作规定和启停措施，特别是具体的运行操作，都必须遵守通风、吹扫、充惰、加减负荷等要求，保证各项操作规范，负荷、风量、温度等参数控制平稳，避免大幅扰动。

（21）磨煤机运行及启停过程中应严格控制磨煤机出口温度不超过规定值。

（22）针对燃用煤质和制粉系统特点，制定合理的制粉系统定期轮换制度，防止备用制粉系统在原煤仓或磨煤机内部发生自燃。

（23）加强运行检查、监控，及时采取措施，避免制粉系统运行中出现断煤、满煤以及走空原煤仓等问题。一旦出现断煤、满煤问题，必须及时正确处理，防止出现严重超温和煤在磨煤机及系统内不正常存留。正压制粉系统磨煤机运行中应避免发生原煤仓空仓问题，杜绝热风通过磨煤机上窜至原煤仓，引发原煤仓内发生爆炸事故。

（24）中速磨煤机定期对石子煤箱进行检查，及时排石子煤；正常运行中石子煤量较少时也要定期排石子煤，以防止石子煤箱自燃。

（25）对于中速磨煤机直吹制粉系统，如采用风道燃烧器加热一次风进行制粉，应重视风道燃烧器系统各设备、部件、测点，以及风道燃烧器后膨胀节等的检查维护，确保燃烧正常、燃烧器下游温度合理，防止膨胀节超温老化发生撕裂泄漏，引发附近设备、电缆着火，造成二次连带事故。

（26）对于采用直吹制粉系统的机组燃用经过干燥提质的褐煤时，要合理优化干燥后褐煤的剩余水分以及磨煤机出口一次风温度限制；应配套完善的防爆措施，防止发生制粉系统爆炸事故。

（27）加强制粉系统运行状态管理，定期对煤粉细度、煤粉管道一次风流速测量和偏差调整，防止发生一次风管道堵管问题。

（28）当发现备用磨煤机内着火时，要立即关闭其所有的出入口风门挡板以隔绝空气，并用蒸汽消防进行灭火。

（29）制粉系统煤粉爆炸事故发生后，应找到积粉着火点并分析清楚造成积粉的原因，采取针对性措施消除积粉。必要时应进行针对性改造。

（30）制粉系统检修动火前应将积粉清理干净，并正确办理动火工作票手续，规范作业。

6.3.2 防止煤尘爆炸的重点要求

（1）消除制粉系统和输煤系统的粉尘泄漏点，降低煤粉浓度。大量放粉或清理煤粉时，应制定和落实相关安全措施，应尽可能避免扬尘，杜绝明火，防止煤尘爆炸。

（2）煤粉仓、制粉系统和输煤系统附近应有消防设施，并备有专用的灭火器材，消防系统水源应充足、水压符合要求。消防灭火设施应保持完好，按期进行试验（试验时灭火剂不进入粉仓）。

（3）煤粉仓投运前应做严密性试验。凡基建投产时未做过严密性试验的要补做漏风试验，如发现有漏风、漏粉现象应及时消除。

（4）在微油或等离子点火期间，除灰系统储仓需经常卸料，防止储仓未燃尽物质自燃爆炸。

6.4 防止锅炉满水和缺水事故

6.4.1 汽包锅炉应至少配置 2 只彼此独立的就地汽包水位计和 3 只远传汽包水位计。水位计的配置应采用 2 种以上工作原理共存的配置方式，以保证各种运行工况下对锅炉汽包水位的正确监视。按《火电发电厂锅炉汽包水位测量系统技术规程》（DL/T 1393—2014）中汽包水位测量系统的量程相关要求，应配置大量程的差压式或电极式汽包水位测量装置。

6.4.2 汽包水位计的安装：

（1）取样管应穿过汽包内壁隔层，管口应尽量避开汽包内水汽工况不稳定区（如安全阀排汽口、汽包进水口、下降管口、汽水分离器水槽处等），若不能避开时，应在汽包内取样管口加装稳流装置。

（2）汽包水位计水侧取样管孔的位置应低于锅炉汽包水位低停炉保护动作值，汽侧取样管孔的位置应高于锅炉汽包水位高停炉保护动作值，并应有足够的裕量。

（3）水位计、水位平衡容器或变送器与汽包联接的取样管，应至少有 1∶100 的斜度：就地联通管式水位计的汽侧取样管位置高于取样孔侧位置，水侧取样管位置低于取样孔侧位置；差压式水位计的汽侧取样管位置低于取样孔侧位置，水侧取样管位置高于取样孔侧位置。

（4）新安装的机组必须核实汽包水位取样孔的位置、结构及水位计平衡容器安装尺寸，均符合要求。

（5）差压式水位计严禁采用将汽水取样管引到一个连通容器（平衡容器），再在平衡容器中段或中高段引出差压水位计的汽水侧取样的方法。

6.4.3 对于过热器出口压力为 13.5MPa 及以上的锅炉，其汽包水位计应以差压式（带压力修正回路）水位计为基准。汽包水位信号应采用三选中值的方式进行优选。

（1）差压水位计（变送器）应采用压力补偿。汽包水位测量应充分考虑平衡容器的温度变化造成的影响，必要时采用补偿措施。

（2）汽包水位测量系统，应采取正确的保温、伴热及防冻措施，以保证汽包水位测量系统的正常运行及正确性。

6.4.4 汽包就地水位计的零位应以制造厂提供的数据为准，并进行核对、标定。随着锅炉压力的升高，就地水位计指示值愈低于汽包真实水位，表 6-1 为不同压力下就地水位计的正常水位示值和汽包实际零水位的差值 Δh，仅供参考：

表 6-1　　不同压力下就地水位计的正常水位示值和汽包实际零水位的差值 Δh

汽包压力（MPa）	16.14～17.65	17.66～18.39	18.40～19.60
Δh（mm）	−51	−102	−150

6.4.5 按规程要求定期或检修后对汽包水位计进行零位校验，核对各汽包水位测量装置间的示值偏差，当同一侧水位测量偏差大于 30mm 或不同侧水位在各自取中间测量值后的偏差大于 50mm 时，应立即汇报，并查明原因予以消除。

6.4.6 严格按照运行规程及各项制度，对水位计及其测量系统进行检查及维护。机组启动调试时应对汽包水位校正补偿方法进行校对、验证，并进行汽包水位计的热态调整及校核。新机组验收时应有汽包水位计安装、调试及试运专项报告，列入验收主要项目之一。

6.4.7 当一套水位测量装置因故障退出运行时，应填写处理故障的工作票，工作票应写明故障原因、处理方案、危险因素预告等注意事项，一般应在 8h 内恢复。若不能完成，应制定措施，经主管领导批准，允许延长工期，但最多不能超过 24h，并报上级主管部门备案。

6.4.8 当不能保证两种类型水位计正常运行时，必须停炉处理。

6.4.9 锅炉高、低水位保护要求如下：

（1）锅炉汽包水位高、低保护应采用独立测量的三取二的逻辑判断方式。当有一点因某种原因须退出运行时：应自动转为二取一的逻辑判断方式，办理审批手续，限期（不宜超过 8h）恢复；当有两点因某种原因须退出运行时，应自动转为一取一的逻辑判断方式，应制定必要的安全运行措施，严格执行审批手续，限期（8h 以内）恢复，如逾期不能恢复，应立即停止锅炉运行。当自动转换逻辑采用品质判断等作为依据时，在逻辑正式投运前应进行详细试验确认，不可简单的采用超量程等手段作为品质判断。

（2）锅炉汽包水位保护所用的三个独立的水位测量装置输出的信号均应分别通过三个独立的 I/O 模件引入 DCS 的冗余控制器。每个补偿用的汽包压力变送器也应分别独立配置，其输出信号引入相对应的汽包水位差压信号 I/O 模件。

（3）锅炉汽包水位保护在锅炉启动前和停炉前应进行实际传动校检。用上水方法进行高水位保护试验、用排污门放水的方法进行低水位保护试验，严禁用信号短接方法进行模拟传动替代。

（4）锅炉汽包水位保护的定值和延时值随炉型和汽包内部结构不同而异，延时值的设置还应符合防止瞬间虚假水位误动及防止事故时水位偏差进一步扩大导致重大事故的原则，汽包水位保护的定值和延时值的具体数值应由锅炉制造厂确定，不应自行设置上述数值。

（5）锅炉水位保护的停退，必须严格执行审批制度。

（6）汽包锅炉水位保护是锅炉启动的必备条件之一，水位保护不完整严禁启动。

6.4.10 当在运行中无法判断汽包真实水位时，应紧急停炉。

6.4.11 对于控制循环锅炉，应设计炉水循环泵差压低低停炉保护。炉水循环泵差压信号应采用独立测量的元件，对于差压低停泵保护应采用二取二的逻辑判别方式，当有一点故障退出运行时，应自动转为二取一的逻辑判断方式，并办理审批手续，限期恢复（不宜超过 8h）。当二点故障超过 4h 时，应立即停止该炉水循环泵运行。

6.4.12 对于直流炉，应设计省煤器入口流量低保护，流量低保护应遵循三取二原则。主给水流量测量应分别取自三个独立的取样点、传压管路和差压变送器并进行三选中后的信号。

6.4.13 直流炉应严格控制燃水比，严防燃水比失调。湿态运行时应严密监视分离器水位，干态运行时应严密监视微过热点（中间点）温度，防止蒸汽带水或金属壁温超温。

6.4.14 高压加热器保护装置及旁路系统应正常投入，并按规程进行试验，保证其动作可靠，避免给水中断。当因某种原因需退出高压加热器保护装置时，应制定措施，严格执行审批手续，并限期恢复。

6.4.15 给水系统中各备用设备应处于正常备用状态，按规程定期切换。当失去备用时，应制定安全运行措施，限期恢复投入备用。

6.4.16 建立锅炉汽包水位、炉水泵差压及主给水流量测量系统的维修和设备缺陷档案，对各类设备缺陷进行定期分析，找出原因及处理对策，并实施消缺。

6.4.17 运行人员必须严格遵守值班纪律，监盘思想集中，经常分析各运行参数的变化；调整要及时，准确判断及处理事故。不断加强运行人员的培训，提高其事故判断能力及操作技能。

6.5 防止锅炉承压部件失效事故

6.5.1 各单位应成立防止压力容器和锅炉爆漏工作小组，加强专业管理、技术监督管理和专业人员培训考核，健全各级责任制。

6.5.2 新建锅炉产品的制造、安装过程应由特种设备监检单位实施制造、安装阶段监督检验。锅炉投入使用前或投入使用后 30 日内，使用单位应按照《特种设备使用管理规则》（TSG 08—2017）办理使用登记，申领使用登记证。不按规定检验、办理使用登记的锅炉，严禁投入使用。

6.5.3 电站锅炉范围内管道包括主给水管道、主蒸汽管道、再热蒸汽管道等应符合《锅炉安全技术规程》（TSG 11—2020）的要求。建设单位采购该范围内管道中使用的元件组合装置［减温减压装置、堵阀、流量计（壳体）、工厂化预制管段］时，应在采购合同中注明"要求按照锅炉部件实施制造过程监督检验"的要求。制造单位制造上述元件组合装置时，应向经国家市场监督管理总局核准的具备锅炉或压力管道监检资质的检验机构提出监检申请，由检验机构按照安全技术规范和相关标准实施制造过程监督检验，合格后出具监检报告和证书。未经监督检验合格的管道元件组合装置不得在电站锅炉范围内管道中使用。

6.5.4 严格做好锅炉制造、安装和调试期间的监造和监理工作。新建锅炉承压部件在安装前必须进行安全性能检验，并将该项工作前移至制造厂，与设备监造工作结合进行。在役锅炉结合机组检修开展承压部件、锅炉定期检验。锅炉检验项目和程序按《中华人民共和国特种设备安全法》《特种设备安全监察条例》[国务院令 第549号（2009年）]、《锅炉安全技术规程》（TSG 11—2020）、《电站锅炉压力容器检验规程》（DL 647—2004）、《固定式压力容器安全技术监察规程》（TSG 21—2016）和《火力发电厂金属技术监督规程》（DL/T 438—2016）等相关规定进行。

6.5.5 防止超压超温的重点要求

（1）严防锅炉缺水和超温超压运行，严禁在水位表数量不足（指能正确指示水位的水位表数量）、安全阀解列的状况下运行。

（2）参加电网调峰的锅炉，运行规程中应制定相应的技术措施。按调峰设计的锅炉，其调峰性能应与汽轮机性能相匹配；非调峰设计的锅炉，其调峰负荷的下限应由水动力计算、水动力试验及燃烧稳定性试验确定，并在运行规程制定相应的反事故措施。

（3）直流锅炉的蒸发段、分离器、过热器、再热器出口导汽管等应有完整的管壁温度测点，以便监视各导汽管间的温度，并结合直流锅炉蒸发受热面的水动力分配特性，做好直流锅炉燃烧调整工作，防止超温爆管。

（4）锅炉超压水压试验和安全阀整定应严格按《电力行业锅炉压力容器安全监督规程》（DL/T 612—2017）、《电站锅炉压力容器检验规程》（DL/T 647—2004）、《电站锅炉安全阀技术规程》（DL/T 959—2020）执行。

（5）装有一、二级或多级旁路系统的机组，机组起停时应投入旁路系统，旁路系统的减温水须正常可靠。

（6）锅炉启停过程中，应严格控制汽温变化速率。在启动中应加强燃烧调整，防止炉膛出口烟温超过规定值。

（7）加强直流锅炉的运行调整，严格按照规程规定的负荷点进行干湿态转换操作。

（8）锅炉承压部件使用的材料应符合《高压锅炉用无缝钢管》（GB/T 5310—2017）和《火力发电厂金属材料选用导则》（DL/T 715—2015）的规定，材料的允许使用温度应高于计算壁温并留有裕度。应配置必要的炉膛出口或高温受热面两侧烟气温度测点、高温受热面壁温测点，应加强对烟气温度偏差和受热面壁温的监视和调整。现有壁温测点无法满足需要时，及时增加超温管段的壁温测点。

6.5.6 防止设备大面积腐蚀的重点要求

（1）严格执行《火力发电机组及蒸汽动力设备水汽质量》（GB/T 12145—2016）、《化学监督导则》（DL/T 246—2015）、《火力发电厂水汽化学监督导则》（DL/T 561—2022）、《电力基本建设热力设备化学监督导则》（DL/T 889—2015）、《发电厂凝汽器及辅机冷却器管选材导则》（DL/T 712—2021）、《火力发电厂停（备）用热力设备防锈蚀导则》（DL/T 956—2017）、《火力发电厂锅炉化学清洗导则》（DL/T 794—2012）、《火电厂凝汽器管防腐防垢导则》

（DL/T 300—2022）等有关规定，加强化学监督工作。

（2）机组运行时凝结水精处理设备严禁全部退出。机组启动时应及时投入凝结水精处理设备，直流锅炉机组在启动冲洗达到规程规定铁、硅等指标时即应投入精处理设备，精处理运行设备应采取氢型运行方式防止漏氯漏钠，以保证精处理出水质量。

（3）凝结水精处理系统再生时要保证阴阳离子交换树脂的分离度和再生度，防止再生过程发生交叉污染，阴树脂的再生剂应满足《工业用氢氧化钠》（GB/T 209—2018）中离子膜碱一等品要求，阳树脂的再生剂应满足《工业用合成盐酸》（GB 320—2006）中优等品的要求。精处理树脂投运前应充分正洗，应控制阴树脂正洗出水电导率小于 $1\mu S/cm$、阳树脂正洗出水电导率小于 $2\mu S/cm$、混合树脂正洗出水电导率小于 $0.1\mu S/cm$；串联阳床＋阴床系统，控制阴、阳树脂在再生设备中单独正洗至电导率小于 $1\mu S/cm$，投运前设备串联正洗至末级出水电导率小于 $0.1\mu S/cm$，防止树脂中的残留再生酸液被带入水汽系统而造成炉水 pH 值大幅降低。

（4）应定期检查凝结水精处理混床和树脂捕捉器的完好性，防止凝结水精处理混床树脂在运行过程中漏入热力系统，其分解产物影响水汽品质，造成热力设备腐蚀。

（5）加强循环冷却水处理系统的监督和管理，严格按照动态模拟试验结果控制循环水的各项指标，防止凝汽器管材腐蚀、结垢及泄漏。当凝结器管材发生泄漏造成凝结水品质超标时，应及时查漏、堵漏。

（6）当运行机组发生水汽质量劣化时，严格按《火力发电机组及蒸汽动力设备水汽质量》（GB/T 12145—2016）中的第 15 条、《火力发电厂水汽化学监督导则》（DL/T 561—2013）中的第 6 条、《火电厂汽水化学导则 第 4 部分：锅炉给水处理》（DL/T 805.4—2016）中的第 9 条处理，严格执行"三级处理"制度。

（7）按照《火力发电厂停（备）热力设备防锈蚀导则》（DL/T 956—2017）进行机组停用保护，防止锅炉、汽轮机、凝汽器（包括空冷岛）、热网换热器等热力设备发生停用腐蚀。

（8）应按《发电厂凝汽器及辅机冷却器管选材导则》（DL/T 712—2021）的规定选用凝汽器及辅机冷却器管材，安装或更新前应进行严格的质量检验和验收，并加强运行维护及检修检查评价。

（9）加强锅炉燃烧调整，改善贴壁气氛，避免高温腐蚀。锅炉改燃非设计煤种时，应全面分析新煤种高温腐蚀特性，采取有针对性的措施。锅炉采用主燃区过量空气系数低于 1.0 的低氮燃烧技术时应加强贴壁气氛监视和大小修时对锅炉水冷壁管壁高温腐蚀趋势的检查工作。

（10）在大修或大修前的最后一次检修时应割取水冷壁管并测定垢量，按《火力发电厂锅炉化学清洗导则》（DL/T 794—2012）相关规定及时进行机组化学清洗。

（11）热网疏水等各类温度较高的工质禁止直接进入给水系统，应降温后接入凝汽器，并经精处理设备处理后进入给水系统，以免造成给水水质劣化。

6.5.7 防止炉外管爆破的重点要求

（1）加强炉外管巡视，对管系振动、水击、膨胀受阻、保温脱落等现象应认真分析原因，及时采取措施。炉外管发生漏汽、漏水现象，必须尽快查明原因并及时采取措施，如不能与系统隔离处理应立即停炉。

（2）按照《火力发电厂金属技术监督规程》（DL/T 438—2016），对汽包、直流锅炉汽水分离器及储水罐、集中下降管、联箱、主蒸汽管道、再热蒸汽管道、弯管、弯头、阀门、三通等大口径部件及其焊缝进行检查，及时发现和消除设备缺陷。对于不能及时处理的缺陷，应对缺陷尺寸进行定量检测及监督，并做好相应技术措施。

（3）定期对导汽管、汽水联络管、下降管等炉外管以及联箱封头、接管座等进行外观检查、壁厚测量、圆度测量及无损检测，发现裂纹、冲刷减薄或圆度异常复圆等问题应及时采取打磨、补焊、更换等处理措施。

（4）加强对汽水系统中的高中压疏水、排污、减温水等小径管的管座焊缝、内壁冲刷和外表腐蚀现象的检查，发现问题及时更换。

（5）按照《火力发电厂汽水管道与支吊架维修调整导则》（DL/T 616—2006）的要求，对支吊架进行定期检查和调整。

（6）对于疏水管道、放空气管等存在汽水两相流的管道，应重点检查其与母管相连的角焊缝、母管开孔的内孔周围、弯头等部位的裂纹和冲刷，其管道、弯头、三通和阀门，运行 10 万 h 后，宜结合检修全部更换。

（7）定期对喷水减温器检查，混合式减温器每隔 1.5 万～3 万 h 检查一次，应采用内窥镜进行内部检查，喷头应无脱落、喷管无开裂、喷孔无扩大，联箱内衬套应无裂纹、腐蚀和断裂。减温器内衬套长度小于 8m 时，除工艺要求的必须焊缝外，不宜增加拼接焊缝；若必须采用拼接时，焊缝应经 100% 探伤合格后方可使用。防止减温器喷头及套筒断裂造成过热器联箱裂纹，面式减温器运行 2 万～3 万 h 后应抽芯检查管板变形，内壁裂纹、腐蚀情况及芯管水压检查泄漏情况，以后每大修检查一次。

（8）在检修中，应重点检查可能因膨胀和机械原因引起的承压部件爆漏的缺陷。

（9）机组投运的第一年内，应对主蒸汽和再热蒸汽管道的不锈钢温度套管角焊缝进行渗透和超声波检测，并结合每次 A 级检修进行检测。

（10）锅炉水压试验结束后，应严格控制泄压速度，并将炉外蒸汽管道存水完全放净，防止发生水击。

（11）焊接工艺、质量、热处理及焊接检验应符合《火力发电厂焊接技术规程》（DL/T 869—2021）和《火力发电厂焊接热处理技术规程》（DL/T 819—2019）的有关规定。

6.5.8 防止锅炉四管爆漏的重点要求

（1）建立锅炉承压部件防磨防爆设备台账，制定和落实防磨防爆定期检查计划、防磨防爆预案，完善防磨防爆检查、考核制度。

（2）在有条件的情况下，应采用漏泄监测装置。水冷壁、过热器、再热器、省煤器管发生爆漏时，应及时停运，防止扩大冲刷损坏其他管段。

（3）定期检查水冷壁刚性梁四角连接及燃烧器悬吊机构，发现问题及时处理。防止因水冷壁晃动或燃烧器与水冷壁鳍片处焊缝受力过载拉裂而造成水冷壁泄漏。

（4）加强蒸汽吹灰设备系统的维护及管理。在蒸汽吹灰系统投入正式运行前，应对各吹灰器蒸汽喷嘴伸入炉膛内的实际位置及角度进行测量、调整，并对吹灰器的吹灰压力进行逐个整定，避免吹灰压力过高。吹灰器投用前应对吹灰管路充分暖管疏水，严禁吹灰蒸汽带水。运行中遇有吹灰器卡涩、进汽门关闭不严等问题，应及时将吹灰器退出并关闭进汽门，避免受热面被吹损，并通知检修人员处理。

（5）锅炉发生四管爆漏后，必须尽快停炉。在对锅炉运行数据和爆口位置、数量、宏观形貌、内外壁情况等信息作全面记录后方可进行割管和检修。应对爆漏原因进行分析，分析手段包括宏观分析、金相组织分析和力学性能试验，必要时对结垢和腐蚀产物进行化学成分分析，根据分析结果采取相应措施。

（6）运行时间接近设计寿命或发生频繁泄漏的锅炉过热器、再热器、省煤器，应对受热面管进行寿命评估，并根据评估结果及时安排更换。

（7）达到设计使用年限的机组和设备，必须按规定对主设备特别是承压管路进行全面检查和试验，组织专家进行全面安全性评估，经主管部门审批后，方可继续投入使用。

（8）对新更换的金属钢管必须进行光谱复核，焊缝100%探伤检查，并按《火力发电厂焊接技术规程》（DL/T 869—2021）和《火力发电厂焊接热处理技术规程》（DL/T 819—2019）要求进行热处理。

（9）加强锅炉水冷壁及集箱检查，以防止裂纹导致泄漏。

6.5.9 防止超（超）临界锅炉高温受热面管内氧化皮大面积脱落

（1）超（超）临界锅炉受热面设计必须尽可能减少热偏差，各段受热面必须布置足够的壁温测点，测点应定期检查校验，确保壁温测点的准确性。

（2）高温受热面管材的选取应考虑合理的高温抗氧化裕度。

（3）加强锅炉受热面和联箱监造、安装阶段的监督检查，必须确保用材正确，受热面内部清洁，无杂物。重点检查原材料质量证明书、入厂复检报告和进口材料的商检报告。

（4）必须准确掌握各受热面多种材料拼接情况，合理制定壁温报警定值。

（5）必须重视试运中酸洗、吹管工艺质量，吹管完成过热器高温受热面联箱和节流孔必须进行内部检查、清理工作，确保联箱及节流圈前清洁无异物。

（6）不论是机组启动过程，还是运行中，都必须建立严格的超温管理制度，认真落实，严格执行规程，杜绝超温。

（7）严格执行厂家设计的启动、停止方式和变负荷、变温速率。

（8）机组运行中，尽可能通过燃烧调整，结合平稳使用减温水和吹灰，减少烟温、汽温和受热面壁温偏差，保证各段受热面吸热正常，防止超温和温度突变。

（9）对于存在氧化皮问题的锅炉，不应停炉后强制通风快冷。

（10）加强汽水监督，给水品质达到《火力发电机组及蒸汽动力设备水汽质量》（GB/T 12145—2016）。

（11）新投产的超（超）临界锅炉，必须在第一次检修时进行高温段受热面的管内氧化情况检查。对于存在氧化皮问题的锅炉，必须利用检修机会对弯头及水平段进行氧化层检查，以及氧化皮分布和运行中壁温指示对应性检查。

（12）加强对超（超）临界机组锅炉过热器的高温段联箱、管排下部弯管和节流圈的检查，以防止由于异物和氧化皮脱落造成的堵管爆破事故。对弯曲半径较小的弯管应进行重点检查。

（13）加强新型高合金材质管道和锅炉蒸汽连接管的使用过程中的监督检验，每次检修均应对焊口、弯头、三通、阀门等进行抽查，尤其应注重对焊接接头中危害性缺陷（如裂纹、未熔合等）的检查和处理，不允许存在超标缺陷的设备投入运行，以防止泄漏事故；对于记录缺陷也应加强监督，掌握缺陷在运行过程中的变化规律及发展趋势，对可能造成的隐患提前做出预判。

（14）加强新型高合金材质管道和锅炉蒸汽连接管运行过程中材质变化规律的分析，定期对P91、P92、P122等材质的管道和管件进行硬度和微观金相组织定点跟踪抽查，积累试验数据并与国内外相关的研究成果进行对比，掌握材质老化的规律，一旦发现材质劣化严重应及时进行更换。对于应用于高温蒸汽管道的P91、P92、P122等材质的管道，如果发现硬度低于标准值，应及时分析原因，进行金相组织检验，必要时，进行强度计算与寿命评估，并根据评估结果采取相应措施。焊缝硬度超出控制范围，首先在原测点附近两处和原测点180°位置再次测量；其次在原测点可适当打磨较深位置，打磨后的管子壁厚不应小于管子的最小计算壁厚。

6.5.10 奥氏体不锈钢小管监督的重点要求

（1）奥氏体不锈钢管子蠕变应变大于4.5%，T91、T122类管子外径蠕变应变大于1.2%，应进行更换。

（2）对于奥氏体不锈钢管子要结合大修检查钢管及焊缝是否存在沿晶、穿晶裂纹，一旦发现应及时换管。

（3）锅炉运行5万h后，检修时应对与奥氏体耐热钢相连的异种钢焊缝按10%进行无损检测。

（4）对于奥氏体不锈钢管与铁素体钢管的异种钢接头在5万h进行割管检查，重点检查铁素体钢一侧的熔合线是否开裂。

6.6 防止农林生物质发电事故

6.6.1 防止农林生物质电厂燃料存储区、上料皮带及炉前料仓着火的重点要求：

（1）应做好料场整体规划，预防外来火源、火灾，防火间距满足相关规程要求；堆垛位置选择排水比较好的区域，确保雨水可以及时排出；消防通道保持通畅。

（2）规范燃料存储区的用电设备，严格用电安全。加强料场内用电管理，杜绝雷电火灾。

（3）上料系统及炉前料仓必须采取防火措施，设置消防水喷淋系统，杜绝外来火源，并在炉前料仓与皮带之间设置防火挡板。螺旋给料机头部宜装有感温探测器，当温度异常时，应能向控制室报警。

（4）加强料场内部消防安全管理，从严控制火灾隐患。严格料场门禁管理，对入厂车辆和人员进行检查登记，设立火种留置柜，进入料场必须留下火种。

（5）加强车辆安全管理，杜绝车辆自燃火灾。

（6）料场内严禁吸烟；料场内岗楼、值班室、计量室应采用无明火方式取暖，禁止使用大功率电热取暖设备（如电炉、热得快、小太阳等），料场内燃料卸车过程中，必须严格检查卸料现场是否有遗留火种，卸车完成后应检查卸车现场，及时清理散落燃料，确保安全。

6.6.2 防止水冷壁和高温受热面高温腐蚀的重点要求：

（1）在锅炉设计时，必须合理控制炉膛温度；必须采用合适的材料与合理的受热面结构，以避免结渣造成的碱金属和氯离子腐蚀。

（2）锅炉设计方案中应充分考虑优化锅炉蒸汽流程和烟气流程，考虑对炉膛拱形结构和向火侧水冷壁的材质进行升级优化，做好防止高温腐蚀措施。

（3）加强入厂燃料和入炉燃料的管理工作，严格控制入炉燃料质量，主要控制燃料氯含量、钠含量和硫含量不超锅炉设计燃料范围要求。

（4）禁止掺烧、改烧煤等高污染燃料，以及垃圾、塑料等废弃物。

（5）应在每次停炉检修时对水冷壁、高温过热器等向火侧开展高温腐蚀检查，做好记录形成台账，并根据历史记录和台账判断管子强度，必要时采取喷涂等措施加强或者更换管子。

6.6.3 防止锅炉尾部再次燃烧的重点要求：

（1）在炉膛出口烟道转向部位应设置分离灰斗，并应及时清除沉积分离下来的大颗粒及未燃尽火星，减少逃逸出锅炉的未燃尽大颗粒及火星。

（2）必须在锅炉烟气出口设置火花捕集器或者旋风除尘器，运行中预分离大颗粒及未燃尽火星，避免火星直接撞击布袋。

（3）除尘系统设计时应选择防火材质的除尘器滤袋。

（4）应定期清理除尘器底部灰斗积灰，防止发生再次燃烧烧损滤袋。

7 防止压力容器等承压设备爆破事故的重点要求

7.1 防止承压设备超压事故

7.1.1 根据设备特点和系统的实际情况,制定每台压力容器的操作规程。操作规程中应明确异常工况的紧急处理方法,确保在任何工况下压力容器不超压、超温运行。

7.1.2 各种压力容器安全阀应定期进行校验。

7.1.3 运行中的压力容器及其安全附件(如安全阀、排污阀、监视表计、连锁、自动装置等)应处于正常工作状态。设有自动调整和保护装置的压力容器,其保护装置的退出应经单位技术总负责人批准,保护装置退出后,实行远控操作并加强监视,且应限期恢复。

7.1.4 除氧器的运行操作规程应符合《电站压力式除氧器安全技术规定》(能源安保〔1991〕709号)的要求。除氧器两段抽汽之间的切换点,应根据《电站压力式除氧器安全技术规定》进行核算后在运行规程中明确规定,并在运行中严格执行,严禁高压汽源直接进入除氧器。

7.1.5 使用中的各种气瓶严禁改变涂色,严防错装、错用;气瓶立放时应采取防止倾倒的措施;液氯钢瓶必须水平放置;放置液氯、液氨钢瓶、溶解乙炔气瓶场所的温度要符合要求。使用溶解乙炔气瓶者必须配置防止回火装置。

7.1.6 压力容器内部有压力时,严禁进行任何修理或紧固工作。

7.1.7 压力容器上使用的压力表,应列为计量强制检定表计,按规定周期进行强检。

7.1.8 压力容器的耐压试验应参考《固定式压力容器安全技术监察规程》(TSG 21—2016)进行。

7.1.9 检查进入除氧器、扩容器的汽源压力,应采取措施消除除氧器、扩容器超压的可能。应采取滑压运行,取消二段抽汽进入除氧器。

7.1.10 单元制的给水系统,除氧器上应配备不少于两只全启式安全门,并完善除氧器的自动调压和报警装置。

7.1.11 除氧器和其他压力容器安全阀的总排放能力,应能满足其在最大进汽工况下不超压。

7.1.12 高压加热器等换热容器,应防止因水侧换热管泄漏导致的汽侧容器筒体的冲刷减薄。定期检验时应增加对水位附近的筒体减薄的检查内容。

7.1.13 氧气瓶、乙炔气瓶等气瓶在户外使用必须竖直放置并固定,不得放置阳光下暴晒,必须放在阴凉处。

7.1.14 氧气瓶、乙炔气瓶等气瓶不得混放,不得在一起搬运。

7.2 防止氢罐等压力容器爆炸事故

7.2.1 制氢站应采用性能可靠的压力调整器,并加装液位差越限联锁保护装置和氢侧氢气纯度表、在线氢中氧量、在线氧中氢量监测仪表,防止制氢设备系统爆炸。

7.2.2 对制氢系统及氢罐的检修应进行可靠的隔离。

7.2.3 氢罐应按照《固定式压力容器安全技术监察规程》（TSG 21—2016）的要求进行定期检验。

7.2.4 运行 10 年及以上的氢罐，应该重点检查氢罐的外形，尤其是上下封头不应出现鼓包和变形现象。

7.2.5 压力容器工作介质为易燃易爆气体的，应根据设计要求，在维护和检验中安排泄漏试验。

7.3 防止压力容器脱检漏检

7.3.1 火电厂热力系统压力容器定期检验时，应按照《电站锅炉压力容器检验规程》（DL 647—2004）要求，对与压力容器相连的管系进行检查，特别是对蒸汽进口附近的内表面热疲劳和加热器疏水管段冲刷、腐蚀情况的检查。防止爆破汽水喷出伤人。

7.3.2 禁止在压力容器上随意开孔和焊接其他构件。若涉及在压力容器筒壁上开孔或修理等修理改造时，应按照《固定式压力容器安全技术监察规程》（TSG 21—2016）第 5.2 "改造与重大修理"进行。

7.3.3 停用超过一年以上的压力容器重新启用时，应当进行自行检查。超过定期检验有效期的，应当按照定期检验的有关要求进行检验。

7.3.4 在订购压力容器前，应对设计单位和制造厂商的资格进行审核，其供货产品必须附有"压力容器产品质量证明书"和制造厂所在地锅炉压力容器监检机构签发的"监检证书"。要加强对所购容器的质量验收，特别应参加容器水压试验等重要项目的验收见证。

7.4 防止压力容器违规使用

7.4.1 压力容器投入使用必须按照《特种设备使用管理规则》（TSG 08—2017）办理使用登记手续，申领使用登记证。未进行建设期检验、办理使用登记手续的压力容器，严禁投入运行使用。

7.4.2 对已经投入运行的压力容器中设计资料不全、材质不明及经检验安全性能不良的老旧容器，应安排计划进行更换。

7.4.3 使用单位对压力容器的管理，不仅要满足特种设备的法律法规技术性条款的要求，还要满足有关特种设备在法律法规程序上的要求。定期检验有效期届满 1 个月以前，应向压力容器检验机构提出定期检验要求。

7.4.4 达到设计使用年限（未规定设计使用年限但使用超过 20 年）的压力容器，应安排计划进行更换。如确需继续使用，应当依据《特种设备使用管理规则》（TSG 08—2017）和《固定式压力容器安全技术监察规程》（TSG 21—2016）要求，在到期时进行检验或安全评估，办理使用登记变更。

7.4.5 使用单位应参照固定式压力容器做好简单压力容器使用安全管理，达到使用年限时应当报废。

8 防止汽轮机、燃气轮机事故的重点要求

8.1 防止汽轮机超速事故

8.1.1 在额定蒸汽参数下，调节系统应能维持汽轮机在额定转速下稳定运行，甩负荷后能将机组转速控制在超速保护动作值转速以下。

8.1.2 数字式电液控制系统（DEH）应设有完善的机组启动与保护逻辑和严格的限制启动条件；对机械液压调节系统的机组，也应有明确的限制启动条件。

8.1.3 汽轮发电机组轴系应至少安装两套转速监测装置在不同的转子上。两套装置转速值相差超过30r/min后分散控制系统（DCS）应发报警。技术人员应分析原因，确认转速测量系统故障时，应立即处理。

8.1.4 抽汽供热机组的抽汽逆止阀关闭应迅速、严密，联锁动作应可靠，布置应靠近抽汽口，并必须设置有能快速关闭的抽汽关断阀，以防止抽汽倒流引起超速。

8.1.5 透平油和抗燃油的油质应合格。油质不合格的情况下，严禁机组启动。

8.1.6 各种超速保护均应正常投入。超速保护不能可靠动作时，禁止机组运行（超速试验所必要的启动、并网运行除外）。

8.1.7 机组重要运行监视表计，尤其是转速表，显示不正确或失效，严禁机组启动。运行中的机组，在无任何有效监视手段的情况下，必须停止运行。

8.1.8 新建或机组大修后，必须按规程要求进行汽轮机调节系统静止试验或仿真试验，确认调节系统工作正常。在调节部套有卡涩、调节系统工作不正常的情况下，严禁机组启动。

8.1.9 在任何情况下绝不可强行挂闸。

8.1.10 机组正常启动或停机过程中，应严格按运行规程要求投入汽轮机旁路系统，尤其是低压旁路。在机组甩负荷或事故状态下，应开启旁路系统。机组再次启动时，再热蒸汽压力不得大于制造商规定的压力值。

8.1.11 坚持按规程要求进行主汽阀、调节汽阀、低压补汽阀关闭时间测试，汽阀严密性试验，超速保护试验，阀门活动试验。

8.1.12 坚持按规程要求进行抽汽逆止阀关闭时间测试、机组运行中逆止阀活动试验，逆止阀应动作灵活、不卡涩。

8.1.13 危急保安器动作转速一般为额定转速的110%±1%。

8.1.14 进行超速试验实际升速时，在满足试验条件下，主蒸汽和再热蒸汽压力尽量取低值。

8.1.15 对新投产机组或汽轮机调节系统经重大改造后的机组，应进行甩负荷试验。《火力发电建设工程机组甩负荷试验导则》（DL/T 1270）所列不宜进行甩负荷试验的机组除外，包括：

（1）未设置旁路系统。

（2）仅设置5%串级启动疏水系统。

（3）配置不具备热备用功能的启动旁路系统。

8.1.16 机组正常停机时，严禁带负荷解列。应先将发电机有功、无功功率减至零，检查确认有功功率到零，电能表停转或逆转以后，再将发电机与系统解列；或采用汽轮机手动打闸或锅炉手动主燃料跳闸联跳汽轮机，发电机逆功率保护动作解列。

8.1.17 电液伺服阀（包括各类型电液转换器）的性能必须符合要求，否则不得投入运行。油系统冲洗时，电液伺服阀必须按规定使用专用盖板替代，不合格的油严禁进入电液伺服阀。运行中要严密监视其运行状态，不卡涩、不泄漏和动作稳定。大修中要进行清洗、检测等维护工作。发现问题应及时处理或更换。备用伺服阀应按制造商的要求条件妥善保管。

8.1.18 主油泵轴与汽轮机主轴间具有齿型联轴器或类似联轴器的机组，应定期检查联轴器的润滑和磨损情况，其两轴中心标高、左右偏差应严格按制造商的规定安装。

8.1.19 汽轮机在深调峰运行方式下，进入中压调节阀动作区间后，调节系统应设置中压调节阀阀位限制或增加蓄能器等防止控制油压大幅摆动的措施。

8.2 防止汽轮机轴系断裂及损坏事故

8.2.1 机组主、辅设备的保护装置必须正常投入，已有振动监测保护装置的机组，振动超限跳机保护应投入运行；机组正常运行瓦振、轴振应满足相关标准，并注意监视变化趋势。

8.2.2 新机组投产前、已投产机组每次大修中，应进行转子表面和中心孔探伤检查。按《火力发电厂金属技术监督规程》（DL/T 438）相关规定，对高温段应力集中部位应进行表面检验，有疑问时进行表面探伤。选取不影响转子安全的部位进行硬度检验，若硬度相对前次检验有较明显变化时应进行金相组织检验。

8.2.3 新机组投产前和机组大修中，必须检查平衡块固定螺栓、风扇叶片固定螺栓、定子铁芯支架螺栓、各轴承和轴承座螺栓的紧固情况，保证各联轴器螺栓的紧固和配合间隙完好，并有完善的防松措施。

8.2.4 新机组投产前应对焊接隔板的主焊缝进行检查。大修中应检查隔板变形情况，最大变形量不得超过轴向间隙的1/3。对于600MW以上机组或超临界及以上机组，高中压隔板累计变形超过1mm，按《火力发电厂金属技术监督规程》（DL/T 438）相关规定，应对静叶与外环的焊接部位进行相控阵检查，结构条件允许时静叶与内环的焊接部位也应进行相控阵检查。

8.2.5 为防止由于发电机非同期并网造成的汽轮机轴系断裂及损坏事故，应严格落实10.10.1条规定的各项措施。

8.2.6 严格按超速试验规程的要求，机组冷态启动带10%～25%额定负荷、运行3～4h（或按制造商要求），解列后立即进行超速试验。

8.2.7 加强汽水品质的监督和管理。大修时应检查汽轮机转子叶片、隔板上沉积物，并取样分析，针对分析结果制定有效的防范措施，防止转子及叶片表面及间隙积盐、腐蚀。

8.2.8 对于送出线路加装串联补偿装置的机组，应采取措施预防因次同步谐振造成发电机组转子损伤。

8.2.9 运行 100000h 以上的机组，每隔 3～5 年应对转子进行一次检查（制造商有返厂检查等特殊要求的，可参照制造商要求执行）。运行时间超过 15 年、转子寿命超过设计使用寿命、低压焊接转子、承担调峰启停频繁或深度调峰运行的转子，应适当缩短检查周期。重点对高中压转子调速级叶轮根部的变截面 R 处和前汽封槽，叶轮、轮缘小角及叶轮平衡孔部位，以及高、中、低压转子套装叶轮键槽，焊接转子焊缝等部位进行检查。

8.2.10 严禁使用不合格的转子。已经过本企业上级单位主管部门批准并拟投入运行的有缺陷转子应进行技术评定，根据机组的具体情况、缺陷性质制定运行安全措施，并报主管部门审批后执行。

8.2.11 建立机组试验档案，包括投产前的安装调试试验、大小修后的调整试验、常规试验和定期试验。

8.2.12 建立机组事故档案，无论大小事故均应建立档案，包括事故名称、性质、原因和防范措施。

8.2.13 建立转子技术档案，包括制造商提供的转子原始缺陷和材料特性等转子原始资料；历次转子检修检查资料；机组主要运行数据、运行累计时间、主要运行方式、冷热态启停次数、启停过程中的汽温汽压负荷变化率、超温超压运行累计时间、主要事故情况及原因和处理。

8.3 防止汽轮机大轴弯曲事故

8.3.1 疏水系统应保证疏水畅通。疏水联箱的标高应高于凝汽器热水井最高点标高。高、低压疏水联箱应分开，疏水管应按压力顺序接入联箱，并向低压侧倾斜 45°。疏水联箱或扩容器应保证在各疏水阀全开的情况下，其内部压力仍低于各疏水管内的最低压力。再热冷段蒸汽管的最低点应设有疏水点。防腐蚀汽管直径应不小于 76mm。

8.3.2 减温水管路阀门应关闭严密，自动装置可靠，并应设有截止阀。

8.3.3 轴封及门杆漏汽至除氧器或抽汽管路，应设置逆止阀和截止阀。

8.3.4 高、低压加热器应装设紧急疏水阀，可远方操作和根据疏水水位自动开启。

8.3.5 高、低压轴封应分别供汽。特别注意高压轴封段或合缸机组的高中压轴封段，其供汽管路应有良好的疏水措施。低压轴封供汽温度测点应与喷水装置保持充分距离以避免温度测量不准，定期检查喷水减温装置的雾化效果，防止水进入低压轴封。

8.3.6 凝汽器应设计有高水位报警并在停机后仍能正常投入。除氧器应有水位报警和高水位自动放水装置。

8.3.7 汽轮机启动前必须符合以下条件，否则禁止启动：

（1）大轴晃动（偏心）、串轴（轴向位移）、胀差、低油压和振动保护等表计显示正确，并正常投入。

（2）大轴晃动值不超过制造商的规定值或原始值的 ±0.02mm。

（3）高压外缸上、下缸温差不超过50℃，高压内缸上、下缸温差不超过35℃。若制造厂有更严格的规定，应从严执行。

（4）启动蒸汽参数应符合制造厂规定。一般情况下主汽阀前蒸汽温度应高于汽缸最高金属温度50℃，但不超过额定蒸汽温度，且蒸汽过热度不低于50℃。

8.3.8 机组启、停过程操作措施：

（1）机组启动前连续盘车时间应执行制造商的有关规定，至少不得少于2～4h，热态启动不少于4h。若盘车中断应重新计时。

（2）机组启动过程中因振动异常停机必须回到盘车状态，应全面检查、认真分析、查明原因。当机组已符合启动条件时，连续盘车不少于4h才能再次启动，严禁盲目启动。

（3）机组热态启动前应检查停机记录，并与正常停机曲线进行比较，若有异常应认真分析，查明原因，采取措施及时处理。

（4）机组热态启动投轴封供汽时，应确认盘车装置运行正常，先向轴封供汽，后抽真空。停机后，凝汽器真空到零，方可停止轴封供汽。轴封供汽停止后，应关闭轴封减温水截止阀。应根据缸温选择供汽汽源，以使供汽温度与金属温度相匹配。

（5）疏水系统投入时，严格控制疏水系统各容器水位，注意保持凝汽器（排汽装置）水位低于疏水联箱标高。供汽管道应充分暖管、疏水，严防水或冷汽进入汽轮机。

（6）机组启动时从锅炉点火至机组并网带极低负荷运行期间，不得投入再热蒸汽减温器喷水。机组深度调峰运行必须投入再热蒸汽减温器喷水时，应加强对再热蒸汽温度监视。在锅炉熄火或机组甩负荷时，应及时切断主蒸汽、再热蒸汽减温水。

（7）电动盘车在转子惰走到零后应立即投入。当盘车电流较正常值大、摆动或有异音时，应查明原因及时处理。当汽缸内动静部分摩擦严重时，将转子高点置于最高位置，关闭与汽缸相连通的所有疏水（闷缸措施），以保持上下缸温差，监视转子弯曲度，当确认转子弯曲度正常后，进行试投盘车，盘车投入后应连续盘车。当盘车盘不动时，严禁用起重机等设备强行盘车。

（8）停机后因盘车装置故障或其他原因需要暂时停止盘车时，应采取闷缸措施，监视上下缸温差、转子弯曲度的变化，待盘车装置正常或暂停盘车的因素消除后及时投入连续盘车。

（9）停机后应监视凝汽器（排汽装置）、高/低压加热器、除氧器水位和主蒸汽、再热冷段及再热热段管道集水罐处及各段抽汽管道管壁温度变化，防止汽轮机进水。

8.3.9 汽轮机发生下列情况之一，应立即打闸停机：

（1）机组启动过程中，在中速暖机之前，轴承振动超过0.03mm；或严格按照制造商标准执行。

（2）机组启动过程中，通过临界转速时，轴承振动超过0.1mm或相对轴振动值超过0.25mm，应立即打闸停机；或严格按照制造商的标准执行；严禁强行通过临界转速或降速暖机。

（3）机组运行中要求轴承振动不超过0.03mm或相对轴振动不超过0.09mm，超过时应设法消除，当相对轴振动大于 0.25mm 应立即打闸停机；当轴承振动或相对轴振动变化量超过报警值的 25%，应查明原因设法消除，当轴承振动或相对轴振动突然增加报警值的 100%，应立即打闸停机；或严格按照制造商的标准执行。

（4）高压外缸上、下缸温差超过 50℃，高压内缸上、下缸温差超过 35℃。若制造厂有更严格的规定，应从严执行。

（5）机组正常运行时，主、再热蒸汽温度在 10min 内下降 50℃。调峰型单层汽缸机组可根据制造商相关规定执行。

8.3.10 应采用良好的保温材料和施工工艺，保证机组正常停机后的上下缸温差不超过 35℃，最大不超过 50℃。若制造厂有更严格的规定，应从严执行。

8.3.11 汽轮机在热状态下，锅炉不得进行打水压试验。

8.3.12 机组监测仪表必须完好、准确，并定期进行校验。尤其是大轴晃度、振动和汽缸金属温度表计，应按热工监督条例进行统计考核。

8.3.13 严格执行运行、检修操作规程，严防汽轮机进水、进冷汽。

8.3.14 应具备和熟悉掌握的资料：

（1）转子安装原始弯曲的最大晃动值（双振幅），最大弯曲点的轴向位置及在圆周方向的位置。

（2）大轴晃度表测点安装位置转子的原始晃动值（双振幅），最高点在圆周方向的位置。

（3）机组正常启动过程中的波德图（Bode）和实测轴系临界转速。

（4）正常情况下盘车电流和电流摆动值（针对液压盘车装置为油压），以及相应的油温和顶轴油压。

（5）正常停机过程的惰走曲线，以及相应的真空值和顶轴油泵的开启转速和紧急破坏真空停机过程的惰走曲线。

（6）停机后，机组正常状态下的汽缸主要金属温度的下降曲线。

（7）通流部分的轴向间隙和径向间隙。

（8）机组在各种状态下的典型启动曲线和停机曲线，并应全部纳入运行规程。

（9）记录机组启停全过程中的主要参数和状态。停机后定时记录汽缸金属温度、大轴弯曲、盘车电流、汽缸膨胀、胀差等重要参数，直到机组下次热态启动或汽缸金属温度低于 150℃ 为止。

（10）系统进行改造，运行规程中尚未作具体规定的重要运行操作或试验，必须预先制订安全技术措施，经总工程师或厂级分管生产领导批准后再执行。

8.4 防止汽轮机、燃气轮机轴瓦损坏事故

8.4.1 润滑油冷油器制造时，冷油器切换阀应有可靠的防止阀芯脱落的措施，避免阀芯脱落堵塞润滑油通道导致断油、烧瓦。

8.4.2 油系统严禁使用铸铁阀门，各阀门门杆应与地面水平安装。主要阀门应挂有"禁止操

作"警示牌。主油箱事故放油阀应串联设置两个钢制截止阀，操作手轮应设在距油箱5m以外，有两个以上通道且能保证漏油着火时人员可到达并便于操作、便于撤离的地方，手轮应挂有明显的"禁止操作"标志牌，手轮不应加锁。润滑油供油管道中不宜装设滤网，若装设滤网，必须采用激光打孔滤网，并有防止滤网堵塞和破损的措施。

8.4.3 润滑油系统油泵出口逆止阀前应设置可靠的排气措施，防止油泵启动后泵出口堆积空气不能快速建立油压，导致轴瓦损坏。

8.4.4 直流润滑油泵的直流电源系统应有足够的容量，其各级保险应合理配置，防止故障时熔断器熔断使直流润滑油泵失去电源。

8.4.5 交流润滑油泵电源的接触器，应采取低电压延时释放措施，同时要保证自投装置动作可靠。

8.4.6 应设置主油箱油位低跳机保护，必须采用测量可靠、稳定性好的液位测量方法，并采取"三取二"的保护方式，保护动作值应考虑机组跳闸后的惰走时间。机组运行中发生油系统渗漏时，应申请停机处理，避免处理不当造成大量漏油，导致烧瓦。如已发生大量漏油，应立即打闸停机。

8.4.7 润滑油系统不宜在轴瓦进油管道装设调压阀。已装设的机组，调压阀应有可靠的防松脱措施，并定期进行检查。避免运行中阀芯移位或脱落造成断油烧瓦。

8.4.8 电厂应与制造厂核实新建或改造机组的汽轮机轴向推力计算值或实测值，防止调速汽阀动作异常或补汽阀开启时轴向推力过大，造成推力轴承损伤。

8.4.9 安装和检修时要彻底清理油系统杂物，严防遗留杂物堵塞油泵入口或管道。

8.4.10 润滑油系统油质应按规程要求定期进行化验，油质劣化应及时处理。在油质不合格的情况下，严禁机组启动。

8.4.11 润滑油压低报警、联启油泵、跳闸保护、停止盘车定值及测点安装位置应按照制造商要求安装和整定，低油压联锁启动直流油泵整定值与汽轮机油压低跳闸整定值应相同，直流油泵联启的同时必须跳闸停机。对各压力开关应采用现场试验系统进行校验，润滑油压低时应能正确、可靠的联动交流、直流润滑油泵。

8.4.12 新机组或润滑油系统检修、改造后，应进行交流润滑油泵跳闸联锁启动备用交流润滑油泵和直流润滑油泵试验，在联锁启动过程中，系统润滑油压不得低于汽轮机运行最低安全油压（或润滑油压低跳汽轮机值）。

8.4.13 辅助油泵（包括交流润滑油泵、直流润滑油泵）及其自启动装置，应按要求定期进行启动试验，保证油泵处于良好的备用状态。机组启动前辅助油泵必须处于联动状态。机组正常停机前，应先启动交流润滑油泵，确认油泵工作正常后再打闸停机。

8.4.14 润滑油系统冷油器、辅助油泵、滤网等进行切换时，应在指定人员的监护下按操作票顺序缓慢进行操作，操作中严密监视润滑油压的变化，严防切换操作过程中断油。

8.4.15 油位计、油压表、油温表及相关的信号装置，必须按要求装设齐全、指示正确，表计值 DCS 显示应与就地显示一致，并定期进行校验。

8.4.16 机组启动、停机和运行中要严密监视推力瓦、轴瓦钨金温度和回油温度。当温度超过标准要求时，应按规程规定果断处理。

8.4.17 在机组启、停过程中，应按制造商规定的转速停止、启动顶轴油泵。

8.4.18 在运行中发生了可能引起轴瓦损坏的异常情况（如水冲击、瞬时断油、轴瓦温度急升超过120℃等），应在确认轴瓦未损坏之后，方可重新启动。

8.4.19 检修中应检查主油泵、交流润滑油泵和直流润滑油泵出口逆止阀的状态是否正常，防止启停机过程中断油。

8.4.20 机组蓄电池在按 22.2.6.17 或运行规程规定进行核对性放电试验后，应带上直流润滑油泵、直流密封油泵进行实际带负载试验。

8.4.21 严格执行运行、检修操作规程，严防轴瓦断油。

8.5 防止燃气轮机超速事故

8.5.1 在设计燃气参数范围内，调节系统应能维持燃气轮机在额定转速下稳定运行，甩负荷后能将燃气轮机组转速飞升控制在超速保护动作值以下并迅速稳定到额定转速。

8.5.2 燃气关断阀和燃气控制阀（包括燃气压力和燃气流量调节阀）应能关闭严密。新投产机组及大修后机组应进行调节系统静态试验及关闭时间测试，阀门开关动作过程迅速且无卡涩现象。自检试验不合格，燃气轮机组严禁启动。

8.5.3 燃气轮机组轴系应至少安装两套转速监测装置在不同的转子上。两套装置转速值相差超过 30r/min 后 DCS 应发报警。技术人员应分析原因，确认转速测量系统故障时，应立即处理。

8.5.4 燃气轮机组重要运行监视表计，尤其是转速表，显示不正确或失效，严禁机组启动。运行中的机组，在无任何有效监视手段的情况下，必须停止运行。

8.5.5 透平油和液压油品质应按规程要求定期化验。燃气轮机组投产初期、燃气轮机本体和油系统检修后，以及燃气轮机组油质劣化时，应缩短化验周期。

8.5.6 透平油和液压油的油质应合格，在油质不合格的情况下，严禁燃气轮机组启动。

8.5.7 燃气轮机组电超速保护动作转速一般为额定转速的108%～110%。运行期间电超速保护必须正常投入。超速保护不能可靠动作时，禁止燃气轮机组运行（超速试验所必要的启动、并网运行除外）。燃气轮机组电超速保护应进行实际升速动作试验，保证其动作转速符合有关技术要求。

8.5.8 对新投产的燃气轮机组或调节系统进行重大改造后的燃气轮机组应进行甩负荷试验。

8.5.9 机组正常停机时，严禁违反制造商规定带负荷解列。联合循环单轴机组应先停运汽轮机，检查发电机有功、无功功率到制造商规定值，再与系统解列；分轴机组应先检查发电机有功、无功功率到制造商规定值，再与系统解列。

8.5.10 电液伺服阀（包括各类型电液转换器）的性能必须符合要求，否则不得投入运行。油系统冲洗时，电液伺服阀必须按规定使用专用盖板替代，不合格的油严禁进入电液伺服阀。运行中要严密监视其运行状态，不卡涩、不泄漏和系统稳定。大修中要进行清洗、检测等维护工作。备用伺服阀应按照制造商的要求条件妥善保管。

8.5.11 燃气轮机组大修后，必须按规程要求进行燃气轮机调节系统的静止试验或仿真试验，确认调节系统工作正常。否则严禁机组启动。

8.6 防止燃气轮机轴系断裂及损坏事故

8.6.1 燃气轮机组主、辅设备的保护装置必须正常投入，振动监测保护应投入运行；燃气轮机组正常运行时瓦振、轴振应达到相关标准的优良范围，并注意监视变化趋势。

8.6.2 发生下列情况之一，严禁机组启动：

（1）在盘车状态听到有明显的刮缸声。

（2）压气机进口滤网破损或压气机进气道可能存在残留物。

（3）机组转动部分有明显的摩擦声。

（4）任一火焰探测器或点火装置故障。

（5）燃气辅助关断阀、燃气关断阀、燃气控制阀任一阀门或其执行机构故障。

（6）燃气辅助关断阀、燃气关断阀、燃气控制阀任一阀门严密性试验不合格。

（7）具有压气机进口导流叶片和压气机防喘阀活动试验功能的机组，压气机进口导流叶片和压气机防喘阀活动试验不合格。

（8）任一燃气轮机排气温度测点故障。

（9）燃气轮机主保护故障。

8.6.3 燃气轮机组应避免在燃烧模式切换负荷区域长时间运行。

8.6.4 严格按照超速试验规程进行超速试验。

8.6.5 加强燃气轮机排气温度、排气分散度、轮间温度、火焰强度等运行数据的综合分析，及时找出设备异常的原因，防止局部过热燃烧引起的设备裂纹、涂层脱落、燃烧区位移等损坏。

8.6.6 为防止发电机非同期并网造成的燃气轮机轴系断裂及损坏事故，应严格落实第10.10.1条规定的各项措施。

8.6.7 发生下列情况之一，应立即打闸停机：

（1）运行参数超过保护值而保护拒动。

（2）机组内部有金属摩擦声或轴承端部有摩擦产生火花。

（3）压气机失速，发生喘振。

（4）机组冒出大量黑烟。

（5）机组运行中，要求轴承振动不超过0.03mm或相对轴振动不超过0.09mm，超过时应设法消除，当相对轴振动大于0.25mm应立即打闸停机；当轴承振动或相对轴振动变化量超过报警值的25%，应查明原因设法消除，当轴承振动或相对轴振动突然增加报警值的100%，应立即打闸停机；或严格按照制造商的标准执行。

（6）运行中发现燃气泄漏探测器动作或检测到燃气浓度有突升，达到停机条件，立即打闸停机；尚未达到停机条件，应立即申请检查处理。

8.6.8 机组发生紧急停机时，应严格按照制造商要求连续盘车若干小时以上，才允许重新启动点火，以防止冷热不均发生转子振动大或残余燃气引起爆燃而损坏部件。

8.6.9 燃气轮机停止运行投盘车时，严禁随意开启罩壳各处大门和随意增开燃气轮机间冷却风机，以防止因温差大引起缸体收缩而使压气机刮缸。在发生严重刮缸时，应立即停运盘车，采取闷缸措施48h后，尝试手动盘车，直至投入连续盘车。

8.6.10 调峰机组应按照制造商要求控制两次启动间隔时间，防止出现通流部分刮缸等异常情况。

8.6.11 应定期检查燃气轮机、压气机气缸周围的冷却水、水洗等管道、接头、泵体，防止运行中断裂造成冷水喷在高温气缸上，发生气缸变形、动静摩擦设备损坏事故。

8.6.12 定期对压气机进行孔窥检查，防止空气悬浮物或滤后不洁物对叶片的冲刷磨损，或压气机静叶调整垫片受疲劳而脱落。定期对压气机进行离线水洗或在线水洗。定期对压气机前级叶片进行无损探伤等检查。周期应按制造商要求或严于厂商要求的相关规范执行。

8.6.13 严格按照燃气轮机制造商的要求，定期对燃气轮机孔窥检查，定期对转子进行表面检查或无损探伤。按《火力发电厂金属技术监督规程》（DL/T 438）相关规定，对高温段应力集中部位应进行表面检验，有疑问时进行表面探伤。若需要，可选取不影响转子安全的部位进行硬度检验，若硬度相对前次检验有较明显变化时应进行金相组织检验。

8.6.14 离线水洗完成后应按设备厂家要求进行甩干、烘干或机组启动，不得在离线水洗后直接停机闲置。

8.6.15 定期检查燃气轮机进气系统，防止空气未经过滤或过滤不充分而进入压气机。

8.6.16 新机组投产前和机组大修中，应重点检查：

（1）轮盘拉杆螺栓紧固情况、轮盘之间错位、通流间隙、转子及各级叶片的冷却风道。

（2）平衡块固定螺栓、风扇叶固定螺栓、定子铁芯支架螺栓，并应有完善的防松措施。绘制平衡块分布图。

（3）各联轴器轴孔、轴销及间隙配合满足标准要求，联轴器螺栓外观及金属探伤检验，紧固防松措施完好。

（4）燃气轮机热通道内部紧固件与锁定片的装复工艺良好，防止因气流冲刷引起部件脱落进入喷嘴而损坏通道内的动静部件。

8.6.17 燃气轮机热通道主要部件更换返修时，应对主要部件焊缝、受力部位进行无损探伤，检查返修质量，防止运行中发生裂纹断裂等异常事故。

8.6.18 严禁使用不合格的转子，已经过制造商确认可以在一定时期内投入运行的有缺陷转子应对其进行技术评定，根据燃气轮机组的具体情况、缺陷性质制订运行安全措施，并报上级主管部门备案。

8.6.19 建立燃气轮机组试验档案，包括投产前的安装调试试验、计划检修的调整试验、常规试验和定期试验。

8.6.20 建立燃气轮机组事故档案，记录事故名称、性质、原因和防范措施。

8.6.21 建立转子技术档案，包括制造商提供的转子原始缺陷和材料特性等原始资料，历次转子检修检查资料；燃气轮机组主要运行数据、运行累计时间、主要运行方式、冷热态启停次数、启停过程中的负荷的变化率、主要事故情况的原因和处理；转子金属监督技术资料。根据转子档案记录，定期对转子进行分析评估，把握转子寿命状态；建立燃气轮机热通道部件返修使用记录台账。

8.7 防止燃气轮机燃气系统泄漏爆炸事故

8.7.1 天然气管道放散塔或放空管的设计和安装，应满足现行《石油天然气工程设计防火规范》（GB 50183）中对高度和周围环境相关规定。

8.7.2 严禁燃气管道从管沟内敷设。对于从房内穿越的架空管道，必须做好穿墙套管的严密封堵，合理设置现场燃气泄漏检测器，防止燃气泄漏引起意外事故。

8.7.3 对于与燃气系统相邻的，自身不含燃气运行设备，但可通过地下排污管道等通道相连通的封闭区域，也应装设燃气泄漏探测器。

8.7.4 按燃气管理制度要求，做好燃气系统日常巡检、维护与检修工作。新安装或检修后的管道或设备应进行系统打压试验，确保燃气系统的严密性。

8.7.5 新安装的燃气管道应在24h之内检查一次，并应在通气后的第一周进行一次复查，确保管道系统燃气输送稳定安全可靠。

8.7.6 燃气泄漏量达到测量爆炸下限的20%时，不允许启动燃气轮机。

8.7.7 点火失败后，重新点火前必须进行足够时间的清吹，防止燃气轮机和余热锅炉通道内的燃气浓度达到爆炸极限而产生爆燃事故。

8.7.8 加强对燃气泄漏探测器的定期维护，每季度进行一次校验，确保测量可靠，防止发生因测量偏差、拒报而发生火灾爆炸。

8.7.9 严禁在运行中的燃气轮机周围进行燃气管道燃气排放与置换作业。

8.7.10 严禁在燃气泄漏现场违规操作。消缺时必须使用铜制专用工具，防止处理事故中产生静电火花引起爆炸。

8.7.11 运行点检人员巡检燃气系统时，必须使用防爆型的照明工具、对讲机、气体检漏仪等必要电子设备，操作阀门尽量用手操作，必要时应用铜制工具进行。严禁使用非防爆型工器具作业。

8.7.12 进入燃气系统区域（如调压站、燃气轮机间、前置模块等）的人员必须穿防静电工作服。不得穿易产生静电的服装、带铁掌的鞋，不得携带移动电话及其他易燃、易爆品进入燃气系统区域。燃气区域禁止用非防爆设备照相、摄影。

8.7.13 进入燃气系统区域前应先通过消静电装置消除静电。

8.7.14 在燃气系统附近进行明火作业时，应有严格的管理制度。明火作业的地点测量空气所含燃气浓度不得超过爆炸下限的20%，其中甲烷浓度不得超过1%，并经批准后才能进行明火作业，同时按规定间隔时间做好动火区域危险气体含量检测。

8.7.15 燃气调压站、前置模块等燃气系统应按规定配备足够的消防器材，并按时检查和试验。

8.7.16 严格执行燃气轮机点火系统的管理制度，定期加强维护管理，防止点火器、高压点火电缆等设备因高温老化损坏而引起点火失败。

8.7.17 严禁未装设阻火器的汽车、摩托车、电瓶车等车辆在燃气轮机的警示范围或调压站内行驶。

8.7.18 应结合机组检修，对燃气轮机仓及燃料阀组间燃气系统进行气密性试验，对燃气管道进行全面检查。

8.7.19 机组停运时，禁止采用向燃料关断阀后通入燃气的方式对燃气透平及其他管道设备进行法兰找漏等试验、检修工作。

8.7.20 在燃气管道系统部分投入燃气运行的情况下，与充入燃气相邻的、以阀门相隔断的管道部分必须充入氮气，且要进行常规的巡检查漏工作。

8.7.21 做好在役地下燃气管道防腐涂层的检查与维护工作。正常情况下高压、次高压管道（$0.4MPa < P \leqslant 4.0MPa$）应每3年一次。10年以上的管道每2年一次。

8.7.22 燃气调压站内的防雷设施应处于正常运行状态。每年应进行两次检测，其中在雷雨季节前应检测一次，确保接地电阻值在设计范围内。

8.7.23 露天布置的调压站、前置模块等燃气系统，应建立并严格执行管道、阀门等设备的定期保养制度，避免设备产生严重锈蚀。

9 防止分散控制系统失灵事故的重点要求

9.1 防止分散控制系统供电系统事故

9.1.1 分散控制系统电源应设计有可靠的后备手段，电源的切换时间应保证控制器、服务器不被初始化；操作员站如无双路电源切换装置，则必须将两路供电电源分别连接于不同的操作员站；系统电源故障应设置最高级别的报警；严禁非分散控制系统用电设备接到分散控制系统的电源装置上；公用分散控制系统电源，应分别取自不同机组的不间断电源系统，且具备无扰切换功能。分散控制系统电源的各级电源开关容量和熔断器熔丝应匹配，防止故障越级。

9.1.2 交、直流电源开关和接线端子应分开布置，交、直流电源开关和接线端子应有明显的标示。

9.1.3 分散控制系统（DCS）使用的不间断电源（UPS）电源装置应做定期维护，蓄电池应定期进行充放电试验，应对 UPS 装置及电源冗余切换装置出口电源进行录波试验，确保供电质量。如有条件，宜对所有 UPS 电源进行远程实时监控，并作相应 UPS 故障报警。

9.1.4 热控设备需要两路直流电源互备时，严禁采用大功率二极管将厂用直流两段电源进行耦合。

9.1.5 DCS 各等级电压电源应按照"专电专用"原则，严禁接入其他非核心负载，例如机柜风扇、指示灯、操作面板、检修用电源、伴热电源、照明电源等。

9.1.6 DCS 应具有可靠的电源失电报警功能。当外部供电或内部供电任一路电源故障时，均能在人机界面显示故障信息，触发报警。

9.1.7 DCS 网络通信设备电源应双路配置，电源的切换时间应保证网络通信设备不被初始化，且应有失电报警功能。

9.1.8 分散控制系统设计阶段时，用于重要联锁保护的输入输出信号，应避免多个信号通过短接线或母线共用直流正极或负极，或应根据控制设备的重要等级进行分组，各组电源分别配以熔丝或空气开关做电气隔离，尽可能降低集中供电风险。

9.1.9 热控设备进行改造后，应针对电源回路复核空气开关或熔丝的额定参数，确保设备的用电容量不超过空气开关或熔丝的额定容量，同时核算上下级电源匹配功耗，防止因空气开关或熔丝越级跳闸或熔断导致失电事故范围扩大。

9.1.10 独立于 DCS 外的重要控制系统［如主燃料跳闸（MFT）控制柜、紧急跳闸系统（ETS）电源柜、汽轮机监控仪表系统（TSI）等］电源应冗余配置，并设置电源故障声光报警。

9.1.11 DCS 冗余电源应每年至少进行一次切换试验，如机组连续运行超过一年，则下次启动前应开展电源切换试验。

9.2 防止分散控制系统硬件事故

9.2.1 分散控制系统配置应能满足机组任何工况下的监控要求（包括紧急故障处理），控制站及人机接口站的中央处理器（CPU）负荷率、系统网络负荷率、分散控制系统与其他相关系统的通信负荷率、控制处理器扫描周期、系统响应时间、事故顺序记录（SOE）分辨率、抗干扰性能、控制电源质量、定位系统时钟等指标应满足相关标准的要求，控制系统升级或改造后应开展全功能性能测试，机组大修后应开展必要功能性能测试。

9.2.2 分散控制系统的控制器、系统电源、为信号输入／输出（I/O）模件供电的直流电源、通信网络（含现场总线形式）等均应采用完全独立的冗余配置，且具备无扰切换功能。冗余的通讯网络应具有互通功能。

9.2.3 分散控制系统控制器应严格遵循机组重要功能分开的独立性配置原则，各控制功能应遵循任一组控制器或其他部件故障对机组影响最小的原则。

9.2.4 重要参数测点、参与机组或设备保护的测点应冗余配置，冗余I/O测点应分配在不同模件上，任一测点采集故障不应影响其他冗余测点采集。

9.2.5 分散控制系统接地必须严格遵守相关技术要求，接地电阻满足标准要求，并保证分散控制系统一点接地；所有进入分散控制系统的控制信号电缆必须采用质量合格的屏蔽电缆，且可靠单端接地；分散控制系统与电气系统共用一个接地网时，分散控制系统接地线与电气接地网只允许有一个连接点。不同类型的控制系统应严格按照接地要求接地，不应混用接地汇流排。

9.2.6 机组应配备必要的、可靠的、独立于分散控制系统的硬手操设备（如紧急停机、紧急停炉按钮等，按钮应有防护措施），以确保安全停机停炉。

9.2.7 分散控制系统电子间环境满足相关标准要求，不应有380V及以上动力电缆及产生较大电磁干扰的设备。分散控制系统电子间存在产生电磁干扰设备且不具备改造条件的应进行安全评估，确保DCS运行稳定。机组运行时，禁止在电子间使用无线通信工具。

9.2.8 远程控制柜与主系统的两路通信电（光）缆要分层敷设。

9.2.9 对于多台机组分散控制系统网络互联的情况，以及当公用分散控制系统的网络独立配置并与两台单元机组的分散控制系统进行通信时，应采取可靠隔离及闭锁措施、只能有一台机组有权限对公用分散控制系统进行操作。

9.2.10 汽轮机紧急跳闸系统和汽轮机监视仪表应加强定期巡视检查，所配电源应取自可靠的两路独立电源，电压波动值不得大于±5%，且不应含有高次谐波。汽轮机监视仪表的中央处理器及重要跳机保护信号和通道必须冗余配置，输出继电器必须可靠。

9.3 防止就地热工设备异常引发事故

9.3.1 按照单元机组配置的重要设备（如循环水泵、空冷系统的辅机）应纳入各自单元控制网，避免由于公用系统中设备事故扩大为两台或全厂机组的重大事故。

9.3.2 在高温环境下使用的重要控制、保护信号电缆应使用耐高温阻燃电缆，敷设时应避免直接接触高温热源，敷设在油系统附近处电缆应采用阻油性电缆，电缆敷设处易受机械性外力损伤时，还应选择带铠装层电缆。就地电缆接线端子或预制插头环境防护等级应保证与电缆防护等级匹配,确保电缆联接的可靠性。

9.3.3 就地执行器的安装应考虑环境因素（例如：高温、高湿、结露、腐蚀性气体、盐雾、振动及雷击等）对设备运行的影响。如果现场环境极为恶劣,可采取移位、分体式改造、热绝缘处理、防水密封等措施改善就地执行器运行环境,提高执行器运行的可靠性。

9.3.4 气源装置宜选用无油空气压缩机,仪表与控制气源应有除油、除水、除尘、干燥等空气净化处理措施。气源总容量应能满足仪表与控制气动仪表和设备的最大耗气量。当气源装置停用时,仪表与控制用压缩空气系统的贮气罐的容量,应能维持不小于5min的耗气量。供气母管上应配置空气露点检测装置。

9.3.5 独立配置的锅炉灭火保护装置应符合《电站锅炉炉膛防爆规程》（DL/T 435）、《火力发电厂锅炉炉膛安全监控系统技术规程》(DL/T 1091)中的技术规范要求,并配置可靠的电源。系统涉及的炉膛压力取样装置、压力开关、传感器、火焰检测器及冷却风系统等设备应符合《电站锅炉炉膛防爆规程》（DL/T 435）的规定。

9.3.6 重要控制回路的执行机构应具有三断保护（断气、断电、断信号）功能,特别重要的执行机构,还应设有可靠的机械闭锁措施。

9.3.7 重要控制、保护信号的取样装置应根据所处位置和环境有防堵、防震、防漏、防冻、防雨、防抖动等措施。触发机组跳闸的保护信号的开关量仪表和变送器应单独设置。

9.3.8 应定期检查汽轮机高（中）压调节阀、汽动给水泵调节阀油动机位置反馈变送器（LVDT）,及时发现变送器连杆松动、变形、磨损、不对中等问题。每个调节阀油动机宜安装不少于两只LVDT变送器,冗余配置的LVDT开度必须在操作员站同时显示。

9.3.9 严禁涉及重要保护的变送器、开关与其他测量元件共用取样口及取样管路。

9.3.10 循环流化床机组锅炉重要保护回路涉及的温度测点,其布置位置在高温、高浓度物料区时,该类温度测量元件保护套管材质应使用耐高温耐磨材料或对保护套管做耐磨喷涂处理,防止由于长期磨损造成温度测点失效,导致机组热工保护失灵事故发生。

9.3.11 所有就地涉及热控重要保护的启停或开关操作按钮、就地远方切换按钮、就地操作显示面板均应有防护措施,防止因无意磕碰、踩踏造成重要设备停机从而导致机组跳闸。

9.3.12 所有热工保护冗余配置的测量信号应分别使用不同电缆进行信号传输。

9.3.13 所有热工电源及信号电缆必须具有相应的绝缘强度、阻燃强度和机械强度,严禁使用绝缘老化或失去绝缘性能的电气线路,严禁在热工电源及信号电缆上悬挂无关异物,严禁热工电源及信号电缆超负荷运行或带故障使用。

9.3.14 主控室、电子间机柜、工程师站等通往电缆夹层、隧道、穿越楼板、墙壁、柜、盘等处的所有电缆孔洞和盘面之间的缝隙（含电缆穿墙套管与电缆之间缝隙）必须采用合格的不燃或阻燃材料封堵。电缆竖井和电缆沟必须分段做防火隔离,对敷设在主控室或厂房内构架上的电缆要采取分段阻燃措施。

9.4 防止因检修、维护不当引发事故

9.4.1 各项热工保护功能在机组运行中严禁退出。若发生热工保护装置（系统、包括一次检测设备）故障被迫退出运行时，应制定可靠的安全措施，并开具工作票，经批准后方可处理。锅炉炉膛压力、全炉膛灭火、汽包水位（直流炉断水）和汽轮机超速、轴向位移、机组振动、低油压等重要保护装置当其故障被迫退出运行时，应在 8h 内恢复；其他保护装置被迫退出运行时，应在 24h 内恢复。

9.4.2 检修机组启动前或机组停运 15 天以上，应对机、炉主保护及其他重要热工保护装置进行静态模拟试验，检查跳闸逻辑、报警及保护定值。热工保护联锁试验中，应采用现场信号源处模拟试验或物理方法进行实际传动，但禁止在控制柜内通过开路或短路输入端子的方法进行试验。

9.4.3 所有热工保护或联锁有关的测量元件、取样管路、变送器、信号电缆均应使用文字标识或醒目颜色明示与其他测点的区别，严防对其异常操作。

9.4.4 多台机组共用一个工程师站时，应在不同机组工程师站操作区域之间做物理隔离，明确标识设备归属的机组编号，严格进入及退出操作区域的管理，防止热工人员因走错间隔造成设备误操作。

9.4.5 加强对分散控制系统的监视检查，当发现中央处理器、网络、电源等故障时，应及时通知运行人员并启动相应应急预案。

9.4.6 规范分散控制系统软件和应用软件的管理，软件的修改、更新、升级必须履行审批授权及责任人制度。在修改、更新、升级软件前，应对软件进行备份。拟安装到分散控制系统中使用的软件必须严格履行测试和审批程序，必须建立有针对性的分散控制系统防病毒措施。

9.4.7 加强分散控制系统网络通信管理，运行期间严禁在控制器、人机接口网络上进行不符合相关规定许可的较大数据包的存取，防止通信阻塞。

9.5 防止保护系统失灵事故

9.5.1 除特殊要求的设备外（如紧急停机电磁阀等），其他所有设备都应采用脉冲信号控制，防止分散控制系统失电导致停机停炉时，引起该类设备误停运，造成重要主设备或辅机的损坏。

9.5.2 所有重要的主、辅机保护都应采用"三取二""四取二"等可靠的逻辑判断方式，保护信号应遵循从取样点到输入模件全程相对独立的原则，确因系统原因测点数量不够，应有防保护误动及拒动措施，保护信号供电亦应采用分路独立供电回路。

9.5.3 热工保护系统输出的指令应优先于其他任何类型指令。控制系统的控制器发出的机、炉跳闸信号及相应的动作回路应冗余配置，且应设计机组硬接线跳闸回路。机、炉主保护回路中不应设置供运行人员切（投）保护的任何操作手段。

9.5.4 汽轮机紧急跳闸系统应设计为失电动作，硬手操设备本身要有防止误操作、动作不可靠的措施。手动停炉、停机保护应具有独立于分散控制系统［或可编程逻辑控制器（PLC）］装置

的硬跳闸控制回路，配置有双通道四跳闸线圈汽轮机紧急跳闸系统的机组，应定期进行汽轮机紧急跳闸系统在线试验。

9.5.5 主机及主要辅机保护逻辑设计合理，符合工艺及控制要求，逻辑执行时序、相关保护的配合时间配置合理，防止由于取样延迟等时间参数设置不当而导致的保护失灵。

9.5.6 重要辅机的"已启动"和"已停机"信号应真实反映辅机的启停状态，防止由于虚假信号造成机组跳闸。

9.5.7 对于重要被调量或主要保护、联锁有关的模拟量，如果需做温度、压力修正，引入修正计算的测点应做冗余配置，防止修正测点单点故障导致测量异常事故。如果冗余配置的修正测点发生故障，应做相应报警，模拟量调节系统应切手动。

9.5.8 送风机、引风机、一次风机、空气预热器、给水泵、凝结水泵、真空泵、重要冷却水泵等，以及非母管制的循环水泵等多台组合或主/备运行重要辅机（辅助）设备的保护及控制功能，应分别配置在不同的控制器中。

9.5.9 重要辅机采用单台配置方式的机组（如单台给水泵、单台送风机、单台引风机、单台一次风机等），其入口门（挡板）、出口门（挡板）设备的全开、全关信号判断逻辑应增加工质特性信号判断（如流量、压力等信号），并对全开、全关状态进行光字报警，避免出现阀门全开、全关信号同时触发或阀门全开信号瞬间消失、全关信号同时出现等故障导致跳机。

9.5.10 机组和主要辅机跳闸的输入信号，通过硬接线直接接入对应保护单元的输入通道。不同系统间的重要联锁与控制信号，除通信连接外还应硬接线连接并冗余配置硬接线信号。

9.5.11 涉及机组安全的重要设备（如汽轮机交流润滑油泵、汽动给水泵润滑油泵）应有独立于分散控制系统的硬接线操作回路。润滑油压力低信号应直接送入电气启动回路，确保在没有分散控制系统控制的情况下能够自动启动，保证汽机的安全。

9.5.12 涉及机组保护的压力开关安装位置与取样点位置存在明显影响测量准确性的标高差时，应按照机组保护定值对压力开关动作值进行相应修正。

9.5.13 冗余控制器（包括电源）故障和故障后复位时，应采取必要措施，确认保护和控制信号的输出处于安全位置。

9.6 防止模拟量调节事故

9.6.1 模拟量调节系统功能设计合理，满足相关标准要求。重要模拟量控制系统（如协调系统、汽水系统、风烟系统、燃烧系统等）应定期开展试验。

9.6.2 模拟量调节系统测量信号、执行机构应可靠，综合信号故障、指令与反馈偏差大、设定值与被调量偏差大、被调量坏质量等调节失效时应报警，并切手动。

9.6.3 模拟量调节系统应具备全工况全过程的无扰切换功能，调节品质应满足相关标准要求。

9.7 防止 RB 系统事故

9.7.1 机组应设计有满足相关标准要求的辅机故障减负荷（RB）功能，且大修后或重要辅机改造后应开展相应的 RB 试验。

9.7.2 应按照《火力发电机组快速减负荷控制技术导则》(GB/T 31461)、《火力发电机组辅机故障减负荷技术规程》（DL/T 1213）的要求，进行 RB 静态和动态试验，试验结果应满足相关标准要求。

9.7.3 RB 控制系统滑压速率、降负荷速率、给水泵转速速率、磨煤机跳闸间隔时间等参数应设置合理，且通过动态试验验证。

9.8 防止分散控制系统网络事故

9.8.1 分散控制系统与管理信息大区之间必须设置经国家指定部门检测认证的电力专用横向单向安全隔离装置。分散控制系统与其他生产大区之间应当采用具有访问控制功能的设备、防火墙或者相当功能的设施，实现逻辑隔离。分散控制系统与广域网的纵向交接处应当设置经过国家指定部门检测认证的电力专用纵向加密认证装置或者加密认证网关及相应设施。分散控制系统禁止采用安全风险高的通用网络服务功能。分散控制系统的重要业务系统应当采用认证加密机制。

9.8.2 分散控制系统在与其终端的纵向联接中使用无线通信网、电力企业其他数据网（非电力调度数据网）或者外部公用数据网的虚拟专用网络方式（VPN）等进行通信的，应当设立安全接入区。

9.8.3 安全接入区与分散控制系统中其他部分的联接处必须设置经国家指定部门检测认证的电力专用横向单向安全隔离装置。

9.8.4 安全区边界应当采取必要的安全防护措施，禁止任何穿越分散控制系统和管理信息大区之间边界的通用网络服务。

9.8.5 分散控制系统在设备选型及配置时，应当禁止选用经国家相关管理部门检测认定并经监管机构通报存在漏洞和风险的系统及设备；对于已经投入运行的系统及设备，应当按照监管机构的要求及时进行整改，同时应当加强相关系统及设备的运行管理和安全防护。

9.8.6 分散控制系统中除安全接入区外，应当禁止选用具有无线通信功能的设备。

9.9 防止水电厂（站）计算机监控系统事故

9.9.1 监控系统配置基本要求

（1）监控系统的主要设备应采用冗余配置，服务器的存储容量和中央处理器负荷率、系统响应时间、事件顺序记录分辨率、抗干扰性能等指标应满足要求。

（2）并网机组投入运行时，相关电力专用通信配套设施应同时投入运行。

（3）监控系统网络建设应满足电力监控系统安全防护、电力行业信息系统安全等级保护、关键信息基础设施安全保护等相关要求。

（4）严格遵循机组重要功能相对独立的原则，即监控系统上位机网络故障不应影响现地控制单元功能、监控系统控制系统故障不应影响单机油系统、调速系统、励磁系统等功能，各控制功能应遵循任一组控制器或其他部件故障对机组影响最小、继电保护独立于监控系统的原则。

（5）监控系统上位机应采用专用的、冗余配置的不间断电源供电，不应与其他设备合用电源，且应具备无扰自动切换功能。交流供电电源应采用两路独立电源供电。

（6）现地控制单元及其自动化设备应采用冗余配置的不间断电源或站内直流电源供电。具备双电源模块的装置，两个电源模块应由不同电源供电且应具备无扰自动切换功能。

（7）监控系统相关设备应加装防雷（强）电击装置，相关机柜及柜间电缆屏蔽层应通过等电位网可靠接地。

（8）监控系统及其测控单元、变送器等自动化设备（子站）必须是通过具有国家级检测资质的质检机构检验合格的产品。

（9）监控设备通信模块应冗余配置，优先采用国内专用装置，采用专用操作系统；支持调控一体化的厂站间隔层应具备双通道组成的双网，至调度主站（含主调和备调）应具有两路不同路由的通信通道（主／备双通道）。

（10）水电厂基（改、扩）建工程中监控设备的设计、选型应符合自动化专业有关规程规定。现场监控设备的接口和传输规约必须满足调度自动化主站系统的要求。

（11）自动发电控制（AGC）和自动电压控制（AVC）子站应具有可靠的技术措施，对调度自动化主站下发的自动发电控制指令和自动电压控制指令进行安全校核，确保发电运行安全。

（12）监控机房应配备专用空调、环境条件应满足有关规定要求。

9.9.2 防止监控系统误操作措施

（1）严格执行操作指令。当操作发生疑问时，应立即停止工作，并向发令人汇报，待发令人再行许可，确认无误后，方可进行操作。

（2）计算机监控系统控制流程应具备闭锁功能，远方、就地操作均应具备防止误操作闭锁功能。

（3）非监控系统工作人员未经批准，不得进入机房进行工作（运行人员巡回检查除外）。

9.9.3 防止网络瘫痪要求

（1）计算机监控系统的网络设计和改造计划应与技术发展相适应，充分满足各类业务应用需求，强化监控系统网络薄弱环节的改造力度，力求网络结构合理、运行灵活、坚强可靠和协调发展。同时，设备选型应与现有网络使用的设备类型一致，保持网络完整性。

（2）电站监控系统与上级调度机构、集控中心（站）之间应具有两个及以上独立通信路由。

（3）通信光缆或电缆应采用不同路径的电缆沟（竖井）进入监控机房和主控室；避免与一次动力电缆同沟（架）布放，并完善防火阻燃和阻火分隔等安全措施，绑扎醒目的识别标志；如不具备条件，应采取电缆沟（竖井）内部分隔离等措施进行有效隔离。

（4）监控设备（含电源设备）的防雷和过电压防护能力应满足电力系统通信站防雷和过电

压防护要求。

（5）在基建或技改工程中，若改变原有监控系统的网络结构、设备配置、技术参数时，工程建设单位应委托设计单位对监控系统进行设计，深度应达到初步设计要求，并按照基建和技改工程建设程序开展相关工作。

（6）监控网络设备应采用独立的自动空气开关供电，禁止多台设备共用一个分路开关。各级开关保护范围应逐级配合，避免出现分路开关与总开关同时跳开，导致故障范围扩大的情况发生。

（7）实时监视及控制所辖范围内的监控网络的运行情况，及时发现并处理网络故障。

（8）机房内温度、湿度应满足设计要求。

9.9.4 监控系统管理要求

（1）建立健全各项管理办法和规章制度，必须制订和完善监控系统运行管理规程、监控系统运行管理考核办法、机房安全管理制度、系统运行值班与交接班制度、系统运行维护制度、运行与维护岗位职责和工作标准等。

（2）建立完善的密码权限使用和管理制度。

（3）制定监控系统应急预案和故障恢复措施，落实数据备份、病毒防范和安全防护工作。

（4）按调度要求对调度范围内厂站远动信息进行测试。遥信传动试验应具有传动试验记录，遥测精度应满足相关规定并按要求开展周期检验。

（5）规范监控系统软件和应用软件的管理，软件的修改、更新、升级必须履行审批授权及责任人制度。在修改、更新、升级软件前，应对软件进行备份。未经监控系统厂家测试确认的任何软件严禁在监控系统中使用，必须建立有针对性的监控系统防病毒、防黑客攻击措施。

（6）定期对监控设备的滤网、防尘罩进行清洗，做好设备防尘、防虫工作。

9.10 防止水机保护失灵

9.10.1 水机保护设置

（1）水轮发电机组应设置电气、机械过速保护、调速系统事故低油压保护、导叶剪断销剪断保护（导叶破断连杆破断保护）、机组振动和摆度保护、轴承温度过高保护、轴承冷却水中断、轴承外循环油流中断、主轴密封水中断、灯泡头水位过高、快速闸门（或主阀）、真空破坏阀等水机保护功能或装置。

（2）在机组C级及以上停机检修期间，应对水机保护装置报警及出口回路等进行检查及联动试验，合格后在机组开机前按照相关规定投入。

（3）所有水机保护模拟量信息、开关量信息应接入电站计算机监控系统，实现远方监视。

（4）设置的紧急事故停机按钮应能在现地控制单元失效情况下完成事故停机功能，必要时可在远方设置紧急事故停机按钮。

（5）水机保护压板应与其他保护压板分开布置，并粘贴标示。

（6）水轮机保护装置应配置独立于机组 LCU 电源。

9.10.2 防止机组过速保护失效

（1）机组电气和机械过速出口回路应单独设置，装置应定期检验，检查各输出触点动作情况。

（2）装置校验过程中应检查装置测速显示连续性，不得有跳变及突变现象，如有应检查原因或更换装置。

（3）电气过速装置、输入信号源电缆应采取可靠的抗干扰措施，防止对输入信号源及装置造成干扰。

9.10.3 防止调速系统低油压保护失效

（1）调速系统油压监视变送器或油压开关应定期进行检验，检查定值动作正确性。

（2）在无水情况下模拟事故低油压保护动作，导叶应能从最大开度可靠全关。

（3）油压变送器或油压开关信号电源不得接反，并检查变送器或油压开关供油手阀在全开位置。

9.10.4 防止导叶剪断销剪断保护（导叶破断、连杆破断保护）失效

（1）定期检查剪断销剪断保护装置（导叶破断、连杆破断保护装置），在发现有装置报警时，应立即安排机组停机，检查导叶剪断销及剪断销保护装置（导叶破断、连杆破断保护装置）。

（2）剪断销（破断连杆）信号电缆应绑扎牢固，防止电缆意外损伤。

（3）应定期对机组顺控流程进行检查，检查机组剪断销剪断（破断连杆破断）与机组事故停机信号判断逻辑，并在无水情况下进行联动试验。

9.10.5 防止轴承温度过高保护失效

（1）应定期检查机组轴承温度过高保护逻辑及定值的正确性，并在无水情况下进行联动试验。运行机组发现轴承温度有异常升高，应根据具体情况立即安排机组减出力运行或停机，查明原因。

（2）机组轴承测温电阻输出信号电缆应采取可靠的抗干扰措施。

（3）测温电阻线缆在油槽内需绑扎牢固。

（4）机组 B 级及以上检修过程中应对轴承测温电阻进行校验，对不合格的测温电阻应检查原因或进行更换。

（5）所有瓦（每块或每瓣）均应安装测温电阻，所有瓦均应具备报警、停机功能。

9.10.6 防止轴电流保护失效

（1）机组检修过程中应对轴电流保护装置定值进行检验，检查定值动作正确性，并在无水情况下进行联动试验。

（2）机组大修过程中应对各导轴承进行绝缘检查，发现轴承绝缘下降时应进行检查、处理。

（3）定期对导轴承润滑油质进行化验，检查有无劣化现象。如有劣化现象应查明原因，并及时进行更换处理。

（4）轴电流输出信号电缆应采取可靠的抗干扰措施。

（5）轴电流互感器应安装可靠、牢固。

9.11 主控系统失灵的紧急处理措施

9.11.1 已配备分散控制系统的电厂，应根据机组的具体情况，建立分散控制系统故障时的应急处理机制，制定在各种情况下切实可操作的分散控制系统故障应急处理预案，并定期进行反事故演习。

9.11.2 当全部操作员站出现故障时（所有上位机"黑屏"或"死机"），应立即执行停机、停炉预案。

9.11.3 当部分操作员站出现故障时，应由可用操作员站继续承担机组监控任务，停止重大操作，同时迅速排除故障，若故障无法排除，则应根据具体情况启动相应应急预案。

9.11.4 当系统中的控制器或相应电源故障时，应采取以下对策：

（1）辅机控制器或相应电源故障时，可切至后备手动方式运行并迅速处理系统故障，若条件不允许则应将该辅机退出运行。

（2）调节回路控制器或相应电源故障时，应将执行器切至就地或本机运行方式，保持机组运行稳定，根据处理情况采取相应措施，同时应立即更换或修复控制器模件。

（3）涉及控制器故障时应立即更换或修复控制器模件，涉及机炉保护电源故障时则应采用强送措施，此时应做好防止控制器初始化的措施。若恢复失败则应紧急停机停炉。

10 防止发电机及调相机损坏事故的重点要求

10.1 防止定子绕组故障

10.1.1 防止定子绕组端部绝缘损坏

10.1.1.1 200MW 及以上汽轮发电机、燃气轮发电机、100Mvar 及以上调相机，新建、投运 1 年后及每次大修时应检查定子绕组端部的紧固、磨损情况，存在松动、磨损情况应及时处理；并按照相关标准进行模态试验，试验结果应与历史数据进行比较。试验数据不合格时应综合历史数据和运行情况进行分析，制定相应的检修及运维措施。多次出现松动、磨损情况时，应重新对绕组端部进行整体绑扎；多次出现大范围松动、磨损情况时，应对绕组端部结构进行改造或加装绕组端部振动在线监测系统监视运行。

10.1.1.2 新机出厂时或现场安装绕组后应进行定子绕组端部起晕试验，并提供试验报告。定子绕组运行于空气介质的，应根据检修计划定期进行电腐蚀检查，并进行电晕试验确定起晕电压及放电点位置，根据电晕试验结果及发展趋势制定处理方案。定子绕组运行于氢气介质的，当端部检查存在明显电腐蚀特征时，应开展起晕试验，并根据试验结果指导修复工作。

10.1.1.3 加强大型发电机和调相机的环形引线、过渡引线、主引线、鼻部手包绝缘、引水管水接头等部位的绝缘检查。定子绕组采用水内冷的发电机、调相机交接及大修时，应对定子绕组手包绝缘进行试验，及时发现和处理缺陷，大修时应尽可能在通水或充水条件下进行。

10.1.1.4 抽蓄机组定子线棒端部接头应采用全封闭环氧浇注绝缘结构，对于已投运的采用其他绝缘结构的机组，应要求制造厂重新进行端部绝缘设计，及时改造。

10.1.2 防止定子绕组槽部绝缘损坏

10.1.2.1 新机投运满 1 年后及每次大修时，应对定子槽部进行检查或试验，当出现以下情况时采取更换槽楔、部分或全部重打槽楔等措施：

（1）同一槽内连续多个槽楔发生松动；

（2）铁心端部槽楔发生松动；

（3）大面积槽楔松动（如超过 25%）或较上次检查松动槽楔数量明显增加；

（4）发现槽楔开裂等严重缺陷；

（5）槽内半导体垫条、绝缘垫条大面积窜出。

10.1.2.2 机组运行或检查中出现以下问题时，应及时查明原因，怀疑存在槽部防晕层损坏的应进行槽电位测量或槽放电探测，试验结果异常的应及时处理：

（1）在线局放监测数据随负荷增加而急剧增加；

（2）空冷机组冷却空气中出现大量臭氧；

（3）运行中测温元件电位升高；

（4）定子槽楔大面积松动；

（5）铁心通风道内、槽楔附近可见绝缘磨损产生的粉末或黑色油泥；

（6）相出线端高电位线棒上有局放蚀损或燃弧迹象。

10.1.3 防止绝缘受潮

10.1.3.1 氢冷发电机应配置具有强制氢气循环功能的氢气干燥器，干燥塔宜采用循环再生结构，吸湿和再生环节应能自动循环切换保证连续对氢气进行干燥，吸附剂宜选用活性氧化铝，氢气干燥器应配备精度合格、具备防爆和防油污等基本功能的湿度检测仪表。

10.1.3.2 氢冷发电机运行中，应严格控制机内氢气湿度。保证氢气干燥器始终处于良好工作状态，并定期进行在线监测和手工检测比对，防止单一指示误差造成误导。机组停机状态下，处于空气环境中的绕组应根据环境湿度采取驱潮措施；充氢状态下，应根据氢气湿度情况启动氢气干燥器强制除湿功能。

10.1.3.3 密封油系统回油管路应保证回油畅通并加强监视，防止密封油进入发电机内部影响氢气湿度。密封油系统油净化装置和自动补油装置应随发电机组投入运行，并定期检测密封油含水量等指标，密封油质量应符合相关标准要求。

10.1.3.4 新建水内冷机组应有单独引出的汇水管接地端子，方便检修及启动前进行绝缘电阻、直流泄漏电流测量。

10.1.4 加强定子绝缘局部放电在线监测

10.1.4.1 300MW 及以上发电机、100Mvar 及以上调相机，宜配备定子绕组绝缘局部放电在线监测装置，并优先选用具备模式分析、噪声分离功能的监测装置。

10.1.4.2 监测装置报警时，应先排除封闭母线段关联设备的干扰，并结合历史趋势、报警频次、放电特征、负荷相关性等信息进行综合分析，如存在局放量异常增高并持续增长的情况，应及时停机检查。

10.2 防止定子铁心故障

10.2.1 加强铁心制造阶段质量控制，防止由于制造缺陷引起的绝缘损伤或片间短路。铁心出厂前应进行铁心磁化试验，并出具试验报告。现场安装过程中避免铁心表面擦碰导致的叠片表层绝缘损伤。

10.2.2 运行中，加强对机座振动及异音的监测，存在异常时应对振动频谱进行分析，当存在显著增长的 100Hz 频率分量时，应分析铁心松动的可能性，并制定停机检查计划。

10.2.3 检修时，应结合运行振动数据、外观检查情况，采用插刀试验或穿心螺杆预紧力复核等方法对铁心紧固情况进行判断。运行中机座存在异音的机组，应对绕组端部固定情况、定位筋与铁心接触情况、穿心螺杆紧固情况、隔振结构性能进行重点检查，存在异常时应采取措施及时处理，防止缺陷扩大。

10.2.4 检修中应检查铁心是否存在局部松齿、叠片短缺、局部烧熔或过热、外表面附着黑色油污等问题，结合实际异常情况必要时进行铁心磁化试验或定子铁心故障诊断试验（ELCID），检查有无铁心过热以及铁心片间绝缘短路情况，分析缺陷原因及时进行处理。对测温元件绝缘电阻进行检查，防止因测温元件及引线绝缘损伤导致片间短路。

10.2.5 水轮发电机新机设计时，定子铁心穿心螺杆宜采用全绝缘结构，若采用分段绝缘结构，应有可靠措施防止穿心螺杆和铁心间脏物进入造成穿心螺杆绝缘下降，穿心螺杆本体应进行绝缘处理，在A级检修或必要时，应进行穿心螺杆绝缘电阻测试，有条件的可采用穿心螺杆绝缘在线监测。

10.2.6 应合理选择机组接地方式并合理配置定子单相接地保护定值和出口方式，以保证机组单相接地故障电流满足制造厂要求。

10.3 防止转子绕组故障

10.3.1 防止转子绕组匝间短路

10.3.1.1 加强转子制造过程的质量管控，防止因制造工艺问题导致转子绕组匝间短路。转子在运输、存放过程中应满足防尘、防冻（储存温度不应低于5℃）、防潮和防机械损伤等要求，严格防止转子内部落入异物。

10.3.1.2 运行中应监视密封油系统运行情况，确保密封油系统平衡阀、压差阀动作灵活、可靠，避免发电机进油造成转子运行环境劣化。

10.3.1.3 加强机组运行数据分析，当出现以下情况时应分析转子绕组存在匝间短路的可能性，必要时降低负荷运行：

（1）转子振动增加并与励磁电流变化有明显相关性；
（2）在相同工况或试验条件下，励磁电流值明显增大；
（3）对于定子膛内安装有探测线圈等磁通传感器的机组，监测波形异常；
（4）转子磁化造成轴电压异常升高。

当判断发电机转子绕组存在严重的匝间短路时，应尽快停机检修。

10.3.1.4 停机检查（如发现转子磁化等）、例行试验或运行中怀疑存在匝间短路的转子，应开展重复脉冲法（RSO）试验或转子频域阻抗分析（FIA）试验进行综合诊断。有条件时，应在交接及历次检修时开展频域阻抗分析试验，留取阻抗频谱数据，对转子绝缘状态进行跟踪分析。

10.3.1.5 转子在运行中存在异常，但静态试验数据无明显异常时，应进行动态匝间短路诊断试验。

10.3.1.6 对于确认存在匝间短路缺陷的机组，应根据匝间短路的严重情况，制定安全运行条件及检修消缺计划。当存在较严重转子绕组匝间短路时，应尽快消缺，防止转子、轴瓦等部件磁化。发电机转子、轴承、轴瓦发生磁化（参考值：轴瓦、轴颈大于10×10^{-4}T，其他部件大于50×10^{-4}T）应进行退磁处理。退磁后剩磁参考值为：轴瓦、轴颈小于2×10^{-4}T，其他部件小于10×10^{-4}T。

10.3.1.7 运行超过20年的隐极式发电机或调相机，宜加装转子绕组匝间短路在线监测装置，并对在线监测数据进行定期分析。

10.3.1.8 水轮发电机新机设计时，制造厂应核算转子励磁回路突然断路、定子绕组短路或缺相等事故工况下磁极线圈匝间过电压分布，磁极线圈匝间绝缘设计应能承受发生上述故障时产生的过电压冲击。

10.3.2 防止转子绕组接地短路

10.3.2.1 当转子励磁回路接地保护报警时，应先对转子外部励磁回路进行检查并尝试消缺，经分析确定为稳定性的金属接地且无法排除故障时，应立即停机处理。

10.3.2.2 发电机组启动时，根据相关标准要求进行额定转速下转子绕组绝缘测量或开展转子绝缘在线监测，及时发现动态接地隐患。

10.3.2.3 机组停机及检修时，应采取相关措施防止转子受潮及异物进入风道。

10.3.3 防止转子绕组引线故障

10.3.3.1 大修时应利用内窥镜检查等方法，检查转子绕组引线及固定结构等是否存在松动、过热、开裂等迹象，并进行转子直流电阻测量和分析，当消除测试条件影响后直流电阻存在明显增大时，应进一步检查绕组引线是否存在异常。

10.3.3.2 机组每次空载启动时，应记录转子励磁电流、电压及相关温度数据，并与历史数据进行比较，如出现明显异常应进行运行数据及绝缘过热监测数据的分析。运行中如存在励磁电流和无功功率异常下降，应分析转子引线过热的可能性，并采取降负荷或停机等措施，防止故障扩大。

10.3.3.3 抽水蓄能机组新机设计时，磁极连接线应采用抗疲劳结构，若采用刚性磁极连接线，应采用整板加工的一体铜排，不应使用拼焊成型结构，连接线的受力情况要经计算分析。磁极连接线铜排直角平弯时，弯曲半径应不小于 $2d$（d 为铜排厚度），经计算应力较大部位，应优化磁极连接线结构，改善磁极连接线应力。转子励磁引线穿轴段宜采用一体化铜排连接或分段焊接连接结构，对于已投产采用穿轴螺杆的机组，存在隐患的应要求制造厂重新进行设计，并及时改造。

10.3.3.4 水轮发电机新机设计时，磁极连接线在磁轭与磁极上均设有固定点时，应在连接中设计补偿装置，以吸收磁极与磁轭的相对位移、振动产生的拉伸应力。

10.3.3.5 水轮发电机现场安装磁极连接铜排过程中，应保持铜排在自由状态下连接固定，安装矫正时不应引起连接线受损；定期检查或检修时，应检查磁极引出线根部、磁极连接线弯曲处等应力集中部位有无裂纹情况，通流部件有无过热、螺栓松动等情况。

10.3.4 防止调峰机组转子绕组故障

10.3.4.1 对于参与调峰运行的新建发电机，应在设备订货时提出针对性要求，确保满足调峰运行需要。

10.3.4.2 对于通过技术改造参与调峰运行的机组，改造前应对机组改造方案进行评估，保证改造方案满足机组调峰运行要求，并制定针对调峰运行的运行措施及检修计划，防止转子绕组发生热变形、匝间短路等故障。

10.3.4.3 对参与调峰运行的300MW及以上容量的汽轮发电机，尤其是结构上未针对调峰进行改造的机组，机组投运1年后应进行专项检修。利用内窥镜检查转子绕组端部和极间连接线有无过热变色、变形、端部垫块松动、匝间绝缘移位等问题，必要时拔下转子护环检查与本体嵌装部位有无裂纹和蚀坑。

10.3.4.4 对于频繁调峰的机组，应加装转子绕组匝间短路在线监测装置或定期开展针对性的转子运行相关数据分析工作，已安装在线监测装置的应对在线监测数据进行定期分析。

10.4 防止转子大轴及护环损伤

10.4.1 水平放置转子在到货存储、安装及检修期间，应采取转子中部增加合适支撑或定期（不超过两周）翻转180°等措施防止转子大轴弯曲。

10.4.2 转子在运输、存放及大修期间应避免受潮和腐蚀。大修时，应对转子护环进行无损探伤和金相检查（对Mn18Cr18系钢制护环，从机组第三次A级检修起开始进行），检出有裂纹或蚀坑应根据严重程度进行局部处理或更换。测量并记录护环与铁心轴向间隙，与出厂及上次测量数据比对，以判断护环是否存在位移。

10.4.3 转子转轴非接地端轴承（座）与底板和油管间应设置绝缘结构，便于在运行中测量该轴承（座）与底板间的绝缘电阻，防止产生轴电流损坏轴瓦。运行中应定期测量轴电压，轴电压升高时，应首先检查转子大轴接地是否良好、励磁回路阻容吸收装置是否正常，必要时分析轴电压成分，确定成因后制定相应处理措施。

10.4.4 水轮机组运行中，轴承轴电流保护或轴绝缘监测回路应正常投入，出现轴电流或轴绝缘报警应及时检查处理，禁止机组长时间无轴电流保护或无轴绝缘监测运行。

10.5 防止内冷水系统故障

10.5.1 防止水路堵塞

10.5.1.1 定子绕组端部引线水路通流截面应达到设计值，引出线外部水路的安装应严格按照厂家的图纸和要求进行，保证（总）水管焊接位置有效截面积满足设计要求。

10.5.1.2 水内冷转子进水支座安装时应严格按照制造厂的安装图纸和技术规范进行，保证安装精度，防止盘根等部位磨损造成转子水路堵塞。

10.5.1.3 定子、转子冷却系统应采用耐蚀性能不低于S30408不锈钢材质的水泵、管道和阀门，防止锈蚀产物进入内冷水系统。

10.5.1.4 水内冷系统中管道、阀门的橡胶密封圈应全部使用聚四氟乙烯垫圈，并应定期（不宜超过1个大修期）更换。检修过程中涉及水回路再密封时，应严格按照制造厂施工工艺要求开展，禁止随意更改密封措施。

10.5.1.5 绕组线棒在制造、安装、检修过程中，若放置时间较长，应将线棒内的水放净并及时吹干，防止空心导线内表面产生氧化腐蚀。有条件时可进行充氮保护。

10.5.1.6 定期对定子线棒进行反冲洗（线棒出水端安装节流孔板的发电机除外），反冲洗回路不锈钢滤网应达到200目（75μm），并定期检查和清洗滤网。机组运行期间发电机水路反冲洗门应关闭严密并上锁。反冲洗时应按照相关标准要求进行，反冲洗的流量、流速应大于正常运行中的流量、流速（或按制造厂的规定），冲洗直到排水清澈、无可见杂质，进、出水的pH值、电导率基本一致且达到要求时终止。

10.5.1.7 交接及大修时应进行水系统流通性检查，分支路进行流量试验或进行热水流试验。

10.5.1.8 内部水回路充水时应彻底排气，防止由于环形引线"气堵"导致的过热烧损。

10.5.1.9 水内冷机组的内冷水质应按照相关标准进行优化控制，长期不能达标的发电机应选择适用的内冷水处理方法进行设备改造。机组运行过程中，应在线连续测量内冷水的电导率和pH值，定期测定含铜量、溶氧量等参数。

10.5.1.10 严格按规范安装温度测点，做好防止感应电影响温度测量的措施，防止温度跳变、显示误差。运行中实时监测发电机各部位温度，当发电机（绕组、铁心、冷却介质）的温度、温升、温差与正常值有较大的偏差时，应立即分析查找原因。温差控制值应按制造厂规定，制造厂未明确规定的，应按照以下限额执行：

对于水内冷定子线棒层间测温元件的温差达8℃或定子线棒引水管同层出水温差达8℃应报警，并及时查明原因，必要时降低负荷或停机；当定子线棒层间温差达14℃，或定子引水管出水温差达12℃，或任一定子槽内层间测温元件温度超过90℃，或出水温度超过85℃时，应立即降低负荷，在确认测温元件无误后应立即停机，进行反冲洗及有关检查处理。经反冲洗无明显效果时，应依据相关标准综合分析内冷水系统结垢的可能性，并委托专业机构进行化学清洗。

10.5.1.11 对于内冷水系统存在漏氢隐患的机组，应加强出水温度的监测，防止由于气堵造成线棒过热。

10.5.1.12 运行中严格保持水内冷转子进水支座盘根冷却水压力低于转子内冷水进水压力，以防盘根材料破损物进入转子分水盒内。

10.5.2 防止内冷水系统断水

10.5.2.1 内冷水系统中的主要部件，如水泵、冷却器和过滤器等应采用冗余设计，确保系统的连续运行。内冷水系统内所有部件的容量或处理能力应有相应的裕度。主水泵及备用水泵应由两段不同母线供电。

10.5.2.2 加强定子内冷水泵的运行维护，备用水泵应处在热备用状态，防止切换时因备用水泵故障造成定子水回路断水，严防水箱水位偏低或水量严重波动导致断水故障。

10.5.2.3 断水保护装置的信号宜采用直接测量流量的方式或采用流量孔板测量方式，信号宜选择流量测量装置的前后差压开关量，并满足"三取二"原则，三个信号应独立取样。运行中定子绕组断水最长允许时间应符合制造厂规定，开关量信号以硬接线方式送至发电机断水保护，并作用于跳闸。

10.5.2.4 定冷水压力测量应考虑测点位差影响，且压力测点应在流量调节装置之后。管道条件允许时，定冷水流量装置应装设在反冲洗支管接口之后的定子内冷水管道，确保准确体现实际进入发电机的冷却水流量。

10.5.3 防止定子、转子绕组漏水

10.5.3.1 绝缘引水管不得交叉接触，不得附着、捆绑其他附属装置，引水管之间、引水管与端罩之间应保持足够的绝缘距离。检修中应加强绝缘引水管检查，引水管外表面应无伤痕。

10.5.3.2 做好漏水报警装置调试、维护和定期检验工作，确保装置反应灵敏、动作可靠，并定期对管路进行疏通检查，确保管路畅通。

10.5.3.3 水内冷转子绕组复合引水管应采用具有钢丝编织护套的复合绝缘引水管。

10.5.3.4 100MW 及以上发电机、100Mvar 及以上调相机的转子出水拐角应采用高强度不锈钢材质，以防止转子线圈拐角断裂漏水。

10.5.3.5 机组大修期间，应对内冷水系统密封性进行检验。当对水压试验结果不确定时，宜用气密试验查漏。

10.5.3.6 对于不需拔护环即可更换转子绕组导水管密封件的特殊机组，大修期应更换密封件，以确保转子冷却的可靠性。

10.5.3.7 水内冷机组发出漏水报警信号，经判断确认是内部漏水时，应立即停机处理。

10.5.3.8 机内氢压应高于定子内冷水压，其差压应按厂家规定执行。如厂家无规定，差压应大于 0.05MPa。

10.6 防止发生局部过热

10.6.1 防止铁心及绕组过热

10.6.1.1 新机制造时，定子铁心、定子线圈层间埋入式测温元件应采用冗余设置，保证各测点有备用替换元件。

10.6.1.2 定子绕组现场装配时，绕组端部所有的接头和连接应采用银铜焊接工艺，接头处的载流能力不得低于同回路的其他部位。

10.6.1.3 水轮发电机励磁引线及磁极连接线的接头应采用镀银或搪锡工艺，制造厂应对接触面的电流密度进行计算校核，确保机组运行时接触面的温升在安全范围内。

10.6.1.4 安装及大修时，应对定子铁心通风槽进行检查，防止由于油污、灰尘或异物等造成通风槽堵塞引起铁心局部过热。安装及大修时，对风冷转子进行通风试验，发现风路堵塞时及时处理；穿转子前应再次检查所有通风孔，避免因遗留异物造成堵塞。

10.6.1.5 运行中，应加强氢气冷却器、空气冷却器水流量监测，当出现水流量不足或断水情况时及时处理。氢内冷发电机定子线棒出口风温差达到 8℃或定子线棒间温差超过 8℃时，应立即停机处理。

10.6.1.6 对于运行中多次过励的机组，检修时应重点检查铁心背部是否存在过热痕迹；对于深度进相的机组，运行中加强对铁心端部的温度监测，检修时应重点对端部结构件和铜屏蔽等进行检查。

10.6.1.7 加强交接及历次大修时对定子绕组直流电阻的测量及结果分析，对于直流电阻有增长趋势或超标的，应结合敲击法或大电流红外成像法等手段进行缺陷定位并及时处理。

10.6.2 加强绝缘过热监测装置管理

10.6.2.1 300MW 及以上汽轮发电机、燃气轮发电机及 100Mvar 及以上调相机宜安装绝缘过热监测装置，监测装置应具备对 0.1μm 以下烟气微粒的检测能力，当绝缘存在早期过热（对于 F 级绝缘达到 230℃）时应可靠报警。

10.6.2.2 装置发生报警时，运行人员应及时记录并上报发电机运行工况及电气和非电量运行参数，就地核对监测装置是否正常，并排除油污、气流变化等影响，不得盲目将报警信号复位或随意降低监测装置检测灵敏度。

10.6.2.3 经检查确认非监测装置误报后，应立即取样进行色谱分析。对于铁心局部过热可能引发的单次短时报警，不应简单视为误报，应做好报警信息及相关运行数据的记录分析，必要时停机进行消缺处理。当出现持续、频繁报警并核对无误后，应停机处理。

10.7 防止氢冷发电机漏氢

10.7.1 防止经冷却系统漏氢

10.7.1.1 水氢氢冷发电机内冷水箱应加装氢气含量检测装置，量程范围应满足 0%～20%（体积浓度）测量要求，定期进行巡视检查，做好记录。氢气含量检测装置的探头应结合机组检修进行定期校验。

10.7.1.2 内冷水箱漏氢监测数据应以未进行补排水、水箱液位稳定时为准。当含氢量（体积含量）超过 2% 应报警，并加强对发电机的监视，超过 10% 应立即停机消缺。对于闭式水箱，氢气浓度应在排气阀开启状态下，水箱上部气体达到动态稳定时测量。

10.7.1.3 加装气体流量表的机组，应定期记录流量表的示数，并对单位时间内增量进行趋势分析。当单位时间内增量明显增大时，应首先排除保护气体、水温或水位变化等因素的影响，实际增量超出制造厂规定值时，应安排消缺或停机，制造厂未做规定时按照以下标准执行：漏氢量达到 $0.3m^3/d$ 时应在计划停机时安排消缺，漏氢量大于 $5m^3/d$ 时应立即停机处理。

10.7.1.4 有条件时开展水内溶解氢量检测（或监测），通过与同类机组及历史数据比较或计算等效漏氢量，判断是否存在漏氢缺陷。

10.7.1.5 运行中内冷水质明显变化时（如 pH 值减小、电导率上升），应结合以上分析判断是否存在漏氢。

10.7.1.6 氢气冷却器的冷却水压异常上升时，应检查是否存在漏氢问题，并及时处理。

10.7.2 防止经油系统漏氢

10.7.2.1 严密监测氢冷发电机油系统、主油箱内的氢气体积含量，确保避开含量在 4%～75% 的可能爆炸范围。

10.7.2.2 机组安装和检修时应严格按要求调整密封瓦间隙，密封油系统平衡阀、压差阀必须保证动作灵活、可靠，运行应监视氢油压差变化。发现发电机大轴密封瓦处轴颈存在磨损沟槽，应及时处理。

10.7.3 防止经密封结合面、外部管路及转子漏氢

10.7.3.1 发电机端盖密封面、密封瓦法兰面、机壳检修孔法兰面以及氢系统管道法兰面、水系统、监测系统的管路法兰和阀门、氢干燥器内部管路法兰和阀门等所使用的密封材料（包含橡胶垫、圈等），经检验合格后方可使用。严禁使用合成橡胶、再生橡胶制品。

10.7.3.2 发电机内外进出水管、氢气管路、排污管等的焊缝应在每次大修中进行全面检查，防止焊口运行中开裂泄漏。

10.7.3.3 交接和大修时应对发电机转子进行气密性试验，防止运行中经导电螺杆漏氢，宜在发电机励磁罩壳内安装危险气体监测探头，并定期校验。

10.7.3.4 整机气密试验不合格的氢冷发电机严禁投入运行。

10.7.4 防止经出线箱及封闭母线漏氢

10.7.4.1 发电机出线箱与封闭母线连接处应装设隔氢装置，并在出线箱顶部适当位置设排气孔，排气孔上端应具有防止异物掉落的措施。

10.7.4.2 出线箱内应加装漏氢监测报警装置，当有漏氢指示时应及时查明原因，当氢气含量达到或超过 1% 时，应停机查漏消缺。

10.8 防止励磁系统故障引起设备损坏

10.8.1 防止集电环及直流母线故障

10.8.1.1 集电环小室内附属部件、固定螺栓应安装牢固，电缆应靠近小室边缘布置，防止部件脱落掉入集电环与电刷之间，引起集电环、电刷故障。集电环小室底部与基础台板间不应留有间隙，防止异物进入造成转子接地故障。

10.8.1.2 运行中应定期利用红外成像仪检查集电环及碳刷本体发热情况（重点检查电刷与集电环接触面附近温度），并测量电刷载荷电流分布情况。当集电环温升过高时应检查风路是否通畅、进口滤网是否堵塞；出现电刷过热、载荷分布不均或打火现象时，应对电刷磨损情况、电刷是否抖动、弹簧压力是否正常、刷盒安装间隙和位置情况进行检查和处理，必要时应利用频闪仪检查集电环表面情况。若打火严重或形成环火，且无法消除时必须立即停机。

10.8.1.3 应明确电刷长度更换标准，并使用制造厂家指定的或经过试验验证的同一牌号电刷。电刷使用前，应研磨使其接触面弧度与集电环表面一致，防止电刷接触不良引起打火、过热等故障，并应避免短时间内同一刷架更换多个电刷。

10.8.1.4 加强对转子集电环、刷架系统的运行维护，及时清理积留的碳粉，防止由于碳粉

堆积导致集电环对地绝缘下降。

10.8.1.5 检修时应根据运行情况检查集电环表面伤蚀及椭圆度，存在异常及超标情况应进行处理。停备时间较长时应对集电环采取涂抹硅脂等防锈措施，防止集电环表面锈蚀造成碳刷与集电环接触不良。

10.8.1.6 机组检修期间应对交直流励磁母线箱内部进行清擦，检查相关连接设备状态。机组投运前励磁绝缘应无异常变化。

10.8.2 防止励磁调节器故障引起发电机损坏

10.8.2.1 进相运行的发电机，其低励限制的定值应根据发电机进相试验实测值设定且在制造厂给定的容许值及保持发电机静稳定的范围内，并定期校验。

10.8.2.2 自动励磁调节器的过励限制和过励保护的定值应在制造厂给定的容许值内，并定期校验。

10.8.2.3 励磁调节器的自动通道发生故障时应及时修复并投入运行。严禁发电机在手动励磁调节（含按发电机或交流励磁机的磁场电流的闭环调节）下长期运行。在手动励磁调节运行期间，在调节发电机的有功负荷时必须先适当调节发电机的无功负荷，以防止发电机失去静态稳定性。

10.8.2.4 机组启动、停机和相关试验过程中，应有机组低转速时切断发电机励磁的措施。

10.8.2.5 机组检修期间，应对灭磁开关进行检查，触头接触压力、触头烧伤面积和烧伤深度应符合产品要求，必要时进行更换。

10.8.3 防止励磁变压器故障损坏发电机

10.8.3.1 励磁变压器引线各部件装配尺寸应符合设计要求。低压绕组引出线裸露铜排（尤其是靠近铁心拉板的铜排），应喷绝缘涂料或加装绝缘带、绝缘热缩套，防止短路故障。

10.8.3.2 励磁变压器外罩应能有效防止异物落入、小动物进入、进水短路等，做好预防措施。机组检修时，应对励磁变压器铁心和线圈的固定夹件、绝缘垫块以及连接螺栓等进行检查紧固，防止铁心线圈松动位移或零部件脱落引起短路故障。

10.9 防止出线及外部回路设备故障

10.9.1 防止出线故障导致发电机跳机或损坏

10.9.1.1 对于采用新工艺和新结构的出线套管，在采购过程中应加强对套管的选型和质量要求。制造厂在供货过程中加强对套管的质量管控并提供全套技术资料。

10.9.1.2 套管现场安装或更换前应按照规程要求单独进行相关试验检查，套管与引出线连接螺栓应按照厂家提供的力矩要求进行紧固，紧固后的接触电阻应符合要求。

10.9.1.3 对于水冷套管，运行中应严密监测出线套管处的出水温度。若出线套管出水温度高于线棒的平均出水温度，或出现异常增长或波动，应及时查明原因并处理。

10.9.1.4 对于氢气冷却套管，运行中应加强密封油的管理，防止密封油沉积堵塞套管风冷回路，导致套管过热。

10.9.1.5 运行中应定期开展套管及其接头部位的温度检测，对于封闭在出线箱内不能直接检测的套管，可采取加装无线测温或红外测温装置等措施进行监测。

10.9.1.6 检修时，应对出线套管进行检查、清洁，氢冷套管要特别注意内部风道积油的检查和清理，并按照规程要求连同定子绕组开展相关试验，必要时单独对套管进行试验检查。按照厂家说明书规定周期更换套管相关密封组件。

10.9.1.7 发电机出线软连接设计时应保证其热伸缩性能、机械性能、电气性能满足负荷变化的需要并留有足够裕度。现场安装时应严格按照制造厂图纸进行，防止运行中异常受力。检修时应对软连接进行检查，出现松动、位移、断裂、过热等情况时应查明原因并处理。

10.9.2 防止出口电压互感器故障

10.9.2.1 出口电压互感器选型时，应保证相关参数留有足够裕度。采购后应根据规程要求严格开展交接试验，同台套产品应保证性能一致。

10.9.2.2 机组检修时，宜开展出口电压互感器一、二次线圈直流电阻及一次保险直流电阻测试，一、二次回路接线检查等检修项目，及时发现设备隐患并处理。应定期开展空载电流测量，试验周期不超过 3 年；大修时应进行交流耐压、局部放电试验，对分级绝缘式的电压互感器应进行倍频感应耐压试验。

10.9.2.3 运行中，定期开展红外测温和外观检查，环氧浇注干式互感器外绝缘如有裂纹、沿面放电、局部变色、变形，应立即更换。

10.9.3 防止离相封闭母线故障

10.9.3.1 机组安装、检修时，应对室外封闭母线密封情况重点检查，对封闭母线内部附属设施（如伴热带、密封条、电源线、互感器二次线等）应注意检查其布置和接线是否满足规范要求，安装是否牢固。封闭母线外壳封闭前，应对内部进行全面清洁，防止封母内留有异物。

10.9.3.2 应按照相关标准要求，开展离相封闭母线的维护、检修及防结露装置的配置和运行管理，防止母线受潮凝露、异常放电等导致机组跳机。

10.9.3.3 使用微正压装置的机组，运行中应注意微正压装置单位时间启停次数、压力保持时间，辅助判断母线密封性是否良好。封闭母线密封性下降时，应根据母线密封情况调整微正压装置的运行方式，避免微正压装置长时间充气或频繁启动造成设备损坏，并及时利用检修机会对母线进行密封性改造。

10.9.3.4 采用微正压充气（或微风循环）的封闭母线最低处应设置排污装置，定期检查是否堵塞、积液，并及时排污。不采用微正压充气（或微风循环）的自然冷却封闭母线应在母线最低处通过干燥器与大气连通，并定期检查干燥剂变色情况。

10.10 防止非正常运行造成设备损坏

10.10.1 防止发生非同期并网

10.10.1.1 微机自动准同期装置应安装独立的同期检定闭锁继电器，同期闭锁继电器应同时具备压差、频差、角差检查闭锁功能。对于新建或改造的同期装置，宜选择双通道相互闭锁的同期装置。

10.10.1.2 新投产、大修机组及同期回路（包括交流电压回路、直流控制回路、整步表、自动准同期装置及同期把手等）发生改动或设备更换的机组，在第一次并网前应进行以下工作：

（1）对装置及同期回路进行全面的校核、传动；

（2）利用发电机—变压器升压或发电机—变压器带空载母线升压试验，校核同期电压检测二次回路的正确性，并对整步表及同期检定继电器进行实际校核，对于不具备升压条件的，可利用系统倒送电进行；

（3）进行机组假同期试验，试验应包括自动准同期合闸试验、同期（继电器）闭锁等内容。

10.10.1.3 自动准同期装置不正常时不应强行手动准同期并网，自动准同期合闸脉冲宜与同期闭锁继电器接点串联后出口。

10.10.1.4 为防止发生非同期并网，应保证机组并网点断路器机械特性满足规程要求。

10.10.2 防止发生非全相运行

10.10.2.1 采用发变组接线方式的新建 220kV 及以下电压等级机组，并网断路器应选用机械联动的三相操作断路器。

10.10.2.2 与 220kV 及以上系统连接的机组，出现断路器非全相运行时，应及时启动断路器失灵保护。

10.10.2.3 发变组各断路器检修时应检查其三相动作一致性是否合格，接触是否良好。

10.10.2.4 断路器检修时校验发电机—变压器各断路器非全相保护回路的完好性，以保证出现非全相时断路器可靠断开。

10.10.3 防止发生误上电

10.10.3.1 300MW 及以上机组应配置发电机误上电保护并定期校验，机组解列后应能自动投入，并网后应能自动退出。

10.10.3.2 发电机—变压器并网断路器和隔离开关做好日常检查和维护，停机解列后应就地检查开关是否分合到位。

10.10.3.3 机组停机状态下，应做好高厂变低压侧开关误合闸的防范措施，防止通过厂用分支将发电机误上电。

10.10.3.4 厂站直流系统应做好防止一点和两点接地的措施，及时排除接地点，防止因控制回路原因引起机组各断路器误合闸。

10.10.3.5 机组误上电保护出口，跳开并网断路器时，应同时启动断路器失灵保护，避免断路器失灵引起机组继续上电。

10.10.4 防止发生次／超同步振荡

10.10.4.1 存在的次／超同步振荡风险的机组，应做好抑制和预防机组次／超同步振荡的措施，同时应装设次/超同步振荡监测及保护装置（参见5.1.9）。

10.10.4.2 应做好机组轴系扭振保护装置（或监测装置）的数据记录和机组轴系疲劳累计与状态分析，必要时进行检测评估，及时采取相应措施。

10.11 防止水轮发电机启停故障

10.11.1 水轮发电机解列时，发电机出口断路器应先于磁场断路器断开，防止机组解列前失磁。

10.11.2 水轮发电机电气制动应在机组励磁退出且机械制动投入后退出。

10.11.3 抽水蓄能机组新机设计时，发电机出口断路器应具备低频开断故障电流的能力，最小开断频率不高于20Hz，制造厂供货时应提供相应的型式试验报告。

10.11.4 新建常规水轮发电机及抽水蓄能发电电动机出口SF_6断路器宜装设灭弧触头剩余电气寿命监测装置以及灭弧室外壳温度监测装置，在运电站可结合实际情况进行改造。

10.11.5 抽水蓄能机组背靠背调相启动时，应设计有防止拖动机组出口断路器开断允许频率范围外故障电流的措施。

10.11.6 抽水蓄能机组发电机电压设备操动机构（含断路器、隔离开关、接地开关）应配置足够的常开和常闭的辅助位置接点供外部用户的控制、信号及联动回路用，新建项目不允许通过中间继电器扩展。

10.11.7 水轮发电机组电气制动设计应采取防止电气制动开关三相不一致合闸情况下投入励磁的措施。

10.11.8 常规水电站及抽水蓄能机组应定期检查频繁操作的隔离刀闸本体操作拉杆是否松动或变形，防止隔离刀闸拒动。

10.12 加强在线监测装置运行管理

10.12.1 应根据机组冷却方式和容量等级、运行工况特点制定在线监测装置配置方案，具体装置选型时，应对设备技术可行性及适用性进行论证确认。监测装置报警信号宜接入机组分散控制系统（DCS）统一监测。

10.12.2 安装过程中，与高压设备直接相连的元部件，应保证安装稳固，绝缘可靠，二次回路不应在一次回路内部走线，宜采用最短距离直接引出。

10.12.3 与氢气回路相连的监测管道，应满足密封性和防爆要求。

10.12.4 机组投运后应对在线监测装置进行功能核对，确保装置软硬件功能正常，运行中应对装置运行状态和监测数据进行定期检查。

10.12.5 机组检修中，应对测温元件、局部放电耦合装置等直接安装在一次设备上的元件进行检查及相关试验。对于监测装置所用表计应开展定期校验。

10.13 防止检修不当造成设备损坏

10.13.1 防止机内遗留异物

10.13.1.1 规范检修区域进出人员管理，严格执行人员进出记录和工具登记制度，作业期间设置值班岗位，非作业期间应做好场地封闭措施。进入膛内工作人员应着无金属的连体服和软底鞋。工作完毕撤出时清点物品正确，确保无遗留物品。

10.13.1.2 规范现场检修、试验等环节的标准化管理，防止锯条、螺钉、螺母、工具、试验材料等异物遗留定子内部，特别应对端部线圈的夹缝、上下渐伸线之间位置作详细检查。对于进行水系统检修的，还应防止临时封堵材料、焊渣等异物进入水系统。

10.13.1.3 定子、转子表面喷漆前，做好其表面油污清理工作。防止运行中漆皮脱落，造成定子、转子通风孔堵塞。

10.13.1.4 穿转子前，应对膛内进行全面清理和检查。

10.13.2 防止发生磕碰及机械损伤

10.13.2.1 在定子膛内施工前，应在膛内铺设橡胶垫，防止铁心受损或异物遗留。

10.13.2.2 在抽穿转子前，应做好防止转子跌坠、磕碰定子的技术措施，并严格控制作业流程。

10.13.2.3 人员进入膛内作业时，禁止踩踏引水管及接头、线棒绝缘盒、连接梁等部位。

10.13.2.4 检修中加强对端部紧固件检查（如压板紧固螺栓、支架固定螺栓、引线夹板螺栓、汇流管所用卡板和螺栓、定子铁心穿心螺杆等），防止相关部件运行中松动、脱落。

10.13.2.5 转子风叶装配时应按照制造厂的力矩要求进行安装，防止运行中脱落造成定子损伤。

11 防止发电机励磁系统事故的重点要求

11.1 励磁系统设计的重点要求

11.1.1 励磁系统应保证良好的工作环境，环境温度、湿度不得低于相关标准规定要求。励磁调节器与励磁变压器不应置于同一个没有隔断的场地内。励磁设备（含励磁变压器和励磁小间）上方及附近不得布置水管道，如有布置则应采取防止漏水的隔离措施。整流柜冷却通风入口应设置滤网，励磁调节器及功率整流柜所在的励磁小间应具备必要的防尘降温措施。

11.1.2 励磁系统中两套励磁调节器的电压回路应相互独立，使用机端不同电压互感器（PT）的二次绕组，防止其中一个故障引起发电机误强励。励磁调节器原则上应具有防止电压互感器（PT）高压侧熔丝熔断引起发电机误强励的措施。

11.1.3 励磁系统的灭磁能力应达到国家及行业标准要求，且灭磁装置应具备独立于调节器及功率整流装置的灭磁能力。灭磁开关的弧压应满足机组故障灭磁及误强励灭磁的要求。

11.1.4 励磁变压器不应采取高压熔断器作为保护措施。励磁变压器保护定值应与励磁系统强励能力相配合，防止强励时保护误动作。

11.1.5 励磁变压器的绕组温度应具有有效的监视手段，监视其温度在设备允许的范围之内，并具备将温度信号传至远方的功能。有条件的可装设铁芯温度在线监视装置。

11.1.6 当励磁系统中过励限制、低励限制、定子过压或过流限制和伏/赫兹限制（V/Hz限制）的控制失效后，应由相应的发变组保护完成解列及灭磁。

11.1.7 励磁系统设备选型应考虑所在电网运行需求和稳定控制要求，性能指标应满足相关标准的要求；励磁调节器应通过涉网性能检测试验的检验；励磁调节器控制模型应满足相关标准的要求。未进行涉网性能检测试验且频繁出现故障的励磁调节器，应考虑整体换型改造。

11.1.8 当接入机组故障录波器、同步相量测量装置（PMU）等监测系统的励磁电流和励磁电压信号采用变送器输出时，励磁电压输出信号应有一定负值量显示，正向输出信号最大值应不低于额定励磁电压的2倍；励磁电流输出信号最大值应不低于额定励磁电流的2倍。

11.2 励磁系统基建安装及设备改造的重点要求

11.2.1 励磁变压器高压侧封闭母线外壳用于各相别之间的安全接地连接应采用大截面金属板。

11.2.2 发电机转子接地保护装置原则上应安装于励磁系统柜。接入保护柜或机组故障录波器的转子正、负极连接电缆应采用高绝缘的电缆且不能与其他信号共用电缆。所用电缆的绝缘耐压水平应满足相关标准规定要求。

11.2.3 励磁系统的二次控制电缆均应采用屏蔽电缆，电缆屏蔽层应可靠接地。

11.2.4 励磁系统设备改造后，应进行阶跃扰动性试验和各种限制环节的试验，确认励磁系统工作正常，满足相关标准的要求，并按相关部门要求完成励磁系统建模试验及电力系统稳定器

（PSS）整定投入试验。控制程序更新升级前，对旧的控制程序和参数进行备份，升级后进行空载试验及新增功能或改动部分功能的测试，确认程序更新后励磁系统功能正常。做好励磁系统改造或程序更新前后的试验记录并备案。

11.3 励磁系统调整试验的重点要求

11.3.1 新建或改（扩）建机组及励磁系统改造后的机组，应由具备资质的电力试验单位按照相关标准，完成发电机励磁系统参数测试及建模试验。试验前应制定完善的技术方案和安全措施上报相关管理部门备案，试验后自动电压调节器（AVR）模型及最终整定参数应书面报告相关调度部门。

11.3.2 新建或改（扩）建机组及励磁系统改造后的机组，PSS装置的定值设定和调整应由具备电力调试/试验资质的科研单位或相关调度部门认可的技术监督单位按照相关标准进行。试验前应制定完善的技术方案和安全措施上报相关管理部门备案，试验后电力系统稳定器（PSS）的传递函数及自动电压调节器（AVR）最终整定参数应书面报告相关调度部门。

11.3.3 机组大修（或A/B级检修）后，应进行发电机空载和负载阶跃扰动性试验，检查励磁系统动态指标是否达到标准要求。试验前应编写包括试验项目、安全措施和危险点分析等内容的试验方案并经批准。

11.3.4 励磁系统的V/Hz限制环节特性应与发电机或变压器过激磁能力低者相匹配，应在发电机组对应继电保护装置跳闸动作前进行限制。V/Hz限制环节在发电机空载和负载工况下都应正确工作。

11.3.5 励磁系统如设有定子过压限制环节，应与发电机过压保护定值相配合，该环节应在机组保护之前动作。

11.3.6 励磁系统低励限制环节的限制值应根据进相试验结果，并考虑发电机电压影响进行整定，与发电机静态稳定极限和失磁保护相配合，在保护跳闸之前动作。当发电机进相运行受到扰动瞬间进入励磁调节器低励限制环节工作区域时，不允许发电机组进入不稳定工作状态。

11.3.7 励磁系统的过励限制（即过励磁电流反时限限制和顶值电流瞬时限制）环节的特性应与发电机转子的过负荷能力相一致，并与发电机保护中转子过负荷保护定值相配合，在保护跳闸之前动作。

11.3.8 励磁系统如设置有定子电流限制环节，则定子电流限制环节的特性应与发电机定子的过电流能力相一致，并与发电机保护中定子过负荷保护定值相配合，在保护跳闸之前动作。

11.3.9 励磁系统应具有无功调差功能，设置合理的无功调差系数并投入运行。接入同一母线的发电机在并列点处（补偿主变压器电抗压降后）的电压调差特性应基本一致。机端并列的发电机无功调差系数应不小于+5%。

11.3.10 应按照相关标准要求，定期进行励磁系统涉网性能复核性试验，包括励磁调节器参数建模复核性试验和电力系统稳定器（PSS）性能复核性试验，复核周期应不超过5年。

11.3.11 灭磁开关应结合机组检修，进行断口触头接触电阻、分合闸线圈直流电阻、分合闸动作电压、分合闸时间测试等试验，试验结果应符合厂家规定。

11.3.12 灭磁开关应按厂家规定的运行时间或动作次数进行解体检查，检查开关动、静触头接触面是否符合要求、机械部分是否出现磨损、开裂等。发现问题及时予以更换。

11.4 励磁系统运行安全的重点要求

11.4.1 并网机组励磁系统应在自动方式下运行。如励磁系统故障或进行试验需退出自动方式，必须及时报告调度部门。

11.4.2 励磁调节器的自动通道发生故障时应及时修复并投入运行。严禁发电机在手动励磁调节（含按发电机或交流励磁机的磁场电流或磁场电压闭环调节）下长期运行。在手动励磁调节运行期间，在调节发电机的有功负荷时必须先适当调节发电机的无功负荷，以防止发电机失去静态稳定性。

11.4.3 进相运行的发电机励磁调节器应投入自动方式，低励限制环节必须投入。

11.4.4 励磁系统各限制和保护的定值应在发电机安全运行允许范围内，并在机组B级及以上检修时校验。

11.4.5 修改励磁系统参数必须严格履行审批手续，在书面报告技术监督单位和调度有关部门审批并进行相关试验后，方可执行，严禁随意更改励磁系统参数设置。

11.4.6 利用自动电压控制系统（AVC）对发电机调压时，受控机组励磁系统应投入自动方式。

11.4.7 励磁系统设备的日常巡视，检查内容至少包括：励磁调节器各项功能指示正常；励磁变压器各部件温度应在允许范围内；整流柜的均流系数满足相关标准的规定要求、散热风机运行正常、温度无异常、通风孔滤网无堵塞；发电机或励磁机转子碳刷磨损情况在允许范围内、滑环火花不影响机组正常运行等。

11.4.8 励磁系统电源模块应定期检查，且备有经检测功能完好的备件，发现异常时应及时予以更换。励磁调节器所用的电源模块原则上应在运行6年后予以更换。

11.4.9 对于励磁调节器所用的电压互感器和一次保险应定期检查，发现异常及时予以更换。

11.4.10 励磁系统调节器运行12年后，应全面检查板件、电子元器件情况，发现异常应及时更换。

11.4.11 励磁系统整流器功率元件运行15年后，经评估存在整流异常或无法及时消除的缺陷等运行风险，应及时更换或改造。

12 防止大型变压器和互感器损坏事故的重点要求

12.1 防止变压器出口短路事故

12.1.1 240MVA 及以下容量变压器应选用通过短路承受能力试验验证的相似产品；500kV 变压器或 240MVA 以上容量变压器应优先选用通过短路承受能力试验验证的相似产品。生产厂家应提供同类产品短路承受能力试验报告或短路承受能力计算报告。在变压器设计阶段，应取得所订购变压器的短路承受能力校核报告。220kV 及以上电压等级的变压器还应取得抗震计算报告。

12.1.2 高压厂用变不宜选用有载调压方式，确需采用时，分接开关应选用单相调压开关，且应与绕组就近布置。

12.1.3 220kV 及以下主变压器的 6～35kV 中（低）压侧引线、户外母线（不含架空母线）及接线端子应绝缘化；500（330）kV 变压器 35kV 套管至母线的引线宜绝缘化；变电站出口 2km 内的 10kV 架空线路应采用绝缘导线。

12.1.4 变压器受到近区短路冲击未跳闸时，应立即进行油中溶解气体组分分析，并加强跟踪，同时注意油中溶解气体组分数据的变化趋势，若发现异常，应及时安排停电检查；若通过故障录波或监测装置判断短路电流峰值超过变压器能够承受的短路电流峰值的 70% 时，应尽早安排停电检查。变压器受到近区短路冲击跳闸后，应开展油中溶解气体组分分析、绕组电阻测量、绕组变形（绕组频率响应、低电压短路阻抗、电容量）及其他诊断性试验，综合判断无异常后方可投入运行。

12.2 防止变压器绝缘事故

12.2.1 工厂试验时应将实际供货的套管安装在变压器上进行试验；所有附件在出厂时均应按实际使用方式经过整体预装。

12.2.2 出厂局部放电试验测量电压为 $1.58U_r/\sqrt{3}$ 时，110（66）kV 电压等级变压器高压端的视在放电量不大于 100pC；220～500kV 电压等级变压器高、中压端的视在放电量不大于 100pC；750～1000kV 电压等级变压器高压端的视在放电量不大于 100pC，中压端的视在放电量不大于 200pC，低压端的视在放电量不大于 300pC。强迫油循环变压器出厂试验时还应在潜油泵全部开启时（除备用潜油泵）进行局部放电试验，试验电压为 $1.58U_r/\sqrt{3}$，局部放电量应小于以上的规定值。500kV 及以上并联电抗器在进行出厂温升试验时，应进行局部放电监测。

12.2.3 生产厂家首次设计、新型号或有运行特殊要求的 220kV 及以上电压等级变压器在首批次生产系列中应进行例行试验、型式试验和特殊试验（承受短路能力的试验视实际情况而定）。

12.2.4 500kV 及以上并联电抗器的中性点电抗器出厂试验应进行感应耐压试验（IVW）。

12.2.5 充气运输及现场保存的变压器应监视气体压力，压力低于 0.01MPa 时要补干燥气体。现场充气保存时间不应超过 3 个月，否则应注油保存，并装上储油柜。

12.2.6 强迫油循环变压器安装结束后，应按顺序开启全部油泵进行油循环，并经充分静放、排气后方可进行交接试验。

12.2.7 110（66）kV 及以上电压等级的变压器在新安装时应进行现场局部放电试验；对 110（66）kV 电压等级变压器在新安装时应抽样进行额定电压下空载损耗试验和负载损耗试验；如有条件时，500kV 并联电抗器在新安装时可进行现场局部放电试验。现场局部放电试验验收，应在所有额定运行油泵（如有）启动以及工厂试验电压和时间下，110（66）kV 电压等级变压器高压端的局部放电量不大于 100pC；220～500kV 电压等级变压器高、中压端的局部放电量不大于 100pC；750～1000kV 电压等级变压器高压端的局部放电量不大于 100pC，中压端的局部放电量不大于 200pC，低压端的局部放电量不大于 300pC。

12.2.8 变压器在交接或者大修后可采取单相加压方式进行局部放电测量，有条件时，可采取三相加压测量。

12.2.9 110（66）kV 及以上电压等级变压器、50MW 及以上机组配置的高压厂用变压器在出厂和投产前，应用频响法和低电压短路阻抗法测试绕组变形，并留原始记录。

12.2.10 高压厂用变宜在交接和大修后开展带有局部放电测量的感应电压试验（IVPD）。

12.2.11 加强变压器运行巡视，应特别注意变压器冷却器潜油泵负压区出现的渗漏油，如果出现渗漏应切换停运冷却器组，进行渗漏油处理。

12.2.12 对运行 10 年以上且负载率长期运行在 90% 以上的变压器，应进行一次油中糠醛含量测试。不同油基、牌号、添加剂类型的油原则上不宜混合使用；如必须混合使用时，参与混合的新油（或运行中油）应符合各自的质量标准，且应预先进行相关试验。

12.2.13 220kV 及以上电压等级变压器拆装套管需内部接线或进人后，应进行现场局部放电试验。

12.2.14 积极开展红外检测，新建、改扩建或大修后的变压器（电抗器），应在投运带负荷后不超过 1 个月（但至少在 24h 以后）进行一次精确检测。220kV 及以上电压等级的变压器（电抗器）每年在夏季前后应至少各进行一次精确检测。在高温大负荷运行期间，对 220kV 及以上电压等级变压器（电抗器）应增加红外检测次数。精确检测的测量数据和图像应制作报告存档保存。

12.3 防止变压器保护事故

12.3.1 气体继电器、油流速动继电器、压力释放阀在新安装和变压器大修时进行校验，并检查相关的二次接线盒、端子箱防水及密封情况，防止二次回路受潮短路。

12.4 防止分接开关事故

12.4.1 油浸式真空有载分接开关轻瓦斯报警后应暂停调压操作，并对气体和绝缘油进行色谱分析，根据分析结果确定恢复调压操作或进行检修。

12.4.2 无励磁分接开关在改变分接位置后，必须测量使用分接的直流电阻和变比。

12.5 防止变压器套管事故

12.5.1 如套管的伞裙间距低于规定标准，应采取加硅橡胶伞裙套等措施。在严重污秽地区运行的变压器，宜采取在瓷套涂防污闪涂料等措施。

12.5.2 处于8度及以上地震烈度区域的110kV及以上变压器和500kV及以上高压并联电抗器高压侧套管不应选用卡装式瓷绝缘套管，宜选用通过抗震试验的无机粘接的胶装式瓷绝缘套管（耐受地震波水平峰值加速度不低于主变所处地震烈度区域的水平最大峰值加速度）。

12.5.3 油纸电容套管在最低环境温度下不应出现负压，制造厂应明确规定套管可取绝缘油总量。

12.5.4 运行中变压器套管油位视窗无法看清时，继续运行过程中应按周期结合红外成像技术掌握套管内部油位变化情况，防止套管事故发生。

12.6 防止冷却系统事故

12.6.1 强油循环结构的潜油泵启动应逐台启用，延时间隔应在30s以上，以防止气体继电器误动。

12.6.2 对目前正在使用的单铜管水冷却变压器，应始终保持油压大于水压，并加强运行维护工作，同时应采取有效的运行监视方法，及时发现冷却系统泄漏故障。

12.6.3 强迫油循环变压器内部故障跳闸后，潜油泵应同时退出运行。

12.7 防止变压器火灾事故

12.7.1 排油注氮灭火装置应满足：

（1）对于重锤结构，采用电磁铁驱动脱扣结构的，排油及注氮阀动作线圈功率应大于DC220V×1.5A；采用电磁铁直接支撑结构的，排油及注氮阀动作线圈功率应大于DC220V×3A；

（2）对于采用其他结构的注氮阀，注氮阀动作线圈功率应大于DC220V×1.5A；

（3）注氮阀与排油阀间应设有机械连锁阀门；

（4）动作逻辑关系应满足本体重瓦斯保护、主变断路器开关跳闸、油箱超压开关（火灾探测器）同时动作时才能启动排油充氮保护。

12.7.2 当采用水喷雾灭火系统时，应满足以下要求：

（1）水喷雾控制回路继电器动作功率应大于8W。

（2）动作逻辑关系应满足变压器火灾探测器与变压器断路器开关跳闸同时动作。

12.7.3 变压器固定灭火装置进行远方或就地手动操作时，应能够实现一键启动，不应串入气体继电器、压力释放阀及各侧断路器的触点。

12.7.4 励磁变压器上方不宜布置水管道，若无法避免应采取防水隔离措施。

12.7.5 当采用泡沫灭火系统时，宜采用泵组式泡沫喷雾灭火系统，具备先期采用泡沫快速灭火、后期采用水喷雾持续降温的功能。

12.7.6 应结合例行试验检修，定期对灭火装置进行维护和检查，以防止误动和拒动。

12.7.7 现场进行变压器干燥时，应做好防火措施，防止加热系统故障或线圈过热烧损。

12.7.8 应定期对变压器固定灭火系统进行维护保养，并结合变压器停电检修工作进行灭火系统功能测试，防止误动和拒动。维护保养检测人员应具备相应等级消防设施操作员（消防设施检测维护保养职业方向）资格和高压电工从业资格。

12.8 防止互感器事故

12.8.1 防止各类油浸式互感器事故

12.8.1.1 新采购的电容式电压互感器电磁单元油箱工艺孔应高出油箱上平面10mm以上，且密封可靠。

12.8.1.2 所选用电流互感器的动、热稳定性能应满足安装地点系统短路容量的远期要求，一次绕组串联时也应满足安装地点系统短路容量的要求。

12.8.1.3 电容式电压互感器的中间变压器高压侧不应装设金属氧化物避雷器（MOA）。

12.8.1.4 110（66）～750kV油浸式电流互感器在出厂试验时，局部放电试验的测量时间延长到5min。

12.8.1.5 电容式电压互感器宜选用速饱和电抗器型阻尼器，并应在出厂时进行$0.8U_n$、$1.0U_n$、$1.2U_n$及$1.5U_n$的铁磁谐振试验（注：U_n指额定一次相电压）。

12.8.1.6 电流互感器的一次端子所受的机械力不应超过规定的允许值。互感器的二次引线端子和末屏引出线端子应有防转动措施。

12.8.1.7 110（66）kV及以上电压等级的油浸式电流互感器，应逐台进行交流耐受电压试验，交流耐压试验前后应进行油中溶解气体分析。

12.8.1.8 对于220kV及以上等级的电容式电压互感器，其耦合电容器部分是分成多节的，安装时必须按照出厂时的编号以及上下顺序进行安装，严禁互换。

12.8.1.9 220kV及以上电压等级油浸式电流互感器运输时，应在每辆车的产品上至少安装一台冲击记录仪。设备运抵现场后应检查确认，记录数据超过5g应进行评估，超过10g应返厂检查。110kV及以下电压等级电流互感器应直立运输。

12.8.1.10 故障抢修安装的油浸式互感器，应保证绝缘试验前静置时间，其中500（330）～750kV设备静置时间应大于36h，110（66）～220kV设备静置时间应大于24h。

12.8.1.11 对新投运的220kV及以上电压等级电流互感器，1～2年内应取油样进行油色谱、微水分析；对于厂家明确要求不取油样的产品，确需取样或补油时应由制造厂配合进行。

12.8.1.12 对硅橡胶套管和加装硅橡胶伞裙的瓷套，应经常检查硅橡胶表面有无放电或老化、龟裂现象，如果有应及时处理。

12.8.1.13 油浸倒立式电流互感器漏油应停止运行。

12.8.1.14 如运行中互感器的膨胀器异常伸长顶起上盖，应立即退出运行。当互感器出现异常响声时应退出运行。当电压互感器二次电压异常时，应迅速查明原因并及时处理。

12.8.1.15 根据电网发展情况，应注意验算电流互感器动热稳定电流是否满足要求。若互感器所在变电站短路电流超过电流互感器铭牌规定的动热稳定电流值时，应及时改变变比或安排更换。

12.8.2 防止110（66）～500kV SF$_6$绝缘电流互感器事故

12.8.2.1 SF$_6$密度继电器与互感器设备本体之间的连接方式应满足不拆卸校验密度继电器的要求，户外安装应加装防雨罩。

12.8.2.2 互感器出厂时必须逐台进行各项试验，包括局部放电试验和耐压试验。

12.8.2.3 制造厂应采取有效措施，防止运输过程中内部构件振动移位。用户自行运输时应按制造厂规定执行。

12.8.2.4 110kV及以下互感器推荐直立安放运输，220kV及以上互感器必须满足卧倒运输的要求。运输时110（66）kV产品每批次超过10台时，每车装10g振动子2个，低于10台时每车装10g振动子1个；220kV产品每台安装10g振动子1个；330kV及以上每台安装带时标的三维冲撞记录仪。到达目的地后检查振动记录装置的记录，若记录数值超过10g一次或10g振动子落下，则产品应返厂解体检查。

12.8.2.5 气体绝缘的电流互感器安装后应进行现场老炼试验。老炼试验后进行耐压试验，试验电压为出厂试验值的80%。条件具备且必要时还宜进行局部放电试验。

12.8.2.6 互感器安装时，应将运输中膨胀器限位支架等临时保护措施拆除，并检查顶部排气塞密封情况。

12.8.2.7 运行中应巡视检查气体密度表，产品年漏气率应小于0.5%。

12.8.2.8 气体绝缘互感器严重漏气导致压力低于报警值时应立即退出运行。运行中的电流互感器气体压力下降到0.2MPa（相对压力）以下，检修后应进行老练和交流耐压试验。

12.8.2.9 交接时SF$_6$气体含水量小于250μL/L。运行中不应超过500μL/L（换算至20℃），若超标时应进行处理。

12.8.2.10 对长期微渗的互感器应重点开展SF$_6$气体微水量的检测，必要时可缩短检测时间，以掌握SF$_6$电流互感器气体微水量变化趋势。

13 防止开关设备事故的重点要求

13.1 防止气体绝缘金属封闭开关设备（GIS、包括HGIS）、SF_6断路器事故

13.1.1 户内布置的GIS、六氟化硫（SF_6）开关设备室，应配置相应的SF_6泄漏检测报警、事故排风及氧含量检测系统。

13.1.2 开关设备二次回路及元器件应满足以下要求：

（1）应加强开关设备二次回路专业管理，断路器分、合闸控制回路应简单可靠，防止误动、拒动。应加强时间继电器等元器件选型管理，优化断路器本体三相不一致回路设计，定期开展维护检修。

（2）列入国家市场监督管理总局强制性产品认证目录的二次元件应取得"3C"认证，外壳绝缘材料阻燃等级应满足V—0级塑料阻燃等级要求。

（3）新订货断路器机构动作次数计数器不应带有复归功能。

（4）断路器分、合闸控制回路的端子间应有端子隔开，或采取其他有效防误动措施。新安装的分相弹簧机构断路器的防跳继电器、非全相继电器不应安装在机构箱内，应装在独立的汇控箱内。

（5）断路器出厂试验、交接试验及例行试验中，应进行三相不一致、防跳、压力闭锁等二次回路动作特性检查，并保证在模拟手合于故障条件下断路器不会发生跳跃现象。

（6）252kV及以上断路器应具备双跳闸线圈机构。

13.1.3 开关设备用气体密度继电器应满足以下要求：

（1）新安装的252kV及以上电压等级的GIS和SF_6断路器的密度继电器与开关设备本体之间的连接方式应满足不拆卸校验密度继电器的要求。

（2）密度继电器应装设在与被监测气室处于同一运行环境温度的位置。对于严寒地区的设备，其密度继电器应满足环境温度在 $-40 \sim -25$℃时准确度不低于2.5级的要求。

（3）新安装252kV及以上断路器每相应独立安装气体密度继电器且气体密度继电器应有双套压力闭锁触点。三相分箱的GIS母线及断路器气室，相间不应采用管路连接。

（4）断路器应配防振型密度继电器。

（5）密度继电器表计应朝向巡视通道，有条件时可选用数字化远传表计。

（6）户外安装的密度继电器应设置防雨箱（罩），密度继电器防雨箱（罩）应能将表、控制电缆接线端子一起放入，防止指示表、控制电缆接线盒进水受潮。

13.1.4 开关设备机构箱、汇控箱内应有完善的驱潮防潮装置，防止凝露造成二次设备损坏。应加强开关设备机构箱、汇控箱的检查维护，保证箱体密封良好，防雨、防尘、通风、防潮等性能良好，并保持内部干燥清洁。

13.1.5 生产厂家在防爆膜设计选型时，应保证设备最高运行压力低于防爆膜最低爆破压力，罐体和套管等部件的最小破坏压力高于防爆膜的最高爆破压力,并保留足够裕度。装配前应检查并确认防爆膜是否受外力损伤,装配时应保证防爆膜泄压方向正确、定位准确,防爆膜泄压挡板的结构和方向应避免在运行中积水、结冰、误碰。防爆膜喷口不应朝向巡视通道。

13.1.6 新订货的 GIS 及 SF_6 断路器年泄漏率应不高于 0.5%。户外 GIS 法兰对接面宜采用双密封,并宜在法兰接缝、安装螺孔、跨接片接触面周边、法兰对接面注胶孔、盆式绝缘子浇注孔等部位涂防水胶。

13.1.7 断路器和 GIS 内部的绝缘件装配前应通过工频耐压试验和局部放电试验,单个绝缘件的局部放电量不大于 3pC。GIS 内部的绝缘件装配前应逐支通过 X 射线探伤试验。

13.1.8 户外瓷柱式断路器、罐式断路器、GIS、隔离开关绝缘子金属法兰与瓷件的胶装部位出厂时应涂有性能良好的防水密封胶。检修时应检查瓷绝缘子胶装部位防水密封胶完好性,必要时复涂防水密封胶。

13.1.9 GIS、罐式断路器现场安装过程中,应采取有效的防尘措施,如移动厂房、防尘帐篷等,GIS 的孔、盖等打开时,应使用防尘罩进行封盖。安装现场环境太差、尘土较多或相邻部分正在进行土建施工或作业区相对湿度大于 80%、阴雨天气时,不应开展 GIS 清理、检查、装配工作。作业人员进入罐体内安装时,应穿着专用洁净防尘服,带入罐内的工具及用品应清洁。

13.1.10 SF_6 开关设备现场安装过程中,在进行抽真空处理时,应采用出口带有电磁阀的真空处理设备,且在使用前应检查电磁阀动作可靠,防止抽真空设备意外断电造成真空泵油倒灌进入设备内部。并且在真空处理结束后应检查抽真空管的滤芯是否有油渍。为防止真空度计水银倒灌进设备中,不应使用麦氏真空计。

13.1.11 SF_6 新气体应经抽检合格、回收后 SF_6 气体则应全部检测,并出具检测报告后方可使用。

13.1.12 SF_6 气体注入设备后应进行湿度试验,且应对设备内气体进行 SF_6 纯度检测,必要时进行气体成分分析。运行中,应加强 SF_6 气体压力、微水监督,防止开关设备因气体压力过低或微水超标导致绝缘降低。

13.1.13 加强开关设备外绝缘的清扫或采取相应的防污闪措施,当发电机组并网断路器断口外绝缘积雪、严重积污时不得进行启机并网操作。

13.1.14 新订货断路器应优先选用弹簧机构、液压机构(包括弹簧储能液压机构)。

13.1.15 加强投切无功补偿装置用断路器的选型管理工作。新订货的投切并联电容器、交流滤波器用断路器应选用 C2 级断路器,且型式试验项目应包含投切电容器组试验;所用真空断路器灭弧室出厂前应整台进行老炼试验,并提供老炼试验报告。

13.1.16 为防止机组并网断路器单相异常导通造成机组损伤,252kV 及以下机组并网的断路器(含发电机断路器)应选用三相机械联动式结构。新订货 252kV 母联(分段)、主变压器、高压电抗器断路器宜选用三相机械联动设备。

13.1.17 断路器液压机构应具有防止失压后慢分慢合的机械装置。液压机构验收、检修时应对机构防慢分慢合装置的可靠性进行试验。断路器液压机构突然失压时应申请停电处理。在设备停电前，不应人为启动油泵，防止断路器慢分。

13.1.18 机组并网断路器宜在并网断路器与机组侧隔离开关间装设带电显示装置，在并网操作时先合入并网断路器的母线侧隔离开关，确认装设的带电显示装置显示无电时方可合入并网断路器的机组/主变压器侧隔离开关。

13.1.19 GIS用断路器、隔离开关和接地开关以及罐式SF_6断路器，出厂试验时应进行不少于200次的机械操作试验（其中断路器每100次操作试验的最后20次应为重合闸操作试验），以保证触头充分磨合。200次操作完成后应彻底清洁壳体内部，再进行其他出厂试验。直流断路器产品出厂试验时进行200次单分单合试验，不进行重合闸操作。

13.1.20 加强断路器合闸电阻的检测和试验，防止断路器合闸电阻缺陷引发故障。断路器安装阶段，应确认合闸电阻装配正确完好。在断路器产品出厂试验、交接试验及例行试验中，应对断路器主触头与合闸电阻触头的时间配合关系进行测试，有条件时应测量合闸电阻的阻值。

13.1.21 为防止因合闸电阻过热导致的断路器损坏，对于新订货的带合闸电阻断路器，生产厂家应在使用说明书中对合闸电阻允许运行工况进行说明，在运带合闸电阻的瓷柱式断路器在规定时间内合闸或重合闸次数达到规定值时，可采用临时停用重合闸等措施防止合闸电阻炸裂。长线路破口改接工程，若操作过电压计算确定两侧断路器不需要配置合闸电阻，宜结合改建工程同步拆除在运断路器合闸电阻。

13.1.22 在断路器产品出厂试验、交接试验及例行试验中，应测试断路器均压电容与断路器断口并联后的电容量及介质损耗因数。

13.1.23 用于投切并联电容器的真空断路器应在交接试验和大修后对合闸弹跳时间和分闸反弹幅值进行检测。

13.1.24 弹簧机构断路器应定期进行机械特性试验，防止机构特性变化等原因造成的机构拒动或异常动作。应结合例行试验加强凸轮间隙、线圈铁心间隙、弹簧预压缩量等关键尺寸测量和重要活动部件润滑，必要时开展弹簧性能评估。

13.1.25 新订货的用于低温（年最低温度为-30℃及以下）、日温差超过25K、重污秽e级或沿海d级地区、城市中心区、周边有重污染源（如钢厂、化工厂、水泥厂等）的363kV及以下GIS，应采用户内安装方式，550kV及以上GIS经充分论证后确定布置方式。

13.1.26 GIS应选用技术成熟、性能良好的产品类型，宜结合设计、制造、安装、验收等全过程管理开展技术监督、技术符合性评估等质量管控工作，保障设备运行可靠性。有条件时可选用具有"一键顺控"双确认功能的设备。

13.1.27 363kV及以上GIS电流互感器宜采用外置结构。

13.1.28 为便于试验和检修，双母线、单母线或桥形接线中，新订货GIS母线避雷器和电压互感器应设置独立的隔离开关。3/2断路器接线中，新订货GIS母线避雷器和电压互感器不应装设隔离开关，宜设置可拆卸导体作为隔离装置。架空进线的GIS线路间隔的避雷器和线路电压互感器宜采用外置结构。

13.1.29 GIS气室应划分合理，并满足以下要求：

（1）新投运的GIS最大气室的气体处理时间不超过8h。252kV及以下设备单个气室长度不超过15m，且单个主母线气室对应间隔不超过3个。

（2）双母线结构的GIS，同一间隔的不同母线隔离开关应各自设置独立隔室。252kV及以上GIS母线隔离开关不应采用与母线共隔室的设计结构。

13.1.30 新订货的252kV及以上GIS宜加装内置局部放电传感器。采用带金属法兰的盆式绝缘子时，应预留窗口用于特高频局部放电检测。

13.1.31 同一GIS间隔内的多台隔离开关的电机电源，应分别设置独立的开断设备。电动操动机构内应装设一套能可靠切断电动机电源的过载保护装置。电机电源消失时，控制回路应解除自保持。

13.1.32 三相机械联动GIS隔离开关，应在从动相同时安装可靠的分/合闸指示器。

13.1.33 新订货的户外GIS法兰跨接片应安装在GIS外壳上的专用跨接部位，不应通过法兰螺栓直连。

13.1.34 GIS穿墙壳体与墙体间应采取防护措施，穿墙部位采用非腐蚀性、非导磁性材料进行封堵，墙外侧做好防水措施。

13.1.35 GIS安装过程中应对导体是否插接良好进行检查，且回路电阻测试合格，特别对可调整的伸缩节及电缆连接处的导体连接情况应进行重点检查。

13.1.36 在厂内具备条件情况下，GIS出厂绝缘试验宜在装配完整的间隔上进行，550kV及以上设备可以试验形态为单位进行绝缘试验。252kV及以上设备还应进行正负极性各3次雷电冲击耐压试验。

13.1.37 严格按有关规定对新装GIS、罐式断路器进行现场耐压试验，耐压过程中应进行局部放电检测，有条件时可对GIS设备进行现场冲击耐压试验。GIS出厂试验、现场交接耐压试验中，如发生放电现象，不管是否为自恢复放电，均应解体或开盖检查、查找放电部位。对发现有绝缘损伤或有闪络痕迹的绝缘部件均应进行更换。

13.1.38 应加强运行中GIS和罐式断路器的带电局部放电检测工作。在大修后应进行局部放电检测，在大负荷前、经受短路电流冲击后必要时应进行局放检测，对于局部放电量异常的设备，应同时结合气体检测等手段进行综合分析和判断。

13.2 防止敞开式隔离开关、接地开关事故

13.2.1 隔离开关和接地开关应选择能够防止主回路过热、操作卡滞、金属部件腐蚀、瓷瓶断裂等典型问题的成熟产品，应具备电动操作功能，有条件时可选用具有隔离开关分合闸位置双

确认的"一键顺控"功能的设备。

13.2.2 风沙活动严重、严寒、重污秽、多风地区以及采用悬吊式管形母线的变电站，不宜选用配钳夹式触头的单臂伸缩式隔离开关。

13.2.3 敞开式隔离开关与其所配装的接地开关之间应有可靠的机械联锁，机械联锁应有足够的强度。发生电动或手动误操作时，设备应可靠联锁。

13.2.4 隔离开关应具备防止自动分闸的结构设计。安装和检修时应检查并确认隔离开关主拐臂调整应过死点；检查平衡弹簧的张力应合适。

13.2.5 敞开式隔离开关和接地开关应在生产厂家内进行整台组装和出厂试验。需拆装发运的设备应按相、按柱做好标记，其连接部位应作好特殊标记。

13.2.6 敞开式隔离开关瓷绝缘子出厂前应逐只进行无损探伤，252kV 及以上隔离开关安装后应对绝缘子逐只探伤。对运行 10 年以上的老旧敞开式隔离开关，应加强绝缘子检查。

13.2.7 新安装或检修后的隔离开关应进行导电回路电阻测试。

13.2.8 隔离开关运行中倒闸操作，应尽量采用电动操作，并远离隔离开关，如发现卡滞应停止操作并进行处理，不应强行操作。合闸操作时，应确保合闸到位，伸缩式隔离开关应检查驱动拐臂过"死点"。有条件时，可优先采取"一键顺控"等遥控方式完成倒闸操作。

13.2.9 在运行巡视时，应注意隔离开关、母线支柱绝缘子瓷件及法兰无裂纹，夜间巡视时应注意瓷件无异常电晕现象。

13.2.10 加强对隔离开关导电部分、转动部分、操动机构、瓷绝缘子法兰胶装位置及电气闭锁装置等的检查，防止机械卡滞、触头过热、绝缘子断裂等故障的发生。隔离开关各运动部位用润滑脂宜采用性能良好的航空润滑脂。

13.2.11 定期用红外测温设备检查隔离开关设备的接头、导电部分，特别是在重负荷或高温期间，加强对运行设备温升的监视，发现问题应及时采取措施。

13.3 防止高压开关柜事故

13.3.1 开关柜应选用具备运行连续性功能的高压开关柜（LSC2 类）、防止电气误操作（"五防"）功能完备的产品，有条件时可选用具有"一键顺控"功能的开关柜。新投开关柜应装设具有自检功能的带电显示装置，并与接地开关（柜门）实现强制闭锁，带电显示装置应装设在仪表室。

13.3.2 新订货的空气绝缘开关柜的外绝缘应满足以下条件：

（1）空气绝缘净距离应满足表 13-1 的要求。

表 13-1　　　　　　　　开关柜空气绝缘净距离要求

电压（kV）		7.2	12	24	40.5
空气绝缘净距离（mm）	相间和相对地	≥100	≥125	≥180	≥300
	带电体至门	≥130	≥155	≥210	≥330

（2）最小标称统一爬电比距：$\sqrt{3} \geq \times 18\text{mm/kV}$（对瓷质绝缘），$\geq \sqrt{3} \times 20\text{mm/kV}$（对有机

绝缘）。

（3）新安装开关柜不应使用绝缘隔板。母线加装绝缘护套和热缩绝缘材料后，空气绝缘净距离也应满足要求。

13.3.3 开关柜应选用经试验验证能满足在内部电弧情况下保护人员规定要求的高压开关柜（内部故障 IAC 级别），生产厂家应提供相应型式试验报告（附试验试品照片）。选用开关柜时应确认其母线室、断路器室、电缆室相互独立，且均通过相应内部燃弧试验；燃弧时间应不小于0.5s，试验电流为额定短时耐受电流。

13.3.4 开关柜各高压隔室均应设有泄压通道或压力释放装置。当开关柜内产生内部故障电弧时，压力释放装置应能可靠打开，压力释放方向应避开巡视通道和其他设备。

13.3.5 高压开关柜内避雷器、电压互感器等柜内设备应经隔离开关（或隔离手车）与母线相连，不应与母线直接连接。其前面板模拟显示图应与其内部接线一致，开关柜可触及隔室、不可触及隔室、活门和机构等关键部位在出厂时应设置明显的安全警告、警示标识。柜内隔离金属活门应可靠接地，活门机构应选用可独立锁止的结构，防止检修时人员失误打开活门。

13.3.6 高压开关柜内的绝缘件（如绝缘子、套管、隔板和触头罩等）应采用阻燃绝缘材料。

13.3.7 新安装的 24kV 及以上开关柜内的穿柜套管应采用双屏蔽结构，其等电位连线（均压环）应长度适中，并与母线及部件内壁可靠连接。

13.3.8 开关柜的观察窗应能满足安全要求、便于观察，并通过开关柜内部燃弧试验。未经型式试验考核前，不得进行柜体开孔等降低开关柜内部故障防护性能的改造。

13.3.9 新建变电站的站用变压器、接地变压器不应布置在开关柜内或紧靠开关柜布置，避免其故障时影响开关柜运行。

13.3.10 应在开关柜配电室配置空调、除湿机等有效的除湿防潮设备，防止凝露导致绝缘事故。

13.3.11 开关柜中所有绝缘件装配前均应进行局部放电检测，单个绝缘件局部放电量不大于3pC。

13.3.12 开关柜内真空断路器灭弧室出厂前应逐台进行老炼试验，并提供老炼试验报告。

13.3.13 基建中高压开关柜在安装后应对其一、二次电缆进线处采取有效封堵措施。

13.3.14 为防止开关柜火灾蔓延，在开关柜的柜间、母线室之间及与本柜其他功能隔室之间应采取有效的封堵隔离措施。

13.3.15 高压开关柜应检查泄压通道或压力释放装置，确保与设计图纸保持一致。

13.3.16 开关柜操作应平稳无卡滞，不应强行操作。新开关柜安装后，应检查手车触头插入深度，满足厂家技术要求。

13.3.17 定期开展开关柜超声波局部放电、暂态地电压等带电检测，及早发现开关柜内绝缘缺陷，防止由开关柜内部局部放电演变成短路故障。

13.3.18 应通过无线测温、红外窗口测温等方式加强总路（进线）、分段等大电流开关柜柜内温度检测。对温度异常的开关柜强化监测、分析和处理，防止导电回路过热引发的柜内短路故障。

13.3.19 加强带电显示闭锁装置的运行维护，保证其与柜门间强制闭锁的运行可靠性。

14 防止接地网和过电压事故的重点要求

14.1 防止接地网事故

14.1.1 在新建变电站工程设计中，应掌握工程地点的地形地貌、土壤的种类和分层状况，并提高土壤电阻率的测试深度，当采用四极法时，测试电极极间距离一般不小于拟建接地装置的最大对角线，测试条件不满足时至少应达到最大对角线的2/3。

14.1.2 在新建工程设计中，校验接地引下线热稳定所用电流应不小于远期可能出现的最大值，有条件地区可按照断路器额定开断电流考核；接地装置接地体的截面积不小于连接至该接地装置接地引下线截面积的75%。并提供接地装置的热稳定容量计算报告。在扩建工程设计中，应对前期已投运的接地装置进行热稳定容量校核，不满足要求的必须进行改造。

14.1.3 在接地网设计时，应考虑分流系数的影响，计算确定流过设备外壳接地导体（线）和经接地网入地的最大接地故障不对称电流有效值。

14.1.4 对于110kV（66kV）及以上新建、改建变电站，在中性或酸性土壤地区，接地装置选用热镀锌钢为宜，在强碱性土壤地区或者其站址土壤和地下水条件会引起钢质材料严重腐蚀的中性土壤地区，宜采用铜质、铜覆钢（铜层厚度不小于0.25mm）或者其他具有防腐性能材质的接地网。对于室内变电站及地下变电站应采用紫铜材料的接地网。铜材料间或铜材料与其他金属间的连接，须采用放热焊接，不得采用电弧焊接或压接。

14.1.5 施工单位应严格按照设计要求进行施工，预留设备、设施的接地引下线必须经确认合格，隐蔽工程必须经监理单位和建设单位验收合格，在此基础上方可回填土。同时，应分别对两个最近的接地引下线测量其回路电阻，测试结果是交接验收资料的必备内容，竣工时应全部交给甲方备存。隐蔽工程应留存施工过程资料和验收资料。

14.1.6 接地装置的焊接质量必须符合有关规定要求，各设备与主接地网的连接必须可靠，扩建接地网与原接地网间应为多点连接。接地线与主接地网的连接应用焊接，接地线与电气设备的连接宜用螺栓，且设置防松螺帽或防松垫片。

14.1.7 变压器中性点应有两根与接地网主网格的不同边连接的接地引下线，并且每根接地引下线均应符合热稳定校核的要求。主设备及设备架构等应有两根与主接地网不同干线连接的接地引下线，并且每根接地引下线均应符合热稳定校核的要求。接地引下线应便于定期进行检查测试。

14.1.8 6～66kV不接地、谐振接地和高电阻接地的系统，改造为低电阻接地方式时，应重新核算杆塔和接地网接地阻抗值及热稳定性。

14.1.9 新建变电站围墙范围内接地网宜一次性建成，变电站内接地装置宜采用同一材料。当采用不同材料进行混连时，地下部分应采用统一材料连接。

14.1.10 对于高土壤电阻率地区的接地网，在接地阻抗难以满足要求时，应采取有效的均压及隔离措施，防止人身及设备事故，方可投入运行。对弱电设备应采取有效的隔离或限压措施，防止接地故障时地电位的升高造成设备损坏。

14.1.11 接地阻抗测试宜在架空地线［普通避雷线、光纤复合架空地线（OPGW）］与变电站出线构架连接之前、双端接地的电缆护套与主接地网连接之前完成，若在上述连接完成之后且无法全部断开测量时，应采用分流向量法进行接地阻抗的测试，对于不满足设计要求的接地网及时进行降阻改造。

14.1.12 对于已投运的接地装置，应每年根据变电站短路容量的变化，校核接地装置（包括设备接地引下线）的热稳定容量。对于变电站中的不接地、经消弧线圈接地、经高阻接地等小电流接地系统，必须按异点两相接地故障校核接地装置的热稳定容量。

14.1.13 投运10年及以上的非地下变电站接地网，应定期开挖（间隔不大于5年），抽检接地网的腐蚀情况，每站抽检5～8个点。铜质材料接地网整体情况评估合格的不必定期开挖检查。

14.2 防止雷电过电压事故

14.2.1 设计阶段应因地制宜开展防雷设计，除地闪密度小于0.78次／（km^2·年）的雷区外，220kV及以上线路一般应全线架设双地线，110kV线路应全线架设地线。地闪密度大于等于0.78次／（km^2·年）的新能源场站，35kV架空集电线路宜架设双避雷线。

14.2.2 对符合以下条件之一的敞开式变电站应在110～220kV进出线间隔入口处加装金属氧化物避雷器：

（1）变电站所在地区近3年雷电监测系统记录的平均落雷密度不小于3.5次／（km^2·年）；

（2）变电站110～220kV进出线路走廊在距变电站15km范围内穿越雷电活动频繁［近3年雷电监测系统记录的平均落雷密度大于等于2.8次／（km^2·年）］的丘陵或山区；

（3）变电站已发生过雷电波侵入造成断路器等设备损坏；

（4）经常处于热备用状态的线路。

14.2.3 500kV及以上电压等级线路，设计阶段应计算线路雷击跳闸率，若大于控制参考值［折算至地闪密度2.78次／（km^2·年）］，则应对500kV（750kV）及以上电压等级的超、特高压线路按段进行雷害风险评估，对高雷害风险等级（Ⅲ、Ⅳ级）的杆塔采取防雷优化措施。500kV以下电压等级线路可参照执行。

14.2.4 在设计阶段，500kV交流线路处于C2及以上雷区的线路区段，其保护角设计值减小5°。其他电压等级线路地线保护角参考相应设计规范执行。

14.2.5 在设计阶段，杆塔接地电阻设计值应参考相关标准执行，对220kV及以下电压等级线路，若杆塔处土壤电阻率大于1000Ω·m，且地闪密度处于C1及以上雷区，则接地电阻较设计规范宜降低5Ω。

14.2.6 架空输电线路的防雷措施应按照输电线路在电网中的重要程度、线路走廊雷电活动强度、地形地貌及线路结构的不同，进行差异化配置，重点加强重要线路以及多雷区、强雷区内杆塔和线路的防雷保护。新建和运行的重要线路，应综合采取减小地线保护角、改善接地装置、适当加强绝缘等措施降低线路雷害风险。针对雷害风险较高的杆塔和线段宜采用线路避雷器保护或预留加装避雷器的条件。

14.2.7 在土壤电阻率较高地段的杆塔，可采用增加垂直接地体、加长接地带、改变接地形式、换土或采用接地模块等措施降低杆塔接地电阻值。

14.2.8 线路雷击跳闸后，即使断路器重合成功仍需检查故障录波装置、查询雷电定位系统，分析断路器分断300ms内电流波形和周边落雷情况。如确认断路器因遭受多重雷击导致断口击穿后，应尽量避免对该断路器进行操作，尽快泄压并进行解体检查。

14.2.9 加强避雷线运行维护工作，定期打开部分线夹检查，保证避雷线与杆塔接地点可靠连接。对于具有绝缘架空地线的线路，要加强放电间隙的检查与维护，确保动作可靠。

14.2.10 严禁利用避雷针、变电站构架和带避雷线的杆塔作为低压线、通信线、广播线、电视天线的支柱。

14.2.11 每年雷雨季节前开展：

（1）接地电阻测试，对不满足要求的杆塔及时进行降阻改造。

（2）定期（不大于5年）对接地装置开挖抽查。

（3）定期（不大于5年）对线路避雷器进行抽检。

14.3 防止变压器过电压事故

14.3.1 切合110kV及以上有效接地系统中性点不接地的空载变压器时，应先将该变压器中性点临时接地。

14.3.2 为防止在有效接地系统中不接地变压器中性点出现高幅值的雷电、工频过电压，对中性点额定雷电冲击耐受电压大于185kV的110～220kV不接地变压器，中性点过电压保护应采用无间隙避雷器保护；对于110kV变压器，当中性点额定雷电冲击耐受电压不大于185kV时，原则上应优先采用水平布置的间隙保护方式，对已采用间隙并联避雷器的组合保护方式仍可继续保留使用。对于间隙，在雷雨季节前或间隙动作后，应检查间隙的烧损情况并校核间隙距离。

14.3.3 对于低压侧有空载运行或者带短母线运行可能的变压器，宜在变压器低压侧装设避雷器进行保护。对中压侧有空载运行可能的变压器，中性点有引出的可将中性点临时接地，中性点无引出的应在中压侧装设避雷器。

14.3.4 新建变压器户外10kV出口侧应选用提高外绝缘水平的出线避雷器，并使其达到出线侧支柱绝缘子的外绝缘水平。

14.4 防止谐振过电压事故

14.4.1 为防止110kV及以上电压等级断路器断口均压电容与母线电磁式电压互感器发生谐振过电压，可通过改变运行和操作方式避免形成谐振过电压条件。新建或改造敞开式变电站应选用电容式电压互感器。

14.4.2 为防止中性点非直接接地系统发生由于电磁式电压互感器饱和产生的铁磁谐振过电压，可采取以下措施：

（1）选用励磁特性饱和点较高的，在 $1.9U_n/$ 电压下，铁心磁通不饱和的电压互感器，且三相在 0.2、0.5、0.8、1.0、1.2 倍额定电压下的励磁电流偏差不超过 30%；

（2）在电压互感器（包括系统中的用户站）一次绕组中性点对地间宜串接零序电压互感器或其他消除此类谐振的装置；

（3）10kV 及以下用户电压互感器一次中性点应不直接接地。

14.4.3 电磁式电压互感器谐振后（特别是长时间谐振后），应进行励磁特性试验并与初始值比较，在 0.2、0.5、0.8、1.0、1.2 倍额定电压下的励磁电流偏差不超过 30%。严禁在发生长时间谐振后未经检查将设备投入运行。

14.5 防止弧光接地过电压事故

14.5.1 对于中性点不接地的 6～66kV 系统，应根据电网发展每 3～5 年进行一次电容电流测试，已装设消弧线圈的变电站可参考控制器中的电容电流数值。在消弧线圈布置上，应避免由于运行方式改变出现部分系统无消弧线圈补偿的情况。对于已经安装消弧线圈、单相接地故障电容电流依然超标的应当采取消弧线圈增容或者采取分散补偿方式，消弧线圈宜采用过补偿运行方式，脱谐度不大于 15%；对于系统电容电流大于 150A 及以上的，也可以根据系统实际情况改变中性点接地方式或者采用分散补偿。

14.5.2 对于自动调谐消弧线圈，在招标采购阶段应要求生产厂家提供系统电容电流测试及跟踪功能试验报告。自动调谐消弧线圈投入运行后，应定期（时间间隔不大于 3 年），根据实际测量的系统电容电流对其自动调谐功能的准确性进行校核。

14.5.3 变电站 6～66kV 各段母线，因地制宜可配置消弧线圈或主动干预型消弧装置。不接地和谐振接地系统发生单相接地时，应按照就近、快速隔离故障的原则尽快切除故障线路或区段。尤其对于与 66kV 及以上电压等级电缆同隧道、同电缆沟、同桥梁敷设的纯电缆线路，应全面采取有效防火隔离措施，并开展安全性与可靠性评估，尽量缩短切除故障线路时间，降低发生弧光接地过电压的风险。

14.6 防止无间隙金属氧化物避雷器事故

14.6.1 对于强风地区变电站避雷器应采取差异化设计，避雷器均压环应采取增加固定点、支撑筋数量及支撑筋宽度等加固措施。

14.6.2 220kV 及以上电压等级瓷外套避雷器安装前应检查避雷器上下法兰是否胶装正确，下法兰应设置排水孔。

14.6.3 对金属氧化物避雷器，应坚持在运行中按规程要求进行带电试验。35～330kV 电压等级金属氧化物避雷器可用带电测试替代定期停电试验。500kV 及以上电压等级金属氧化物避雷器宜进行停电检测。

14.6.4 避雷器运行中持续电流检测（带电），330kV 及以上电压等级的避雷器应每 6 个月进行一次，220kV 及以下的避雷器每年检测 1 次，检测应在雷雨季节前进行。测试数据应包括全电流及阻性电流，且不超过规程允许值。

14.6.5 110kV（66kV）及以上电压等级避雷器应安装与电压等级相符的交流泄漏电流在线监测表计。对已安装在线监测表计的避雷器，有人值班的变电站每天至少巡视一次，每半月记录一次，并加强数据分析。无人值班变电站可结合设备巡视周期进行巡视并记录，强雷雨天气后应进行特巡。

14.6.6 对运行 15 年及以上的避雷器应重点跟踪泄漏电流的变化，停运后应重点检查压力释放板是否有变色、锈蚀或破损。

14.7 防止避雷针事故

14.7.1 构架避雷针设计时应统筹考虑站址环境条件、配电装置构架结构形式等，采用格构式避雷针或圆管形避雷针等结构形式。

14.7.2 构架避雷针结构形式应与构架主体结构形式协调统一，通过优化结构形式，有效减小风阻。构架主体结构为钢管人字柱时，宜采用变截面钢管避雷针；构架主体结构采用格构柱时，宜采用变截面格构式避雷针。构架避雷针如采用管型结构，法兰连接处应采用有劲肋板法兰刚性连接。

14.7.3 在严寒大风地区的变电站，避雷针设计应考虑风振的影响，结构型式宜选用格构式，以降低结构对风荷载的敏感度；当采用圆管形避雷针时，应严格控制避雷针针身的长细比。根据运行条件对风载进行评估后，按照设计原则选用适合强度等级的螺栓，螺栓规格不小于 M20，双帽双垫，并加强螺栓采购的品控工作。结合环境条件，避雷针钢材应具有冲击韧性的合格保证。

14.7.4 钢管避雷针底部应设置有效排水孔，防止内部积水锈蚀或结冰。

14.7.5 在非高土壤电阻率地区，独立避雷针的接地电阻不宜超过 10Ω。当有困难时，该接地装置可与主接地网连接，但避雷针与主接地网的地下连接点至 35kV 及以下电压等级设备与主接地网的地下连接点之间，沿接地体的长度不得小于 15m。

14.7.6 定期（不超过 6 年）或在接地网结构发生改变后，进行独立避雷针接地装置接地阻抗检测，当测试值大于 10Ω 时应采取降阻措施，必要时进行开挖检查。独立避雷针接地装置与主接地网之间导通电阻应大于 500mΩ。

15 防止架空输电线路事故的重点要求

15.1 防止倒塔（杆）事故

15.1.1 规划阶段，应对特高压密集通道开展多回同跳风险评估，必要时采取差异化设计。当特高压线路在滑坡等地质不良地区同走廊架设时，宜满足倒塔距离要求。

15.1.2 线路设计时应避让可能引起杆塔倾斜和沉降的崩塌、滑坡、泥石流、岩溶塌陷、地裂缝等不良地质灾害区。

15.1.3 线路设计时宜避让采动影响区，无法避让时，应进行稳定性评价，合理选择架设方案及基础型式，宜采用单回路或单极架设，必要时加装在线监测装置。

15.1.4 特殊地形和极端恶劣气象环境条件下的重要输电线路宜采取差异化设计，适当提高防冰、防洪、防风等设防水平。

15.1.5 设计阶段，对于易发生水土流失、山洪冲刷等地段的杆塔，应采取加固基础，修筑挡土墙（桩）、截（排）水沟、改造上下边坡等措施，必要时改迁路径。

15.1.6 设计阶段，分洪区等受洪水冲刷影响的基础，应考虑洪水冲刷作用及漂浮物的撞击影响，并采取相应防护措施。

15.1.7 设计阶段，高寒地区线路应采用合理的基础型式和必要的地基防护措施，避免基础冻胀导致的位移和永冻层融化导致的下沉。

15.1.8 对于移动或半移动沙丘等区域的杆塔，应采取围栏种草、草方格、碎石压沙等防风固沙措施，且设计时应考虑主导风向等影响因素。

15.1.9 隐蔽工程应留有影像资料，并经监理单位质量验收合格后方可隐蔽；竣工验收时运行单位应检查隐蔽工程影像资料的完整性，并进行必要的抽检。

15.1.10 铁塔现场组立前应对紧固件螺栓、螺母及铁附件进行抽样检测，经确认合格后方可使用。地脚螺栓直径级差宜在 6mm 及以上，螺杆顶面、螺母顶面或侧面加盖规格钢印标记，安装前应对螺杆、螺母型号进行匹配。架线前应对地脚螺栓紧固及螺纹打毛情况进行检查，地脚螺栓紧固不到位或螺纹未打毛时严禁架线作业和保护帽施工；但 8.8、10.9 级的高强度地脚螺栓不采用螺纹打毛措施。

15.1.11 对于山区线路，设计单位应设计余土处理方案，且施工单位应严格执行余土处理方案。

15.1.12 运维单位宜结合本单位实际，按照分级储备、集中使用的原则，确定事故抢修塔的合理数量并予以储备。

15.1.13 恶劣天气后，应开展线路特巡。对于发生导地线覆冰或舞动的线路，应做好观测记录和影像资料的收集，并进行杆塔螺栓松动、金具磨损等专项检查及消缺。对发生大风和强降雨的线路，应做好杆塔基础及护坡、排水沟和挡土墙等设施检查，发现异常及时处置。

15.1.14 加强杆塔基础的检查和维护，对取土、挖沙、采石、堆积、掩埋、水淹等可能危及杆塔基础安全的行为，应及时制止并采取相应防范措施。

15.1.15 应采用可靠、有效的在线监测设备加强特殊区段的运行监测。

15.1.16 加强拉线塔的保护和维修。拉线下部应采取可靠的防盗、防割措施；应及时更换锈蚀严重的拉线和拉棒；对易受撞击的杆塔和拉线，应采取有效的防撞措施；对机械化耕种区的拉线塔，宜改造为自立式铁塔。

15.1.17 混凝土电杆基础埋置深度不应小于0.5m，对于坡道、河边等易造成冲刷或埋深无法满足的电杆，应采取加固措施。

15.1.18 利用已有杆塔立（撤）杆的线路改造及迁移项目，需对铁塔（杆）结构和基础进行鉴定和复核计算，必要时增设临时拉线等补强措施，并采取安全可靠的施工组织措施防止杆塔结构损坏。

15.2 防止断线事故

15.2.1 应加强施工质量管控，防止放线、紧线、压接金具、挂线及安装附件时损伤导地线。

15.2.2 110kV及以下线路的光纤复合架空地线（OPGW）的外层线股应选取单丝直径2.8mm及以上的铝包钢线；220kV及以上线路应选取3.0mm及以上的铝包钢线。

15.2.3 加强对大跨越线路的运行管理，按期进行导地线测振，发现动弯应变值超标时应及时分析、处理。

15.2.4 对于腐蚀严重区域的线路，应根据导地线运行情况进行鉴定性试验；出现多处严重锈蚀、散股、断股、表面氧化时，宜换线。

15.2.5 预绞式金具的使用应加强施工质量管控，确保预绞丝与被接续线股紧密连接；跳线的接续不应采用预绞式金具。

15.2.6 大风频发区域，宜采用预绞丝护线条，降低导线振动疲劳受损风险。

15.3 防止绝缘子和金具断裂事故

15.3.1 设计阶段，大风频发区域的悬垂线夹和连接金具应选用耐磨型金具；重冰区应考虑脱冰跳跃对金具的影响；舞动区应考虑舞动对金具的影响。

15.3.2 不应反装复合绝缘子的均压环，不应将均压环安装于护套上。作业时应避免损伤复合绝缘子伞裙、护套及端部密封，不应脚踏复合绝缘子。

15.3.3 设计阶段，500（330）kV及以上线路的悬垂复合绝缘子串应采用双联及以上设计，且单联应满足断联工况荷载的要求。

15.3.4 设计阶段，跨越110kV（66kV）及以上线路、铁路、等级公路、通航河流及居民区的线路直线塔悬垂串应采用双联设计，宜采用双挂点，且单联应满足断联工况荷载的要求。

15.3.5 基建阶段，对于耐张绝缘子串倒挂的耐张线夹，应采取填充电力脂或线夹尾部打渗水孔等防积水冻胀措施。

15.3.6 应基于复合绝缘子的实际运行效果,合理降低伞套电蚀性和阻燃性,实现伞套硅橡胶含量的大幅度提高及复合绝缘子运行寿命的有效提升。

15.3.7 新建500kV及以上线路的V串和跳串复合绝缘子宜采用环式连接金具,但应确保金具连接方向的匹配。

15.3.8 对于新建特高压输电工程的420kN及以上盘形悬式瓷绝缘子,每个制造商、每个型号的产品应随机选择一个抽检批次进行热机试验。

15.3.9 高温大负荷期间应开展红外测温,重点检测接续管、耐张线夹、引流板、并沟线夹、导线修补部位、地线接地螺栓等金具的发热情况,发现缺陷应及时处理。

15.3.10 加强对导、地线悬垂线夹承重轴磨损情况的检查,导、地线振动严重区段应按2年周期打开检查,磨损严重的应予更换。

15.3.11 应加强锁紧销运行状况的检查,锈蚀严重及失去弹性的应及时更换;应重点加强V串复合绝缘子锁紧销的检查,防止因锁紧销受压变形、失去锁紧效果而导致掉串事故。

15.3.12 加强瓷绝缘子的检测,及时更换零、低值瓷绝缘子及自爆玻璃绝缘子。加强复合绝缘子护套和端部金具连接部位的检查,应及时更换端部密封破损及护套严重损坏的复合绝缘子。

15.3.13 应按周期开展运行复合绝缘子的抽检试验,其中应包括芯棒应力腐蚀试验。

15.3.14 应加强特高压输电工程的盘形悬式瓷绝缘子性能跟踪,每个制造商、每个型号的产品应在投运2～4年期间抽取不少于8片绝缘子进行机电破坏负荷试验,破坏值应不小于绝缘子额定机械强度。

15.3.15 防振锤、间隔棒发生移位和脱落,架空绝缘地线绝缘子间隙发生放电,应及时处理。

15.4 防止风偏闪络事故

15.4.1 设计阶段应结合周边气象台站资料及风区分布图,并参考已有线路的运行经验确定架空线路设计风速;对于山谷、垭口等微地形、微气象区,应加强风偏校核,必要时采取进一步的防风偏措施。

15.4.2 新建330～750kV架空线路40°以上转角塔的外侧跳线应加装双串绝缘子及重锤;40°以下且15°以上的转角塔的外侧跳线应加装绝缘子及重锤;15°以下的转角塔的内外侧跳线均应加装绝缘子及重锤。

15.4.3 新建110～220kV架空线路20°以上转角塔的外侧跳线应加装绝缘子及重锤;20°以下的转角塔的内外侧跳线均应加装单串绝缘子及重锤。

15.4.4 运行单位应加强通道周边新增构筑物、各类交叉跨越及山区线路大档距侧边坡、树木的排查,对于影响线路安全运行的隐患应及时治理。

15.4.5 线路风偏故障后,应注意收集故障发生时微气象、微地形信息和放电特征,开展风偏原因分析和校核,并应检查导线、金具、铁塔等受损情况,及时消缺和整改。

15.4.6 更换不同型式的悬垂绝缘子串后,应重新校核导线风偏角及弧垂。

15.4.7 沿海强风区的老旧线路应进行防风能力评估,并结合评估结果开展防风改造。沿海强风区的重要输电线路及微气象、微地形区域的杆塔宜配置气象在线监测装置。

15.5 防止覆冰、舞动事故

15.5.1 设计阶段,线路路径选择应以冰区分布图、舞动区域分布图为重要参考,宜避开重冰区及舞动易发区;3级舞动区不应采用紧凑型线路设计,并应采取全塔双螺母防松措施。

15.5.2 不能避开重冰区或舞动易发区的新建线路,宜避免大档距、大高差和杆塔两侧档距相差悬殊等设计形式。

15.5.3 对于重冰区和舞动易发区的新建线路,瓷绝缘子串或玻璃绝缘子串的联间距宜适当增加,必要时可安装联间支撑间隔棒。

15.5.4 设计阶段,110kV及以上线路因舞动发生过相间放电的区段,应采用线夹回转式间隔棒、相间间隔棒等防舞产品及措施;对于舞动频繁区段,宜安装舞动在线监测装置。

15.5.5 15mm及以上冰区且同时为c级及以上污区并发生过冰闪的线路,导线悬垂串宜采用V型、八字型、大小伞插花Ⅰ型绝缘子串、防覆冰复合绝缘子等。

15.5.6 重冰区的220kV及以上线路和110kV重要线路应结合实际、按轻重缓急逐步配置融冰装置,且线路两侧均应配置融冰开关,固定式直流融冰装置所在变电站应配置覆盖所有需融冰110kV及以上线路的融冰母线;但穿越冰区区段较短的线路经论证后可不配置融冰装置。曾因冰灾受损且未加固、无融冰功能的输电线路,应结合实际、按轻重缓急逐步进行防冰加固改造或配置融冰装置。

15.5.7 加强导地线覆冰、舞动的观测,对覆冰及舞动易发区,应合理安装在线监测装置及设立观冰站(点),加强沿线气象环境资料的调研搜集,及时修订冰区分布图和舞动区域分布图。

15.5.8 对设计冰厚取值偏低,且未采取必要防冰害措施的中、重冰区线路,应采取增加直线塔、缩短耐张段长度或合理补强杆塔等措施。

15.5.9 防舞治理应综合考虑线路的微风振动性能,避免因采取防舞动措施而造成导线动弯应变超标;同时应加强防舞效果的观测和防舞装置的维护。

15.5.10 覆冰季节前应对线路做全面检查,落实除冰、融冰和防舞动措施。

15.5.11 具备融冰条件的线路覆冰后,应根据覆冰厚度和天气情况,对导线及时采取融冰措施以消除或减轻导线覆冰。冰雪消融后,对已发生倾斜的杆塔应加强监测,可根据需要在直线杆塔上设立临时拉线以加强杆塔的抗纵向不平衡张力能力。

15.5.12 线路发生覆冰、舞动后,应结合实际安排停电检修,对线路覆冰、舞动重点区段的杆塔螺栓、线夹出口处导地线、绝缘子锁紧销及相关金具进行检查和消缺;及时校核和调整因覆冰、舞动造成的导地线滑移引起的弧垂变化缺陷。

15.6 防止鸟害闪络事故

15.6.1 对于66～500kV新建线路,应结合涉鸟故障风险分布图,对鸟害多发区采取有效的防鸟措施，如安装防鸟刺、防鸟挡板、防鸟针板，增加绝缘子串结构高度等。110（66）、220、330、500kV悬式绝缘子的鸟粪闪络基本防护范围为以绝缘子悬挂点为圆心，半径分别为0.25、0.55、0.85、1.2m的圆。

15.6.2 鸟害多发区线路应及时安装防鸟装置，如防鸟刺、防鸟挡板、悬垂串第一片绝缘子采用大盘径绝缘子、复合绝缘子横担侧采用防鸟型均压环等。对于已安装的防鸟装置，应加强检查和维护，及时更换失效防鸟装置。

15.6.3 及时拆除绝缘子及导线上方可能危及线路运行的鸟巢，并及时清扫鸟粪污染的绝缘子。

15.6.4 线路施工阶段，出现护套损伤的复合绝缘子，应在线路投运前更换。

15.7 防止外力破坏事故

15.7.1 新建线路设计时应采取必要的防盗、防撞等防外力破坏措施，验收时应检查防外力破坏措施是否落实到位。

15.7.2 架空线路采用高跨设计跨越森林、防风林、固沙林、河流坝堤的防护林、高等级公路绿化带、经济园林时，应满足对主要树种自然生长高度的距离要求。

15.7.3 新建线路宜避开山火易发区；不能避让时，宜采用高跨设计，并适当提高安全裕度；不能采用高跨设计时，重要线路应按相关标准清理通道。

15.7.4 应建立完善的通道属地化制度，积极配合当地公安机关及司法部门，严厉打击破坏、盗窃、收购线路器材的违法犯罪活动。

15.7.5 加强巡视和宣传，及时制止线路附近的烧荒、烧秸秆、放风筝、爆破作业、大型机械施工、非法采沙等可能危及线路安全运行的行为，组织人员向当地群众宣传防山火和外力破坏知识，提高沿线群众防山火和外力破坏意识，严防相关事故发生。

15.7.6 应在线路保护区或附近的公路、铁路、水利、市政施工现场等可能引起误碰线或因距离不足可能造成导线放电的区段设立限高警示牌或采取其他有效措施，防止吊车、打桩机、架桥机等大型施工机械碰线。

15.7.7 及时清理线路通道特别是密集输电通道内的树障、堆积物等，严防因树木、堆积物与线路距离不足引起放电事故；及时清理或固定线路通道内彩钢瓦、大棚薄膜、遮阳网等易飘浮物。

15.7.8 对易遭外力碰撞的线路杆塔，应设置防撞墩（墙）、并设置醒目标志。

15.7.9 重要线路、存在电网事故风险的重要交叉跨越及重要同走廊线路区段中的山火高风险隐患点宜安装山火在线监测装置；重要线路的外力破坏隐患点、存在电网事故风险的重要交叉跨越宜安装具有前端识别功能的图像／视频在线监测装置。

15.7.10 发生山火的线路区段应进行复合绝缘子、瓷绝缘子和玻璃绝缘子的受损和积污等检查，必要时进行更换或清扫。

15.7.11 宜应用北斗卫星、视频监测、无人机等技术，全方位开展山火监测和风险预警，提升山火隐患防治的科技水平。

15.7.12 开展输电人员防山火知识技能培训和应急演练，掌握森林草原火灾常识、国家相关法律法规，切实提升人员防山火技能水平，确保现场处置过程人身安全。

15.8 防止"三跨"事故

15.8.1 线路路径选择时，宜减少"三跨"（"三跨"是指跨越高速铁路、高速公路和重要输电通道的架空输电线路区段）数量，且不宜连续跨越；跨越重要输电通道时，不宜在一档中跨越 3 条及以上输电线路，且不宜在杆塔顶部跨越。

15.8.2 新建"三跨"线路与高铁交叉角不宜小于 45°，存在困难时亦不应小于 30°，且不应在铁路车站出站信号机以内跨越；与高速公路交叉角一般不应小于 45°；与重要输电通道交叉角不宜小于 30°。线路改造路径受限时，可按原路径设计。

15.8.3 新建"三跨"宜避免大档距和大高差的情况，跨越塔两侧档距之比不宜大于 2。

15.8.4 新建线路"三跨"跨越点宜避开 2 级和 3 级舞动区；无法避开时，应以舞动区域分布图为依据，并结合附近舞动发生情况及舞动条件发展情况，适当提高防舞设防水平。

15.8.5 新建"三跨"应采用独立耐张段跨越；杆塔结构重要性系数应不低于 1.1；除必要的防盗措施外，杆塔应采用全塔防松措施；跨越重要输电通道时，跨越线路设计标准应不低于被跨越线路。

15.8.6 设计阶段，对于 15mm 及以上冰区的特高压"三跨"，导线最大设计验算覆冰厚度应比同区域常规线路增加 10mm，地线设计验算覆冰厚度应增加 15mm；对于覆冰区其他电压等级"三跨"，导线最大设计验算覆冰厚度应比同区域常规线路增加 10mm，地线设计验算覆冰厚度应增加 15mm；对历史上曾出现过超设计覆冰的地区，还应按稀有覆冰条件进行验算。

15.8.7 设计阶段，重覆冰区悬垂串应避免使用上扛式线夹。

15.8.8 设计阶段，"三跨"跨越档距大于 200m 时，导线弧垂应按照导线允许温度进行计算。

15.8.9 防舞动装置（不含线夹回转式间隔棒）安装位置应避开被跨越物。

15.8.10 设计阶段，500kV 及以下"三跨"的悬垂绝缘子串应采用独立双串，对于大高差、连续上下山的线路区段可采用单挂点双联；耐张绝缘子应采用双联及以上结构形式，且单联强度应满足正常运行状态下的荷载要求。"三跨"地线悬垂应采用独立双串设计，耐张串连接金具应提高一个强度等级，不具备独立双串改造条件时，应采取防掉串后备保护措施。

15.8.11 设计阶段，风振严重区、舞动易发区"三跨"的导、地线用保护及连接金具，应选用耐磨型产品。

15.8.12 设计阶段，跨越高铁时应安装分布式故障诊断装置和视频监控装置；跨越高速公路和重要输电通道时应安装图像或视频监控装置。对于不均匀沉降、强风、易覆冰等微地形、微气象区域的线路，宜安装状态监测装置。

15.8.13 设计和基建阶段,"三跨"导线应选择技术成熟、运行经验丰富的产品,地线宜采用铝包钢绞线,光缆宜选用全铝包钢结构的光纤复合架空地线(OPGW)。

15.8.14 对于新建特高压线路的"三跨",跨越档内导、地线不应有接头;其他电压等级的"三跨",耐张段内导、地线不应有接头。

15.8.15 新建及改建"三跨"金具压接质量应按照施工验收规定逐一检查,且应按照"三跨"段内不低于耐张线夹总数量10%的比例,开展X射线无损检测。

15.8.16 对于跨越铁路、一级及以上公路、人口密集区域等易引发公共危害的线路杆塔,标志牌等应可靠固定。

15.8.17 跨越在运线路施工时,设备运维单位应参与技术方案审查,督促施工单位落实必要的防护措施,保障在运线路安全。

15.8.18 跨越段存在外力破坏隐患时,应采取人防、物防和技防等多种防护措施。

15.8.19 在运特高压交、直流线路跨越高速公路、重要输电通道不满足独立耐张段要求的,可不改造。

15.8.20 在运110～750kV交流、±400～±660kV直流线路跨越高速公路匝道不满足独立耐张段要求的,可不改造。

15.8.21 在运330～750kV交流、±400～±660kV直流线路跨越高速公路、重要输电通道不满足独立耐张段要求,当存在以下四种情形时,应改造为独立耐张段:

(1)轻冰区耐张段长度超过10km、中冰区耐张段长度超过5km、重冰区耐张段长度超过3km;

(2)耐张段内存在拉线杆(塔);

(3)跨越段位于2级和3级舞动区;

(4)跨越耐张段内曾发生过脱冰跳跃、舞动、重覆冰、强风等导致的倒塔、掉串、断线、金具严重损伤的线路。除以上情形外,跨越耐张段内不存在影响被跨越物安全的其他隐患时,可不改造。

15.8.22 跨越高速公路、重要输电通道的在运110(66)、220kV线路,不满足独立耐张段要求的,应进行改造。

15.8.23 在运"三跨"线路压接点,应根据需要,结合停电检修开展耐张线夹X射线等无损探伤检测,根据检测结果及时消缺,相关检测结果(探伤报告、X光片等)及消缺情况应存档备查。

15.8.24 在运"三跨"红外测温周期应不超过3个月,当环境温度达到35℃或当输送功率超过额定功率的80%时,应开展红外测温和弧垂测量。

15.8.25 报废线路的"三跨"应及时拆除,退运线路的"三跨"应纳入正常运维范围。

15.8.26 在运线路"三跨"的常规巡视周期应不超过1个月,在恶劣天气或地质灾害发生后应进行特殊巡视。

16 防止污闪事故的重点要求

16.1 新、改（扩）建输变电设备的外绝缘配置应以最新版污区分布图为基础，综合考虑环境、气象、污秽发展和运行经验等因素确定。线路设计时，交流 c 级以下污区外绝缘按 c 级配置；c、d 级污区外绝缘按相应污级上限配置；e 级污区外绝缘按实际情况配置，并适当留有裕度。变电站设计时，c 级以下污区外绝缘按 c 级配置；c、d 级污区外绝缘根据环境情况适当提高配置；e 级污区外绝缘按实际情况配置。

16.2 设计阶段，对于饱和等值盐密大于 $0.35mg/cm^2$ 的污区，应单独校核外绝缘配置。特高压交直流工程宜开展专项沿线污秽调查，以确定外绝缘配置。

16.3 设计和基建阶段，应选用合理的绝缘子材质和伞形。中重污区变电站悬垂串宜采用复合绝缘子或外伞形绝缘子，中重污区支柱绝缘子、组合电器宜采用硅橡胶外绝缘。变电站站址应尽量避让交流 e 级区，如不能避让，变电站宜采用 GIS、HGIS 设备或全户内变电站。中重污区输电线路悬垂串及 220kV 及以下电压等级耐张串宜采用复合绝缘子，330kV 及以上电压等级耐张串宜采用瓷或玻璃绝缘子。

16.4 对于复合绝缘子、防污闪辅助伞裙等高温硫化硅橡胶类外绝缘，宜在现行标准基础上适当降低伞套和伞裙的电蚀损性和阻燃性，相应提高硅橡胶含量，以有效延长产品运行寿命。

16.5 设计阶段，易发生覆冰闪络、湿雪闪络或大雨闪络地区的外绝缘配置宜采用 V 型串、不同盘径绝缘子组合或加装辅助伞裙等。

16.6 设计和基建阶段，粉尘污染严重地区的外绝缘宜选用自洁能力强的绝缘子，如外伞形绝缘子，变电设备可采取加装辅助伞裙等措施。用于沿海、盐湖、水泥厂和冶炼厂等特殊区域的玻璃绝缘子及瓷绝缘子，应涂覆防污闪涂料。硅橡胶类外绝缘用于苯、酒精类等化工厂附近时，应提高绝缘配置水平。

16.7 设计阶段，安装在非密封户内的设备外绝缘设计应考虑户内场湿度和实际污秽度，与户外设备外绝缘的污秽等级差异不宜大于一级。

16.8 设计和基建阶段，瓷或玻璃绝缘子安装前需涂覆防污闪涂料时，宜采用工厂复合化工艺，运输及安装时应注意避免绝缘子涂层擦伤。

16.9 盘形悬式瓷绝缘子安装前，应在现场逐个进行零值检测。

16.10 根据"适当均匀、总体照顾"的原则，采用"网格化"方法开展饱和污秽度测试布点，兼顾疏密程度、兼顾未来电网发展。局部重污染区、特殊污秽区、重要输电通道、微气象区、极端气象区等特殊区域应增加布点。根据标准要求开展污秽取样及测试。

16.11 应以现场污秽度为主要依据，结合运行经验、污湿特征，考虑连续无降水日的大幅度延长等影响因素定期开展污区分布图修订。污秽等级变化时，应及时进行外绝缘配置校核。

16.12 对外绝缘不满足防污闪配置要求的输变电设备应进行治理，措施包括增加绝缘子片数、更换防污绝缘子、涂覆防污闪涂料、更换复合绝缘子、加装辅助伞裙等。

16.13 清扫作为辅助性防污闪措施，可用于暂不满足防污闪配置要求的输变电设备及污染特殊严重区域的输变电设备。

16.14 出现快速积污、连续无降水日大幅度延长或外绝缘暂不满足防污闪配置要求，且可能发生污闪时，可采取带电清扫（含带电水冲洗）、直流线路降压运行等紧急防污闪措施。

16.15 绝缘子上方金属部件严重锈蚀造成绝缘子表面污染，或绝缘子表面覆盖藻类、苔藓等可能造成闪络时，应及时进行处理。

16.16 在大雾、毛毛雨、覆冰（雪）等易污闪条件下，宜加强特殊巡视，且可采用红外热成像、紫外成像等辅助手段判定外绝缘运行状态。

16.17 对于水泥厂、有机溶剂类化工厂等特殊污源附近的硅橡胶类外绝缘，应加强憎水性检测。

16.18 对于现场涂覆的防污闪材料，应确保绝缘子表面清扫质量、涂层厚度、附着力符合要求，且应避免在大雾、阴雨潮湿天气施工。

16.19 瓷套避雷器不宜单独加装辅助伞裙，如需加装辅助伞裙宜将辅助伞裙与防污闪涂料结合使用。

17 防止电力电缆损坏事故的重点要求

17.1 防止电缆绝缘击穿事故

17.1.1 应根据线路输送容量、系统运行条件、电缆路径、敷设方式、环境条件等合理选择电缆和附件结构型式及相关材料。

17.1.2 应避免电缆通道临近热力管线、腐蚀性、易燃易爆介质的管道，确实不能避开时，电缆通道与其他管道、道路、建筑物等之间平行和交叉时的最小净距应符合相关标准要求。

17.1.3 应加强电力电缆和电缆附件选型、订货、验收及投运的全过程管理。应优先选择具有良好运行业绩和成熟制造经验的制造商。

17.1.4 同一受电端的双回或多回电缆线路宜选用不同制造商的电缆、附件。人员密集区域或有防爆要求场所的新建电缆线路户外终端应选择复合套管终端。

17.1.5 设计阶段应充分考虑耐压试验作业空间、安全距离，在GIS电缆终端与线路隔离开关之间宜配置试验专用隔离开关，并根据需求配置GIS试验套管。110（66）kV及以上采用电缆进出线的GIS，宜预留电缆试验、故障测寻用的高压套管连接位置并考虑足够的作业空间。GIS电缆终端尾管与GIS筒之间应设计过电压限制元件。

17.1.6 110（66）kV及以上电力电缆站外户外终端应有检修平台。终端塔应有围墙（围栏），并有监控等技防措施。

17.1.7 10kV及以上电力电缆应采用干法化学交联的生产工艺，110（66）kV及以上电力电缆应采用悬链或立塔式工艺。

17.1.8 运行在潮湿或浸水环境中的110（66）kV及以上电压等级的电缆应有纵向阻水功能，电缆附件应密封防潮；35kV及以下电压等级电缆附件的密封防潮性能应能满足长期运行需要。

17.1.9 电缆主绝缘、单芯电缆的金属屏蔽层、金属护层应有可靠的过电压保护措施。统包型电缆的金属屏蔽层、金属护层应两端直接接地。

17.1.10 合理安排电缆段长，减少电缆接头的数量，严禁在变电站电缆夹层、竖井、50m及以下桥架等缆线密集区域布置电力电缆接头。110（66）kV电缆线路在非开挖定向钻拖拉管两端工作井内不应布置电力电缆接头。

17.1.11 重要电力电缆及通道应合理部署状态监测装置，掌握运行状态。

17.1.12 对220kV及以上电压等级电缆、110（66）kV及以下电压等级重要线路的电缆，应进行工厂验收。

17.1.13 应严格进行到货验收，并开展到货检测。

17.1.14 在电缆运输过程中，应防止电缆受到碰撞、挤压等导致的机械损伤，严禁平放电缆盘。电缆敷设过程中应严格控制牵引力、侧压力和弯曲半径。

17.1.15 电缆通道、夹层及管孔等应满足电缆弯曲半径的要求，110（66）kV及以上电缆的支架应满足电缆蛇形敷设的要求，支架立柱部分不应采用角钢以避免硌伤电缆，1600mm² 截面及以上电缆的支架横撑应采用非铁磁性材料。电缆应严格按照设计要求进行敷设、固定。110(66) kV 及上电压等级电缆接头两侧端部、终端下部应采用刚性固定。电缆支架、固定金具等均应可靠接地。

17.1.16 施工期间应做好电缆和电缆附件的防潮、防尘、防外力损伤措施。在现场安装高压电缆附件之前，其组装部件应试装配。安装现场的温度、湿度和清洁度应符合安装工艺要求，严禁在雨、雾、风沙等有严重污染的环境中安装电缆附件。加强高压电缆附件安装的过程管理，严格按照说明书进行施工，对于重要工序应进行影像记录。

17.1.17 应检测电缆金属护层接地电阻、接地箱（互联箱）端子接触电阻，阻值必须满足设计要求和相关技术规范要求。

17.1.18 金属护层采取交叉互联方式时，应逐相进行导通测试，确保连接方式正确。金属护层对地绝缘电阻应试验合格，过电压限制元件在安装前应检测合格。

17.1.19 电缆支架、固定金具、排管的机械强度应符合设计和长期安全运行的要求，且无尖锐棱角。户外终端应采取措施避免杆塔沉降，电缆引上直埋部分应填砂掩埋。

17.1.20 110（66）kV 及以上电缆穿越桥梁等振动较为频繁的区域时，应采用可缓冲机械应力的固定装置。

17.1.21 电缆终端尾管应采用封铅方式，可加装铜编织线连接尾管和金属护套以确保等电位。

17.1.22 运维部门应加强电缆线路负荷和温度的检（监）测，防止过负荷运行，多条并联的电缆应分别进行测量。巡视过程中应重点检测电缆附件、接地系统等的关键接点的温度。

17.1.23 严禁金属护层不接地运行。应严格按照试验规程对电缆金属护层的接地系统开展运行状态检测、试验。

17.1.24 运维部门应每年开展电缆线路状态评价，对异常状态和严重状态的电缆线路应及时检修。对重要电缆及通道应开展带电检测或在线监测，掌握运行状态。

17.1.25 应监视重载和重要电缆线路因运行温度变化产生的伸缩位移，出现异常应及时处理。

17.1.26 电缆线路发生运行故障后，应检查接地系统是否受损，发现问题应及时修复。

17.1.27 人员密集区域或有防爆要求场所的存量瓷套终端应更换为复合套管终端。

17.2 防止电缆火灾事故

17.2.1 新、扩建工程中的电缆设计应有防火设计要求。电缆通道的防火设施必须与主体工程同时设计、同时施工、同时验收。电缆通道应有防火、排水、通风的措施。

17.2.2 同一电源的 110（66）kV 及以上电压等级电缆线路宜选用不同通道，同通道敷设时应两侧布置。同一通道内不同电压等级的电缆，应按照电压等级的高低从下向上排列，分层敷设在电缆支架上。110（66）kV 及以上电压等级电缆进、出线口，应与 10kV 电缆进、出线口分开设置。新建重要枢纽变电站动力电缆和控制电缆应分通道敷设。

17.2.3 新建110（66）kV及以上电压等级电缆线路在隧道、电缆沟、变电站内、桥梁内应选用阻燃电缆，其成束阻燃性能应不低于C级。与电力电缆同通道敷设的低压电缆、控制电缆、通信光缆等选用不低于C级阻燃等级并采取穿入阻燃管或其他防火隔离措施。

17.2.4 中性点非有效接地方式且允许带故障运行的新建电力电缆线路不宜与110kV及以上电压等级电缆线路共用隧道、电缆沟、综合管廊电力舱。

17.2.5 在安全性要求较高的电缆密集区域，应设置火灾自动报警系统和自动灭火装置。变电站夹层应安装温度、烟气监视报警器，重要的电缆隧道应安装温度在线监测装置，并应定期传动、检测，确保动作可靠、信号准确。

17.2.6 存在延燃风险的隧道、电缆沟、竖井、桥架等应合理设置防火门、防火墙等阻火分隔封堵措施。

17.2.7 非直埋电缆接头的最外层应包覆阻燃材料。充油电缆应全线采用防火槽盒封闭或埋沙。密集区域的电缆接头应选用防火槽盒、防火隔板、防火毯、防爆壳等防火防爆隔离措施。

17.2.8 扩建工程敷设电缆时，应与运维单位密切配合，在电缆通道内敷设电缆需经运维部门许可。施工过程中产生的电缆孔洞应加装防火封堵，受损的防火设施应及时恢复，并由运维部门验收。

17.2.9 隧道、竖井、变电站电缆层应采取防火墙、防火隔板及封堵等防火措施。防火墙、阻火隔板和阻火封堵应满足耐火极限不低于1h的耐火完整性、隔热性要求。

17.2.10 电缆密集区域的在役接头应加装防火槽盒或采取其他防火隔离措施。输配电电缆同通道敷设应采取可靠的防火隔离措施。变电站夹层内在役接头应逐步移出，电力电缆切改或故障抢修时，应将接头布置在站外的电缆通道内。

17.2.11 运维部门应保持电缆通道、夹层整洁、畅通，消除各类火灾隐患，通道沿线及其内部、隧道通风口（亭）外部不得积存易燃、易爆物。

17.2.12 电缆通道临近易燃或腐蚀性介质的存储容器、输送管道时，应加强监视，防止其渗漏进入电缆通道，进而损害电缆或导致火灾。

17.2.13 在电缆通道、夹层内动火作业应办理动火工作票，并采取可靠的防火措施。在电缆通道、夹层内使用的临时电源应满足绝缘、防火、防潮要求。工作人员撤离时应立即断开电源。

17.2.14 严格按照运行规程规定对电缆夹层、通道进行定期巡检，并检测电缆和附件关键部位运行温度。

17.2.15 与110（66）kV及以上电压等级电缆线路共用隧道、电缆沟、综合管廊电力舱的存量的中性点非有效接地方式的电力电缆线路，应开展中性点接地方式改造或逐步疏导至其他通道，或做好防火隔离措施并在发生接地故障时立即拉开故障线路。

17.2.16 3～66kV中性点不接地系统发生单相接地故障时，一次设备应能快速响应，防止电缆着火、事故扩大。变电站 3～66kV 各段母线，因地制宜配置主动干预型消弧装置。

17.3 防止外力破坏和设施被盗

17.3.1 同一受电端的双路或多路电缆宜选用不同通道，同通道敷设时应两侧布置。

17.3.2 电缆线路路径、附属设备及设施（地上接地箱、出入口、通风亭等）的设置应通过规划部门审批。应避免电缆通道临近热力管线、易燃易爆管线（输油、燃气）和腐蚀性介质的管道。综合管廊中 110（66）kV 及以上电缆线路应采用独立舱体建设。电力舱不宜与天然气管道舱、热力管道舱紧邻布置。

17.3.3 电缆终端站、隧道出入口、重要区域的工井井盖应设置视频监控、门禁、井盖监控等安防措施。

17.3.4 建立与规划部门和其他管线单位的联动和信息沟通共享机制。

17.3.5 电缆通道及直埋电缆线路工程、水底电缆敷设应严格按照相关标准和设计要求施工，并同步进行竣工测绘，非开挖工艺的电缆通道应进行三维测绘。应在投运前向运维部门提交竣工资料和图纸。

17.3.6 直埋电缆沿线、水底电缆应装设永久标识或路径感应标识。电缆接头处、转弯处、进入建筑物处应设置明显方向桩或标桩。

17.3.7 电缆终端场站、隧道出入口、重要区域的工井井盖应有安防措施，并宜加装在线监控装置。户外金属电缆支架、电缆固定金具等应使用防盗螺栓。

17.3.8 电缆路径上应设立明显的警示标志，对可能发生外力破坏的区段应加强监视，并采取可靠的防护措施。

17.3.9 工井正下方的电缆，宜采取防止坠落物体打击的保护措施。

17.3.10 应监视电缆通道结构、周围土层和临近建筑物等的稳定性，发现异常应及时采取防护措施。

17.3.11 敷设于公用通道中的电缆应制订专项管理措施。通道内所有电力电缆及光缆应明确设备归属及运维职责。对盗窃易发地区的电缆设施应加强巡视，接地箱（互联箱）、工井盖等应采取相应的技防措施。

17.3.12 应及时清理退运的报废缆线，对盗窃易发地区的电缆设施应加强巡视。

17.3.13 临近大型施工现场的电缆通道宜采用视频监控、光纤振动等技防措施，减少外力破坏发生。因施工原因裸露的电缆线路应采取保护措施，并加强特巡或在施工期间安排人员看护。

17.3.14 对于电缆通道与燃气、污水、热力等其他管线临近、交叉敷设不满足国标净距要求的情况，应与政府部门主动协商，划清责任界限，商定整改方案，消除安全隐患。

18 防止继电保护及安全自动装置事故的重点要求

18.1 规划设计阶段的重点要求

18.1.1 涉及电网安全、稳定运行的发、输、变、配及重要用电设备的继电保护装置应纳入电网统一规划、设计、运行、管理和技术监督。在一次系统规划建设中，应充分考虑继电保护的适应性，避免出现特殊接线方式造成继电保护配置及整定难度的增加。

18.1.2 继电保护及安全自动装置的设计、配置和选型，必须满足有关规程规定的要求，并经相关继电保护管理部门同意。继电保护及安全自动装置选型应采用技术成熟、性能可靠、质量优良、经有资质的专业检测机构检测合格的产品。

18.1.3 稳控系统应在合理的电网结构和电源结构基础上规划、设计和运行，控制策略和措施应安全可靠、简单实用。对无法采取稳定控制措施保持系统稳定的情况，应通过完善网架方案、优化运行方式、完善第三道防线方案等综合措施，共同降低并控制系统运行风险。

18.1.4 继电保护及安全自动装置应符合网络安全防护规定，满足《电力监控系统安全防护规定》[国家发展改革委令第14号（2014年）]及《电力监控系统网络安全防护导则》（GB/T 36572）要求。

18.1.5 220kV及以上电压等级线路、变压器、母线、高压电抗器、串联电容器补偿装置等交流输变电设备的保护及电网安全稳定控制装置应按双重化配置。

18.1.6 依照双重化原则配置的两套保护装置，每套保护均应含有完整的主、后备保护功能，能反应被保护设备的各种故障及异常状态，并能作用于跳闸或给出信号。

18.1.7 220kV及以上电压等级输电线路（含电铁牵引站及引入线路）两端均应配置双重化线路纵联保护，两套保护的通道应相互独立，优先采用纵联电流差动保护，双侧均应具备远方跳闸功能；具备条件的110（66）kV输电线路（含电铁牵引站及引入线路）宜配置纵联电流差动保护。

18.1.8 继电保护及安全自动装置的通讯通道应采用安全可靠的传输方式，线路纵联保护应优先采用光纤通道。220kV及以上电压等级线路纵联保护的通道（含光纤、微波、载波等通道及加工设备和供电电源等）、远方跳闸及就地判别装置（或功能）应遵循相互独立的原则按双重化配置。穿越覆冰区的220kV及以上电压等级输电线路，应至少配置一条不受冰灾影响的应急通道。

18.1.9 100MW及以上容量及接入220kV及以上电压等级的发电机、启动备用变压器应按双重化原则配置微机保护（非电量保护除外）；重要发电厂的启动备用变压器保护宜采用双重化配置。

18.1.10 对220kV及以上电压等级电网、110（66）kV变压器的保护和测控功能应相互独立，在单一功能损坏或异常情况下，保护和测控功能应互相不受影响。

18.1.11 继电保护及安全稳定控制装置组屏设计应充分考虑运行和检修时的安全性，应采取合理布置端子排、预留足够检修空间、规范现场安全措施等防止继电保护"三误"（误碰、误整定、误接线）事故的措施。当双重化配置的两套保护装置不能实施确保运行和检修安全的技术措施时，应安装在各自屏柜内。

18.1.12 为保证继电保护相关辅助设备（如交换机、光电转换器、通信接口装置等）的供电可靠性，宜采用直流电源供电。因硬件条件限制只能交流供电的，电源应取自站用不间断电源。

18.1.13 在新建、扩建和技改工程中，应根据相关规定和电网发展带来的系统短路容量增加等情况进行电流互感器的选型工作，并充分考虑到保护配置及整定的要求。

18.1.14 差动保护用电流互感器的相关特性宜一致；母线差动保护各支路电流互感器变比差不宜大于4倍。

18.1.15 母线差动、变压器差动和发电机—变压器差动保护各支路的电流互感器应优先选用准确限值系数和额定拐点电压较高的电流互感器。

18.1.16 应充分考虑合理的电流互感器配置和二次绕组分配，消除主保护死区。

18.1.16.1 当220kV及以上电压等级变电站、升压站新建、改建或扩建采用3/2、4/3、角形、桥形接线等多断路器接线形式时，应在断路器两侧均配置电流互感器。

18.1.16.2 对经计算影响电网安全稳定运行重要变电站的220kV及以上电压等级双母线双分断接线方式的母联、分段断路器，应在断路器两侧配置电流互感器。

18.1.16.3 独立式电流互感器应按照电流互感器故障时跳闸范围最小的原则合理选择等电位点。

18.1.16.4 针对短期不能按18.1.16.1及18.1.16.2要求进行改造的老旧厂站或其他确实无法快速切除故障的保护动作死区，在满足系统稳定要求的前提下，应采取启动失灵和远方跳闸等后备措施加以解决；经系统方式计算可能对系统稳定造成较严重的威胁时，应进行改造。

18.1.17 110（66）kV及以上电压等级发电厂升压站、变电站应配置故障录波器；100MW及以上容量发电机—变压器组应配置专用故障录波器。发电厂、变电站内的故障录波器应对站用直流系统的各母线段（控制、保护）对地电压进行录波。

18.1.18 除母线保护、变压器保护、发电机—变压器保护外，不同间隔设备的主保护功能不应集成。

18.1.19 应充分考虑安装环境对保护装置性能及寿命的影响，对于布置在室外的保护装置，其附属设备（如智能控制柜及温控设备）的性能指标应满足保护运行要求且便于维护。

18.1.20 继电保护及相关设备的端子排，应按照功能进行分区、分段布置，正、负电源之间、跳（合）闸引出线之间以及跳（合）闸引出线与正电源之间、交流电流与交流电压回路之间等应至少采用一个空端子隔开或增加绝缘隔片。交流回路与直流回路的接线端子不宜布置在同一段端子排。新建、扩建、改建工程中，端子箱、汇控柜等户外设备应采用额定电压1000V的端子。

18.1.21 500kV及以上电压等级变压器低压侧并联电抗器和电容器、站用变压器的保护配置与设计，应与一次系统相适应，防止电抗器、电容器或站用变压器故障造成主变压器跳闸。

18.1.22 双回线路采用同型号纵联保护或线路纵联保护采用双重化配置时，在回路设计和调试过程中应采取有效措施防止保护通道交叉使用。分相电流差动保护应采用同一路由收发、往返延时一致的通道。

18.1.23 对闭锁式纵联保护，"其他保护停信"回路应直接接入保护装置，而不应接入收发信机。

18.1.24 发电厂升压站断路器控制回路及保护装置电源，应取自升压站配置的独立的直流系统。

18.1.25 发电厂的辅机设备及其电源在外部系统发生故障时，应具有一定的抵御事故能力，以保证发电机在外部系统故障情况下的持续运行。

18.1.26 稳控装置动作切除负荷或机组后，应采取有效措施防止重合闸、备自投或被切除机组所带负荷转由同一厂站的其他机组承担等导致的控制措施失效。

18.2 继电保护配置的重点要求

18.2.1 继电保护的设计、配置和选型应以继电保护可靠性、选择性、灵敏性、速动性为基本原则，任何技术创新不得以牺牲继电保护的快速性和可靠性为代价。

18.2.2 按双重化配置的两套保护中，当一套保护退出时不应影响另一套保护运行。双重化配置的继电保护应满足以下基本要求：

18.2.2.1 两套保护装置的交流电流、电压应分别取自互感器互相独立的绕组。对原设计中电压互感器仅有一组二次绕组，且已经投运的变电站，应积极安排电压互感器的更新改造工作，改造完成前，应在开关场的电压互感器端子箱处，利用具有短路跳闸功能的两组分相空气开关将按双重化配置的两套保护装置交流电压回路分开。

18.2.2.2 两套保护装置的直流电源应取自不同蓄电池组连接的直流母线段。每套保护装置及与其相关设备（电子式互感器、合并单元、智能终端、采集执行单元、通信及网络设备、操作箱、跳闸线圈等）的直流电源均应取自于同一蓄电池组连接的直流母线段，避免因一组站用直流电源异常对两套保护功能同时产生影响而导致的保护拒动。

18.2.2.3 按双重化配置的两套保护装置的跳闸回路应与断路器的两个跳闸线圈、压力闭锁继电器分别一一对应。

18.2.2.4 双重化配置的两套保护装置之间不应有电气联系。两套保护装置与其他保护、设备配合的回路及通道应遵循相互独立的原则，应保证每一套保护装置与其他相关装置（如通道、失灵保护）联络关系的正确性，防止因交叉停用导致保护功能缺失。

18.2.2.5 为防止装置家族性缺陷可能导致的双重化配置的两套继电保护装置同时拒动的问题，新建、改建、扩建工程双重化配置的线路、变压器、发电机—变压器组、调相机—变压器组、母线、高压电抗器保护装置宜采用不同生产厂家的产品。

18.2.3 220kV及以上电压等级的线路保护应满足以下要求：

18.2.3.1 每套保护均应能对全线路内发生的各种类型故障快速动作切除。对于要求实现单相重合闸的线路，在线路发生单相经高阻接地故障时，应能正确选相跳闸。

18.2.3.2 对于远距离、重负荷线路及负荷转移等情况，继电保护装置应采取有效措施，防止相间、接地距离保护在系统发生较大的潮流转移时误动作。

18.2.3.3 应采取措施，防止由于零序功率方向元件的电压死区导致零序功率方向纵联保护拒动，零序动作电压不应低于最大可能的零序不平衡电压。

18.2.4 220kV及以上电压等级变压器、电抗器单套配置的非电量保护以及单套配置的断路器失灵保护应同时作用于断路器的两个跳闸线圈。未采用就地跳闸方式的非电量保护应设置独立的电源回路（包括直流空气小开关及其直流电源监视回路）和出口跳闸回路，且应与电气量保护完全分开。当变压器、电抗器的非电量保护采用就地跳闸方式时，应向监控系统发送动作信号。

18.2.5 非电量保护及动作后不能随故障消失而立即返回的保护（只能靠手动复位或延时返回）不应启动失灵保护。发电机电气量保护应启动失灵保护。

18.2.6 发电机—变压器组的阻抗保护须经电流元件（如电流突变量、负序电流等）启动，正常运行期间在发生电压二次回路失压、断线以及切换过程中交流或直流失压等异常情况时，阻抗保护应具有防止误动措施。

18.2.7 200MW及以上容量发电机定子接地保护宜将基波零序过电压保护与三次谐波电压保护的出口分开，基波零序过电压保护投跳闸。

18.2.8 采用零序电压原理的发电机匝间保护应设有负序方向闭锁元件。

18.2.9 并网电厂均应制订完备的发电机带励磁失步振荡故障的应急措施，300MW及以上容量的发电机应配置失步保护，在进行发电机失步保护整定计算和校验工作时应能正确区分失步振荡中心所处的位置，在机组进入失步工况时根据不同工况选择不同延时的解列方式，并保证断路器断开时的电流不超过断路器失步允许开断电流。

18.2.10 发电机的失磁保护应使用能正确区分短路故障和失磁故障的、具备复合判据的方案。应仔细检查和校核发电机失磁保护的整定范围与励磁系统低励限制的配合关系，防止发电机进相运行时发生误动作。

18.2.11 300MW及以上容量发电机应配置启、停机保护，应考虑防止并网断路器承受过电压造成的断口闪络问题；对并入220kV及以上电压等级系统的发电机—变压器组，高压侧断路器应配置断路器断口闪络保护。

18.2.12 全电缆线路禁止采用重合闸，对于含电缆的混合线路应根据电缆线路距离出口的位置、电缆线路的比例等实际情况采取停用重合闸等措施，防止变压器及电网连续遭受短路冲击。

18.2.13 220kV及以上电压等级变压器、发电机—变压器组的断路器失灵保护应满足以下要求：

18.2.13.1 当接线形式为线路—变压器或线路—发电机—变压器组时，线路和主设备的电气量保护均应启动断路器失灵保护。当本侧断路器无法切除故障时,应采取启动远方跳闸等后备措施加以解决。

18.2.13.2 变压器的电气量保护应启动断路器失灵保护,断路器失灵保护动作除应跳开失灵断路器相邻的全部断路器外,还应跳开本变压器连接其他电源侧的断路器。

18.2.13.3 发电机机端断路器失灵保护判据中不应使用机端断路器辅助触点作为判据。

18.2.14 防跳继电器动作时间应与断路器动作时间配合,断路器三相位置不一致保护的动作时间应与相关保护、重合闸时间相配合。

18.2.15 断路器失灵保护中用于判断断路器主触头状态的电流判别元件应保证其动作和返回的快速性,动作和返回时间均不宜大于 20ms,其返回系数也不应低于 0.9。

18.2.16 为提高切除变压器低压侧母线故障的可靠性,宜在变压器的低压侧设置取自不同电流回路的两套电流保护功能。当短路电流大于变压器热稳定电流时,变压器保护切除故障的时间不宜大于 2s。

18.2.17 变压器过励磁保护的启动、反时限和定时限元件应根据变压器的过励磁特性曲线分别进行整定,其返回系数不应低于 0.96。

18.2.18 110(66)kV 及以上电压等级的母联、分段断路器宜按断路器配置具备瞬时和延时跳闸功能的过电流保护装置或功能。

18.2.19 有保护远方修改定值等远方控制业务需求的场站,应有措施保证保护定值修改的安全性。

18.3 调试及检验的重点要求

18.3.1 应从保证设计、调试和验收质量的要求出发,合理确定新建、改建、扩建工程工期。工程调试应严格按照规程规定执行,不得为赶工期减少调试项目,降低调试质量。

18.3.2 新建、改建、扩建工程的相关设备投入运行后,施工(或调试)单位应及时提供完整的一、二次设备安装资料及调试报告,并应保证图纸与实际投入运行设备相符。

18.3.3 保护验收应进行所有保护整组检查,模拟故障检查保护与硬(软)压板的唯一对应关系,避免有寄生回路存在。

18.3.4 保护装置整组传动验收时,应检验同一间隔内所有保护之间的相互配合关系;线路纵联保护还应与对侧线路保护进行一一对应的联动试验;新投保护装置应考虑被保护设备的各套保护装置同时、不同时动作,采取有效方法对两套保护装置、控制电源及相关回路进行验证。

18.3.5 所有继电保护及安全自动装置投入运行前,除应在能够保证互感器与测量仪表精度的负荷电流条件下,测定相回路和差回路外,还必须测量各中性线的不平衡电流、电压,以保证保护装置和二次回路接线的正确性。

18.3.6 验收方应根据有关规程、规定及反事故措施要求制订详细的验收标准。新设备投产前应认真编写保护启动方案,做好事故预想,确保新投设备发生故障能可靠被切除。

18.3.7 应保证继电保护装置、安全自动装置、故障录波器、保护故障信息管理系统等二次设备与一次设备同期投入。

18.3.8 继电保护及安全自动装置应按照《继电保护和电网安全自动装置检验规程》（DL／T 995）等标准要求开展检修及出口传动检验，确保传动开关的正确性与断路器跳合闸回路的可靠性，确保功能完整可用。

18.3.9 稳控系统应按照"入网必检、逢修必验"原则加强稳控系统厂内测试、工程验证和现场调试，严格落实软件改动后全面测试原则。

18.4 运行管理阶段的重点要求

18.4.1 加强继电保护及安全自动装置软件版本的管控，新投、修改、升级前，应对其书面说明材料及检测报告进行确认，并对原运行软件进行备份。发电厂、电铁牵引站等与电网相联的并网线路两侧纵联保护装置型号、软件版本应相适应。未经调度部门认可的软件版本和智能站配置文件不得投入运行。现场二次回路变更应经相关保护管理部门同意并及时修订相关的图纸资料。

18.4.2 加强继电保护装置运行维护工作。装置检验应保质保量，严禁超期和漏项，应特别加强对基建投产设备及新安装装置投产验收检验和首年全检工作，消除设备运行隐患。

18.4.3 配置足够的保护备品、备件，缩短继电保护缺陷处理时间。

18.4.4 加强继电保护试验仪器、仪表的管理工作，每 1～2 年应对继电保护试验装置进行一次全面检测，防止因试验仪器、仪表存在问题而造成继电保护误整定、误试验。

18.4.5 继电保护专业和通信专业应密切配合，加强对纵联保护通道设备的检查，重点检查是否设定了不必要的收、发信环节的延时或展宽时间。注意校核继电保护通信设备（光纤、微波、载波）传输信号的可靠性和冗余度及通道传输时间，防止因通信问题引起保护不正确动作。

18.4.6 利用载波作为纵联保护通道时，应建立阻波器、结合滤波器等高频通道加工设备的定期检修制度。对已退役的高频阻波器、结合滤波器和分频滤过器等设备，应及时采取安全隔离措施。

18.4.7 配置母差保护的变电站，在母差保护停用期间应采取相应措施，严格限制母线侧隔离开关的倒闸操作，以保证系统安全。

18.4.8 针对电网运行工况，加强备用电源自动投入装置的管理，定期进行传动试验，保证事故状态下投入成功率。

18.4.9 在电压切换和电压闭锁回路，断路器失灵保护，母线差动保护，远跳、远切、联切回路、"和电流"等接线方式有关的二次回路上工作时，以及 3/2 断路器接线单断路器检修而相邻断路器仍需运行时，应做好安全隔离措施。

18.4.10 新投运或电流、电压回路发生变更的 220kV 及以上保护设备，在第一次经历区外故障后，应通过保护装置和故障录波器相关录波数据校核保护交流采样值、功率方向以及差动保护差流值的正确性。

18.4.11 建立和完善二次设备在线监视与分析系统，确保继电保护信息、故障录波等可靠上送。在线监视与分析系统应严格按照国家有关网络安全规定，做好安全防护。

18.4.12 对于运行工况不良以及运行超过 12 年的 110kV 及以上保护装置，经评估存在保护拒动、误动或无法及时消缺等运行风险，应立项改造。

18.4.13 电网调整运行方式时，应充分考虑其对安全稳定控制系统的影响，保证安全稳定控制系统控制功能正常运行。

18.4.14 电厂应开展初步设计、施工图设计、施工调试、验收并网、生产运行、退役报废、技术改造等阶段的继电保护及安全自动装置全过程技术监督。电厂技术监督工作应落实调度机构的涉网安全要求，涉网安全检查发现的问题同时作为电厂技术监督问题纳入闭环整改流程。

18.4.15 严格执行工作票制度和二次工作安全措施票制度，规范现场安全措施，防止继电保护"三误"事故。相关专业工作涉及继电保护及安全自动装置相关二次回路时，应遵守继电保护专业技术要求及管理规定，避免导致保护不正确动作。

18.5 定值管理的重点要求

18.5.1 依据电网结构和继电保护配置情况，按相关规定进行继电保护的整定计算。当灵敏性与选择性难以兼顾时，应首先考虑以保灵敏度为主，防止保护拒动，可提前设置失配点，并备案报主管领导批准，做好失配风险的管控。

18.5.2 发电企业应按相关规定进行继电保护整定计算，并认真校核与电网侧保护的配合关系。加强对主设备及厂用系统的继电保护整定计算与管理工作，安排专人每年对所辖设备的整定值进行全面复算和校核，当厂用系统结构或参数发生变化时应对所辖设备的整定值进行全面复算和校核，当系统阻抗变化较大时应对系统阻抗相关的保护进行校核，注意防止因厂用系统保护不正确动作，扩大事故范围。

18.5.3 大型发电机高频、低频保护整定计算时，应分别根据发电机在并网前、后的不同运行工况和制造厂提供的发电机性能、特性曲线，并结合电网要求进行整定计算。

18.5.4 发电机—变压器组过励磁保护的启动元件、反时限和定时限应能分别整定，其返回系数不宜低于 0.96。整定计算应全面考虑主变压器及高压厂用变压器的过励磁能力，并与励磁调节器 V/Hz 限制特性相配合，按励磁调节器 V/Hz 限制首先动作、再由过励磁保护动作的原则进行整定和校核。

18.5.5 发电机负序电流保护应根据制造厂提供的负序电流暂态限值（A值）进行整定，并留有一定裕度。应校核发电机保护启动失灵保护的零序或负序电流判别元件满足灵敏度要求。

18.5.6 发电机励磁绕组过负荷保护应投入运行，且与励磁调节器过励磁限制（OEL）相配合。

18.5.7 变压器中、低压侧为 110kV 及以下电压等级且并列运行的，其中、低压侧后备保护宜第一时限跳开母联或分段断路器，缩小故障范围。

18.6 二次回路的重点要求

18.6.1 装设静态型、微机型继电保护装置机箱应构成良好电磁屏蔽体，并有可靠的接地措施。

18.6.2 重视继电保护二次回路的接地问题，并定期检查这些接地点的可靠性和有效性。继电保护二次回路接地应满足以下要求：

18.6.2.1 电流互感器或电压互感器的二次回路只能有一个接地点。当两个及以上电流（电压）互感器二次回路间有直接电气联系时，其二次回路接地点设置应符合以下要求：

（1）便于运行中的检修维护。

（2）互感器或保护设备的故障、异常、停运、检修、更换等均不得造成运行中的互感器二次回路失去接地。

18.6.2.2 未在开关场接地的电压互感器二次回路，宜在电压互感器端子箱处将每组二次回路中性点分别经放电间隙或氧化锌阀片接地，其击穿电压峰值应大于 $30I_{max}$ V（I_{max} 为电网接地故障时通过变电站的可能最大接地电流有效值，单位为 kA）。应定期检查、更换放电间隙或氧化锌阀片，防止造成电压二次回路出现多点接地。为保证接地可靠，各电压互感器的中性线不得接有可能断开的开关或熔断器等。

18.6.2.3 独立的、与其他互感器二次回路没有电气联系的电流互感器二次回路在开关场一点接地时，应考虑将开关场不同点地电位引至同一保护柜时对二次回路绝缘的影响。

18.6.2.4 严禁在保护装置电流回路中并联接入过电压保护器，防止过电压保护器不可靠动作引起差动保护误动作。

18.6.3 二次回路电缆敷设应符合以下要求：

18.6.3.1 合理规划二次电缆的路径，尽可能离开高压母线、避雷器和避雷针的接地点，并联电容器、电容式电压互感器、结合电容及电容式套管等设备；避免和减少迂回以缩短二次电缆的长度；拆除与运行设备无关的电缆。

18.6.3.2 交流电流和交流电压回路、不同交流电压回路、交流和直流回路、强电和弱电回路、来自电压互感器二次的 4 根引入线和电压互感器开口三角绕组的两根引入线均应使用各自独立的电缆。

18.6.3.3 保护装置的跳闸回路和启动失灵回路均应使用各自独立的电缆。

18.6.4 严格执行有关规程、规定及反事故措施，防止二次寄生回路的形成。

18.6.5 在运行和检修中应加强对直流系统的管理，防止直流系统故障，特别要防止交流串入直流回路，造成电网事故。

18.6.6 主设备非电量保护应防水、防震、防油渗漏、密封性好。气体继电器至保护柜的电缆应尽量减少中间转接环节。

18.6.7 新建、改建、扩建工程引入两组及以上电流互感器构成"和电流"的继电保护及安全自动装置，各组电流互感器应分别引入保护装置，禁止通过装置外部回路形成"和电流"。

18.6.8 对经长电缆跳闸的回路，应采取防止长电缆分布电容影响和防止出口继电器误动的措施。

18.6.9 继电保护及安全自动装置装置和保护屏柜应具有抗电磁干扰能力，保护装置由屏外引入的开入回路应采用220V/110V 直流电源。光耦开入的动作电压应控制在额定直流电源电压的55%～70%范围以内。

18.6.10 继电保护及安全自动装置应选用抗干扰能力符合有关规程规定的产品，针对来自系统操作、故障、直流接地等的异常情况，应采取有效防误动措施。断路器失灵启动母线保护等重要回路应采用装设大功率重动继电器或者采取软件防误等措施。外部开入直接跳闸、不经闭锁直接跳闸（如变压器和电抗器的非电量保护、不经就地判别的远方跳闸等）的重要回路，应在启动开入端采用动作电压在额定直流电源电压的55%～70%范围以内的中间继电器，并要求其动作功率不低于5W。

18.6.11 采用油压、气压作为操作机构的断路器，当压力闭锁回路改动后，应试验整组传动分、合、分—合—分正常；断路器弹簧机构未储能触点不得闭锁跳闸回路。

18.6.12 备自投装置启动后跟跳主供电源开关时，禁止通过手跳回路启动跳闸，以防止因同时启动"手跳闭锁备自投"逻辑而误闭锁备自投。

18.6.13 保护屏柜上交流电压回路的空气开关应与电压回路总路开关在跳闸时限上有明确的配合关系。

18.6.14 应采取有效措施减少短路电流、电磁场等对继电保护装置、二次电缆的干扰，具体要求如下：

18.6.14.1 在保护室屏柜下层的电缆室（或电缆沟道）内，沿屏柜布置的方向逐排敷设截面积不小于$100mm^2$的铜排（缆），将铜排（缆）的首端、末端分别连接，形成保护室内的等电位地网。该等电位地网应与变电站主地网一点相连，连接点设置在保护室的电缆沟道入口处。为保证连接可靠，等电位地网与主地网的连接应使用4根及以上，每根截面积不小于$50mm^2$的铜排（缆）。

18.6.14.2 分散布置保护小室（含集装箱式保护小室）的变电站，每个小室均应设置与主地网一点相连的等电位地网，小室之间若存在相互连接的二次电缆，则小室的等电位地网之间应使用截面积不小于$100mm^2$的铜排（缆）可靠连接，连接点应设在小室等电位地网与变电站主接地网连接处。保护小室等电位地网与控制室、通信室等的地网之间亦应按上述要求进行连接。

18.6.14.3 微机保护和控制装置的屏柜下部应设有截面积不小于$100mm^2$的铜排（不要求与保护屏绝缘），屏柜内所有装置、电缆屏蔽层、屏柜门体的接地端应用截面积不小于$4mm^2$的多股铜线与其相连，铜排应用截面积不小于$50mm^2$的铜缆接至保护室内的等电位接地网。

18.6.14.4 直流电源系统绝缘监测装置的平衡桥和检测桥的接地端以及微机型继电保护装置柜屏内的交流供电电源（照明、打印机和调制解调器）的中性线（零线）不应接入保护专用的等电位接地网。

18.6.14.5 微机型继电保护装置之间、保护装置至开关场就地端子箱之间以及保护屏至监控设备之间所有二次回路的电缆均应使用屏蔽电缆，电缆的屏蔽层两端接地，严禁使用电缆内的备用芯线替代屏蔽层接地。控制和保护设备的直流电源电缆宜采用屏蔽电缆。

18.6.14.6 为防止地网中的大电流流经电缆屏蔽层，应在开关场二次电缆沟道内沿二次电缆敷设截面积不小于100mm^{2}的专用铜排（缆）；专用铜排（缆）的一端在开关场的每个就地端子箱处与主地网相连，另一端在保护室的电缆沟道入口处与主地网相连。

18.6.14.7 接有二次电缆的开关场就地端子箱内（包括汇控柜、智能控制柜）应设有铜排（不要求与端子箱外壳绝缘），二次电缆屏蔽层、保护装置及辅助装置接地端子、屏柜本体通过铜排接地。铜排截面积应不小于100mm^2，一般设置在端子箱下部，通过截面积不小于100mm^{2}的铜缆与电缆沟内不小于的100mm^{2}的专用铜排（缆）及变电站主地网相连。

18.6.14.8 由一次设备（如变压器、断路器、隔离开关和电流、电压互感器等）直接引出的二次电缆的屏蔽层应使用截面不小于4mm^{2}多股铜质软导线仅在就地端子箱处一点接地，在一次设备的接线盒（箱）处不接地，二次电缆经金属管从一次设备的接线盒（箱）引至电缆沟，并将金属管的上端与一次设备的底座或金属外壳良好焊接，金属管另一端应在距一次设备3～5m之外与主接地网焊接。

18.6.14.9 由纵联保护用高频结合滤波器至电缆主沟施放一根截面不小于50mm^{2}的分支铜导线，该铜导线在电缆沟的一侧焊至沿电缆沟敷设的截面积不小于100mm^{2}专用铜排（缆）上；另一侧在距耦合电容器接地点3～5m处与变电站主地网连通，接地后将延伸至保护用结合滤波器处。

18.6.14.10 结合滤波器中与高频电缆相连的变送器的一、二次绕组间应无直接连线，一次绕组接地端与结合滤波器外壳及主地网直接相连；二次绕组与高频电缆屏蔽层在变送器端子处相连后用不小于10mm^{2}的绝缘导线引出结合滤波器，再与上述与主沟截面积不小于100mm^{2}的专用铜排（缆）焊接的50mm^{2}分支铜导线相连；变送器二次绕组、高频电缆屏蔽层以及50mm^{2}分支铜导线在结合滤波器处不接地。

18.6.14.11 当使用复用载波作为纵联保护通道时，结合滤波器至通信室的高频电缆敷设应按18.6.14.9和18.6.14.10的要求执行。

18.6.14.12 保护室与通信室之间信号优先采用光缆传输。若传输模拟量电信号，应采用双绞双屏蔽电缆，其中内屏蔽在信号接收侧单端接地，外屏蔽在电缆两端接地。

18.6.14.13 应沿线路纵联保护光电转换设备至光通信设备光电转换接口装置之间的2M同轴电缆敷设截面积不小于100mm^{2}铜电缆。该铜电缆两端分别接至光电转换接口柜和光通信设备（数字配线架）的接地铜排。该接地铜排应与2M同轴电缆的屏蔽层可靠相连。为保证光电转换设备和光通信设备（数字配线架）的接地电位的一致性，光电转换接口柜和光通信设备的接地铜排应同点与主地网相连。重点检查2M同轴电缆接地是否良好，防止电网故障时由于屏蔽层接触不良影响保护通信信号。

18.6.15 控制系统与继电保护的直流电源配置应满足以下要求：

18.6.15.1 对于按近后备原则双重化配置的保护装置，每套保护装置应由不同的电源供电，并分别设有专用的直流空气开关。

18.6.15.2 母线保护、变压器差动保护、发电机差动保护、各种双断路器接线方式的线路保护等保护装置与每一断路器的控制回路应分别由专用的直流空气开关供电。

18.6.15.3 有两组跳闸线圈的断路器，其每一跳闸回路应分别由专用的直流空气开关供电，且跳闸回路控制电源应与对应保护装置电源取自同一直流母线段。

18.6.15.4 禁止继电保护及安全自动装置的蓄电池的两段直流电源以自动切换的方式对同一设备进行供电。

18.6.15.5 直流空气开关的额定工作电流应按最大动态负荷电流（即保护三相同时动作、跳闸和收发信机在满功率发信的状态下）的 2.0 倍选用。

18.6.16 对发电机—变压器组分相操作机构的断路器，除就地配置非全相保护外，宜在发电机—变压器组保护内配置具有反映发电机—变压器组运行状态的电气量闭锁的非全相保护启动失灵的逻辑及回路。

18.7 智能变电站继电保护的重点要求

18.7.1 有扩建需要的智能变电站，在初期设计、建设中，交换机、网络报文分析仪、故障录波器、母线保护、公用测控装置、电压合并单元等公用设备需要为扩建设备预留相关接口及通道，避免扩建时公用设备改造增加运行设备风险。

18.7.2 保护装置不应依赖外部对时系统实现其保护功能，避免对时系统或网络故障导致同时失去多套保护。

18.7.3 220kV 及以上电压等级的继电保护及与之相关的设备、网络等应按照双重化原则进行配置，任一套装置故障不应影响双重化配置的两个网络。应采取有效措施防止因网络风暴原因同时影响双重化配置的两个网络。

18.7.4 交换机 VLAN 划分应遵循"简单适用，统一兼顾"的原则，既要满足新建站设备运行要求，防止由于交换机配置失误引起保护装置拒动，又要兼顾远景扩建需求，防止新设备接入时多台交换机修改配置所导致的大规模设备陪停。

18.7.5 为保证智能变电站二次设备可靠运行、运维高效，合并单元、智能终端、采集执行单元、交换机应采用经有资质的专业检测机构检测合格的产品，装置应满足相关技术标准的互操作要求。

18.7.6 加强合并单元、采集执行单元额定延时参数的测试和验收，防止参数错误导致的保护不正确动作。

18.7.7 运维单位应完善智能变电站现场运行规程，细化智能设备各类报文、信号、硬连接片、软连接片的使用说明和异常处置方法,应规范连接片操作顺序,现场操作时应严格按照顺序进行操作,并在操作前后检查保护的告警信号,防止误操作事故。

18.7.8 应加强变电站配置描述文件(SCD)等配置文件在设计、基建、改造、验收、运行、检修等阶段的全过程管控,验收时要确保 SCD 等文件的正确性及其与设备配置文件的一致性,防止因 SCD 等文件错误导致保护失效或误动。

19 防止电力自动化系统、电力监控系统网络安全、电力通信网及信息系统事故的重点要求

19.1 防止电力自动化系统事故

19.1.1 调度自动化主站系统和110kV及以上电压等级的厂站的主要设备（数据采集与交换服务器、监视控制服务器、历史数据库服务器、分析决策服务器、磁盘阵列、远动装置、电能量终端等）应采用冗余配置，互为热备，服务器的存储容量和中央处理器负载应满足相关规定要求。备用调度控制系统及其通信通道应独立配置，宜实现全业务备用。

19.1.2 主网500kV（330kV）及以上厂站、220kV枢纽变电站、大电源、电网薄弱点、通过35kV及以上电压等级线路并网且装机容量40MW及以上的风电场、光伏电站均应部署相量测量装置（PMU）。其测量信息应能满足调度机构需求，并提供给厂站进行就地分析。相量测量装置与主站之间应采用调度数据网络进行信息交互。新能源发电汇集站、直流换流站及近区厂站的相量测量装置应具备连续录波和次／超同步振荡监测功能。

19.1.3 调度自动化主站系统应采用专用的、冗余配置的不间断电源（UPS）供电，不应与信息系统、通信系统合用电源，不间断电源涉及的各级低压开关过流保护定值整定应合理。采用模块化的UPS，应避免并联等效电阻过低，引起直流绝缘监测装置监测误告警。UPS单机负载率应不高于40%。外供交流电消失后UPS电池满载供电时间应不小于2h。交流供电电源应采用两路来自不同电源点供电。发电厂、变电站远动装置、计算机监控系统及其测控单元、变送器等自动化设备应采用冗余配置的不间断电源或站内直流电源供电。具备双电源模块的装置或计算机，两个电源模块应由不同电源供电。相关设备应加装防雷（强）电击装置，相关机柜及柜间电缆屏蔽层应可靠接地。

19.1.4 厂站内的远动装置、相量测量装置、电能量终端、时间同步装置、计算机监控系统及其测控单元、变送器及安全防护设备等自动化设备（子站）必须是通过具有国家级检测资质的质检机构检验合格的产品。

19.1.5 调度范围内的发电厂、110kV及以上电压等级的变电站应采用开放、分层、分布式计算机双网络结构，自动化设备电源模块通信模块应冗余配置，优先采用专用装置，无旋转部件，采用经国家指定部门认证的安全加固的操作系统；至调度主站（含主调和备调）应具有两路不同路由的网络通道（主／备双通道）。

19.1.6 发电厂、变电站基（改、扩）建工程中调度自动化设备的设计、选型应符合调度自动化专业有关规程规定，并须经相关调度自动化管理部门同意。现场设备的信息采集、接口和传输规约必须满足调度自动化主站系统的要求。改（扩）建变电站（换流站）的改（扩）建部分和原有部分最终应接入同一监控系统，最终不应采用两套或多套监控系统。

19.1.7 在基建调试和启动阶段，生产单位技术监督部门应在启动前检查现场调度自动化设

备安装验收情况，调度自动化设备有关的运行规程、操作手册、系统配置图纸等应完整、正确，并与现场实际接线相符，调度自动化系统主站、子站、调度数据网等必须提前进行调试，确保与一次设备同步投入运行，投产资料文档应同步提交。

19.1.8 厂站数据通信网关机、相量测量装置、时间同步装置、调度数据网及安全防护设备等屏柜宜集中布置，双套配置的设备宜分屏放置且两个屏应采用独立电源供电。二次线缆的施工工艺、标识应符合相关标准、规范要求。

19.1.9 变电站、发电厂监控系统软件、应用软件升级和参数变更应经过测试并向对应调度中心提交合格测试报告后方可投入运行。

19.1.10 主站系统应建立基础数据一体化维护使用机制和考核机制，利用状态估计、综合智能告警、远程浏览、母线功率不平衡统计等手段，加强对基础数据质量的监视与管理，不断提高基础数据（尤其是电网模型参数和运行数据）的完整性、准确性、一致性和及时性。

19.1.11 发电厂自动发电控制和自动电压控制子站应具有可靠的技术措施，对接收到的所属调度自动化主站下发的自动发电控制指令和自动电压控制指令进行安全校核，对本地自动发电控制和自动电压控制系统的输出指令进行校验，拒绝执行明显影响电厂或电网安全的指令。除紧急情况外，未经调度许可不得擅自修改自动发电控制和自动电压控制系统的控制策略和相关参数。厂站自动发电控制和自动电压控制系统的控制策略更改后，需要对安全控制逻辑、闭锁策略、监控系统安全防护等方面进行全面测试验证，确保自动发电控制和自动电压控制系统在启动过程、系统维护、版本升级、切换、异常工况等过程中不发出或执行控制指令。

19.1.12 调度自动化系统运行维护管理部门应结合本网实际，建立健全各项管理办法和规章制度，应包括但不限于制订和完善调度自动化系统运行管理规程、调度自动化系统运行管理考核办法、机房安全管理制度、系统运行值班与交接班制度、系统运行维护制度、运行与维护岗位职责和工作标准等。

19.1.13 应制订和落实调度自动化系统应急预案和故障恢复措施，系统和运行数据应定期备份。

19.1.14 按照有关规定的要求，结合一次设备检修或故障处理，定期对调度范围内厂站远动信息（含相量测量装置信息）进行测试。遥信传动试验应具有传动试验记录，遥测精度应满足相关规定要求。

19.1.15 调度端及厂站端应配备全站统一的卫星时钟设备和网络授时设备，对站内各种系统和设备的时钟进行统一校正。主时钟应采用双机双时钟源（北斗和GPS）冗余配置。时间同步装置应能可靠应对时钟异常跳变及电磁干扰等情况，避免时钟源切换策略不合理等导致输出时间的连续性和准确性受到影响。被授时系统（设备）对接收到的对时信息应做校验。

19.2 防止电力监控系统网络安全事故

19.2.1 电力监控系统（或电力二次系统，包括继电保护和安自装置、各类自动化系统、电力通信系统等）安全防护满足《中华人民共和国网络安全法》《电力监控系统安全防护规定》[国家发展改革委令第 14 号（2014 年）]、《电力监控系统网络安全防护导则》（GB/T 36572）等有关要求，建立健全网络安全防护体系（包括安全防护技术、应急备用措施、全面安全管理、不断发展完善），坚持"安全分区、网络专用、横向隔离、纵向认证"结构安全基本原则，落实网络安全防护措施与电力监控系统同步规划、同步建设、同步使用要求，确保电力监控系统安全防护体系完整、可靠，具有数据网络安全防护实施方案和网络安全隔离措施，分区合理、隔离措施完备、可靠，提高电力监控系统安全防护水平。禁止通过外部公共信息网直接对场站内设备进行远程控制和维护。

19.2.2 电力监控系统安全防护策略从边界防护逐步过渡到全过程安全防护，禁止选用经国家相关管理部门检测存在信息安全漏洞的设备，信息系统安全保护等级为安全四级的主要设备应满足电磁屏蔽的要求，全面形成具有纵深防御的安全防护体系。

19.2.3 生产控制大区内部的系统配置应符合规定要求，硬件应满足要求；生产控制大区一和二区之间应实现逻辑隔离，访问控制规则（ACL）应按最小化原则进行配置；连接生产控制大区和管理信息大区间应安装单向横向隔离装置；发电厂至上一级调度机构电力调度数据网之间应安装纵向加密认证装置，以上两装置应经过国家权威机构的测试和安全认证。

19.2.4 调度主站、变电站、统调发电厂生产控制大区的业务系统与终端的纵向通信应优先采用 OPGW 光纤通信的电力调度数据网等专用数据网络，并采取有效的防护措施；使用无线通信网或非电力调度数据网进行通信的，应设立安全接入区，并采用安全隔离、访问控制、安全认证及数据加密等安全措施。配电网自动化、用电负荷控制、风电场和光伏电站内部控制等业务可以采用无线通信方式，但必须采用网络安全防护措施，防止系统末梢的无线通信直接联入电力控制专用网络。

19.2.5 调度主站具有远方控制功能（如系统保护、精准切负荷等）的业务应采用人员、设备和程序的身份认证，具备数据加密等安全技术措施。

19.2.6 地级及以上调度机构应建设网络安全管理平台或网络安全态势感知系统，调管厂站侧应部署网络安全监测装置或网络安全态势感知采集装置，实现对调度控制系统、变电站监控系统、发电厂涉网监控系统网络安全事件的监视、告警、分析和审计功能。应建立配电自动化系统、负荷控制系统等其他电力监控系统及其终端的网络安全事件的监测和管理技术手段，并将重要告警信息及时传送至调度机构网络安全管理平台或网络安全态势感知系统。

19.2.7 火力发电厂分散控制系统与管理信息大区之间必须设置经国家指定部门检测认证的电力专用横向单向安全隔离装置。分散控制系统与生产控制大区其他业务之间至少应采用具有访问控制功能的设备、防火墙或者相当功能的设施，实现逻辑隔离。分散控制系统禁止采用安全风险高的通用网络服务功能。分散控制系统的重要业务系统内部通信应采用加密认证机制。

19.2.8 调度主站、变电站、发电厂电力监控系统工程建设和管理单位（部门）应严格按照安全防护要求，保障横向隔离、纵向认证、调度数字证书、网络安全监测等安全防护技术措施与电力监控系统同步建设，根据要求配置安全防护策略，验收合格方可开展业务调试。

19.2.9 变电站、发电厂电力监控系统安全防护实施方案应经过相应调度机构的审核，方案实施完成后应通过相应调度机构参与的验收。

19.2.10 调度主站、变电站、发电厂电力监控系统工程建设和管理单位（部门）应按照最小化原则，采取白名单方式对安全防护设备的策略进行合理配置。电力监控系统各类主机、网络设备、安防设备、操作系统、应用系统、数据库等应采用强口令，并删除缺省账户。应按照要求对电力监控系统主机及网络设备进行安全加固，关闭空闲的硬件端口，关闭生产控制大区禁用的通用网络服务。

19.2.11 调度主站、变电站、发电厂电力监控系统在设备选型及配置时，应使用国家指定部门检测认证的安全加固的操作系统和数据库，禁止选用经国家相关管理部门检测认定并通报存在漏洞和风险的系统和设备。生产控制大区中除安全接入区外，应禁止选用具有无线通信功能的设备。调度主站、变电站、发电厂生产控制大区各业务系统的调试工作，须采用经安全加固的便携式计算机及移动介质，严格按照调度分配的安全策略和网络资源实施；禁止违规连接互联网或跨安全大区直连。应加强现场作业人员的作业管控，禁止将未经病毒查杀的移动介质接入生产系统。

19.2.12 调度主站、变电站、发电厂电力监控系统在上线投运之前、升级改造之后应进行安全评估，不符合安全防护规定或存在严重漏洞的禁止投入运行。对于等级保护三级及以上系统和电力行业关键信息基础设施，系统上线前应聘请具备测评资质的机构开展等级保护测评，测评通过后方可允许并网。对于等级保护三级及以上系统和电力行业关键信息基础设施，应同步开展商用密码应用安全性评估工作。

19.2.13 严格控制生产控制大区局域网络的延伸，严格控制异地使用键盘、显示器、鼠标（KVM）功能，确需使用的应制订详细的网络安全防护方案并经主管部门审核。

19.2.14 调度主站、发电厂电力监控系统应在投入运行后30日内办理等级保护备案手续。已投入运行的电力监控系统，应按照相关要求定期开展等级保护测评及安全防护评估工作。针对测评、评估发现的问题，应及时完成整改。

19.2.15 调度主站、变电站、发电厂记录电力监控系统网络运行状态、网络安全事件的日志应保存不少于六个月。应对用户登录本地操作系统、访问系统资源等操作进行身份认证，根据身份与权限进行访问控制，并且对操作行为进行安全审计。应建立责权匹配的用户权限划分机制，落实用户实名制和身份认证措施。严格限制生产控制大区拨号访问和远程运维。

19.2.16 调度主站、发电厂应将病毒库、木马库以及入侵检测系统（IDS）规则库更新至六个月内最新版本，在生产控制大区，病毒库、木马库经事先测试对业务系统无影响后进行。

19.2.17 调度主站、变电站、发电厂应重点加强内部人员的保密教育、录用离岗等的管理，并定期组织安全防护专业人员技术培训。应对厂家现场服务人员进行网络安全教育，签订安全承诺书，严格控制其工作范围和操作权限。

19.2.18 调度主站应加强并网发电企业涉网安全防护的技术监督。禁止各类发电厂生产控制大区任何形式的非法外联，禁止主机设备跨安全区直连，严禁设备厂商或其他服务企业远程进行电力监控系统的控制、调节和运维操作，完善并网发电企业涉网网络安全分区分域体系架构，增强新能源等并网发电企业涉网部分物理安全防护和网络准入，严禁远程集控采用非安全通信方式，严禁将与调度机构通信的远动装置用于给非调度机构的其他单位转发数据。

19.2.19 电力监控系统的运维单位（部门）应制订和落实电力监控系统应急预案和故障恢复措施，并定期演练。应定期对关键业务的数据与系统进行备份，建立历史归档数据的异地存放制度。

19.2.20 当电力监控系统遭受网络攻击，发生危害网络安全的事件时，运维单位（部门）应按照应急预案，立即采取处置措施，并向上级调度机构以及主管部门报告。对电力监控系统安全事件紧急及重要告警应立即处置，对发现的漏洞和风险应限期整改。

19.2.21 调度主站、变电站、发电厂应配置运维网关（堡垒机）、专用安全U盘、专用运维终端等运维装备，在监控后台等重要主机具备U盘监视功能，拆除或禁用不必要的光驱、USB接口、串行口等，严格管控移动介质接入生产控制大区。

19.2.22 调度主站应逐步采用基于可信计算的安全免疫防护技术，形成对病毒木马等恶意代码的自动免疫。重要电力监控系统和设备应逐步推广应用以密码硬件为核心的可信计算技术，用于实现计算环境和网络环境安全免疫，免疫未知恶意代码，防范有组织的、高级别的恶意攻击。严禁重要电力控制系统现场修改程序代码，程序代码修改后必须经过专业检测和真型动态模拟测试，且通过安全可信封装保护和安全可信度量，并在备用设备上实测无误后，方可投入在线运行。

19.2.23 应将网络安全管理融入电力安全生产管理体系，对全体人员（包括内部人员和外部调试或测试人员）、全部设备（包括安全设备和生产设备等）、全生命周期进行全方位的安全管理。电力监控系统的设计研发、安装调试、运行维护和退役销毁的全生命周期，采集、传输和控制等各环节均应严格考虑安全防护技术。

19.2.24 电力监控系统可采用控制专用云技术，但必须与社会公有云及企业管理云实施安全隔离；可采用控制专用物联网技术，但必须与社会公有物联网及企业管理物联网实施安全隔离。

19.3 防止电力通信网事故

19.3.1 电力通信网的网络规划、设计和改造计划应与电力发展相适应，并保持适度超前，统筹业务布局和运行方式优化，充分满足各类业务应用需求，避免生产控制类业务过度集中承载，强化通信网薄弱环节的改造力度，力求网络结构合理、运行灵活、坚强可靠和协调发展。

19.3.2 通信设备选型应与现有网络使用的设备类型一致，保持网络完整性。承载110kV及以上电压等级输电线路生产控制类业务的光传输设备应支持双电源供电，核心板卡应满足冗余配置要求。220kV及以上新建输变电工程应同步设计、建设线路本体光缆。

19.3.3 电力新建、改（扩）建等工程需对原有通信系统的网络结构、安装位置、设备配置、技术参数进行改变时，工程建设单位应委托设计单位对通信系统进行设计，深度应达到初步设计要求，经相关电力通信管理部门同意后，按照电力新建、改（扩）建工程建设程序开展相关工作。现场设备的接口和协议应满足通信系统的要求。必要时应根据实际情况制订通信系统过渡方案。

19.3.4 电力调度机构、集控中心（站）、220kV及以上电压等级厂站和通信枢纽站应具备两条及以上完全独立的光缆敷设沟道（竖井）。同一方向的多条光缆或同一传输系统不同方向的多条光缆应避免同路由敷设进入通信机房和主控室。

19.3.5 省级及以上电力调度机构应具备三条及以上全程不同路由的出局光缆接入骨干通信网。省级及以上电力备用调度机构、地（市）级调度机构应具备两条及以上全程不同路由的出局光缆接入骨干通信网。

19.3.6 通信光缆或电缆应避免与一次动力电缆同沟（架）布放，并完善防火阻燃和阻火分隔等各项安全措施，绑扎醒目的识别标志；如不具备条件，应采取电缆沟（竖井）内部分隔离等措施进行有效隔离。新建通信站应在设计时与全站电缆沟（架）统一规划，满足以上要求。

19.3.7 电力调度机构与直调发电厂及重要变电站调度自动化实时业务信息的传输应具有两路不同路由的通信通道（主／备双通道）。调度厂站应具有两种及以上通信方式的调度电话，满足"双设备、双路由、双电源"的要求，且至少保证有一路单机电话。省调及以上调度及许可厂站应至少具备一种光纤通信手段。

19.3.8 同一条220kV及以上电压等级线路的两套继电保护通道、同一系统的有主／备关系的两套安全自动装置通道应至少采用两条完全独立的路由；均采用复用通道的，应由两套独立的通信传输设备分别提供，且传输设备均应由两套电源供电，满足"双设备、双路由、双电源"的要求。

19.3.9 双重化配置的继电保护、安全自动控制光电转换接口装置的直流电源应取自不同的电源。单电源供电的继电保护接口装置和为其提供通道的单电源供电通信设备，如外置光放大器、脉冲编码调制设备（PCM）、载波设备等，应由同一套电源供电。

19.3.10 在配置双套通信直流供电系统（含通信高频开关电源和通信用直流变换电源系统）的厂站，具备双电源接入功能的通信设备应由两套电源独立供电。禁止两套电源负载侧形成并联。

19.3.11 电力调度机构、330kV及以上电压等级变电站、通信枢纽站应配备两套独立的通信高频开关电源。每套通信高频开关电源应有两路分别取自不同母线的交流输入，并具备相互独立的自动切换功能。通信高频开关电源每个整流模块交流输入侧应加装独立的断路器。

19.3.12 每套通信直流供电系统的整流或变换模块配置总数量不应少于3块。通信站蓄电池组供电后备时间不少于4h，地处偏远的无人值班通信站应大于抢修人员携带必要工器具抵达通信站的时间且不小于8h。

19.3.13 电力调度机构、330kV及以上电压等级变电站、通信枢纽站的通信机房，应配备不少于两套具备独立控制和来电自启功能的专用机房空调，在空调"N-1"情况下机房温度、湿度应满足设备运行要求,且空调电源不应取自同一路交流母线。空调送风口不应处于机柜正上方。

19.3.14 通信高频开关电源与机房空调不应共用机房交流配电屏。电源监控系统应采用站内通信直流供电系统、UPS等具备后备时间的供电方式。

19.3.15 通信机房、通信设备(含电源设备)的防雷和过电压防护能力应满足电力系统通信站防雷和过电压防护相关标准、规定的要求。

19.3.16 跨越高速铁路、高速公路和重要输电通道("三跨")的架空输电线路区段光缆不应使用全介质自承式光缆(ADSS),宜选用全铝包钢结构的光纤复合架空地线(OPGW)。

19.3.17 电力一次系统配套通信项目应随电力一次系统建设同步设计、同步实施、同步投运,以满足电力发展需要。

19.3.18 通信设备应在安装、调试、入网试验等各个阶段严格执行电力系统通信运行管理和工程建设、验收等方面的标准、规定。

19.3.19 应从保证工程质量和通信设备安全稳定运行的要求出发,合理安排新建、改建和技改工程的工期,严格把好质量关,满足提前调试的条件,不得因赶工期减少调试项目,降低调试质量。

19.3.20 用于传输继电保护和安全自动装置业务的通信通道投运前应进行测试验收,其传输时延、误码率、倒换时间等技术指标应满足《继电保护和安全自动装置技术规程》(GB/T 14285)和《光纤通道传输保护信息通用技术条件》(DL/T 364)的要求。传输线路电流差动保护的通信通道应满足收、发路径和时延相同的要求。

19.3.21 通信高频开关电源系统投运前应进行双交流输入切换试验、电源系统告警信号的校核验证。通信蓄电池组投运前应进行全核对性放电试验。通信设备投运前应进行双电源倒换测试。

19.3.22 安装调试人员应严格按照通信业务运行方式单的内容进行设备配置和接线。通信调度应在业务开通前与现场工作人员核对通信业务运行方式单的相关内容,确保业务图实相符。

19.3.23 严格按照OPGW及其他光缆施工工艺要求进行施工。OPGW光缆应在进站门型架顶端、最下端固定点(余缆前)和光缆末端分别通过匹配的专用接地线可靠接地,其余部分应与构架绝缘。采用分段绝缘方式架设的输电线路OPGW光缆,绝缘段接续塔引下的OPGW光缆与构架之间的最小绝缘距离应满足安全运行要求,接地点应与构架可靠连接。

19.3.24 OPGW、ADSS等光缆在进站门型架处应悬挂醒目光缆标识牌。应防止引入光缆封堵不严或接续盒安装不正确,造成光缆保护管内或接续盒内进水结冰,导致光纤受力引起断纤故障的发生。引入光缆应采用阻燃、防水功能的非金属光缆,并在沟道内全程穿防护子管或使用防火槽盒。引入光缆从门型架至电缆沟地埋部分应全程穿热镀锌钢管,钢管应全程密闭并与站内接地网可靠连接,钢管埋设路径上应设置地埋光缆标识或标牌,钢管地面部分应与构架固定。

19.3.25 直埋光缆(通信电缆)在地面应设置清晰醒目的标识。承载继电保护、安全自动装置业务的专用通信线缆、配线端口等应采用醒目颜色的标识。

19.3.26 通信设备应采用独立的断路器或直流熔断器供电，禁止并接使用。各级断路器或熔断器保护范围应逐级配合，下级不应大于其对应的上级断路器或熔断器的额定容量，避免出现越级跳闸，导致故障范围扩大。

19.3.27 通信机房应满足密闭防尘和温度、湿度要求，不宜安装窗户，若有窗户应具备遮阳功能，防止阳光直射机柜和设备。

19.3.28 各级通信调度负责监视及控制所辖范围内通信网的运行情况，指挥、协调通信网故障处理。通信调度员应具有较强的判断、分析、沟通、协调和管理能力，熟悉所辖通信网络状况和业务运行方式，上岗前应进行培训和考核。

19.3.29 通信站内主要设备及机房动力环境的告警信号应上传至24h有人值班的场所。通信电源系统及为通信设备供电的其他电源系统的状态及告警信息应纳入实时监控，满足通信运行要求。

19.3.30 通信蓄电池组核对性放电试验周期不得超过两年，运行年限超过4年的蓄电池组，应每年进行一次全核对性放电试验。蓄电池单体浮充电压应严格按照电源运行规程设定，避免造成蓄电池欠充或过充。

19.3.31 通信直流供电系统新增负载时，应及时核算电源及蓄电池组容量，如不满足安全运行要求，应对电源实施改造或调整负载。每年春、秋检期间应对电源系统进行负荷校验、主备切换试验、告警信息验证。

19.3.32 连接两套通信直流供电系统的直流母联断路器应采用手动切换方式。通信直流供电系统正常运行时，禁止闭合直流母联断路器。

19.3.33 通信检修工作应严格遵守电力通信检修管理规定相关要求，对通信检修票的业务影响范围、采取的措施等内容应严格审查核对，对影响一次电力生产业务的检修工作应按一次电力检修管理办法办理相关手续。严格按照通信检修票工作内容开展工作，严禁超范围、超时间检修。

19.3.34 通信运行部门应与电力一次线路建设、运维及市政施工部门建立沟通协调机制，避免因电力建设、检修或市政施工对光缆运行造成影响。对可能影响电力通信光缆正常运行的城市施工，电力通信运行部门应提前告知建设单位电力通信光缆的保护要求，现场确认防止光缆中断的措施落实情况，并告知光缆受损或中断后采取的措施。项目建设单位应配合做好电力通信光缆的保护和应急处置。

19.3.35 通信运行部门应与一次线路建设、运行维护部门建立工作联系制度。因一次线路施工或检修对通信光缆造成影响时，一次线路建设、运行维护部门应提前通知通信运行部门，并按照电力通信检修管理规定办理相关手续，如影响上级通信电路，应报上级通信调度审批后，方可批准办理开工手续。防止人为原因造成通信光缆非计划中断。

19.3.36 检修施工单位需要同时办理电力和通信检修申请时，应在得到电力调度和通信调度"双许可"后，方可开展检修工作。

19.3.37 线路运行维护部门应结合线路巡检每半年对 OPGW 光缆进行专项检查，并将检查结果报通信运行部门。通信运行部门应每半年对 ADSS 和普通光缆进行专项检查，重点检查站内及线路光缆的外观、接续盒固定线夹、接续盒密封垫等，并对光缆备用纤芯的衰耗特性进行测试对比。

19.3.38 每年雷雨季节前应对接地系统进行检查和维护。检查连接处是否紧固、接触是否良好、接地引下线有无锈蚀、接地体附近地面有无异常，必要时应开挖地面，抽查地下隐蔽部分锈蚀情况。独立通信站、综合大楼接地网的接地电阻应每年进行一次测量，变电站通信接地网应纳入变电站接地网测量内容和周期。微波塔上除架设本站必须的通信装置外，不得架设或搭挂可构成雷击威胁的其他装置。

19.3.39 加强通信设备、网管系统运行管理，落实数据备份、病毒防范和网络安全防护要求。通信网管应定期开展网络安全等级保护定级备案和测评工作，及时整改测评中发现的安全隐患。

19.3.40 应定期开展机房和设备除尘工作。每季度应对通信设备的滤网、防尘罩等进行清洗，做好设备防尘、防虫工作。

19.3.41 通信设备检修或故障处理中，应严格按照通信设备和仪表使用手册进行操作，避免误操作或对通信设备及人员造成损伤。在采用光时域反射仪测试光纤时，应断开对端通信设备；在插拔拉曼放大器尾纤时，应先关闭泵浦激光器。

19.3.42 调度交换机运行数据应每月进行备份，当系统数据变动时，应及时备份。调度录音系统应每周进行检查，确保运行可靠、录音效果良好、录音数据准确无误、存储容量充足。调度录音系统服务器应保持时间同步。

19.3.43 因通信设备故障、施工改造或电路优化工作等原因，需要对原有通信业务运行方式进行调整时，如在 48h 之内不能恢复原运行方式，应编制和下达新的通信业务运行方式单。

19.3.44 落实通信专业在电网大面积停电及突发事件发生时的组织机构和技术保障措施；完善各类通信设备和系统的现场处置方案和应急预案，定期开展反事故演习，检验应急预案的有效性，提高通信网预防和应对突发事件的能力。

19.3.45 架设有通信光缆的一次线路计划退运前，应通知相关通信运行管理部门，并根据业务需要制订改造调整方案，确保通信系统可靠运行。

19.4 防止信息系统事故

19.4.1 信息系统的需求阶段应充分考虑到信息安全，进行风险分析，开展等级保护定级工作；设计阶段应明确系统自身安全功能设计以及安全防护部署设计，形成专项信息安全防护设计。

19.4.2 加强信息系统开发阶段的管理，建立完善内部安全测试机制，确保项目开发人员遵循信息安全管理和信息保密要求，并加强对项目开发环境的安全管控，确保开发环境与实际运行环境安全隔离。

19.4.3 建立并完善信息系统安全管理机构，强化管理确保各项安全措施落实到位。

19.4.4 定期开展风险评估，并通过质量控制及应急措施消除或降低评估工作中可能存在的风险。

19.4.5 在技术上合理配置和设置物理环境、网络、主机系统、应用系统、数据等方面的设备及安全措施；在管理上不断完善规章制度，持续改善安全保障机制。

19.4.5.1 信息网络设备及其系统设备可靠，符合相关要求；总体安全策略、设备安全策略、网络安全策略、应用系统安全策略、部门安全策略等应正确，符合规定。

19.4.5.2 构建网络基础设备和软件系统安全可信，没有预留后门或逻辑炸弹。接入网络用户及网络上传输、处理、存储的数据可信，杜绝非授权访问或恶意篡改。

19.4.5.3 路由器、交换机、服务器、邮件系统、目录系统、数据库、域名系统、安全设备、密码设备、密钥参数、交换机端口、IP地址、用户账号、服务端口等网络资源统一管理。

19.4.6 信息系统上线前测试阶段，应严格进行安全功能测试、代码安全检测等内容；并按照合同约定及时进行软件著作权资料的移交。

19.4.7 通过灾备系统的实施做好信息系统及数据的备份，以应对自然灾难可能会对信息系统造成毁灭性的破坏。网络节点具有备份恢复能力，并能够有效防范病毒和黑客的攻击所引起的网络拥塞、系统崩溃和数据丢失。

19.4.8 信息系统投入运行前，应对访问策略和操作权限进行全面清理，复查账号权限，核实安全设备开放的端口和策略，确保信息系统投运后的信息安全；信息系统投入运行须同步纳入监控。

19.4.9 在信息系统运行维护、数据交互和调试期间，认真履行相关流程和审批制度，执行工作票和操作票制度，不得擅自进行在线调试和修改，相关维护操作在测试环境通过后再部署到正式环境。

19.4.10 配备信息安全管理人员，并开展有效的管理、考核、审查与培训。

19.4.11 加强网络与信息系统安全审计工作，安全审计系统要定期生成审计报表，审计记录应受到保护，并进行备份，避免删除、修改或破坏。

20 防止串联电容器补偿装置和并联电容器装置事故的重点要求

20.1 防止串联电容器补偿装置事故

20.1.1 应考虑串联电容器补偿装置（以下简称串补装置）接入后对差动保护、距离保护、重合闸等继电保护功能的影响。并应避免出现系统感性电抗小于串补容性电抗等继电保护无法适应的串补接入方式。

20.1.2 当电源送出系统装设串补装置时，应进行串补装置接入对发电机组次同步振荡的影响分析，当存在次同步振荡风险时，应确定抑制次同步振荡的措施。

20.1.3 应通过对电力系统区内外故障、暂态过载、短时过载和持续运行等顺序事件进行校核，以验证串补装置的耐受能力。

20.1.4 电容器组

20.1.4.1 串联电容器应采用双套管结构。

20.1.4.2 串联电容器绝缘介质的平均电场强度不应高于 57kV/mm。

20.1.4.3 单只电容器的耐爆容量应不小于 18kJ，电容器的并联数量应考虑电容器的耐爆能力。

20.1.4.4 电容器之间的连接线应采用软连接。

20.1.4.5 电容器组初始不平衡电流应不大于电容器组不平衡电流告警值的 30%。

20.1.4.6 运行中应重点关注电容器组不平衡电流值，当确认该值发生越限告警时，应在一周内安排串补装置检修。

20.1.5 金属氧化物限压器（MOV）

20.1.5.1 MOV 的能耗计算应考虑系统发生区内和区外故障（包括单相接地故障、两相短路故障、两相接地故障和三相接地故障）以及故障后线路摇摆电流流过金属氧化物限压器过程中积累的能量，还应计及线路保护的动作时间与重合闸时间对金属氧化物限压器能量积累的影响。

20.1.5.2 新建串补装置的 MOV 热备用容量裕度应大于 10% 且不少于 3 单元／平台。

20.1.5.3 新建串补装置的 MOV 应采用复合外套。

20.1.6 阻尼装置

20.1.6.1 线路短路故障导致串补跳闸后，应检查故障相电容器高频放电电流频率和衰减速度，若放电电流频率超出设计值，应考虑阻尼装置损坏，尽快安排串补装置检修。

20.1.7 火花间隙

20.1.7.1 火花间隙的强迫触发电压应不高于 1.8p.u.，无强迫触发命令时拉合串补装置相关隔离开关不应出现间隙误触发。

20.1.7.2 火花间隙动作次数超过厂家规定值时进行检查。若动作次数长期未超过厂家规定值，运行单位应根据线路及串补运行情况定期进行检查。检查项目应包括间隙距离检查、表面清洁及触发回路功能试验。

20.1.7.3 应检查串补装置保护触发火花间隙功能，验证间隙能可靠击穿。

20.1.8 电流互感器和平台取能设备

20.1.8.1 串补装置平台上控制保护设备电源应能在激光电源供电、平台取能设备供电之间平滑切换。对于单一激光回路供能设备，激光供能回路应冗余配置，其中一回供能回路出现问题应不影响设备正常运行。线路故障时，串补装置平台上的控制保护设备的供电应不受影响。

20.1.9 光纤柱

20.1.9.1 光纤柱中包含的信号光纤和激光供能光纤不应采用光纤转接设备，并应有100%的备用芯数量。

20.1.9.2 串补装置平台到控制保护室的光纤损耗不应超过3dB。

20.1.10 串补平台抗干扰措施

20.1.10.1 串补装置平台上测量及控制箱的箱体应采用密闭良好的金属壳体，箱门四边金属应与箱体可靠接触，避免外部电磁干扰辐射进入箱体内。

20.1.10.2 串补装置平台上各种电缆应采取有效的一、二次设备间的隔离和防护措施，如电磁式电流互感器电缆应外穿与串补装置平台及所连接设备外壳可靠连接的金属屏蔽管；电缆头制作工艺应符合要求；应尽量减少电缆长度；串补装置平台上采用的电缆绝缘强度应高于控制室内控制保护设备采用的电缆强度；接入串补装置平台上测量及控制箱的电缆应增加防扰措施。

20.1.11 控制保护系统

20.1.11.1 控制保护系统应采取必要的电磁干扰防护措施，串补装置平台上的控制保护设备所采用的电磁干扰防护能力应高于控制室内的控制保护设备。控制及保护设备应就地与等电位接地网可靠连接。

20.1.11.2 在线路保护跳闸经长电缆联跳旁路断路器的回路中，应在串补装置控制保护开入量前一级采取防止直流接地或交、直流混线时引起串补控制保护开入量误动作的措施。

20.1.11.3 在串补装置遇到区内外故障或拉合串补相关隔离开关时，串补装置控制保护不应出现误动作或误发告警的情况。

20.1.11.4 串补装置的保护应完全双重化配置。

20.1.12 串补运行方式操作

20.1.12.1 串补装置停电检修时运行人员应将二次操作电源断开，将相关联跳线路保护的连接片断开。

20.2 防止高压并联电容器装置事故

20.2.1 高压并联电容器

20.2.1.1 加强高压并联电容器工作场强控制，在压紧系数为1（即$K=1$）条件下，全膜电容器绝缘介质的平均场强不得大于 57kV/mm。

20.2.1.2 电容器组每相每一并联段并联总容量不大于 3900kvar（包括 3900kvar）；单台电容器耐爆容量不低于 15kJ。

20.2.1.3 电容器单元选型时应采用内熔丝结构，电容器组禁止采用外熔断器和内熔丝保护混用。

20.2.1.4 高压直流输电系统用交流并联电容器及交流滤波电容器在设计环节应有防鸟害措施。

20.2.1.5 电容器端子间或端子与汇流母线间的连接应采用带绝缘护套的软铜线。

20.2.1.6 新安装电容器的汇流母线宜采用铜排。

20.2.1.7 同一型号产品必须提供满足国标覆盖要求的老化试验报告。对每一批次产品，制造厂需提供能覆盖此批次产品的老化性试验报告。

20.2.1.8 加强电容器设备的交接验收工作。

20.2.1.8.1 电容器例行停电试验时要求定期进行电容器组单台电容器电容量的测量，应使用不拆连接线的测量方法。对于内熔丝电容器，当电容量减少超过铭牌标注电容量的 3% 时，应退出运行，避免电容器带故障运行而发展成扩大性故障。对于无内熔丝的电容器，一旦发现电容量增大超过一个串段击穿所引起的电容量增大，应立即退出运行，避免电容器带故障运行而发展成扩大性故障。

20.2.1.9 采用自动电压控制（AVC）等自动投切系统控制的多组电容器投切策略应保持各组投切次数均衡，避免反复投切同一组，而其他组长时间闲置。近1个年度内投切次数达到1000次时，自动投切系统应闭锁投切。对投切次数达到1000次的电容器组连同其断路器均应及时进行例行检查及试验，确认设备状态完好后应及时解锁。

20.2.2 外熔断器

20.2.2.1 安装五年以上的外熔断器应及时更换。

20.2.3 串联电抗器

20.2.3.1 电抗器的电抗率应根据并联电容器装置接入电网处的背景谐波含量的测量值选择，必须避免同谐波发生谐振或谐波过度放大，运行中谐波电流应不超过标准要求。已配置抑制谐波用串联电抗器的电容器组，禁止减容量运行。

20.2.3.2 35kV 及以下户内串联电抗器应选用干式铁心或油浸式电抗器。户外串联电抗器优先选用干式空心电抗器，当户外现场安装环境受限而无法采用干式空心电抗器时，应选用油浸式电抗器。

20.2.3.3 新安装干式空心电抗器不应采用叠装结构，避免电抗器单相事故发展为相间事故。

20.2.3.4 并联电容器用干式串联电抗器应安装电容器组首端，在系统短路电流大的安装点应校核其动、热稳定性。

20.2.3.5 330kV及以上变电站用干式空心电抗器设备交接时，具备条件时宜进行匝间耐压试验，试验电压取出厂值的80%。

20.2.3.6 在使用环境温度低于-40℃时，户外安装的串联电抗器应采用油浸铁心电抗器。

20.2.4 放电线圈

20.2.4.1 放电线圈首末端必须与电容器首末端相连接。

20.2.4.2 新安装放电线圈应采用全密封结构。对已运行的非全密封放电线圈应加强绝缘监督，发现受潮现象应及时更换。

20.2.5 避雷器

20.2.5.1 电容器组过电压保护用金属氧化物避雷器接线方式应采用星形接线，中性点直接接地方式。

20.2.5.2 电容器组过电压保护用金属氧化物避雷器应安装在紧靠电容器组高压侧入口处位置。

20.2.5.3 选用电容器组用金属氧化物避雷器时，应充分考虑其通流容量。避雷器的2ms方波通流能力应满足标准中通流容量的要求。

20.2.6 电容器组保护

20.2.6.1 采用电容器成套装置，应要求厂家提供保护计算方法和保护整定值。

21 防止直流换流站设备损坏和单双极强迫停运事故的重点要求

21.1 防止换流阀损坏事故

21.1.1 加强换流阀及阀控系统设计、制造、安装、投运的全过程管理，明确专责人员及其职责。

21.1.2 对于换流阀及阀控系统，应进行赴厂监造和验收。监造验收工作结束后，赴厂人员应提交监造报告，并作为设备原始资料分别交建设和运行单位存档。

21.1.3 新建直流工程每个单阀中应具有一定数量的冗余晶闸管。各单阀中的冗余晶闸管数应不小于12个月运行周期内损坏的晶闸管数期望值的2.5倍，且不应少于3级晶闸管。

21.1.4 换流阀应采用阻燃材料，并消除火灾在换流阀内蔓延的可能性。阀厅应安装响应时间快、灵敏度高的火情早期检测报警装置。阀厅火灾报警系统宜投跳闸，确保阀厅出现火情时能够及时停运直流，并自动停运阀厅空调通风系统。

21.1.5 换流阀安装期间，阀塔内部各水管接头应用力矩扳手紧固，并做好标记。换流阀及阀冷系统安装完毕后应进行冷却水管道压力试验。

21.1.6 换流阀冷控制保护系统至少应双重化配置。阀冷控制系统应具备手动切换和系统故障情况下自动切换功能，防止单一元件故障不经系统切换直接跳闸出口。作用于跳闸的传感器应按照三套独立冗余配置，保护按照"三取二"原则出口，当一套传感器故障时，采用"二取一"或"二取二"逻辑出口；当两套传感器故障时，采用"一取一"逻辑出口。当阀冷保护检测到严重泄漏、主水流量过低或者进阀水温过高时，应自动停运直流系统，以防止换流阀损坏。

21.1.7 换流阀内冷系统主泵切换延时引起流量变化时，仍应满足换流阀对水冷系统最小流量的要求。换流阀内冷系统投运前的调试期间应开展主泵切换试验。

21.1.8 设计阀外风冷系统时，应充分考虑环境温度、安装位置等因素的影响，具备足够的冷却裕度。应考虑现场热岛效应，设计最高温度应在气象统计最高温度的基础上增加3～5℃。

21.1.9 冷却系统管道不允许在换流站阀冷系统安装施工现场切割焊接。现场安装前及水冷分系统试验后，应充分清洗直至换流阀冷却水满足水质要求。

21.1.10 阀控系统应实现完全冗余配置，除光发射板、光接收板和背板外，其他板卡应能够在换流阀不停运的情况下进行故障处理。阀控系统应全程参与直流控制保护系统联调试验。当直流控制系统接收到阀控系统的跳闸命令后，应先进行系统切换。

21.1.11 换流阀外水冷系统缓冲水池应配置两套水位监测装置，并设置高低水位报警。喷淋泵首次启动应检测缓冲水池水位，水位低时禁止启动。喷淋泵运行时，出现缓冲水池水位低报警时禁止停运喷淋泵。

21.1.12 换流阀外风冷系统风扇电动机、换流阀外水冷系统风扇电动机及其接线盒应采取防潮防锈措施。

21.1.13 在寒冷地区，阀外冷系统冷却器应装设于防冻棚内，配置足够裕度的暖风机，且具备低温自动启动、手动启动功能，避免低温天气下阀冷系统设备结冰或冻裂。

21.1.14 阀厅设计应根据当地历史气候记录，适当提高阀厅屋顶的设计与施工标准，防止大风掀翻屋顶，保证阀厅的防雨、防尘性能。

21.1.15 阀厅屋顶及室内巡视通道设计应考虑可靠的安全措施，避免人员跌落。

21.1.16 运行期间应记录和分析阀控系统的报警信息，掌握晶闸管、光纤、板卡的运行状况。当单阀内晶闸管故障数达到跳闸值 -1 时，应申请停运直流系统并进行全面检查，更换故障元件，查明故障原因后方可再投入运行，避免发生击穿或误闭锁。

21.1.17 运行期间应定期对换流阀设备进行红外测温，必要时进行紫外检测，出现过热、弧光等问题时应密切跟踪，必要时申请停运直流系统处理。若发现火情，应立即停运直流系统，采取灭火措施，避免事故扩大。

21.1.18 检修期间应对内冷水系统水管进行检查，发现水管接头松动、磨损、渗漏等异常要及时分析处理。

21.1.19 晶闸管换流阀运行 15 年后，每 3 年应随机抽取部分晶闸管进行全面检测和状态评估。

21.1.20 新建换流站附近应有可靠水源，其水量和水质应满足换流站消防事故情况下救援、应急抢修需要。

21.2 防止换流变压器（油浸式平波电抗器）事故

防止换流变压器（油浸式平波电抗器）事故参考"防止大型变压器损坏和互感器事故"措施执行，还应注意以下方面。

21.2.1 换流变压器及油浸式平波电抗器阀侧套管不宜采用充油套管。换流变压器及油浸式平波电抗器穿墙套管的封堵应使用非导磁材料。换流变压器及油浸式平波电抗器阀侧套管类新产品应充分论证，并严格通过试验考核后再在直流工程中使用。

21.2.2 换流变压器及油浸式平波电抗器应配置带胶囊的储油柜，储油柜容积应不小于本体油量的 8%～10%，胶囊宜采用丁腈橡胶材质。

21.2.3 换流变压器保护应采用三重化或双重化配置。采用三重化配置的按"三取二"逻辑出口，采用双重化配置的每套保护装置中应采用"启动＋动作"逻辑。新建和改建工程换流变压器非电量保护跳闸触点应满足非电量保护三重化配置的要求，按照"三取二"原则出口。

21.2.4 换流变压器回路电流互感器、电压互感器二次绕组应满足保护冗余配置的要求。

21.2.5 换流变压器、油浸式平波电抗器户外布置时，气体继电器、油流速动继电器、压力释放阀等非电量保护装置及表计应加装防雨罩并采取措施，防止带电运行过程中防雨罩损伤电缆；非电量保护装置接线盒的引出电缆应以垂直 U 形方式接入继电器接线盒，避免高挂低用；电缆护套应具有防进水、防积水保护措施，防止雨水顺电缆倒灌。换流变压器分接开关不应配置浮球式的油流继电器。

21.2.6 采用 SF_6 气体绝缘的换流变压器及油浸式平波电抗器套管、穿墙套管、直流分压器等应配置 SF_6 压力或密度继电器，并分级设置报警和跳闸。作用于跳闸的非电量保护继电器应设置 3 副独立的跳闸接点，以便在非电量元件采用"三取二"原则出口，3 个开入回路要独立，不允许多副跳闸接点并联上送，"三取二"出口判断逻辑装置及其电源应冗余配置。

21.2.7 换流变压器、油浸式平波电抗器故障跳闸后，应自动切除潜油泵。

21.2.8 换流变压器、油浸式平波电抗器就地控制柜、冷却器控制柜和有载分接开关机构箱应满足电子元器件长期工作环境条件要求且便于维护，控制柜内直流工作电源与直流信号电源应独立。

21.2.9 换流变压器铁心及夹件引出线采用不同标识，并引出至运行中便于测量的位置。

21.2.10 换流变压器及油浸式平波电抗器应配置成熟、可靠的在线监测装置，并将在线监测信息送至后台集中分析。

21.2.11 运行期间，换流变压器及油浸式平波电抗器的重瓦斯保护以及换流变压器有载分接开关油流保护应投跳闸。

21.2.12 换流变压器、油浸式平波电抗器应配置油中溶解气体在线监测装置。油中溶解气体在线监测装置采购时应满足入网检测要求；对基建和改造安装的油中溶解气体在线监测装置，到货后应做好安装、验收、运行、运维、检验等工作。

21.2.13 定期对换流变压器及油浸式平波电抗器进行红外测温，套管本体和端子导体的温度（精确测温）不应有跃变；相邻相间套管本体和端子的导体温度（精确测温）不应有明显差异。

21.2.14 换流变压器分接开关挡位不一致时，首先通过远方手动操作等方式将异常相换流变压器分接开关挡位调至与正常相挡位相同。异常相分接开关无法调节且与正常相挡位差达到 2 挡及以上，可调整正常相分接开关挡位与异常相挡位相差 1 挡，故障处理过程中应避免保护动作，必要时申请换流变压器停运。

21.2.15 换流变压器和油浸式平波电抗器投运前应检查套管末屏端子接地良好。若需更换末屏分压器，应确认分压器电容与套管主电容满足匹配关系。

21.2.16 平波电抗器气体继电器与储油柜相连的波纹联管应为刚性连接，降低气体继电器振动加速度，避免共振。

21.3 防止失去站用电事故

21.3.1 换流站的站用电源设计应配置三路独立、可靠电源，其中至少有一回应从站内交流系统引接。若三路电源中有两路取自站外，则两路站外电源应取自不同电源点，且为专线供电，不得采用 T 接、迂回供电和同杆架设方式。

21.3.2 站用电系统 10kV 母线和 400V 母线均应配置备用电源自动投切功能，并与阀外冷系统电源切换装置的动作时间逐级配合，确保不因站用电源切换导致单、双极闭锁。

21.3.3 换流阀内冷却系统两台主泵应冗余配置、主泵电源应相互独立并取自不同的400V母线段。换流阀外冷却系统由两路400V电源经电源切换装置分塔分段供电。换流变压器冷却系统由两路400V电源经电源切换装置供电。

21.3.4 站用电系统及阀冷却系统应在系统调试前完成各级站用电源切换、定值检定、内冷却水主泵切换试验。

21.3.5 直流换流站直流电源应采用三台充电、浮充电装置，两组蓄电池组、3条直流配电母线（直流a、b和c母线）的供电方式。a、b两条直流母线为电源双重化配置的设备提供工作电源，c母线为电源非双重化的设备提供工作电源。双重化配置的二次设备的信号电源应相互独立，分别取自直流母线a段或者b段。

21.3.6 当失去一路站用电源时应尽快恢复其供电。当仅剩一路电源时，换流站应立即向调度机构汇报。

21.4 防止外绝缘事故

21.4.1 在设计阶段，应充分考虑当地污秽等级，结合直流设备易积污的特点，参考当地长期运行经验及环境污染发展情况，并进行专题研究来设计直流场设备外绝缘强度。

21.4.2 对于新电压等级的直流工程，应通过绝缘配合计算合理选择避雷器参数。

21.4.3 密切跟踪换流站周围污染源及污秽度的变化情况，加强环境气象监测，应定期开展污秽度及污闪风险评估，据此及时采取相应措施使设备爬电比距与所处地区的污秽等级相适应。

21.4.4 每年应对已喷涂防污闪涂料的直流场设备绝缘子进行憎水性检查，及时对破损或失效的涂层进行重新喷涂。若绝缘子的憎水性下降到3级，应考虑重新喷涂。

21.4.5 定期对直流场设备进行红外测温，建立红外图谱档案，进行纵、横向温差比较，便于及时发现隐患并处理。

21.4.6 恶劣天气下加强设备的巡视，检查跟踪设备放电情况。发现设备出现异常放电后，及时汇报，必要时申请降压运行或停电处理。若发现交流滤波器开关有放电现象，应申请调度暂停功率调整，减少交流滤波器开关分合操作。

21.5 防止直流控制保护设备事故

21.5.1 直流控制系统应采用完全冗余的双重化配置。每套控制系统应有独立的硬件设备，包括主机、板卡、电源、输入输出回路和控制软件，每极各层控制设备间、极间不应有公用的输入/输出（I/O）设备。在两套控制系统均可用的情况下，一套控制系统任一环节故障时，应不影响另一套系统的运行，也不应导致直流闭锁。

21.5.2 直流保护应采用分区设置，各区域交界面应相互重叠，防止出现保护死区。每一区域均应配置主、后备保护。

21.5.3 采用双重化配置的直流保护（含换流变压器保护及交流滤波器保护），每套保护应采用"启动+动作"逻辑,"启动和动作"元件及回路应完全独立。采用三重化配置的直流保护(含换流变压器保护),每套保护测量回路应独立,应按"三取二"逻辑出口,任一"三取二"模块故障也不应导致保护误动和拒动。电子式电流互感器的远端模块至保护装置的回路应独立,纯光纤式电流互感器测量光纤及电磁式电流互感器二次绕组至保护装置的回路应独立。

21.5.4 直流控制保护系统应具备完善、全面的自检功能,自检到主机、板卡、总线、测量等故障时应根据故障级别进行报警、系统切换、退出运行、停运直流系统等操作,且给出准确的故障信息。直流保护系统检测到测量异常时应可靠退出相关保护功能,测量恢复正常后应确保保护出口复归再投入相关保护功能,防止保护不正确动作。

21.5.5 直流控制保护系统的参数应由成套设计单位通过系统仿真计算、设备能力校核给出设计值,经过二次设备联调试验验证。当电网结构发生变化时,成套设计单位应对控制保护系统参数的适应性进行校核。

21.5.6 直流光电流互感器二次回路应简洁、可靠,光电流互感器输出的数字量信号宜直接输入直流控制保护系统,避免经多级数模、模数转化后接入。

21.5.7 直流控制保护装置安装应在控制室、继电器室等建筑物土建施工完成并且联合验收合格后进行,不得与土建施工同时进行。在设备室达到要求前,不应开展控制保护设备的安装、接线和调试;在设备室内开展可能影响洁净度的工作时,须采用完好塑料罩等做好设备的密封防护措施。当施工造成设备内部受到污秽、粉尘污染时,应返厂清洗并经测试正常后方可使用;如污染导致设备运行异常,应整体更换设备。

21.5.8 换流站所有跳闸出口触点均应采用常开触点。

21.5.9 换流站户外端子箱、接线盒、插头等防护等级(IP)最低应达到 IP55。

21.5.10 现场注意控制直流控制保护系统运行环境,监视主机板卡的运行温度、清洁度,运行条件较差的控制保护设备可加装小室、空调或空气净化器。

21.5.11 加强换流站直流控制保护系统软件、硬件管理,直流控制保护系统的软件、硬件及定值的修改须履行软件、硬件修改审批手续,经主管部门的同意后方可执行。

21.5.12 一极运行一极检修(调试)时,检修(调试)极中性隔离开关应处于分闸状态,禁止在该检修极中性隔离开关和双极公共区域设备上开展工作。

21.5.13 直流控制保护系统故障处理完毕后,应检查并确认无报警、无保护出口后才可切换到运行状态。

21.5.14 开展直流控制保护系统主机板卡故障率统计分析,对突出的问题要及时联系厂家分析处理。

22 防止发电厂、变电站全停及重要电力用户停电事故的重点要求

22.1 防止发电厂全停事故

22.1.1 厂用电系统运行方式和设备管理。

22.1.1.1 根据电厂运行实际情况，制订合理的全厂公用系统运行方式，防止部分公用系统故障导致全厂停电。重要公用系统在非标准运行方式时，应制订监控措施，保障运行正常。

22.1.1.2 重视机组厂用电切换装置的合理配置及日常维护，确保系统电压、频率出现较大波动时，具有可靠的保厂用电源技术措施。

22.1.1.3 带直配电负荷电厂的机组应设置低频率、低电压解列装置，确保机组在发生系统故障时，解列部分机组后能单独带厂用电和直配负荷运行。

22.1.2 自动准同期装置和厂用电切换装置应单独配置。

22.1.3 在汽轮机油系统间加装能隔离开断的设施并设置备用冷油器，定期化验油质，防止因冷油器漏水导致油质老化，造成轴瓦过热熔化被迫停机。

22.1.4 重要辅机（如送引风、给水泵、循环水泵等）电动机事故控制按钮应加装保护罩，防止误碰造成停机事故。

22.1.5 加强蓄电池和直流系统（含逆变电源）及柴油发电机组的运行维护，确保主机交、直流润滑油泵和主要辅机油泵供电可靠。直流润滑油泵的直流电源系统应有足够的容量，其各级空气断路器应合理配置，并有级差配合，防止故障时熔断器熔断或空气断路器越级跳闸使直流润滑油泵失去电源。

22.1.6 积极开展汽轮发电机组小岛试验工作，以保证机组与电网解列后的厂用电源。

22.1.7 应合理制订机组检修计划，做好保单机运行安全措施，防止单机运行时机组非停。用于发电机机组控制用的功率采样装置宜采用微机式发电机智能变送装置。

22.1.8 加强海洋环境及海洋生物监测、预警，制订应急预案和采取措施避免灾害发生时对机组冷源系统的危害，造成停机事故。

22.1.9 电厂监控系统、调度自动化系统等重要设备应选择不间断电源供电，现地控制单元（Local Control Unit）电源应采用冗余配置，其中至少一路为直流电源。

22.1.10 厂用高压变压器高压侧断路器的控制及保护电源应分母线设置，禁止接入同一母线，防止该段直流母线故障造成断路器同时跳闸。

22.1.11 燃气关断阀（Emergency Shut Down Valve，ESD）阀电源回路应可靠。ESD阀采用双电源切换开关供电的，其二路电源应独立，应能保证切换过程中，电磁阀不误动；应结合检修开展ESD阀双电源切换试验并进行录波；对达不到ESD阀供电要求的双电源切换装置应及时进行改造。ESD阀采用UPS自带蓄电池供电的，应定期开展自带蓄电池核对性放电试验。宜配置冗余

的电磁阀控制 ESD 阀，避免单电磁阀误动作引发 ESD 阀动作。

22.2 防止变电站和发电厂升压站全停事故

22.2.1 新建 220kV 及以上电压等级枢纽变电站的架空电源进线不应全部架设在同一杆塔上，220kV 及以上电压等级电缆电源进线不应敷设在同一排管或电缆沟内（进站隧道除外），以防止故障导致变电站全停。已建成在运的应逐步改造达到此要求。

22.2.2 新建 220kV 及以上电压等级双母分段接线方式的气体绝缘金属封闭开关设备（GIS），当本期进出线元件数达到 4 回及以上时，投产时应将母联及分段间隔相关一、二次设备全部投运。

22.2.3 设备改（扩）建时，一次设备安装调试全部结束并通过验收后，方可与运行设备连接。

22.2.4 完善变电站一、二次设备。

22.2.4.1 省级主电网枢纽变电站在非过渡阶段应有不同电源点的三条及以上输电通道，在站内部分母线或一条输电通道检修情况下，发生 N-1 故障时不应出现变电站全停的情况；特别重要的枢纽变电站在非过渡阶段应有不同电源点的三条以上输电通道，在站内部分母线或一条输电通道检修情况下，发生 N-2 故障时不应出现变电站全停的情况。

22.2.4.2 枢纽变电站（升压站）应采用双母分段接线或 3/2 接线方式，根据电网结构的变化，应满足变电站设备的短路容量约束。当设备额定短路电流不满足要求时，应及时采取设备改造、限流或调整运行方式等措施。

22.2.4.3 双母线、单母线或桥形接线中，GIS 母线避雷器和电压互感器应设置独立的隔离开关。3/2 断路器接线中，GIS 母线避雷器和电压互感器不应装设隔离开关，宜设置可拆卸导体作为隔离装置。可拆卸导体应设置于独立的气室内。架空进线的 GIS 线路间隔的避雷器和线路电压互感器宜采用外置结构。

22.2.4.4 330kV 及以上变电站和地下 220kV 变电站的备用站用变压器电源不能由该站作为单一电源的区域供电。

22.2.4.5 严格按照有关标准进行断路器、隔离开关、母线等设备选型，加强对变电站断路器开断容量的校核、隔离开关与母线额定短时耐受电流及额定峰值耐受电流校核。对短路容量增大后造成断路器开断容量不满足要求的断路器要及时进行改造，在改造以前应加强对设备的运行监视和试验。

22.2.4.6 为提高继电保护的可靠性，传输两套独立的继电保护通道相对应的电力通信设备应为两套完整独立的、两种不同路由的通信系统，其告警信息应接入相关监控系统。

22.2.4.7 在确定各类保护装置电流互感器二次绕组分配时，应考虑消除保护死区。分配接入保护的互感器二次绕组时，还应特别注意避免运行中一套保护退出时可能出现的电流互感器内部故障死区问题。

22.2.4.8 继电保护及安全自动装置应选用抗干扰能力符合有关规程规定的产品，在保护装置内，直跳回路开入量应设置必要的延时防抖回路，防止由于开入量的短暂干扰造成保护装置误动出口。

22.2.4.9 对双母线接线方式下间隔内一组母线侧隔离开关检修时，应将另一组母线侧隔离开关的电动机电源及控制电源断开。

22.2.4.10 双母线接线方式下，一组母线电压互感器退出运行时，应加强运行电压互感器的巡视和红外测温，避免故障导致母线全停。

22.2.4.11 定期对变电站（升压站）内及周边飘浮物、塑料大棚、彩钢板建筑、风筝及高大树木等进行清理，大风前后应进行专项检查，防止异物漂浮，造成设备短路。

22.2.5 防止污闪造成的变电站和发电厂升压站全停。

22.2.5.1 对于伞形合理、爬距不低于三级污区要求的瓷绝缘子，可根据当地运行经验，采取绝缘子表面涂覆防污闪涂料的补充措施。其中防污闪涂料的综合性能应不低于线路复合绝缘子所用高温硫化硅橡胶的性能要求。

22.2.5.2 硅橡胶复合绝缘子（含复合套管、复合支柱绝缘子等）的硅橡胶材料综合性能应不低于线路复合绝缘子所用高温硫化硅橡胶的性能要求；树脂浸渍的玻璃纤维芯棒或玻璃纤维筒应参考线路复合绝缘子芯棒材料的水扩散试验进行检验。

22.2.5.3 对于易发生粘雪、覆冰的区域，支柱绝缘子及套管在采用大小相间的防污伞形结构基础上，每隔一段距离应采用一个超大直径伞裙（可采用硅橡胶增爬裙），以防止绝缘子上出现连续粘雪、覆冰。110、220及500kV绝缘子串宜分别安装3、6片及9～12片超大直径伞裙。支柱绝缘子所用伞裙伸出长度为8～10cm；套管等其他直径较粗的绝缘子所用伞裙伸出长度为12～15cm。

22.2.5.4 变电站、升压站带电水冲洗工作必须保证水质要求，并严格按照《电力设备带电水冲洗导则》（GB 13395）规范操作，母线冲洗时要投入可靠的母差保护。

22.2.6 直流电源系统配置

22.2.6.1 升压站电压等级在220kV及以上时，发电机组用直流电源系统与升压站用直流电源系统必须相互独立。

22.2.6.2 220kV及以上电压等级的新建变电站通信电源应双重化配置，满足"双设备、双路由、双电源"的要求。

22.2.6.3 变电站、发电厂升压站直流系统配置应充分考虑设备检修时的冗余，330kV及以上电压等级变电站、发电厂升压站及重要的220kV变电站、发电厂升压站应采用3台充电、浮充电装置，两组蓄电池组的供电方式。每组蓄电池和充电机应分别接于一段直流母线上，第三台充电装置（备用充电装置）可在两段母线之间切换，任一工作充电装置退出运行时，手动投入第三台充电装置。变电站、发电厂升压站直流电源供电质量应满足微机保护运行要求。

22.2.6.4 火力发电厂动力、UPS及应急电源用直流系统，按主控单元，应采用3台充电、浮充电装置，两组蓄电池组的供电方式。每组蓄电池和充电机应分别接于一段直流母线上，第三台充电装置(备用充电装置)可在两段母线之间切换,任一工作充电装置退出运行时,手动投入第三台充电装置。其标称电压应采用220V,直流电源的供电质量应满足动力、UPS及应急电源的运行要求。

22.2.6.5 火电厂控制、保护用直流电源系统,按单台发电机组,应采用两台充电、浮充电装置,两组蓄电池组的供电方式。每组蓄电池和充电机应分别接于一段直流母线上。每一段母线各带一台发电机组的控制、保护用负荷。直流电源的供电质量应满足控制、保护负荷的运行要求。

22.2.6.6 采用两组蓄电池供电的直流电源系统,每组蓄电池组的容量,应能满足同时带两段直流母线负荷的运行要求,且满足在正常运行中两段母线切换时不中断供电的要求。在切换过程中,两组蓄电池应满足标称电压相同,电压差小于规定值,且直流电源系统处于正常运行状态,允许短时并联运行。禁止在两个系统都存在接地故障情况下进行切换。

22.2.6.7 直流电源系统馈出网络应采用集中辐射或分层辐射供电方式,严禁采用环状供电方式。断路器储能电源、隔离开关电动机电源、35(10)kV开关柜内顶部可采用每段母线辐射供电方式。

22.2.6.8 新建或改造变电站直流电源系统对负载供电,应采用分层辐射供电方式,按电压等级设置分电屏,不应采用直流小母线供电方式。

22.2.6.9 发电机组直流电源系统对负载供电,应按所供电设备所在段设置分电屏,不应采用直流小母线供电方式。

22.2.6.10 直流母线采用单母线供电时,应采用不同位置的直流开关,分别带控制用负荷和保护用负荷。

22.2.6.11 新建或改造后的直流电源系统应具有直流电源系统母线及馈线接地、蓄电池接地、瞬时接地、交流窜入和直流互窜等绝缘故障的测量、记录、选线、报警及录波功能,不应采用交流注入法测量直流电源系统绝缘状态,新建或改造后的直流电源系统应具有蓄电池内阻监测功能,不满足要求的应逐步进行改造。

22.2.6.12 直流电源系统除蓄电池组出口保护电器外,应使用直流专用断路器。蓄电池组出口回路保护用电器宜采用熔断器,也可采用具有选择性保护的直流断路器。

22.2.6.13 直流高频模块和通信电源模块应加装独立进线断路器。

22.2.6.14 加强直流断路器上、下级之间的级差配合的运行维护管理。新建或改造的发电机组、变电站、升压站的直流电源系统,设计资料中应提供全站直流电源系统上下级差配置图和各级断路器(熔断器)级差配合参数。投运前,应进行直流断路器的级差配合试验。

22.2.6.15 直流电源系统的电缆应采用阻燃电缆,两组蓄电池的电缆应分别铺设在各自独立的通道内,避免与交流电缆并排铺设,在穿越电缆竖井时,两组蓄电池电缆应分别加穿金属套管。对不满足要求的应采取防火隔离措施。

22.2.6.16 一组蓄电池配一套充电装置或两组蓄电池配两套充电装置的直流电源系统,每套充电装置应采用两路交流电源输入,且具备自动投切功能。

22.2.6.17 新安装的阀控密封蓄电池组,应进行全核对性放电试验。以后每隔 2 年进行一次核对性放电试验。运行满 4 年以后的蓄电池组,每年做一次核对性放电试验。对容量不合格的蓄电池组应立即更换。

22.2.6.18 浮充电运行的蓄电池组,除制造厂有特殊规定外,应采用恒压方式进行浮充电。浮充电时,严格控制单体电池的浮充电压上、下限,每个月至少一次对蓄电池组所有的单体浮充端电压进行测量记录,防止蓄电池因充电电压过高或过低而损坏。

22.2.6.19 严防交流窜入直流故障。变电站内端子箱、机构箱、智能控制柜、汇控柜等屏柜内的交、直流接线,不应接在同一段端子排上。严禁从控制箱、端子箱内引接检修电源。控制箱、端子箱内要装设加热驱潮装置并保证运行状态良好,防止受潮、凝露引发直流接地、交流窜入直流等故障。试验电源屏交流电源与直流电源应分层布置。

22.2.6.20 及时消除直流电源系统接地缺陷,当同一段直流母线出现两点同时接地时,应立即采取措施消除,避免同一直流母线两点接地造成继电保护、开关误动或拒动故障。当出现直流电源系统一点接地时,应及时消除。

22.2.6.21 充电、浮充电装置在检修结束恢复运行时,应先合交流侧开关,再带直流负荷。

22.2.7 站用电系统配置

22.2.7.1 设计资料中应提供全站交流电源系统上下级差配置图和各级断路器(熔断器)级差配合参数、直流断路器灵敏度和选择性计算校核资料,选择性不满足要求的,主馈线屏、分电屏应选用三段式直流断路器。新建变电站交流电源系统在投运前,应完成断路器上下级级差配合试验,核对熔断器级差参数,合格后方可投运。

22.2.7.2 新建或改造的站用电系统,高压侧有继电保护装置的,应加强对站用变压器高压侧保护装置定值整定,避免站用变压器高压侧保护装置定值与站用电屏断路器自身保护定值不匹配,导致越级跳闸事件。

22.2.7.3 加强站用电高压侧保护装置、站用电屏总路和馈线断路器保护功能校验,并在设计资料中提供灵敏度校验计算报告,确保短路、过载、接地故障时,各级断路器能正确动作,防止站用电故障越级动作,确保站用电系统的稳定运行。

22.2.7.4 变电站采用交流供电的通信设备、自动化设备、防误主机、火灾报警主机、固定灭火控制主机交流电源应取自站用交流不间断电源系统。

22.2.7.5 110(66)kV 及以上电压等级变电站应至少配置两路站用电源。装有两台及以上主变压器的330kV 及以上变电站和地下220kV变电站,应配置三路站用电源。站内电源应独立可靠,不应取自本站作为唯一供电电源的变电站。

22.2.7.6 当任意一台站用变压器退出时,备用站用变压器应能自动切换至失电的工作母线段,继续供电。

22.2.7.7 站用交流母线分段的,每套站用交流不间断电源装置的交流主输入、交流旁路输入电源应取自不同段的站用交流母线。两套配置的站用交流不间断电源装置交流主输入应取自不同段的站用交流母线,直流输入应取自不同段的直流电源母线。

22.2.7.8 双机单母线分段接线方式的站用交流不间断电源装置,分段断路器应具有防止两段母线带电时闭合分段断路器的防误操作措施。手动维修旁路断路器应具有防误操作的闭锁措施。

22.2.7.9 站用交流电源系统的母线安装在一个柜架单元内,主母线与其他元件之间的导体布置应采取避免相间或相对地短路的措施,配电屏间禁止使用裸导体进行连接,母线应有绝缘护套。

22.2.7.10 两套分列运行的站用交流电源系统,电源环路中应设置明显断开点,禁止合环运行。

22.2.7.11 正常运行中,禁止两台不具备并联运行功能的站用交流不间断电源装置并列运行。

22.2.8 变电站、升压站的运行、检修管理。

22.2.8.1 加强防误闭锁装置的运行和维护管理,确保防误闭锁装置正常运行。闭锁装置的解锁钥匙必须按照有关规定严格管理。

22.2.8.2 对于双母线接线方式的变电站、升压站,在一条母线停电检修及恢复送电过程中,必须做好各项安全措施。对检修或事故跳闸停电的母线进行试送电时,具备空余线路且线路后备保护满足充电需求时应首先考虑用外来电源送电。

22.2.8.3 隔离开关、硬母线支柱绝缘子,应选用高强度支柱绝缘子,定期对枢纽变电站、升压站支柱绝缘子,特别是母线支柱绝缘子、隔离开关支柱绝缘子进行检查,防止绝缘子断裂引起母线事故。

22.2.8.4 根据电网容量和网架结构变化定期校验变电站短路容量,当设备额定短路电流不满足要求时,应及时采取设备改造、限流或调整运行方式等措施。

22.2.8.5 无专用开关的线路高压电抗器,电抗器运行时应投入线路远跳保护,远跳保护退出时电抗器应停运。

22.2.8.6 加强对变电站一次设备的检查,加强对套管及其引线接头、隔离开关触头、引线接头的温度监测。

22.2.8.7 定期对隔离开关、母线支柱绝缘子进行超声波探伤,及时发现缺陷并处理,避免发生支柱绝缘子断裂。母线至TV、避雷器引下线金具要定期检查是否有裂纹。

22.3 防止重要电力用户停电事故

22.3.1 重要电力用户入网管理

22.3.1.1 供电企业应制定重要电力用户入网管理制度,制度应包括对重要电力用户在规划设计、接线方式、电源配置、短路容量、电流开断能力、设备运行环境条件、安全性等各方面的要求。

22.3.1.2 供电企业对属于非线性、不对称负荷性质的重要电力用户应进行电能质量测试评估,根据评估结果,指导督促重要电力用户制订相应电能质量治理方案并进行评审,保证其负荷产生的谐波成分及负序分量不对电网造成污染,不对供电企业及其自身供用电设备造成影响。

22.3.1.3 供电企业在与重要电力用户签订供用电协议时,应按照国家法律法规、政策及电力行业标准,明确重要电力用户供电电源、自备应急电源及非电保安措施配置要求,明确供电电源及用电负荷电能质量标准,明确双方在电气设备安全运行管理中的权利义务及发生用电事故时的法律责任,明确重要电力用户按照电力行业技术监督标准,开展技术监督工作。供电企业应指导督促重要电力用户应制订停电事故应急预案。

22.3.2 合理配置供电电源点

22.3.2.1 特级重要电力用户应采用多电源供电,多电源是指为同一用户负荷供电的两回以上供电线路,至少有两回供电线路分别来自不同变电站。

22.3.2.2 一级重要电力用户至少应采用双电源供电,双电源是指为同一用户负荷供电的两回供电线路,两回供电线路可以分别来自两个不同的变电站(开闭所),或来自不同电源进线的同一变电站(开闭所)内两段母线。

22.3.2.3 二级重要电力用户至少应采用双回路供电,双回路是指为同一用户负荷供电的两回供电线路,两回供电线路可以来自同一变电站的同一母线段。

22.3.2.4 临时性重要电力用户按照供电负荷的重要性,在条件允许情况下,可以通过临时敷设线路或移动发电设备等方式满足双回路或两路以上电源供电条件。

22.3.2.5 重要电力用户供电电源的切换时间和切换方式要满足国家相关标准中规定的允许中断供电时间的要求。

22.3.2.6 对电能质量有特殊需求的重要电力用户,供电企业应指导重要电力用户自行加装电能质量治理装置。

22.3.3 重要电力用户供电的输变电设备运行维护

22.3.3.1 供电企业应根据国家相关标准、电力行业标准,针对重要电力用户供电的输变电设备制订相应的运行规范、检修规范、反事故措施。

22.3.3.2 根据对重要电力用户供电的输变电设备实际运行情况,缩短设备巡视周期、设备检修周期。

22.3.3.3 汛期来临前应检查重要电力用户配电设备设施的周边环境、排水设施状况,保证在恶劣天气情况下顺利排水。

22.3.3.4 对于重要电力用户地下或低洼地区的配电设备设施,供电企业应指导督促其具有可靠的防范水淹及倒灌措施。

22.3.4 重要电力用户自备应急电源管理

重要电力用户自备应急电源应在供电企业登记备案,供电企业应对重要电力用户配置的自备应急电源进行定期检查，重点检查重要电力用户自备应急电源配置使用应符合以下要求：

22.3.4.1 重要电力用户自备应急电源配置容量标准应达到保安负荷的 120%。

22.3.4.2 重要电力用户自备应急电源启动时间应满足安全要求。

22.3.4.3 重要电力用户自备应急电源与电网电源之间应装设可靠的电气或机械锁装置，防止倒送电。

22.3.4.4 重要电力用户自备应急电源设备要符合国家有关安全、消防、节能、环保等技术规范和标准要求。

22.3.4.5 重要电力用户新装自备应急电源投入切换装置技术方案要符合国家有关标准和所接入电力系统安全要求。

22.3.4.6 重要电力用户应按照国家和电力行业有关规程、规范和标准的要求，对自备应急电源定期进行安全检查、预防性试验、启机试验和切换装置的切换试验。

22.3.4.7 重要电力用户不应自行变更自备应急电源的接线方式。

22.3.4.8 重要电力用户不应自行拆除自备应急电源的闭锁装置或者使其失效。

22.3.4.9 供电企业应给予指导，确保重要电力用户的自备应急电源处于良好的运行状态，发生故障后应尽快修复，并应具备外部应急电源接入条件，配置外部应急电源接入装置，便于外部电源接入，确保应急情况下保障重要负荷不失电。

22.3.4.10 重要电力用户严禁擅自将自备应急电源转供其他用户。

22.3.5 督促重要电力用户整改安全隐患

22.3.5.1 供电企业生产部门、调度部门应建立重要电力用户电网侧安全隐患排查机制，定期（至少半年一次）对重要电力用户供电情况进行排查，对发现的电网责任安全隐患进行整改。

22.3.5.2 供电企业应督促重要电力用户编制反事故预案，定期开展反事故演习，每 3 年至少开展 1 次电网和重要用户端的联合演练，并组织演练评估。

22.3.5.3 发现属于用户责任的用电安全隐患，供电企业用电检查人员应以书面形式告知用户，积极督促用户整改，定期将重要用电安全隐患向政府主管部门沟通汇报，争取政府支持，进行监督管理，建立政府主导、用户落实整改、供电企业提供技术指导的长效工作机制。

22.4 反恐怖防范和防止网络攻击导致停电事故

22.4.1 电力企业和重要电力用户应贯彻落实电力系统治安反恐防范的重点目标和重点部位、重点目标等级和防范级别、总体防范要求、常态三级防范要求、常态二级防范要求、常态一级防范要求、非常态防范要求和安全防范系统技术要求。

22.4.2 电力企业应落实《电力行业网络安全管理办法》《电力监控系统安全防护规定》《电力行业网络安全等级保护管理办法》等网络安全工作要求，防止网络攻击事件导致的发电厂、变电站全停和重要电力用户停电事故。

23 防止水轮发电机组
（含抽水蓄能机组）事故的重点要求

23.1 防止机组飞逸

23.1.1 调速器设置交、直流两套电源装置，互为备用，故障时自动转换并发出故障信号。

23.1.2 调速器控制器应冗余配置，重要控制信号应至少设置 2 路，重要控制信号丢失后系统控制性能应满足相关标准要求。

23.1.3 机组调速系统安装、更新改造及大修后应进行水轮机调节系统静态模拟试验、动态特性试验和导叶关闭规律等试验，各项指标合格方可投入运行。

23.1.4 新机组、改造后机组投运前或机组大修后应通过甩负荷和过速试验，验证水压上升率和转速上升率符合设计要求，过速整定值校验合格。

23.1.5 新投产机组或机组大修后，应结合机组甩负荷试验时转速升高值，核对水轮机导叶关闭规律是否符合设计要求，并通过合理设置关闭时间或采用分段关闭，确保水压上升值不超过规定值。

23.1.6 对调速系统油质进行定期化验和颗粒度超标检查，加强对调速器滤油器的维护保养工作，寒冷地区电站应做好调速系统及集油槽透平油的保温措施，防止油温低、黏度增大，导致调速器动作不灵活，在油质指标不合格的情况下，严禁机组启动。

23.1.7 工作闸门（主阀）应具备动水关闭功能，导水机构拒动时能够动水关闭。具备自动关闭条件的工作闸门（主阀），应保证在最大流量下动水关闭时，关闭时间不超过机组在最大飞逸转速下允许持续运行的时间。

23.1.8 进口工作门（事故门）应定期进行落门试验。水轮发电机组设计有快速门的，应在中控室能进行人工紧急关闭，并定期进行落门试验。设计有联动功能的，应在落门试验时同步验证联动性能。

23.1.9 设置完善的剪断销剪断（破断连杆、导叶摩擦装置）、调速系统低油压、低油位、电气和机械过速等保护装置。过速保护装置应定期检验，并正常投入。对机械过速、事故停机时剪断销剪断（破断连杆破断）等保护在机组检修时应进行传动试验。

23.1.10 机组过速保护的转速信号装置采用冗余配置，其输入信号取自不同的信号源，转速信号器的选用应符合规程要求。

23.1.11 大中型水电站在水轮发电机组的保护和控制回路电压消失时发出报警信号，对于有人值班的电站，当工作电源完全消失时，并网机组接力器行程应保持当前位置不变，或采取关机保护原则；对于无人值班电站，当工作电源完全消失时，调节系统可采取关机保护的原则。

23.1.12 机组 A 级检修时做好过速限制器的分解检查，保证机组过速时可靠动作，防止机组飞逸。

23.1.13 电气和机械过速保护装置、自动化元件应定期进行检修、试验，以确保机组过速时可靠动作。

23.2 防止水轮机损坏

23.2.1 防止水轮机过流及重要紧固部件损坏的重点要求

23.2.1.1 水电站规划设计中应重视水轮发电机组的运行稳定性，合理选择机组参数，使机组具有较宽的稳定运行范围。水电站运行单位应全面掌握各台水轮发电机组的运行特性，划分机组运行区域，并将测试结果作为机组运行控制和自动发电控制（AGC）等系统运行参数设定的依据，电力调度机构应加强与水电站的沟通联系，了解和掌握所调度范围水轮发电机组随水头、出力变化的运行特性，优化机组的安全调度。

23.2.1.2 水轮发电机组设计制造时应重视机组重要连接紧固部件的安全性，并说明重要连接紧固部件的安装、使用、维护要求。水电站运行单位应经常对水轮发电机组重要设备部件（如水轮机顶盖紧固螺栓等）进行检查维护，结合设备消缺和检修对易产生疲劳损伤的重要设备部件进行无损探伤，对已存在损伤的设备部件要加强技术监督，对已老化和不能满足安全生产要求的设备部件要及时进行更新。

23.2.1.3 水轮机导水机构必须设有防止导叶损坏的安全装置，包括装设剪断销（破断连杆、导叶摩擦装置等）、导叶限位、导叶轴向调整和止推等装置。

23.2.1.4 水电站应安装水轮发电机组状态在线监测系统，对机组的运行状态进行监测、记录和分析。对于机组振动、摆度突然增大超过标准的异常情况，应立即停机检查，查明原因和处理合格后，方可按规定程序恢复机组运行。水轮机在各种工况下运行时，应保证顶盖振动和机组轴线各处摆度不大于规定的允许值。机组异常振动和摆度超过允许值应启动报警和事故停机回路。

23.2.1.5 水轮机桨叶接力器与操动机构连接螺栓应符合设计要求，经无损检测合格，螺栓预紧力矩符合设计要求，止动装置安装牢固或点焊牢固。

23.2.1.6 水轮机的轮毂与主轴连接螺栓和销钉符合设计标准，经无损检测合格，螺栓对称紧固，预紧力矩符合设计要求，止动装置安装或点焊牢固。

23.2.1.7 轴流转桨式水轮机桨叶接力器铜套、桨叶轴颈铜套、连杆铜套应符合设计标准，铜套完好、无明显磨损，铜套润滑油沟油槽完好，铜套与轴颈配合间隙符合设计要求。

23.2.1.8 水轮机桨叶接力器、桨叶轴颈密封件应完好、无渗漏，符合设计要求，并保证耐压试验、渗漏试验及桨叶动作试验合格。

23.2.1.9 水轮机伸缩节所用螺栓符合设计要求，经无损检测合格，密封件完好无渗漏，螺栓紧固无松动，预留间隙均匀并符合设计值。

23.2.1.10 灯泡贯流式、轴流转桨式水轮机转轮室与桨叶端部间隙符合设计要求，桨叶轴向窜动量符合设计要求。混流式机组应检查上冠和下环之间的间隙符合设计要求。

23.2.1.11 水轮机水下部分检修应检查转轮体与泄水锥的连接牢固、可靠。

23.2.1.12 水轮机过流部件应定期检修，重点检查过流部件裂纹、磨损和空蚀，防止裂纹、磨损和大面积空蚀等造成过流部件损坏。水轮机过流部件补焊处理后应进行修型，保证型线符合设计要求，转轮大面积补焊或更换新转轮应做静平衡试验。

23.2.1.13 水轮机所用紧固件、连接件、结构件应结合机组检修检查，针对关键部位的紧固件、连接件和结构件，应执行所在行业相关规定；水轮机轮毂与主轴等重要受力、振动较大的部位螺栓应在每次大修拆卸后更换，如需继续使用，应开展全面无损检测，经有资质单位确认后方可继续使用，如经过高温加热拆卸的，应全部更换。

23.2.1.14 水轮机转轮室及人孔门的螺栓、焊缝经无损检测合格，M32以上螺栓应出具检测报告；螺栓紧固、无松动，密封完好、无渗漏。

23.2.1.15 水轮机真空破坏阀、补气阀应动作可靠，检修期间应对其进行检查、维护和测试。

23.2.2 防止水轮机导轴承事故的重点要求

23.2.2.1 水轮机导轴承的间隙应符合设计要求，导轴承支撑方式宜采用球面支撑，保证导瓦径向和切向调整灵活，轴承瓦面完好、无明显磨损（巴氏合金瓦与基材无分层褶皱），轴承瓦与主轴接触面积符合设计标准。

23.2.2.2 水轮机导轴承紧固螺栓应符合设计要求，经无损检测合格，对称紧固，止动装置安装牢固或焊死。

23.2.2.3 新机制造时，制造厂应对机组各种运行条件下和典型转速点导轴承油膜厚度、压力、轴承受力、强度等进行分析计算，并提交正式计算报告。

23.2.2.4 水轮机导轴承瓦出厂前应进行全面的性能试验和无损检测。对于巴氏合金瓦，应对原材料开展硬度、金相组织抽样检测，并提交正式检测报告。

23.2.2.5 油润滑的水导轴承应定期检查油位、油色，油位应具备远方自动监测功能，定期对运行中的油进行油质化验。

23.2.2.6 水润滑的水导轴承应保证水质清洁、水流畅通和水压正常，压力变送器和示流器等装置工作正常。

23.2.2.7 水轮机导轴承测温元件和表计应保证显示正常，信号整定值正确。对设置有外循环油系统的机组，其控制系统应正常工作。

23.2.2.8 水轮机顶盖排水系统完好，防止顶盖水位升高导致水导轴承油槽进水。

23.2.2.9 水轮机出现异常运行工况可能损伤轴承时，应全面检查确认轴瓦完好后，方可重新启动。

23.2.3 防止液压装置破裂、失压的重点要求

23.2.3.1 压力油罐油气比符合规程要求，对投入运行的自动补气阀定期检查试验，保证自动补气工作正常。

23.2.3.2 压力油罐及其附件应定期检验检测合格，焊缝检测合格。压力容器安全阀、压力

开关和变送器定期校验，动作定值符合设计要求。

23.2.3.3 机组检修后对油泵启停定值、安全阀组定值进行校对并试验。油泵运转应平稳，其输油量不小于设计值。

23.2.3.4 液压系统管路应经耐压试验合格，重要连接螺栓经无损检测合格，M32以上螺栓应出具检测报告，密封件完好、无渗漏。

23.2.4 防止机组引水管路系统事故的重点要求

23.2.4.1 结合引水系统管路定检、设备检修检查，分析引水系统管路管壁锈蚀、磨损情况，如有异常则及时采取措施处理，做好引水系统管路外表除锈防腐工作。

23.2.4.2 定期检查伸缩节漏水、伸缩节螺栓紧固情况，如有异常及时处理。

23.2.4.3 及时监测拦污栅前后压差情况，出现异常及时处理。结合机组检修定期检查拦污栅的完好性情况，防止进水口拦污栅损坏。

23.2.4.4 当引水管破裂时，事故门应能可靠关闭，并具备远方操作功能，在检修时进行关闭试验。

23.2.4.5 一管（洞）多机的主进水阀设备检修吊出时，同流道相邻机组宜陪停，不宜采用加装堵头等临时措施。若加装堵头，应对堵头的结构和刚强度专门设计，并由第三方复核，确保在调保计算最不利工况不致发生堵头撕裂、焊缝断裂等；严控制造工艺，材质成分、力学性能等应检测合格，所有焊缝应经射线检测等无损检测合格；堵头出厂前应压力试验合格；严格按照审核合格的施工方案进行堵头安装，并做好堵头运行过程中的状态监视。

23.3 防止水轮发电机重大事故

23.3.1 防止定子绕组端部松动引起相间短路的重点要求（参见10.1.1.1）

23.3.1.1 定子绕组在槽内应紧固，槽电位测试应符合要求。

23.3.1.2 定期检查定子绕组端部有无下沉、松动或磨损现象。

23.3.2 防止定子绕组绝缘损坏的重点要求

23.3.2.1 加强大型发电机环形接线、过渡引线绝缘检查，并定期按照相关标准要求进行试验。

23.3.2.2 定期检查发电机定子铁芯螺杆紧力，发现铁芯螺杆紧力不符合出厂设计值应及时处理。定期检查发电机硅钢片叠压整齐、无过热痕迹，发现有硅钢片滑出应及时处理。（参见10.2）

23.3.2.3 定期对抽水蓄能发电／电动机线棒端部与端箍相对位移与磨损进行检查，发现端箍与支架连接螺栓松动应及时处理。

23.3.2.4 卧式机组应做好发电机风洞内及引线端部油、水引排工作，定期检查发电机风洞内应无油气，机仓底部无积油、水。

23.3.3 防止转子绕组匝间短路的重点要求

加强运行中发电机的振动与无功出力变化情况监视。如果振动伴随无功变化，则可能是发电机转子有严重的匝间短路。此时，首先控制转子电流，若振动突然增大，应立即停运发电机。

23.3.4 防止发电机局部过热损坏的重点要求

23.3.4.1 制造、运输、安装及检修过程中，应防止焊渣或金属屑等微小异物掉入定子铁心通风槽内。

23.3.4.2 新投产机组或机组检修，都应检查定子铁心压紧以及齿压指有无压偏情况，特别是两端齿部，如发现有松弛现象，应进行处理后方可投入运行。对铁心绝缘有怀疑时，应进行铁损试验。

23.3.4.3 发电机出口、中性点引线连接部分应可靠，机组运行中应定期对励磁变压器至静止励磁装置的分相电缆、静止励磁装置至转子滑环电缆、转子滑环进行红外成像测温检查。

23.3.4.4 定期检查电制动隔离开关动静触头接触情况，发现压紧弹簧松脱或单个触指与其他触指不平行等问题应及时处理。

23.3.5 防止发电机机械损伤的重点要求

23.3.5.1 发电机主、辅设备保护装置应定期检验，并正常投入。机组重要运行监视表计和装置失效或动作不正确时，严禁机组启动。机组运行中失去监控时，应停机检查处理。

23.3.5.2 应尽量避免机组在振动负荷区或空蚀区运行。

23.3.5.3 在发电机风洞内作业，应设专人把守发电机进人门，作业人员应穿无金属的工作服、工作鞋，进入发电机内部前应全部取出禁止带入的物件，带入物品应清点记录，工作时，不得踩踏线棒绝缘盒及连接梁等绝缘部件，也不得将其作为安全带或绳索悬挂受力点，工作产生的杂物应及时清理干净，工作完毕撤出时清点物品正确，确保无遗留物品。重点要防止螺钉、螺母、工具、铁屑等金属杂物遗留在定子内部，特别应对端部线圈的夹缝、上下渐伸线之间位置作详细检查。

23.3.5.4 大修时应对端部紧固件（如压板紧固的螺栓和螺母、支架固定螺母和螺栓、引线夹板螺栓、汇流管所用卡板和螺栓等）紧固情况以及定子铁心边缘硅钢片有无断裂等进行检查。

23.3.6 防止发电机轴承损坏的重点要求

23.3.6.1 导轴承支撑方式宜采用球面支撑，保证导瓦径向和切向调整灵活。

23.3.6.2 新机制造时，制造厂应对机组各种运行条件下和典型转速点推力轴承及导轴承油膜厚度、压力，轴承受力、强度等进行分析计算，并提交正式计算报告。同时，应设计有防止油雾溢出油箱污染发电机定子、转子部件的措施。

23.3.6.3 机组推力轴瓦和导轴承瓦出厂前应进行全面的性能试验和无损检测。对于巴氏合金瓦，应对原材料开展硬度、金相组织抽样检测，并提交正式检测报告。

23.3.6.4 轴承油系统采用强迫外循环的冷却系统应配置两个相互独立的电源，并采用自动切换装置。

23.3.6.5 润滑油油位应具备远方自动监测功能,并定时检查。定期对润滑油进行化验,油质劣化应尽快处理。

23.3.6.6 带有高压油顶起装置的推力轴承应保证在高压油顶起装置失灵的情况下,推力轴承不投入高压油顶起装置时安全停机无损伤。应定期对高压油顶起装置进行检查试验,确保其处于正常工作状态。

23.3.6.7 高压注油系统出口压力监视应设压力变送器和压力开关,分别用于监控系统远方监视和现地逻辑控制。

23.3.6.8 新机制造时,制造厂应提供机组各工况条件下的高压注油系统运行压力计算保证值,并据此进行压力报警值整定。

23.3.6.9 安装过程中,高压注油泵出口安全阀整定值应不小于设备厂家计算的在推力轴承瓦面高压油室所形成的使推力轴承镜板与推力瓦完全脱开的瞬时冲击压力。

23.3.6.10 冷却水温、油温、瓦温监测和保护装置应准确、可靠,并加强运行监控。

23.3.6.11 机组出现异常运行工况可能损伤轴承时,应全面检查确认轴瓦完好后,方可重新启动。

23.3.6.12 定期对轴承瓦进行检查,确认无脱壳、裂纹等缺陷,轴瓦接触面、轴领、镜板表面粗糙度应符合设计要求。对于巴氏合金轴承瓦,应定期检查合金与瓦坯的接触情况,必要时进行无损探伤检测。

23.3.6.13 装设有轴电流(轴绝缘)保护装置的机组,轴电流(轴绝缘)保护回路应正常投入,出现轴电流(轴绝缘)报警应及时检查处理,禁止机组无轴电流(轴绝缘)保护运行。

23.3.7 防止水轮发电机部件松动的重点要求

23.3.7.1 水轮发电机风洞内应避免使用在电磁场下易发热材料或能被电磁吸附的金属连接材料,否则应采取可靠的防护措施,且强度应满足使用要求。

23.3.7.2 旋转部件连接件应做好防止松脱措施,并定期进行检查。磁极引线、磁极间连接、阻尼环和绝缘板等易受离心和疲劳影响部件应加强检查。发电机转子风扇应安装牢固,叶片无裂纹、变形,引风板安装应牢固,并与定子线棒保持足够间距。

23.3.7.3 定子(含机座)、转子各部件、定子线棒槽楔等应定期检查。水轮发电机机架固定螺栓、定子基础螺栓、定子穿芯螺栓和拉紧螺栓应紧固良好,机架和定子支撑、转动轴系等承载部件的承载结构、焊缝、基础、配重块等应无松动、裂纹、变形等现象。

23.3.7.4 定期检查水轮发电机机械制动系统,制动闸、制动环应平整、无裂纹,固定螺栓无松动,制动瓦磨损后应及时更换,制动闸及其供气、油系统应无发卡、串腔、漏气和漏油等影响制动性能的缺陷。制动回路转速整定值应定期进行校验,严禁高转速下投入机械制动;监控程序宜设置有高转速下闭锁投机械制动功能。

23.3.7.5 发电机所用紧固件、连接件、结构件应结合机组检修检查,针对关键部位的紧固件、连接件、结构件，应执行所在行业相关规定；发电机转子与大轴、发电机轴与水轮机轴等重要受力、振动较大的部位螺栓应在每次大修拆卸后更换，如需继续使用，应开展全面无损检测，经有资质单位确认后方可继续使用，如经过高温加热拆卸的，应全部更换。

23.3.8 防止发电机转子绕组接地故障的重点要求（参见10.3.2.1、10.3.2.3）

23.3.9 防止发电机非同期并网的重点要求（参见10.10.1）

23.3.10 防止励磁系统故障引起发电机损坏的重点要求

23.3.10.1 励磁调节器的运行通道发生故障时应能自动切换通道并投入运行。严禁发电机在手动励磁调节下长期运行。在手动励磁调节运行期间，调节发电机的有功负荷时应先适当调节发电机的无功负荷，以防止发电机失去静态稳定性。

23.3.10.2 在电源电压偏差为+10%～-15%、频率偏差为+4%～-6%时，励磁控制系统及其继电器、开关等操作系统均能正常工作。

23.3.10.3 励磁系统中两套励磁调节器的电压回路应相互独立，使用机端不同电压互感器的二次绕组，防止其中一个短路引起发电机误强励。

23.3.10.4 励磁系统中两套励磁调节器的电流回路宜分别取自电流互感器不同的二次绕组。

23.3.10.5 严格执行调度机构有关发电机低励限制和电力系统静态稳定器（PSS）的定值要求。

23.3.10.6 自动励磁调节器的过励限制和过励保护的定值应在制造厂给定的容许值内，并定期校验。

23.3.10.7 在机组启动、停机和其他试验过程中，应有机组低转速时切断发电机励磁的措施。

23.4 防止抽水蓄能机组相关事故

23.4.1 防止机组飞逸的重点要求

23.4.1.1 新机组、改造机组投运前，机组A修或进行其他影响调速系统调节性能的工作后，应通过单机甩负荷和过速试验。甩负荷试验应在额定负荷的25%、50%、75%和100%下进行，验证水压上升率和转速上升率符合设计要求。

23.4.1.2 对于一管（洞）多机的新建电站，应结合电站电气主接线、现场实际运行条件，在单机甩负荷之后，择机开展同一引水水道多机组同时发电甩负荷试验，甩负荷试验应在额定负荷的100%下进行。试验后应进行过渡过程复核计算，验证水压上升率和转速上升率符合设计要求。

23.4.1.3 新机组或改造机组投运前应进行水泵工况断电试验，验证压力钢管和尾水管水压变化满足设计要求。

23.4.2 防止主轴密封、迷宫环损坏的重点要求

23.4.2.1 主轴密封、迷宫环技术供水管路应设计压力、流量监测装置，流量监测装置应设越下限报警信号。

23.4.2.2 主轴密封、迷宫环应设置温度传感器，其中主轴密封温度测点不少于3个。各温

度测点应设两级越上限信号，其中一级越限作用于报警、二级越限作用于报警和水力机械事故停机。

23.4.3 防止抽水蓄能电站上下库水位越限运行的重点要求

23.4.3.1 上／下水库应分别设置两套不同原理的水库水位测量装置。

23.4.3.2 上／下水库水位各测点应根据水工设施要求分别设置两级越上限和两级越下限信号，其中一级越限作用于报警、二级越限作用于报警及自动停机。

23.4.3.3 每年应对水库水位各测点与水位标尺等进行对比校核。

23.4.4 防止静止变频器相关设备损坏的重点要求

23.4.4.1 静止变频器输入变压器严禁无保护运行。

23.4.4.2 静止变频器输入变压器及限流电抗器应选用短路试验合格的产品。

23.4.4.3 静止变频器输入及输出变压器为油浸式应定期进行油色谱分析。

23.4.5 防止主进水阀损坏的重点要求

23.4.5.1 主进水阀枢轴轴瓦设计应采用铜基镶嵌自润滑、双金属自润滑或其他在同等运行条件下能够长期可靠运行的整体式轴瓦。枢轴轴瓦与阀体之间应设有可靠固定方式，确保不发生相对位移。

23.4.5.2 主进水阀紧急停机阀为失电动作的机组，控制电源应冗余配置，并与其他回路隔离。

23.4.5.3 球阀活门和工作密封动作顺序应具有闭锁功能，宜采用液压回路和控制逻辑双重闭锁。

23.4.5.4 主进水阀与尾闸应具有主进水阀全关后尾闸方可关闭、尾闸全开后主进水阀方可开启的闭锁功能。

23.4.5.5 球阀工作密封投退腔压力、差压、工作密封位置、压力钢管压力及球阀本体位移监测等信号应接入监控系统。

23.4.5.6 压力钢管、球阀及其附属管路、阀门、接头等设备设计选型时，强度应满足机组发生水力自激振动情况下的安全裕度。压力钢管、球阀的压力监测管路、隔离阀门应使用不锈钢材质，隔离阀门应采用球阀或针阀。

23.4.5.7 球阀设计上应有保证工作密封投退腔串压情况下投入腔压力始终大于退出腔压力的措施。

23.4.5.8 新建电站在调试期间或全部机组投运后一年内，同一制造厂生产的主进水阀应至少选取1台进行动水关闭试验，以全面验证主进水阀及其附属设备性能。

23.4.5.9 主进水阀接力器连接管路设计为软管的，当软管达到设计使用寿命时，应进行更换。更换的软管应有制造厂明确的使用寿命及更换条件。

23.4.5.10 应定期校验、调整主进水阀平压信号装置，确保平压信号有效时两侧压差符合设计值。

23.4.5.11 配置有球阀的电站应在监控系统中设置水力自激振动报警判据。

23.4.6 防止水淹厂房的重点要求

23.4.6.1 在招标设计、输水道充水或首台机组启动前，设计单位应提交防水淹厂房专题报告，结合电站设备实际，针对不同管路破裂引起的水淹厂房可能性，复核电站排水能力及相关设备的可靠性。

23.4.6.2 电站中控室应配置紧急停机和紧急关闭上、下游水道事故闸门的可靠装置，紧急停机和紧急关闭事故闸门回路设计应采用独立于电站监控系统的硬布线（包括独立光缆），电源应独立提供。

23.4.6.3 主进水阀、调速器的控制回路应由交、直流双回路供电或两路完全独立的直流供电，在控制回路电压消失的情况下具备"失电关闭"功能，即失电时自动关闭主进水阀及导叶。

23.4.6.4 动力电源操作的事故闸门，应配置独立的应急电源，确保在地下厂房交流电源全部丢失时闸门能正常下落。

23.4.6.5 与水库、压力钢管、蜗壳、尾水管等直接相连的管路、法兰及第一道阀门应采用不锈钢材质。

23.4.6.6 地下或坝后式厂房各层逃生通道显著位置应装设逃生路线指示图，逃生路线指示图应采用荧光材料制作，逃生通道应安装防护等级不低于IP67的应急照明。

23.4.6.7 应急照明电源应分级和分高程设计和布置，并逐级逐层设置断路器，以保证下层和下级电源遇水短路跳闸而不影响上层和上级电源供电。

23.4.6.8 应至少配置两套不同原理的厂房集水井水位监测装置及水位过高报警装置。

23.4.6.9 对可能遭遇区间暴雨、尾水位超高倒灌等影响的孔洞、管沟、通道、预留缺口等应设置拍门或挡板。

23.4.6.10 除另有规定外，当螺栓要求有预应力时，预紧力应不小于正常工况和过渡工况下连接对象的最大工作荷载折算到螺栓轴向荷载的2.0倍，螺栓的工作综合应力在正常工况和过渡工况下不大于螺栓材料屈服强度的2/3，在特殊工况下不大于螺栓材料屈服强度的4/5。螺栓预紧过程中最大综合应力不得超过材料屈服强度的7/8。

23.4.6.11 各水电厂应结合自身实际建立重要部位螺栓台账，重要部位螺栓应做好原始位置状态标记并制定防止松动措施。

23.4.6.12 重要部位螺栓无损检测时宜同时进行超声波与磁粉检测；新购置螺栓应提供螺栓材质、无损检测、硬度、力学性能等出厂试验报告。

23.4.6.13 压力钢管明管段应按照设计要求单独进行压力试验，主进水阀阀体及前后的延伸段、伸缩节及其相连的所有阀门应进行压力试验。

23.4.6.14 应按照相关标准要求进行压力钢管及明管段管壁焊缝、壁厚、应力、腐蚀检测。

对与压力钢管直接连接的阀门和管路焊缝按照相关标准要求进行无损检测。

23.4.6.15 一管（洞）多机的抽水蓄能机组，主进水阀设备检修吊出时，禁止使用进水阀堵头作为临时措施，同一流道相邻机组应陪停，应排空引水管道，并做好防止上水库进水闸门误开启的措施。

23.4.7 防止输水系统金属部件脱落的重点要求

23.4.7.1 水道系统内格栅应采用不锈钢材质，格栅应固定牢固。

23.4.7.2 闸门井通气孔孔盖应采用格栅式设计，宜采用整体结构并固定牢固。

23.4.7.3 在闸门井或其通气孔内设计有爬梯的，爬梯应采用不锈钢材质；未设计爬梯的，应在闸门井口或通气孔口设置软梯和防坠器的挂点。

23.4.8 防止特殊工况或极限工况运行设备损坏的重点要求

23.4.8.1 监控系统应设计有防止同一流道内不同机组同时抽水和发电的闭锁功能。

23.4.8.2 机组在电气制动工况运行时禁止强励功能投入。

23.4.8.3 应尽量避免抽蓄机组超设计电量或设计利用小时数运行。因负荷调整需求等原因必须运行时，应尽可能保障关键疲劳设备、易损设备定期检修或临时检查需求，防止机组过疲劳受损。

23.4.8.4 机组不应在高振动区和低负荷不稳定区内长期投自动功率控制运行。

23.4.8.5 高寒地区电站应尽可能调整运行检修策略，最大限度防止水库冰冻。

24 防止垮坝、水淹厂房及厂房坍塌事故的重点要求

24.1 加强大坝、厂房设计

24.1.1 设计应充分考虑不利的工程地质、气象条件和地震、洪水、地质灾害等自然灾害的影响，尽量避开不利地段，禁止在危险地段新建、扩建和改建工程。设计应开展大坝、厂房周边安全风险评估，优先设计管控风险的工程措施。

24.1.2 大坝、厂房的安全监测设计应与主体工程同步设计、同步施工、同步投入运行，监测项目和布置在符合水工建筑物监测设计规范基础上，应满足运行、维护及检修要求。对坝高100m 以上的大坝或库容 1 亿 m³ 以上的大坝，应当同步设计大坝安全在线监控系统。

24.1.3 大坝、厂房的设防标准应满足规范要求。大坝应有安全、可靠的泄洪等设施，闸门启闭设备电源、闸门门后通气孔、防水淹厂房应急电源及视频监控设备、水位监测设施等的设置和可靠性应满足要求。应配置独立可靠的大坝泄洪闸门启闭应急电源或应急启闭装置。

24.1.4 厂房应设计可靠的正常及应急排水系统。

24.1.5 地面主厂房的安全出口不应少于 2 个，且应有 1 个直通室外。地下厂房至少应有 2 个通至地面的安全出口。

24.1.6 设计应根据已运行电站出现的问题，统筹考虑水电站大坝和厂房等工程问题的解决方案。设计单位应从保护设施、设备运行安全及维护方便等方面征求运行单位意见。

24.2 落实大坝、厂房施工期防洪度汛措施

24.2.1 施工期项目建设单位应成立包含业主（建设）、勘察、设计、施工和监理等参建单位的防洪度汛组织机构，明确各单位职责。

24.2.2 设计单位应于每年汛前提出工程度汛标准、工程形象面貌及度汛要求。

24.2.3 大坝、厂房改（扩）建过程中应满足各施工阶段的防洪标准。

24.2.4 压力管道、蜗壳、尾水管道等过水系统充水或首台机组启动前，设计单位应提交防水淹厂房专题报告。结合电站设备实际，针对厂内和厂内外连接管路破裂以及伸缩节、进人门等严重渗漏引起的水淹厂房可能性，复核电站排水能力及相关设备的可靠性。

24.2.5 施工期项目建设单位应组织编制满足工程度汛及施工要求的防洪度汛方案，报相关部门审查后严格执行。

24.2.6 项目建设单位、施工单位应制定完善的工程防洪应急预案，按要求组织评审、审批、培训和演练，按规定报地方政府有关部门备案。

24.2.7 施工单位应单独编制监测设施施工方案，由项目建设单位组织设计、监理、运行单位审查后实施。

24.2.8 项目建设单位应于汛前组织开展防汛检查，并对汛期可能存在的安全风险进行辨识、分析和评估，制订管控措施，汛前落实到位。

24.2.9 施工单位应于汛前按设计要求和现场施工情况制定防汛措施，报监理单位审批后成立防汛抢险队伍，配置必要的防汛物资，做好防洪抢险准备工作。

24.2.10 施工期应加强洪水、地震、地质灾害等自然灾害的监测预报和会商研判，密切跟踪区域内雨情和水情动态，及时发布预报预警信息。

24.2.11 施工期应做好汛期防灾避险工作，预报有强降雨前应及时对截排水系统等进行全面检查，加强施工区域的隐患排查治理和突发事件应急处置。

24.3 加强大坝、厂房日常运行管理

24.3.1 应办理大坝安全注册登记，针对注册检查提出的大坝安全监管意见制订整改落实计划，并按期完成整改。

24.3.2 建立健全大坝运行安全组织体系和应急工作机制，加强大坝运行全过程管理。汛期应建立主要负责人为第一责任人的防汛组织机构，以及与地方政府和上下游单位的联动机制，成立防汛抢险队伍，明确防汛目标和防汛重点，强化落实防汛岗位责任制。

24.3.3 制订并不断修订完善能够指导实际工作的防汛、检查、监测、运行维护等制度规程，并严格执行；制订和完善大坝运行安全应急预案和防水淹厂房应急预案，确保预案的科学性、针对性和可操作性。

24.3.4 做好大坝安全检查（日常巡查、专项检查、年度详查、定期检查和特种检查）、监测、维护工作，对检查发现的问题及时整改；对异常监测数据应及时分析、上报和采取措施；当发生地震、洪水、库水位骤升骤降、库水位低于死水位或者其他影响大坝安全的异常情况时，应加强巡视检查，增加监测频次，并进行分析；确保大坝处于良好状态。

24.3.5 做好发电、输水建筑物及附属设施的安全检查、监测、维护工作，定期开展厂房和输水建筑物结构安全评估。

24.3.6 近厂坝区域发现有滑坡体及泥石流沟的，应每隔3～5年论证导致漫坝或水淹厂房事故发生的可能性。对工程管理范围内可能危及大坝、厂房安全的地质灾害风险区域设置监测设施，并纳入巡查和监测范围，及时分析监测成果，必要时开展灾害评估和工程处置。

24.3.7 对影响大坝、灰坝、厂房安全的缺陷、隐患及水毁工程，应实施永久性的工程措施，优先安排资金，抓紧进行处理。对已确认的病坝、险坝，应在规定期限内完成补强加固处理，并制定险情预计和应急预案。病坝、险坝除险加固方案要专项设计、专项审查、专项施工和专项验收，隐患未消除前，应根据实际病险情况，充分论证运行安全性，必要时采取降低水库运行水位等措施确保安全。

24.3.8 应认真开展汛前、汛中和汛后检查工作，明确防汛重点部位、薄弱环节，有针对性地开展应急预案演练，并将检查报告及演练情况及时上报主管单位。

24.3.9 应按照有关规定，对大坝、发电输水系统、厂房建筑物、泄洪设备、排水设施、消防设施及其供电电源等进行认真检查。泄洪设备应急电源汛前应进行带负荷可靠性验证试验。闸

门操作控制系统（含远程）应结合检修进行检查和可靠性验证试验。既要检查厂房外部、上下游防洪墙的防汛措施，也要检查厂房内部及厂房内外连接管路、闸（阀）门、堵头的防水淹厂房措施，厂房内部重点应对供排水系统、消防水系统、廊道、尾水进人孔、水轮机顶盖、堵头（含检修期间的临时封堵装置）等部位进行检查和监视。定期验证防水淹厂房停机保护措施及运行监控系统的可靠性。

24.3.10 汛前应做好防止水淹厂房、廊道、泵房、变电站、进厂铁（公）路以及其他生产、生活设施的可靠防范措施，特别确保地处河流附近低洼地区、水库下游地区、河谷地区排水畅通，防止河水倒灌和暴雨造成水淹。

24.3.11 汛前备足必要的防洪抢险器材、物资，并对其定期进行检查、检验和试验，确保物资的良好状态。确保有足够的防汛资金保障，并建立防汛物资保管、更新、使用等专项管理制度。

24.3.12 在重视防御江河洪水灾害的同时，应落实防御和应对上游水库垮坝、下游尾水顶托及局部暴雨造成的厂坝区山洪、支沟洪水、厂区内部涝水的各项应急措施。对于滨海地区可能受到海水潮汐作用影响的厂房，应制订防极端高潮位和海啸的应急措施。

24.3.13 完善水雨情自动测报系统，广泛收集气象、水文信息，充分利用共享的水情信息，加强水情测报和洪水预报，确保洪水预报精度。加强对水雨情自动测报系统的维护，每年汛前开展专项检查，确保设备、系统正常运行和水情数据准确可靠。

24.3.14 应严格执行批准的汛期调度运用计划，不得擅自在汛限水位以上蓄水运行。汛限水位以上防洪库容调度运用，应按照水行政主管部门或流域管理机构（防汛指挥部门）下达的防洪调度指令执行。

24.3.15 强化水电厂水库运行管理，应根据批准的调洪方案和有防洪调度权限的水行政主管部门和流域管理机构的指令进行调洪，严格按照规程操作闸门。如遇特大洪水或其他严重威胁大坝安全的事件，在无法接到调度指令时，应按照批准的应急调度方案，采取措施确保大坝安全，同时采取一切可能的途径通知地方政府及相关单位。当水库发生特大洪水后，应对水库的防洪能力进行复核。多泥沙水库，应严格执行拉沙调度方案，防止淤堵泄洪设施和侵占调洪库容。

24.3.16 加强维护检修改造过程的防汛和安全管理，辨识危险源、评估安全风险并采取切实可靠的管控措施。检修期间各类临时挡水、封堵设施应按规定组织专项论证、专项设计、专项审查、专项施工、专项验收。

24.3.17 汛期应加强防汛值班，值班人员应具有相应的业务知识和技能，并落实汛期24h值班和领导带班制度。

24.3.18 及时掌握和上报有关防汛信息。防汛抗洪中发现异常现象和不安全因素时，应及时采取措施，并报告上级主管部门和地方政府。

24.3.19 汛期后应及时对存在的隐患和问题进行整改，并及时进行防汛总结，应及时将防汛总结上报主管单位。

25 防止重大环境污染事故的重点要求

25.1 严格执行环境影响评价制度与环保"三同时"原则

25.1.1 环保设施应当与主体工程同时设计、同时施工、同时投入使用，应符合经批准的环境影响评价文件的要求。应加强对环保设施运维管理，确保环保设施正常运行，环保指标应达到设计标准和国家及地方排放标准的要求。

25.1.2 电厂宜采用干除灰输送系统、干排渣系统。如采用水力除灰电厂应实现灰水回收循环使用，灰水设施和除灰系统投运前必须做水压试验。

25.1.3 电厂应按地方、国家烟气污染物排放标准规定的各污染物排放限值，采用相应的烟气除尘设施、脱硫设施与脱硝设施，投运的环保设施及系统应运行正常，脱除效率应达到设计要求，各污染物排放浓度达到国家及地方标准规定的要求。

25.1.4 电厂锅炉实际燃用煤质的灰分、硫分、低位发热量等不宜超出设计煤质及校核煤质。

25.1.5 灰场大坝应充分考虑大坝的强度和安全性，大坝工程设计应最大限度地合理利用水资源并建设灰水回用系统，贮灰场应无渗漏设计，防止污染地下水。

25.2 加强贮灰场运行维护管理

25.2.1 建立贮灰场（灰坝坝体）安全管理制度，明确管理职责。应设专人定期对灰坝、灰管、灰场和排水、渗水设施进行巡检。应坚持巡检制度并认真做好巡检记录，发现缺陷和隐患及早解决。汛期应加强贮灰场管理，增加巡检频率。

25.2.2 应对贮灰场定期组织开展安全评估工作，原则上每三年进行一次。

25.2.3 加强灰水系统运行参数和污染物排放情况及地下水、土壤等周边环境的影响监测分析，发现问题及时采取措施。

25.2.4 定期对灰管进行检查，重点包括灰管（含弯头）的磨损和接头、各支撑装置（含支点及管桥）的状况等，防止发生管道断裂事故。灰管道泄漏时应及时停运，以防蔓延形成污染事故。

25.2.5 对分区使用或正在取灰外运的贮灰场，必须制定落实严格的防止扬尘污染的管理制度，配备必要的防尘设施，避免扬尘对周围环境造成污染。

25.2.6 贮灰场应根据实际情况进行覆土、种植或表面固化处理等措施，防止发生扬尘污染。当贮灰场服务期满或不再承担新的储存、填埋任务时，应启动封场作业，并采取相应的污染防治措施，防止造成环境污染和生态破坏。

25.3 加强废水处理，防止超标排放

25.3.1 电厂内部应做到废水集中处理，提高水的重复利用率，减少废水和污染物排放量。禁止无排污许可证或者违反排污许可证的规定排放废水、污水。禁止利用渗井、渗坑、暗管、雨水管、裂隙、溶洞等排放废水、污水。

25.3.2 应对废（污）水处理设施制订严格的运行维护和检修制度，加强对污水处理设备的

维护、管理，确保废（污）水处理运转正常。

25.3.3 作好电厂废（污）水处理设施运行记录，并定期监督废水处理设施的投运率、处理效率和废水排放达标率。

25.3.4 锅炉进行化学清洗时，必须制订废液处理方案，并经审批后执行，属于危险废物的应按危险废物有关要求进行处置。

25.4 加强除尘、除灰、除渣设施运行维护管理

25.4.1 加强除尘设施的运行、维护及管理，除尘器的运行参数控制在最佳状态。及时处理设备运行中存在的故障和问题，保证除尘器的除尘效率和投运率。烟尘排放浓度应符合国家、地方的排放标准要求，不能达到要求的应进行除尘器提效改造。

25.4.2 新建、改造和大修后的除尘设施应进行性能试验，性能指标未达标不得验收。

25.4.3 电除尘器（包括旋转电极）的除尘效率、电场投运率、烟尘排放浓度应满足设计的要求，同时烟尘排放浓度达到国家、地方的排放标准规定要求。

25.4.4 袋式除尘器、电袋复合式除尘器的除尘效率、滤袋破损率、阻力、滤袋寿命等应满足设计的要求，同时烟尘排放浓度达到国家、地方的排放标准规定要求。运行期间出现滤袋破损应及时处理。

25.4.5 防止电厂干除灰输送系统、干排渣系统及水力输送系统的输送管道泄漏，应制订紧急事故措施及预案。

25.4.6 锅炉启动时油枪点火、燃油、煤油混烧、等离子投入等工况下，电除尘器应在闪络电压以下运行，袋式除尘器或电袋复合式除尘器的滤袋应提前进行预喷涂处理。

25.4.7 袋式除尘器或电袋复合式除尘器的旁路烟道及阀门应零泄漏。

25.4.8 应对除尘设施本体和烟道的腐蚀和磨损情况进行定期检查，防止发生大面积腐蚀漏风和设备塌陷。

25.4.9 加强袋式除尘器、电袋复合式除尘器入口烟温监测，出现超温现象应及时采取措施，防止滤袋因长期超温运行造成滤袋烧毁。

25.4.10 加强湿式电除尘器入口烟温、氧量及电场电流电压、闪络频次等参数的监视，出现异常情况及时采取应急措施，防止因烟气过热、放电过热、短路等引起湿式电除尘器火灾事故。

25.4.11 应加强除尘器灰斗料位监视，当灰位超过高位报警值时，应立即采取降低灰位的措施，避免长期高料位运行。应制定预防灰斗满灰和卸灰不畅的处理措施，出现异常情况及时处理。

25.4.12 对于经过电改布袋的除尘器，要委托有相应资质能力的专业机构开展钢结构强度校核，并确保在极端运行工况下仍具有足够安全裕度。

25.5 加强脱硫设施运行维护管理

25.5.1 应制订完善的脱硫设施运行、维护及管理制度，并严格贯彻执行。

25.5.2 锅炉运行时脱硫系统必须同时投入，SO_2排放浓度应达到国家及地方的排放标准。

25.5.3 新建、改造和大修后的脱硫系统应进行性能试验，指标未达到标准的不得验收。

25.5.4 脱硫系统运行时必须投入废水处理系统，处理后的废水应满足国家及行业标准。

25.5.5 应对脱硫系统吸收塔、换热器、烟道等设备的腐蚀、结晶和堵塞情况进行定期检查，防止发生大面积腐蚀和堵塞。

25.5.6 应加强对脱硫系统的巡回检查，及时发现并消除系统的跑、冒、滴、漏。

25.5.7 应加强对除雾器组件、喷淋层的冲洗及检查，防止发生除雾器及喷淋层的堵塞、脱落、变形。

25.5.8 脱硫系统的副产品应按照要求进行堆放、储存、运输和利用，避免二次污染。

25.5.9 脱硫系统的上游设备除尘器应保证其出口烟尘浓度满足脱硫系统运行要求，避免吸收塔浆液中毒。

25.6 加强脱硝设施运行维护管理

25.6.1 制订完善的脱硝设施运行、维护及管理制度，并严格贯彻执行。

25.6.2 脱硝系统的脱硝效率、投运率应达到设计要求，同时 NO_x 排放浓度满足国家及地方的排放标准，不能达到标准要求应加装或更换催化剂。

25.6.3 新建、改造和大修后的脱硝系统应进行性能试验，指标未达到标准的不得验收。

25.6.4 应定期对脱硝催化剂进行性能检测，开展催化剂寿命评估，及时对失效催化剂进行更换或再生。

25.6.5 应控制脱硝反应器出口氨逃逸率，防止对后续设备造成腐蚀、堵塞以及板结。

25.6.6 设有液氨储存设备、采用燃油热解炉的脱硝系统，应制订事故应急预案，每年至少组织一次环境污染的事故预想、防火、防爆处理演习。

25.7 加强烟气在线连续监测装置运行维护管理

按照《固定污染源烟气（SO_2、NO_x、颗粒物）排放连续监测技术规范》（HJ 75）、《固定污染源烟气（SO_2、NO_x、颗粒物）排放连续监测系统技术要求及检测方法》（HJ 76）相关内容执行。